中 外 物 理 学 精 品 书 系

本 书 出 版 得 到 " 国 家 出 版 基 金 " 资 助

U0231236

国家出版基金项目
NATIONAL PUBLICATION FOUNDATION

中外物理学精品书系

前沿系列 · 22

微波技术基础

（第二版）

王子宇　编著

北京大学出版社
PEKING UNIVERSITY PRESS

图书在版编目(CIP)数据

微波技术基础/王子宇编著.—2 版.—北京:北京大学出版社,2013.10
(中外物理学精品书系·前沿系列)
ISBN 978-7-301-23269-9

Ⅰ.①微…　Ⅱ.①王…　Ⅲ.①微波技术-研究　Ⅳ.①TN015

中国版本图书馆 CIP 数据核字(2013)第 228188 号

书　　　　　名:	微波技术基础(第二版)	
著作责任者:	王子宇　编著	
责 任 编 辑:	王　艳	
标 准 书 号:	ISBN 978-7-301-23269-9/TN·0103	
出 版 发 行:	北京大学出版社	
地　　　　址:	北京市海淀区成府路 205 号　　100871	
网　　　　址:	http://www.pup.cn	
新 浪 微 博:	@北京大学出版社	
电 子 信 箱:	zpup@pup.cn	
电　　　　话:	邮购部 62752015　发行部 62750672	
	编辑部 62752021　出版部 62754962	
印　　　刷　者:	北京中科印刷有限公司	
经　　　销　者:	新华书店	

730 毫米×980 毫米　16 开本　23.25 印张　418 千字
2003 年 11 月第 1 版
2013 年 10 月第 2 版　2013 年 10 月第 1 次印刷

定　　　　价: 64.00 元

序　言

物理学是研究物质、能量以及它们之间相互作用的科学。她不仅是化学、生命、材料、信息、能源和环境等相关学科的基础,同时还是许多新兴学科和交叉学科的前沿。在科技发展日新月异和国际竞争日趋激烈的今天,物理学不仅囿于基础科学和技术应用研究的范畴,而且在社会发展与人类进步的历史进程中发挥着越来越关键的作用。

我们欣喜地看到,改革开放三十多年来,随着中国政治、经济、教育、文化等领域各项事业的持续稳定发展,我国物理学取得了跨越式的进步,做出了很多为世界瞩目的研究成果。今日的中国物理正在经历一个历史上少有的黄金时代。

在我国物理学科快速发展的背景下,近年来物理学相关书籍也呈现百花齐放的良好态势,在知识传承、学术交流、人才培养等方面发挥着无可替代的作用。从另一方面看,尽管国内各出版社相继推出了一些质量很高的物理教材和图书,但系统总结物理学各门类知识和发展,深入浅出地介绍其与现代科学技术之间的渊源,并针对不同层次的读者提供有价值的教材和研究参考,仍是我国科学传播与出版界面临的一个极富挑战性的课题。

为有力推动我国物理学研究、加快相关学科的建设与发展,特别是展现近年来中国物理学者的研究水平和成果,北京大学出版社在国家出版基金的支持下推出了"中外物理学精品书系",试图对以上难题进行大胆的尝试和探索。该书系编委会集结了数十位来自内地和香港顶尖高校及科研院所的知名专家学者。他们都是目前该领域十分活跃的专家,确保了整套丛书的权威性和前瞻性。

这套书系内容丰富,涵盖面广,可读性强,其中既有对我国传统物理学发展的梳理和总结,也有对正在蓬勃发展的物理学前沿的全面展示;既引进和介绍了世界物理学研究的发展动态,也面向国际主流领域传播中国物理的优秀专著。可以说,"中外物理学精品书系"力图完整呈现近现代世界和中国物理科学发展的全貌,是一部目前国内为数不多的兼具学术价值和阅读乐趣的经典物理丛书。

"中外物理学精品书系"另一个突出特点是,在把西方物理的精华要义"请进来"的同时,也将我国近现代物理的优秀成果"送出去"。物理学科在世界范围内的重要性不言而喻,引进和翻译世界物理的经典著作和前沿动态,可以满足当前国内物理教学和科研工作的迫切需求。另一方面,改革开放几十年来,我国的物理学研究取得了长足发展,一大批具有较高学术价值的著作相继问世。这套丛书首次将一些中国物理学者的优秀论著以英文版的形式直接推向国际相关研究的主流领域,使世界对中国物理学的过去和现状有更多的深入了解,不仅充分展示出中国物理学研究和积累的"硬实力",也向世界主动传播我国科技文化领域不断创新的"软实力",对全面提升中国科学、教育和文化领域的国际形象起到重要的促进作用。

值得一提的是,"中外物理学精品书系"还对中国近现代物理学科的经典著作进行了全面收录。20世纪以来,中国物理界诞生了很多经典作品,但当时大都分散出版,如今很多代表性的作品已经淹没在浩瀚的图书海洋中,读者们对这些论著也都是"只闻其声,未见其真"。该书系的编者们在这方面下了很大工夫,对中国物理学科不同时期、不同分支的经典著作进行了系统的整理和收录。这项工作具有非常重要的学术意义和社会价值,不仅可以很好地保护和传承我国物理学的经典文献,充分发挥其应有的传世育人的作用,更能使广大物理学人和青年学子切身体会我国物理学研究的发展脉络和优良传统,真正领悟到老一辈科学家严谨求实、追求卓越、博大精深的治学之美。

温家宝总理在2006年中国科学技术大会上指出,"加强基础研究是提升国家创新能力、积累智力资本的重要途径,是我国跻身世界科技强国的必要条件"。中国的发展在于创新,而基础研究正是一切创新的根本和源泉。我相信,这套"中外物理学精品书系"的出版,不仅可以使所有热爱和研究物理学的人们从中获取思维的启迪、智力的挑战和阅读的乐趣,也将进一步推动其他相关基础科学更好更快地发展,为我国今后的科技创新和社会进步做出应有的贡献。

"中外物理学精品书系"编委会　主任
中国科学院院士,北京大学教授
王恩哥
2010 年 5 月于燕园

内 容 简 介

  本书主要介绍了电磁波传输系统理论、微波等效电路理论、微波元器件原理、谐振腔理论、微带电路、光纤传输原理等内容。在内容安排和讲解说明方面,本书力求使学生掌握微波工程理论的基本概念和基本分析方法;了解电磁波传输系统、微波元器件及微带电路的工作原理和设计原则,为将来从事通信、雷达、制导等领域的研究和工程设计工作打下基础。

  本书可以作为高等院校通信、电子类专业高年级学生的教材或参考书,也可作为从事射频和微波电路设计的工程师的参考书。

前　　言

　　微波技术是一门非常有用的专业技术知识,它的应用领域涉及雷达、通信、信息技术、物理学、天文学、化学、医学、气象学、能源科学、家用电器等方面。因此,掌握一些微波技术的基本知识对于在现代电子技术领域内从事科学研究和工程技术工作的人员是十分有益的。

　　微波技术的理论基础是经典的电磁场理论,其目标是解决微波工程中的实际问题。微波技术是一门理论与实践密切结合的课程,在研究微波工程问题时,为了避开一些复杂的数学运算和无解析解的问题,常需要根据具体情况和一些基本的物理概念对所研究的问题做简化、等效或近似处理。了解和掌握这些近似处理方法和其中所包含的基本概念是十分重要的。

　　微波技术是一门需要高度实验技能的专业技术知识。首先,微波技术理论的出发点是麦克斯韦方程组,麦克斯韦方程组本身就是从实验中归纳、总结出来的。其次,大多数微波工程问题都不能通过理论计算得到精确的解析解。因此,通过实验来修正理论分析结果是每一位微波工程技术人员必须具备的基本技能。

　　本书在内容安排上力求突出基本概念和基本方法的分析及总结,使学生能在较短的学时中掌握微波技术的基本概念以及解决微波工程实际问题的方法和思路,为将来的工作和学习打下基础。内容具体安排是:第一章简要介绍了微波的基本特性和应用领域;第二章详细讨论了电磁波传输系统理论;第三章涉及长线理论、Smith 圆图、网络参量以及信号流图等;第四章介绍微波系统中的常用元件,主要是线性互易元件和两种重要的线性非互易元件;第五章研究了与微波谐振腔有关的理论和应用问题;第六章讨论了微带线传输系统的理论和特性,介绍了微波小信号晶体管放大器以及微波滤波器的设计理论和方法;第七章简要地介绍了光纤传输原理。由于课时的限制,本书没有涉及微波测量和微波实验的内容。

　　限于编者的水平,书中错误或不妥之处在所难免,希望读者批评指正。

编　者

目　　录

第一章 简 介

§1.1 什么是微波

微波是频率非常高的电磁波,它的频率范围目前尚无统一的明确规定.通常将频率为 300 MHz～30 GHz 的电磁波称作微波,将 30～300 GHz 的电磁波称作毫米波,相应的电磁波频段称作微波、毫米波频段.将频率在 300～3000 GHz 的电磁波称为亚毫米波.亚毫米波既具有一些与微波相同或近似的特点,也具有一些与光波类似的特性.亚毫米波频段的电子系统可以采用微波技术结合光学理论来研究,这种方法就是所谓的准光学理论.一般地,微波在电磁波频谱中所处的位置在甚高频(Very-High Frequency,简称 VHF)和光波(远红外)之间.表1.1 列出了电磁波频谱的波长分布和各波段名称,其中微波频段又划分为几个波段.表 1.1 中从极低频到亚毫米波段的波长划分和波段命名是由电气和电子工程师学会(Institute of Electrical and Electronics Engineers,简称 IEEE)规定的.

表 1.1 电磁波频谱的波长分布和各波段名称

波段名称		波 长	频 率
极低频(ELF)		$10^7 \sim 10^6$ m	$3 \sim 300$ Hz
音频(VF)		$10^6 \sim 10^5$ m	300 Hz～3 kHz
甚低频(VLF)		$10^5 \sim 10^4$ m	$3 \sim 30$ kHz
低频(LF)		$10^4 \sim 10^3$ m	$30 \sim 300$ kHz
中频(MF)		$10^3 \sim 10^2$ m	300 kHz～3 MHz
高频(HF)		$10^2 \sim 10$ m	$3 \sim 30$ MHz
甚高频(VHF)		$10 \sim 1$ m	$30 \sim 300$ MHz
微波	分米波(UHF)	1 m～10 cm	300 MHz～3 GHz
	厘米波(SHF)	$10 \sim 1$ cm	$3 \sim 30$ GHz
	毫米波(EHF)	1 cm～1 mm	$30 \sim 300$ GHz
	亚毫米波	$1 \sim 0.1$ mm	300 GHz～3 THz
红外线	远红外	0.1 mm～10 μm	$3 \sim 30$ THz
	中红外	$10 \sim 2$ μm	$30 \sim 150$ THz
	近红外	2 μm～760 nm	$150 \sim 395$ THz
可见光		760～400 nm	$395 \sim 750$ THz
紫外线		400～30 nm	$750 \sim 10^4$ THz
X 射线		30～0.3 nm	$10^4 \sim 10^6$ THz

微波在电磁波频谱中所处的位置决定了它的许多特点,并使得微波技术具有许多不同于低频电路理论和光学理论的概念及独特分析方法.

根据电磁波频率 f、波长 λ 与速度 c 的关系：$f\lambda=c=3\times10^8$ m/s 可知，微波的波长范围在 1 m～0.1 mm 之间. 可以采用如下的等式进行微波波长和频率之间的换算：

波长(m)×频率(MHz)＝波长(mm)×频率(GHz)＝300(10^6 m/s).

对于微波频段的更细致划分和命名，国内外有多种方法，表 1.2 是在雷达和制导技术领域划分微波频段的方法及其频段代号.

表 1.2 雷达和制导技术领域划分微波频段的方法及其频段代号

频段代号	L	S	C	X	Ku	K	Ka	Q
频率范围/GHz	1～2	2～4	4～8	8～12	12～18	18～26.5	26.5～40	33～50
频段代号	U	V	E	W	F	G	R	
频率范围/GHz	40～60	50～75	60～90	75～110	90～140	140～220	220～325	

为了充分利用微波频谱资源，避免相互干扰，国际上对各微波频段的用途有一些规定. 例如，微波炉中磁控管的工作频率为 2.45 GHz；C 波段通信卫星的下行工作频率为 3.700～4.200 GHz，上行工作频率为 5.925～6.425 GHz；Ku 波段通信卫星的下行工作频率为 11.7～12.2 GHz，上行工作频率为 14.0～14.5 GHz；寻呼机的工作频率为 300 MHz 左右；蜂窝移动电话的工作频率为 450 MHz，900 MHz 和 1.8 GHz；40～60 GHz 为保密通信频段；26.5～40 GHz 和 75～110 GHz 为雷达、制导系统频段；等等.

目前，世界各国大都设有专门机构，负责管理电磁波频谱资源. 中国的国家无线电管理委员会就是负责分配和管理电磁波频谱资源的政府常设机构.

不同工作频率的微波系统具有不同的技术特性、生产成本和用途. 一般说来，微波系统的工作频率越高，其结构尺寸就越小，生产成本也越高；微波通信系统的工作频率越高，其信息容量越大；微波雷达系统的工作频率越高，雷达信号的方向性和系统分辨力就越高. 另外，微波的频率越高，其大气传输和传输线传输的损耗就越大.

1.1.1 微波的波导传输损耗

微波能量的传输系统与低频电磁能量的传输系统不同. 例如，微波发射天线与真空、大气可以构成微波传输系统，微波传输线也是一种微波传输系统. 微波传输线主要包括同轴线、金属波导、介质波导和微带线等. 微波传输线的损耗一般都比较大，不适于长距离传输微波能量. 例如，对于工作波长为 3 cm（工作频率约为 10 GHz）的矩形金属波导，微波能量沿该波导每传输 1 m 距离，将衰减 0.3～0.44 dB. 也就是说，微波能量沿该波导每传输 1 m 距离，微波能量就要损失约 10%. 对于工作波长为 3 mm（工作频率约为 100 GHz）的矩形金属波导，微波沿该波导每传输 1 m 距离，将衰减 2.35～3.34 dB. 也就是说，微波能量沿该波导每传输 1 m 距离，能量就要损失约 50%. 因此，波导传输系统不适于长距离传输微波信号和微波能量.

1.1.2　微波的大气传输损耗

微波在大气中的传输损耗远远小于其在传输线中的传输损耗.由于微波大气传输损耗的衰减机理主要是水分子和氧分子对微波能量的共振吸收,所以微波工作频率或海拔高度不同,微波传输损耗也不同.图 1.1 为微波在不同海拔高度的水平传输损耗.

需要说明的是:虽然微波在大气中的传输损耗较小,但辐射损耗却比较大.微波的辐射损耗是一个与微波发射天线方向性指标有关的物理量.设计合理的微波天线可以使微波能量在大气层或太空中长距离传输.

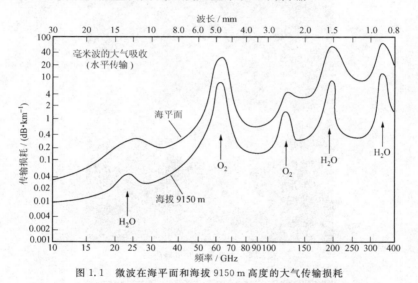

图 1.1　微波在海平面和海拔 9150 m 高度的大气传输损耗

§1.2　微波的基本特点

微波的基本特点决定了微波的用途及其分析、研究方法.

1.2.1　微波的频率高

微波的频率高,则意味着在相对频带宽度一定的条件下,其可用工作频带宽,信息容量大.相对频带宽度的定义是:微波系统的工作频带宽度 Δf 与中心工作频率 f_0 之比.一般地说,微波系统的相对频带宽度越宽,则所需技术的难度和生产成本就越高.在相对频带宽度相同的条件下,微波系统的可用频带很宽(数百兆甚至上千兆赫兹),这是低频无线电波无法比拟的.因此,微波在通信领域内得到了广泛的应用.光波的频率比微波更高,所以光通信系统的信息容量就更大.

例如,一路标准数字电话需要 64 kHz 的频率带宽,一路标准模拟电视信号需要 8 MHz 的频率带宽.如果某个微波通信系统的相对频带宽度为 5‰,当其中心工作频率为 4.2 GHz 时(C 波段卫星),可以传输约 20 套标准模拟电视信号;当其中心工作频率为 12 GHz 时(Ku 波段卫星),可以传输约 60 套标准模拟电视信号.

常用的微波通信方式有微波同轴电缆通信、微波中继接力通信、微波卫星通信和微波空间通信等.图 1.2 是大型通信卫星地面站的天线及接收系统.图 1.3 是小型家用通信卫星地面接收系统.

图 1.2 大型通信卫星地面站

图 1.3 小型家用通信卫星地面站

1.2.2 微波的波长介于无线电波和光波之间

当波遇到障碍物时,如果波长大于障碍物尺寸时,波会发生绕射;如果波长小于障碍物尺寸或与障碍物尺寸相当时,波将会被反射.由于微波的波长范围恰好比自然界中的宏观物体(如山峰、建筑物、舰船、飞机、车辆、导弹等)的尺寸小或相当,所以,当微波照射在这些物体上时将会产生很强的反射.微波应用的一个重要领域——雷达就是根据这个原理工作的.另外,由于微波的波长比尘埃、云雾及空气中的水滴尺度大,所以微波穿过尘埃、云雾和中小雨的能力比光波强.因此,利用微波可以穿过尘埃、云雾及中小雨探测到自然界中的宏观物体.这是低频电磁波和光波都做不到的.引导飞行员在恶劣天气条件下降落的微波导航系统就是利用微波波长的这一特点工作的.

在大多数情况下,总是希望雷达系统和无线电通信系统具有较远的作用距离.要做到这一点的一个重要条件是:系统天线发射出去的电磁波波束应当尽量窄.电磁波波束的宽窄与电磁波波长和天线尺寸之比直接相关.以抛物线天线为例,天线波束角 $\alpha \approx 140° \times \lambda_0/D$,其中 D 为天线口径,λ_0 为发射电磁波的波长.假定需要得到 5° 的波束角,如果工作波长 λ_0 为 10 m(频率为 30 MHz),则天线的口径必须大于 280 m;如果工作波长 λ_0 为 3 mm(频率为 100 GHz),则天线的口径仅需 8.4 cm.天线尺度小是微波系统的主要优点之一.例如,C 波段(4.2 GHz)的卫星地面站天线口径一般为 3~5 m,而 Ku 波段(12 GHz)的卫星地面站天线口径只需 1 m 左右就可以了.天线小有利于微波系统的机动和隐蔽,也适合于安装在飞机、导弹和卫星上.

1.2.3 微波能穿透等离子体和电离层

由于微波既能穿透电离层(低频电磁波不行),也能穿透尘埃、云、雾(光波不行),因此,微波就成了卫星通信、空间通信和射电天文研究的重要手段.

根据石油起源于古生物遗体的"有机成因学说",公元 2000 年前后,地球上的石油贮藏量约为 1370 亿吨,可供人类再开采 40~50 年.而根据美国康奈尔大学天文学家托马斯·戈尔德教授提出的石油"无机成因学说",石油起源于 46 亿年前地球诞生时封存在地球深处的甲烷,可以供人类再开采 500 年.

尽管人们对这两种学说仍存在争论,但两种学说都认为石油资源是有限的,所以,开发受控核聚变能源是解决人类对能源"无限"需求的根本途径.受控核聚变的产生条件是高温,检测和控制核反应堆内部的温度是受控核聚变的关键.由于核反应堆中的高温会使气体发生电离,通过对核反应堆中等离子体的诊断,可以探测到核聚变反应堆内部的温度情况,从而实现受控核聚变.目前,研究受控核聚变的一个主要手段就是借助于微波、毫米波的等离子体诊断技术.

§1.3   微波系统与低频电路的差异

由于微波波长较短,微波的传输系统、微波元器件以及它们的工作原理和分析方法,都与直流、低频电路系统、低频元器件以及它们的工作原理和分析方法截然不同,见表 1.3.首先,在分析低频电路时,可以认为有关物理量在传输系统中是均匀分布的,因此只需考虑各物理量随时间的变化,而不考虑其空间分布.对于微波系统,必须同时考虑各物理量随时间的变化以及其空间分布.如图 1.4 所示,观察尺度与电磁波波长的相对关系决定了观察者所看到的物理现象的性质.所以,如果观察尺度相同,则对于低频电磁波信号,观察者看到的是物理量的振动,对于高频电磁波信号,观察者看到的是物理量的波动.

表   1.3

	低频电磁波系统	微波系统
物理量	电压、电流、电阻、电容、电感	功率、驻波比、模式、特性阻抗
传输系统	各种形式的双导体系统	真空、大气、金属波导、同轴线、微带传输线、介质波导等
电路形式	分立元件电路、集成电路	微带厚膜集成电路、薄膜集成电路

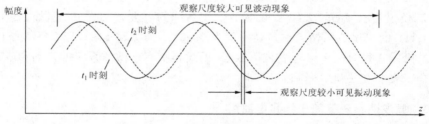

图 1.4   观察尺度与电磁波波长的相对关系决定物理现象的性质

例如,电磁波的频率若为 50 Hz,其波长即为 6000 km;电磁波的频率若为 100 GHz,其波长就只有 3 mm.如果电路的尺度为几十毫米,则在频率较高时,就必须考虑电磁场的空间分布.

由于微波的特点,微波电路不但采用了与低频电路不同的传输系统,而且在分析微波电路时也必须引入与低频电路不同的物理量.

§1.4   微波的应用

微波及微波技术的早期应用和发展是与第二次世界大战对雷达的需求分不开的.在第二次世界大战中及其战后的相当长时期内,微波产品的主要应用领域是在军事中.近几十年来,由于国际形势的变化以及微波产品价格的下降,微波产品在民用领域也得到了广泛的应用.微波的实际应用领域和潜在的应用领域是相当广泛的,这里只能就几个主要方面做些简单介绍.

1.4.1　雷达

雷达是微波技术的传统应用领域.雷达、青霉素和原子弹被称为第二次世界大战期间的三大科学发明.1931年至1935年,英国皇家无线电研究所的科学家首先发明了雷达,当时雷达的作用距离仅为80 km.雷达在第二次世界大战中投入实用,并在许多重要战役中起到了决定性的作用,其中包括著名的不列颠空战和中途岛海战.在不列颠空战中,是雷达引导处于劣势的英国空军顶住了德国空军的进攻.1940年,德国准备实施"海狮"作战计划,为了夺取英吉利海峡的制空权,德国投入了2400架作战飞机,英国投入了700架战斗机迎战.从1940年8月至1941年5月,德国共损失了1500架飞机,英国共损失了915架飞机.其中的主要原因是德国人没有雷达,也不知道雷达的工作原理.由于德国空军没能取得在英吉利海峡的制空权,德国被迫放弃了入侵英国本土的渡海作战.

由于雷达在第二次世界大战中的重要作用,第二次世界大战之后,世界各国都很重视发展雷达技术.现代雷达的种类很多,性能也日益提高,其应用领域也从军事领域向民用领域扩展.在军事领域里,有远程警戒雷达(见图1.5),其作用距离可达10 000 km以上;有现代相控阵雷达(见图1.6),它利用计算机控制其天线阵列,可以同时探测、跟踪几个甚至几十个目标;还有导弹制导雷达(见图1.7);弹头近爆引信雷达;等等.在民用领域中,有气象雷达(见图1.8)、导航雷达、汽车防撞雷达、警戒防盗雷达、遥感探测雷达、多普勒测速雷达(见图1.9)等.

图 1.5　预警飞机上的远程警戒雷达

图 1.6　驱逐舰上的相控阵雷达

图 1.7　空对空导弹的制导雷达

图 1.8　气象雷达及雷达云图

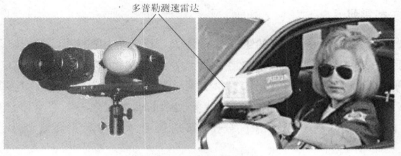

图 1.9 多普勒测速雷达

1.4.2 信息技术领域

微波通信系统的工作频带宽、信息容量大、机动性好,特别适合于卫星通信、宇航通信和移动通信等,因而在现代通信系统中占有相当重要的地位.微波、毫米波通信系统不但频带宽、信息容量大,而且还具有便于架设、机动性好、保密性好等优点.目前常见的蜂窝移动电话、寻呼机、微波电话网、微波电视网、卫星电视网等,都属于微波通信系统.在 21 世纪,全球个人通信将会成为现实.那时,不仅每个电话机有电话号码,每个人也将有自己的专用电话号码,就像每个人都有一个身份证号码一样.可以肯定,全球个人通信是绝对离不开微波通信系统的.

光纤通信是 20 世纪 60 年代开始发展起来的新型通信手段.它的技术基础是半导体激光器和光导纤维的发明.光纤通信具有传输距离长、通信容量极大等优点,是当前和未来通信网的主干.早期光纤通信系统的传输速率较低,目前已经从最初的几十 Mbit/s,发展到 140 Mbit/s,622 Mbit/s,2.488 Gbit/s,10 Gbit/s,甚至更高.可以看出,光纤通信系统基带信号的速率已经进入微波频段,这表明新一代光纤通信系统同样需要微波技术的支持.

电子计算机是人类在 20 世纪的最伟大发明之一.早期的电子计算机可以说与微波技术毫无联系.随着电子计算机芯片制造技术的不断进步,电子计算机的工作主频已经从 1979 年的 5 MHz 提高到 2004 年的 GHz 量级.英特尔(Intel)公司和惠普(HP)公司于 1997 年 10 月 15 日发布的 64 位计算机体系结构,其中微处理器的主频将达到 900 MHz. 2000 年,英特尔公司展示的新一代微处理器 Willamette 的主频已经达到 1.5 GHz. 2001 年,IBM 生产的便携机 Thinkpad T23d 的主频为 1.2 GHz. 2002 年,英特尔公司奔腾 4 系列芯片的主频已经达到 2.2 GHz,2004 年已达到 3.8～4 GHz. 由此可见,21 世纪的新型计算机系统也需要用到微波技术知识.

1.4.3 科学研究

微波作为一种科学研究的手段也得到了广泛的应用. 国际计量大会确定的时间标准——铯 133 原子时钟的谱线就是处在微波频段 9.192631770 GHz. 微波在物理学、天文学、化学、医学、气象学等科学领域里的应用导致了许多重要的科学发现和进展. 所谓 20 世纪 60 年代天文学的四大发现——类星体、中子星、2.7 K 微波背景辐射和星际有机分子, 都是利用微波作为主要观测手段而发现的.

2.7 K 微波背景辐射的发现被认为是 20 世纪天文学的重大成就, 它对现代宇宙学产生了深远的影响. 目前的看法认为: 微波背景辐射起源于热宇宙的早期, 这是对大爆炸宇宙学的强有力支持. 20 世纪 40 年代, 伽莫夫、海尔曼和阿尔菲根据当时已知的氦丰度和哈勃常数等资料, 预言宇宙间应充满具有黑体谱的残余辐射, 2.7 K 微波背景辐射的发现证实了该理论.

图 1.10 右图为美国宇航局探测卫星拍摄的宇宙微波背景辐射图像, 左图为美国宇航局计划于 2007 年发射的专用于研究宇宙微波背景辐射的探测卫星.

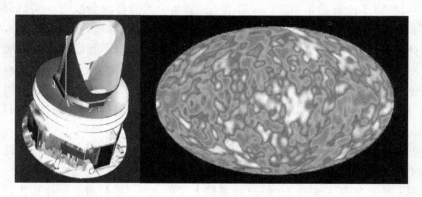

图 1.10 右图为美国宇航局探测卫星 (COBE) 拍摄的宇宙微波背景辐射图像, 左图为美国宇航局计划在 2007 年发射的普朗克 (Planck) 探测器, 该探测器将提供最高分辨率的宇宙微波背景辐射 (CMB) 图像

20 世纪 60 年代初, 贝尔实验室的美国科学家彭齐亚斯和 R.W. 威尔逊为了改进卫星通信系统, 建立了高灵敏度的接收系统. 1964 年, 他们用该系统测量银晕气体射电强度时, 发现总有消除不掉的背景噪声. 彭齐亚斯和威尔逊认为: 这些来自宇宙的波长为 7.35 cm 的微波背景噪声相当于 3.5 K 的热辐射. 1965 年他们又将其修正为 3 K, 并将这一实验发现公开发表, 彭齐亚斯和威尔逊为此获得了 1978 年的诺贝尔物理学奖.

　　激光器是人类在科学技术领域最具划时代意义的发明之一. 美国科学家汤斯,苏联科学家巴索夫和普罗霍罗夫长期从事微波、毫米波谐振、放大领域的理论和实验研究,并分别于 1953 年和 1958 年实现了所谓"微波激射". 汤斯为这项研究成果取名为"微波激射放大器"(Microwave Amplification by Stimulated Emission of Radiation),简称 MASER(微波激射器). 微波激射器的理论和实验成果直接导致了激光器的发明,汤斯、巴索夫和普罗霍罗夫因此获得了 1964 年的诺贝尔物理学奖.

1.4.4　其他领域

　　(1) 微波加热. 微波是一种特殊的能源,利用微波的热效应可以对一些物质进行加热. 各种不同的物质,在微波电磁场中,对微波能量的吸收情况是不一样的. 微波在导电物质表面会产生全反射,不能深入到导体内部. 因此,微波不能用来加热良导体,只能对介质材料进行加热. 由于介质材料内部存在极性分子,在微波电磁场的作用下,这些极性分子从原来的随机分布状态转向依照微波电磁场的极性排列取向. 由于这些取向是以微波频率高速变化的,这种交变过程使分子运动并相互摩擦而产生热能,从而使介质温度不断升高. 这种通过介质分子运动将微波能转化为热能的效应就是微波加热.

　　例如水分子是极性分子,它是最好的微波吸收介质. 所以,凡含有水分子的介质材料,吸收微波的能力都很强. 由非极性分子组成的介质材料,如聚乙烯、聚丙烯、聚四氟乙烯等塑料制品和陶瓷、玻璃等,基本上不吸收微波能量,且能使微波透过,故可作为微波加热用的容器.

　　微波加热有三个主要特点:

　　① 被加热物质内外同时均匀被加热,加热速度快,热能利用率高;

　　② 微波对介质材料的穿透能力比远红外强,其渗透深度与波长成正比,因而微波对介质材料的加热效率比远红外更高,微波甚至可以用于烧结特种陶瓷;

　　③ 微波磁控管的预热时间很短,一般开机 15 s 后即可开始加热,关机后立即停止加热,这有利于对加热过程进行精确的控制.

　　(2) 微波治疗. 微波可以对人体内的炎症、溃疡、肿瘤和其他病变产生抑制或治疗作用. 目前,已经有很多类型的微波治疗仪器投入了实用.

　　(3) 微波武器. 微波武器的工作原理与微波炉基本相同. 高能微波束可以干扰甚至摧毁敌方的各种电子设备;可以引爆敌方的炮弹、导弹,甚至核武器等;可以干扰敌方人员的神经系统和大脑的思维,可以灼伤人的眼睛和人体组织,破坏大脑、心脏和呼吸系统的工作,直至杀伤敌方的人员.

　　微波武器、激光武器和粒子束武器被称为新一代定向能武器,它们都是光速武器,而且看不见摸不着. 微波武器又是这三种新概念兵器中研制费用最低、最容易实现的一种.

§1.5　微波系统的基本分析方法

在电磁波频谱中,微波的位置处于甚高频和光波之间.研究低频电磁波系统的理论有电磁学和电子线路等,研究光波的理论有几何光学和波动光学等,研究微波系统的理论就是微波技术.概括地讲,微波技术包含两种基本分析方法:

(1) 经典电磁场理论.微波技术的基本研究方法是"场解法".场解法就是在一定的边界条件下,求解麦克斯韦方程组.从理论上讲,所有微波技术中的问题都可以用场解法求解.遗憾的是,除了在非常简单的边界条件下可以得到封闭的场解,在某些边界条件下可以借助于电子计算机得到数值解外,在大多数的边界条件下,由于数学上的困难不能得到封闭的场解.场解法的贡献是引出了一个重要的新概念——模式.

(2) 微波等效电路理论.在微波工程应用领域中,需要有简便的工程计算方法.在一定的条件下,类比于低频电路的概念,可以将本质上属于"场"的微波电路化为微波等效电路,从而使微波工程的计算和分析得到简化.

对于大多数微波工程问题,由于不可能得到封闭的场解,所以在解决微波工程问题时,需要在基本理论、基本概念和近似计算的指导下,进行大量的实验和调试.因此可以说,基本概念和实验技能是微波技术的基本内核,清晰的基本概念和熟练的实验技能是微波工程技术人员应该具备的基本素质.

第二章　电磁波传输系统理论

§2.1　简　　介

我们将定向传输电磁能量的线路称为电磁波传输系统,将沿传输系统传播的电磁波称为导行电磁波.当电磁波的频率较低时,只要用两根导线就可以将电磁能量从电磁波源传输到负载.但是,当电磁波的频率较高,以致其波长能与两根导线之间的距离相比拟时,电磁能量将不仅仅沿着导线传输,还会通过导线向自由空间辐射.也就是说,在微波频率下,双导线系统可能起到天线的作用,因此不能用来定向传输电磁能量.

为了避免微波能量的辐射损耗,人们首先想到的是采用具有封闭形式的双导线传输系统——同轴线.同轴线将电磁场完全限制在内、外导体之间,因而消除了辐射损耗.

同轴线可以说是由双导线传输系统演变成的.随着微波系统工作频率的提高,为了保证单模传输,同轴线的横截面尺寸必须大大减小,这就产生了新的问题:

(1) 同轴线横截面尺寸的减小,使得同轴线的欧姆损耗增大,这种损耗主要来自内导体表面.

(2) 同轴线横截面尺寸的减小,使得在相同电压条件下,同轴线内电场强度增大,因而容易产生击穿,而且击穿将首先发生在内导体表面.事实上,同轴线是不能工作在高频和大功率条件下的.

为了解决同轴线存在的问题,早在 20 世纪初,人们就想到采用空心金属管(去掉引起损耗和击穿的主要因素——内导体)传输微波能量,并开始进行实验和理论研究.研究结果表明:只要金属管的横截面尺寸与电磁波波长相比足够大,就可以用来定向传输电磁波能量.能够定向传输电磁波的空心金属管就是微波金属波导.与同轴线相比,金属波导的优点是:损耗小,功率容量大;缺点是:单模工作频带较窄.双导线、同轴线、圆波导的结构如图 2.1 所示.

近几十年发展起来的微波固态器件和微带传输线使微波系统的体积、重量大为减小.微带传输线也是一种双线传输系统,它与常规双线传输系统的区别在于:两导体之间的距离非常近(相对于工作波长).微带传输线具有工作频带宽、体积小、重量轻、可以构成微波集成电路等优点;其缺点是损耗较大,功率容

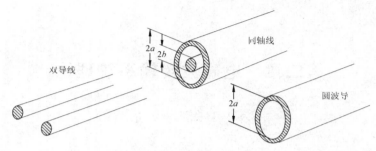

图 2.1 双导线、同轴线、圆波导结构示意图

量较小.

目前常用的微波传输系统有同轴线、金属波导、微带传输线、介质波导（光纤就属于介质波导）等.

从本章开始,我们将采用电磁场理论的方法,分析微波传输系统的工作特性.首先,讨论任意横截面传输系统中导行电磁波的一般理论,并对导行电磁波进行分类;然后分别讨论矩形波导、圆形波导、同轴线.在第六章和第七章中将分别讨论微带传输线和介质波导（光纤）.

§2.2 麦克斯韦方程组和边界条件

麦克斯韦方程组是从电磁实验定律中总结出来的,由它得出的推论与实验结果相符,证明麦克斯韦方程组是描述宏观电磁现象的普遍规律.

麦克斯韦方程组的微分形式为

$$\nabla \times \boldsymbol{H} = \boldsymbol{J} + \frac{\partial \boldsymbol{D}}{\partial t}, \tag{2-1a}$$

$$\nabla \times \boldsymbol{E} = -\frac{\partial \boldsymbol{B}}{\partial t}, \tag{2-1b}$$

$$\nabla \cdot \boldsymbol{D} = \rho, \tag{2-1c}$$

$$\nabla \cdot \boldsymbol{B} = 0. \tag{2-1d}$$

其中 $\boldsymbol{E}(x,y,z,t)$ 为电场强度,单位为 V/m;$\boldsymbol{D}(x,y,z,t)$ 为电位移,单位为 C/m^2;$\boldsymbol{H}(x,y,z,t)$ 为磁场强度,单位为 A/m;$\boldsymbol{B}(x,y,z,t)$ 为磁感应强度,单位为 T;$\boldsymbol{J}(x,y,z,t)$ 为电流面密度,单位为 A/m^2;$\rho(x,y,z,t)$ 为自由电荷体密度,单位为 C/m^3.

电磁场的各矢量之间还要满足如下的辅助方程:

$$\boldsymbol{D}(x,y,z,t) = \varepsilon \boldsymbol{E}(x,y,z,t), \tag{2-2a}$$

$$\boldsymbol{B}(x,y,z,t) = \mu \boldsymbol{H}(x,y,z,t), \tag{2-2b}$$

$$\boldsymbol{J}(x,y,z,t) = \sigma \boldsymbol{E}(x,y,z,t), \tag{2-2c}$$

这里的 ε,μ,σ 是表征介质电磁性质的三个参量,它们都有量纲,一般说来可能与 x,y,z,t 有关. ε 为电容率(又称介电常数),单位为 F/m; μ 为磁导率,单位为 H/m; σ 为电导率,单位为 S/m. 真空中的介电常数和磁导率分别为 $\varepsilon_0 = 8.854 \times 10^{-12}$ F/m, $\mu_0 = 1.2566 \times 10^{-6}$ H/m, 它们都有量纲, 且与 x,y,z,t 无关.

对于均匀(量值与空间、时间无关)、线性(量值与场强无关,不产生新的频率分量,可以应用线性叠加原理)、各向同性(量值与方向无关)的介质,可以按下式分别定义相对介电常数和相对磁导率:

$$\varepsilon_r = \varepsilon/\varepsilon_0, \tag{2-3a}$$

$$\mu_r = \mu/\mu_0, \tag{2-3b}$$

ε_r 和 μ_r 都是相对于真空而言的相对值,它们是量纲一的量.

方程组(2-1)中的 E, H, D 和 B 均为瞬时值. 它们与时间 t 的函数关系取决于场源电流面密度 J 和场源自由电荷体密度 ρ 与时间 t 的函数关系及它们的边界条件.

从原则上讲,可以在任意边界条件下,通过求解方程组(2-1)来求解电磁场的问题. 但是, 由于数学上的困难, 实际上只能在某些特定的条件下或假设下才能求解它.

因为场量 $E(x,y,z,t)$ 和 $H(x,y,z,t)$ 都是矢量,而且是 x,y,z,t 的函数, 所以麦克斯韦方程组是一个矢量偏微分方程组.

求解矢量偏微分方程的基本方法是:分别求解各矢量分量所满足的偏微分方程. 求解偏微分方程的基本方法是分离变量法. 分离变量法就是将适当形式的试探解代入偏微分方程, 从而将偏微分方程分解为若干个常微分方程.

求解一个任意截面、无限长、均匀传输系统(所谓均匀传输系统是指传输系统的横截面沿 z 轴无变化)内的电磁场 $E(x,y,z,t)$ 和 $H(x,y,z,t)$, 需要在一定的边界条件下, 求解麦克斯韦微分方程组(2-1).

在求解麦克斯韦微分方程组(2-1)之前,首先假设传输系统内填充的介质是无损耗的理想介质, 那么场源自由电荷体密度 ρ 就应为零, 电导率 σ 也应为零. 在此假设条件下,可以分以下六个步骤,求解麦克斯韦微分方程组(2-1).

2.2.1 分离变量 t

在一般情况下,我们无法预计麦克斯韦微分方程组解的形式,然而,在均匀、线性、各向同性的理想介质中,麦克斯韦微分方程组的解可以采用简谐场的复数表达式描述. 用简谐场描述麦克斯韦微分方程组的解也有助于分离变量 t. 因此,可以将电场矢量写为

$$E(x,y,z,t) = \mathrm{Im}[E(x,y,z)\,\mathrm{e}^{\mathrm{j}\omega t}]$$

$$= \mathrm{Im}\{[\boldsymbol{i}_x E_x(x,y,z)\mathrm{e}^{\mathrm{j}\varphi_x} + \boldsymbol{i}_y E_y(x,y,z)\mathrm{e}^{\mathrm{j}\varphi_y} + \boldsymbol{i}_z E_z(x,y,z)\mathrm{e}^{\mathrm{j}\varphi_z}]\mathrm{e}^{\mathrm{j}\omega t}\}$$

$$= \boldsymbol{i}_x E_x(x,y,z)\sin(\omega t + \varphi_x) + \boldsymbol{i}_y E_y(x,y,z)\sin(\omega t + \varphi_y)$$

$$+ \boldsymbol{i}_z E_z(x,y,z)\sin(\omega t + \varphi_z). \tag{2-4}$$

同理，$\boldsymbol{H},\boldsymbol{D},\boldsymbol{B},\boldsymbol{J}$ 矢量也都可以写成类似的复数表达式.

将方程组(2-1)中各矢量以复数表示，由于

$$\rho = 0, \quad \sigma = 0, \quad \frac{\partial}{\partial t}\mathrm{e}^{\mathrm{j}\omega t} = \mathrm{j}\omega\mathrm{e}^{\mathrm{j}\omega t},$$

在完成微分运算后，就得到复数形式的麦克斯韦方程组：

$$\nabla \times \boldsymbol{H}(x,y,z) = \mathrm{j}\omega\varepsilon\boldsymbol{E}(x,y,z), \tag{2-5a}$$

$$\nabla \times \boldsymbol{E}(x,y,z) = -\mathrm{j}\omega\mu\boldsymbol{H}(x,y,z), \tag{2-5b}$$

$$\nabla \cdot \boldsymbol{D}(x,y,z) = 0, \tag{2-5c}$$

$$\nabla \cdot \boldsymbol{B}(x,y,z) = 0. \tag{2-5d}$$

从方程组(2-1)到方程组(2-5)，我们将瞬时值形式的麦克斯韦方程组化成了复数形式的麦克斯韦方程组. 这一过程等效于将对时间的偏导数运算改为乘以因子 $\mathrm{j}\omega$. 这样做的结果是：方程组(2-1)中的四个变量 x,y,z,t 减少为方程组(2-5)中的三个变量 x,y,z，方程组得到了简化. 由麦克斯韦方程组的复数形式可知，在均匀、线性、各向同性的无损耗理想介质中，电场与磁场在空间上正交.

2.2.2　将复数形式的麦克斯韦方程组化为波动方程

求解麦克斯韦方程组(2-5)，还需对它做进一步消元处理.

由方程(2-5b)

$$\nabla \times \boldsymbol{E}(x,y,z) = -\mathrm{j}\omega\mu\boldsymbol{H}(x,y,z),$$

有 $\nabla \times \nabla \times \boldsymbol{E}(x,y,z) = -\mathrm{j}\omega\mu\,\nabla \times \boldsymbol{H}(x,y,z)$，代入方程(2-5a)

$$\nabla \times \boldsymbol{H}(x,y,z) = \mathrm{j}\omega\varepsilon\boldsymbol{E}(x,y,z),$$

根据矢量恒等式 $\nabla \times \nabla \times \boldsymbol{A} = \nabla(\nabla \cdot \boldsymbol{A}) - \nabla^2\boldsymbol{A}$ 和理想介质内部无自由电荷的条件，$\nabla \cdot \boldsymbol{E}(x,y,z) = 0$，可得

$$\nabla^2\boldsymbol{E}(x,y,z) + \omega^2\mu\varepsilon\boldsymbol{E}(x,y,z) = 0, \tag{2-6a}$$

同理可得

$$\nabla^2\boldsymbol{H}(x,y,z) + \omega^2\mu\varepsilon\boldsymbol{H}(x,y,z) = 0, \tag{2-6b}$$

方程(2-6)就是理想介质中电磁场的波动方程. $\boldsymbol{E}(x,y,z),\boldsymbol{H}(x,y,z)$ 是以 $x,y,$ z 为自变量的矢量. 到此为止，我们完成了将麦克斯韦方程组化为波动方程的工作.

2.2.3 分离变量 z

我们注意到,在电磁波传输系统的传输方向上,边界条件最为简单.在极限情况下,此方向上是无边界的.通常规定 z 方向作为电磁波传输系统的传输方向.可以设想:在电磁场的传播方向——z 方向上,电场 $\boldsymbol{E}(x,y,z)$ 和磁场 $\boldsymbol{H}(x,y,z)$ 随 z 的变化呈现波动性;而在 x 和 y 方向上,电场 $\boldsymbol{E}(x,y,z)$ 和磁场 $\boldsymbol{H}(x,y,z)$ 肯定不具有波动性.以后还会看到,在 x 和 y 方向上,电场 $\boldsymbol{E}(x,y,z)$ 和磁场 $\boldsymbol{H}(x,y,z)$ 都呈现振动特性.由于电场矢量 $\boldsymbol{E}(x,y,z)$ 沿纵向和横向具有不同的函数特征,电场矢量 $\boldsymbol{E}(x,y,z)$ 就可能用两个函数的乘积来描述.因此,波动方程(2-6a)的试探解可以写为

$$\boldsymbol{E}(x,y,z) = \boldsymbol{E}(x,y)Z(z), \tag{2-7}$$

其中 $\boldsymbol{E}(x,y,z)$,$\boldsymbol{E}(x,y)$ 是矢量,$Z(z)$ 是标量.

将式(2-7)代入式(2-6a),即有

$$\nabla^2\big[\boldsymbol{E}(x,y)Z(z)\big] + \omega^2\mu\varepsilon\big[\boldsymbol{E}(x,y)Z(z)\big] = 0. \tag{2-8a}$$

由于

$$\nabla^2 = \frac{\partial^2}{\partial x^2} + \frac{\partial^2}{\partial y^2} + \frac{\partial^2}{\partial z^2} = \nabla_t^2 + \frac{\partial^2}{\partial z^2},$$

则

$$\frac{1}{\boldsymbol{E}(x,y)}\nabla_t^2\boldsymbol{E}(x,y) + \frac{1}{Z(z)}\frac{\partial^2 Z(z)}{\partial z^2} + \omega^2\mu\varepsilon = 0. \tag{2-8b}$$

两个自变量不相同的函数之和等于常数,则这两个函数必分别为常数.可设

$$\frac{1}{Z(z)}\frac{\partial^2 Z(z)}{\partial z^2} = k_z^2, \tag{2-9a}$$

则可以得到关于纵向自变量和横向自变量的微分方程:

$$\frac{\mathrm{d}^2 Z(z)}{\mathrm{d}z^2} - k_z^2 Z(z) = 0, \tag{2-9b}$$

$$\big[\nabla_t^2 + (\omega^2\mu\varepsilon + k_z^2)\big]\boldsymbol{E}(x,y) = 0, \tag{2-10a}$$

其中 $\omega\sqrt{\mu\varepsilon} = \omega\dfrac{\sqrt{\mu_r\varepsilon_r}}{c} = \dfrac{2\pi\sqrt{\mu_r\varepsilon_r}}{\lambda_0}$,$c$ 为真空光速,λ_0 为电磁波在真空中的波长,k_z 是在分离变量 z 时引入的参数.

可以直接写出式(2-9)的通解:

$$Z(z) = A^+ \mathrm{e}^{-k_z z} + A^- \mathrm{e}^{+k_z z}. \tag{2-9c}$$

电磁波在传输过程中,其振幅沿传输方向总是逐渐减小的,可以规定:

$A^+ \mathrm{e}^{-k_z z}$ 为正向波,即当 z 增大时($\Delta z > 0$)波振幅减小;

$A^- \mathrm{e}^{+k_z z}$ 为反向波,即当 z 减小时($\Delta z < 0$)波振幅减小.

A^+ 和 A^- 是积分常数,可由电磁波在无穷远处的边界条件和激励条件确定.

方程(2-10a)是一个典型的本征值方程.本征值方程是用分离变量法求解边值问题的必然结果.本征值方程的求解被称为本征值问题,就是在一定的边界条件下,求解含参数$(\omega^2\mu\varepsilon+k_z^2)$的齐次常微分方程的非零解（本征函数）以及相应的参数值(本征值)的问题.

在我们的问题中,方程(2-10a)的本征函数就是传输系统中电磁场沿横向分布的数学表达式$E(x,y)$和$H(x,y)$.对应于方程(2-10a)的每一个本征函数,存在一个相应的本征值.本征值实际上是由边界条件确定的,而只有在$(\omega^2\mu\varepsilon+k_z^2)^{1/2}$等于本征值的条件下,本征方程才有非零解.换句话说,只有当$(\omega^2\mu\varepsilon+k_z^2)^{1/2}$等于那些由边界条件决定的特定的数值(本征值)时,方程(2-10a)才有我们关心的、有物理意义的非零解.

方程(2-10a)的进一步求解将在以后的章节中详细讨论.根据以上的说明,可以写出电场的矢量表达式为

$$E(x,y,z,t)=\text{Im}\{A_E^+E(x,y)\text{e}^{(\text{j}\omega t-k_z z)}+A_E^-E(x,y)\text{e}^{(\text{j}\omega t+k_z z)}\}. \quad (2\text{-}11\text{a})$$

根据电磁场矢量波动方程的对称性,可以写出磁场的矢量表达式为

$$[\nabla_t^2+(\omega^2\mu\varepsilon+k_z^2)]H(x,y)=0, \quad (2\text{-}10\text{b})$$

$$H(x,y,z,t)=\text{Im}[A_H^+H(x,y)\text{e}^{(\text{j}\omega t-k_z z)}+A_H^-H(x,y)\text{e}^{(\text{j}\omega t+k_z z)}]. \quad (2\text{-}11\text{b})$$

方程(2-10)中$(\omega^2\mu\varepsilon+k_z^2)$的值等于方程由边界条件确定的本征值时,方程才有非零解.可以用k_c表示这个本征值,则有

$$k_c^2=(\omega^2\mu\varepsilon+k_z^2). \quad (2\text{-}12\text{a})$$

由于k_c,k_z是我们引入的参数,它们应当与$\omega\sqrt{\mu\varepsilon}$具有相同的量纲.因此,可以定义

$$k_c=\frac{2\pi}{\lambda_c}. \quad (2\text{-}12\text{b})$$

由于k_c是波动方程(2-10)的本征值,因此λ_c就是仅由横向边界条件的几何形状确定的传输线的固有特性,被称为截止波长,关于它的物理意义将在以后的章节中详细讨论.

根据式(2-12a)可得

$$k_z=\sqrt{k_c^2-\omega^2\mu\varepsilon}=\frac{2\pi\sqrt{\mu_r\varepsilon_r}}{\lambda_0}\sqrt{\frac{1}{\mu_r\varepsilon_r}\left(\frac{\lambda_0}{\lambda_c}\right)^2-1}, \quad (2\text{-}13)$$

其中ω为电磁波的角频率,λ_0为电磁波在真空中的波长.

k_z也常写为γ,称为传播常数($\gamma=\alpha+\text{j}\beta,\alpha$常称为衰减常数,$\beta$称为相位常数,理想传输线在传播状态下$\alpha=0$,所以也常称$\beta$为传播常数),它由电磁波在真空中的波长、传输系统的截止波长以及传输系统内的填充介质材料决定.由表达式(2-11)可以看出,k_z的值决定了电磁波的波动形式.当k_z的值是实数时,电

磁波沿传输方向迅速衰减,不能有效地传输,通常称为截止状态.当 k_z 的值是虚数时,电磁波沿传输方向呈现波动状态,通常称为传输状态.根据式(2-13),k_z 是实数还是虚数,以及它取值的大小,将由 λ_c 与 λ_0 的比值确定.

当 $\dfrac{\lambda_0}{\sqrt{\mu_r\varepsilon_r}}$ 由小于 λ_c 变到大于 λ_c 时,电磁波将由传输状态转变到截止状态,

而 $\dfrac{\lambda_0}{\sqrt{\mu_r\varepsilon_r}}$ 等于 λ_c 时,恰好是这一转变过程的分界点.这就是 λ_c 的物理意义和它

被称作截止波长的原因.

1. 传输线的传输状态

当 $\dfrac{\lambda_0}{\sqrt{\mu_r\varepsilon_r}}<\lambda_c$ 时,按照式(2-13),k_z 为虚数,通常写为 $k_z=\mathrm{j}\beta$,

$$\beta=\frac{2\pi\sqrt{\mu_r\varepsilon_r}}{\lambda_0}\sqrt{1-\frac{1}{\mu_r\varepsilon_r}\left(\frac{\lambda_0}{\lambda_c}\right)^2},\qquad(2\text{-}14\mathrm{a})$$

β 被称为导行电磁波的传播常数.需要注意的是,此处的 λ_0 是微波系统中传输的电磁波在真空中的相应波长,λ_c 是仅与波导几何参数有关的常量.按照式(2-11),此时波动方程解的形式为

$$\begin{aligned}
\boldsymbol{E}(x,y,z,t)&=\mathrm{Im}\{A_{\boldsymbol{E}}^{\mp}[i_x E_x(x,y)+i_y E_y(x,y)+i_z E_z(x,y)]\mathrm{e}^{\mathrm{j}(\omega t\pm\beta z)}\}\\
&=A_{\boldsymbol{E}}^{+}\boldsymbol{E}(x,y)\sin(\omega t-\beta z)+A_{\boldsymbol{E}}^{-}\boldsymbol{E}(x,y)\sin(\omega t+\beta z),\quad(2\text{-}15\mathrm{a})
\end{aligned}$$

$$\begin{aligned}
\boldsymbol{H}(x,y,z,t)&=\mathrm{Im}\{A_{\boldsymbol{H}}^{\mp}[i_x H_x(x,y)+i_y H_y(x,y)+i_z H_z(x,y)]\mathrm{e}^{\mathrm{j}(\omega t\pm\beta z)}\}\\
&=A_{\boldsymbol{H}}^{+}\boldsymbol{H}(x,y)\sin(\omega t-\beta z)+A_{\boldsymbol{H}}^{-}\boldsymbol{H}(x,y)\sin(\omega t+\beta z).\quad(2\text{-}15\mathrm{b})
\end{aligned}$$

式(2-15)虽然还不是波动方程的最终解,但已经可以从中引出一些重要的新概念:

(1) 在理想介质中,导行电磁波的振幅只与横向坐标有关.

(2) 传播常数 β 反映了电磁波沿传输方向上相位的变化速率.由于这种状态的解描述的是波动过程,因此,这种状态称为传输状态.与此状态相应的条件是

$$\frac{\lambda_0}{\sqrt{\mu_r\varepsilon_r}}<\lambda_c,$$

这一条件就是所谓的电磁波传输条件.即:当传输系统的横向尺寸相对于电磁波波长足够大时,就可以有效传输电磁波.

(3) 电磁波在传输系统中的相速度 v_p.相速度的定义:导行电磁波等相位面沿传输方向 z 运动的速度为相速度 v_p.由式(2-15)可知,电磁波的相位因子与时间 t 和坐标 z 有关.对于一个相位值确定的相位面,随着时间的变化,其坐标 z 必然变化,那么坐标 z 与时间 t 的相对变化率就是相速度.也就是说,欲求相速度,可令相位因子为常数,并对其求时间的导数.即:令 $(\omega t-\beta z)=$ 常数,

$$\frac{\mathrm{d}}{\mathrm{d}t}(\omega t - \beta z) = \omega - \beta \frac{\mathrm{d}z}{\mathrm{d}t} = 0,$$

则相速度为

$$v_{\mathrm{p}} = \frac{\mathrm{d}z}{\mathrm{d}t} = \frac{\omega}{\beta} = \frac{2\pi f}{\beta}. \tag{2-16}$$

（4）电磁波在传输系统中的波导波长 λ_{g}. 由于电磁波的相位因子与时间 t 和坐标 z 有关,那么对于任意确定时刻,电磁波的相位由坐标 z 确定. 波导波长的定义：在任意时刻,相邻等相位面沿传输系统传输方向上的间距为波导波长 λ_{g}.

令 $(\omega t_0 - \beta z_0) - (\omega t_0 - \beta z) = 2\pi$,则 $(z - z_0)$ 即为波导波长 λ_{g},由此可得到

$$\lambda_{\mathrm{g}} = \frac{2\pi}{\beta}, \tag{2-17a}$$

因此,电磁波在传输系统中的相速度 v_{p} 也可表示为

$$v_{\mathrm{p}} = \lambda_{\mathrm{g}} f. \tag{2-17b}$$

（5）电磁波在传输系统中的群速度 v_{g}. 电磁波能量,或者说电磁波信号的传输速度称为群速度 v_{g}.

可以证明,群速度与相速度之间满足关系

$$v_{\mathrm{p}} \cdot v_{\mathrm{g}} = \frac{c^2}{\mu_{\mathrm{r}} \varepsilon_{\mathrm{r}}},$$

所以群速度为

$$v_{\mathrm{g}} = \frac{c}{\mu_{\mathrm{r}} \varepsilon_{\mathrm{r}}} \frac{\lambda_0}{\lambda_{\mathrm{g}}}. \tag{2-18}$$

因为导行电磁波的波导波长总是大于其在相同介质中的自由空间波长,所以,导行电磁波的群速度总是小于其在相同介质中的自由空间速度,而导行电磁波的相速度总是大于其在相同介质中的自由空间速度. 相速度等于群速度的电磁波称为非色散波,否则称为色散波. 由式(2-14)和式(2-16)可知,只有截止波长 λ_{c} 趋于无穷大的电磁波才是非色散波. 色散是一个很重要的概念,色散将导致不同频率的电磁波沿传输方向上的运动速度不同,即不同频率的电磁波具有不同的群速度. 色散的害处在于：它将导致具有一定频谱宽度的电磁波信号在传输过程中产生波形失真.

图 2.2 和图 2.3 描述了电磁波波长 λ、波导波长 λ_{g}、自由空间光速 c、相速度 v_{p}、群速度 v_{g} 等参数之间的关系. 由图 2.3 可见,电磁波是借助于波导壁的全反射在波导内传输的. 模式不同或频率不同的电磁波具有不同的 α 角,因而具有不同的相速度和群速度. 当 $\alpha = 0$ 时, $v_{\mathrm{p}} \to \infty$, $v_{\mathrm{g}} = 0$,电磁波处于截止状态. 此时,电磁波在波导壁之间来回反射（横向谐振）,不能有效传输. 电磁波的频率越高,则

α 角越大,这时相速度 v_p、群速度 v_g 都逐渐趋近于光速 c.

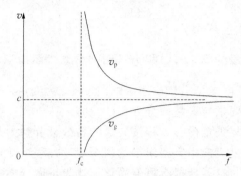

图 2.2 导行电磁波的相速度、群速度与频率的关系

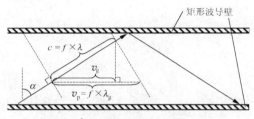

图 2.3 相速度、群速度关系示意图

我们已经引入了传播常数 β、波导波长 λ_g、相速度 v_p、群速度 v_g 的概念. 在它们的数学表达式中,唯一的未知量是截止波长 λ_c. 只有在求出方程(2-10)的本征值后,才能求出截止波长 λ_c. 我们将在以后的章节中,根据传输系统的具体边界条件求解 λ_c.

2. 传输线的截止状态

当 $\dfrac{\lambda_0}{\sqrt{\mu_r \varepsilon_r}} > \lambda_c$ 时,按照式(2-12),k_z 为实数,写为 $k_z = \alpha$.

$$\alpha = \frac{2\pi \sqrt{\mu_r \varepsilon_r}}{\lambda_0} \sqrt{\frac{1}{\mu_r \varepsilon_r}\left(\frac{\lambda_0}{\lambda_c}\right)^2 - 1}, \qquad (2\text{-}14\text{b})$$

α 称为电磁波的衰减常数,按照式(2-11),此时波动方程(2-6)解的形式为

$$\boldsymbol{E}(x,y,z,t) = \mathrm{Im}[A_E^+ \boldsymbol{E}(x,y)\mathrm{e}^{(\mathrm{j}\omega t - \alpha z)} + A_E^- \boldsymbol{E}(x,y)\mathrm{e}^{(\mathrm{j}\omega t + \alpha z)}], \quad (2\text{-}15\text{c})$$

$$\boldsymbol{H}(x,y,z,t) = \mathrm{Im}[A_H^+ \boldsymbol{H}(x,y)\mathrm{e}^{(\mathrm{j}\omega t - \alpha z)} + A_H^- \boldsymbol{H}(x,y)\mathrm{e}^{(\mathrm{j}\omega t + \alpha z)}]. \quad (2\text{-}15\text{d})$$

显然,此时波动方程(2-6)的解已经不具有波动性了. 这时电磁场的时变规律是逐渐衰减的正弦振荡,其振幅沿 $\pm z$ 轴按指数规律衰减,完全没有波向前传播的特性. 这里电磁波的振幅沿 $\pm z$ 轴按指数规律衰减并不意味着有电磁能量的丢失,而只是表明了电磁能量的分布特征. 这时我们称电磁波在传输系统中处于截止状态. 截止状态不能长距离、有效地传输电磁能量和信号,与此相应的条件

$$\frac{\lambda_0}{\sqrt{\mu_r \varepsilon_r}} > \lambda_c$$

称为导行电磁波的截止条件.

2.2.4　用电磁场矢量的 $E_z(x,y)$ 和 $H_z(x,y)$ 分量表示电磁场矢量的其他分量

我们已经求出了电磁场沿传输系统纵向（以 z 为变量）的分布特征,要完全求解波动方程,还需要求解矢量微分方程(2-10).

一般说来,可以将矢量微分方程按矢量的各分量分解为几个标量微分方程,然后分别求解. 考察麦克斯韦方程组中的两个旋度方程可知,电磁场矢量的各个分量不是相互独立的,这就使得有可能简化上述矢量微分方程的求解方法. 根据

$$\nabla \times \boldsymbol{H}(x,y,z) = \begin{vmatrix} \boldsymbol{i}_x & \boldsymbol{i}_y & \boldsymbol{i}_z \\ \dfrac{\partial}{\partial x} & \dfrac{\partial}{\partial y} & \dfrac{\partial}{\partial z} \\ H_x & H_y & H_z \end{vmatrix} = \mathrm{j}\omega\boldsymbol{\varepsilon}\boldsymbol{E}(x,y,z), \qquad (2\text{-}19\mathrm{a})$$

$$\nabla \times \boldsymbol{E}(x,y,z) = \begin{vmatrix} \boldsymbol{i}_x & \boldsymbol{i}_y & \boldsymbol{i}_z \\ \dfrac{\partial}{\partial x} & \dfrac{\partial}{\partial y} & \dfrac{\partial}{\partial z} \\ E_x & E_y & E_z \end{vmatrix} = -\mathrm{j}\omega\mu\boldsymbol{H}(x,y,z), \qquad (2\text{-}19\mathrm{b})$$

可以得到 6 个分量方程,取其中 $\boldsymbol{i}_x$, $\boldsymbol{i}_y$ 两个方向的分量方程得

$$\frac{\partial}{\partial y}H_z(x,y,z) - \frac{\partial}{\partial z}H_y(x,y,z) = \mathrm{j}\omega\varepsilon E_x(x,y,z), \qquad (2\text{-}20\mathrm{a})$$

$$\frac{\partial}{\partial z}H_x(x,y,z) - \frac{\partial}{\partial x}H_z(x,y,z) = \mathrm{j}\omega\varepsilon E_y(x,y,z), \qquad (2\text{-}20\mathrm{b})$$

$$\frac{\partial}{\partial y}E_z(x,y,z) - \frac{\partial}{\partial z}E_y(x,y,z) = -\mathrm{j}\omega\mu H_x(x,y,z), \qquad (2\text{-}20\mathrm{c})$$

$$\frac{\partial}{\partial z}E_x(x,y,z) - \frac{\partial}{\partial x}E_z(x,y,z) = -\mathrm{j}\omega\mu H_y(x,y,z). \qquad (2\text{-}20\mathrm{d})$$

已知导行电磁波可以用式(2-15)表示,将 $\boldsymbol{E}(x,y,z,t)$, $\boldsymbol{H}(x,y,z,t)$ 的相应分量代入方程组(2-20),完成关于变量 z 的偏微分运算后,则有

$$\frac{\partial}{\partial y}H_z(x,y) \mp \mathrm{j}\beta H_y(x,y) = \mathrm{j}\omega\varepsilon E_x(x,y), \qquad (2\text{-}21\mathrm{a})$$

$$\pm \mathrm{j}\beta H_x(x,y) - \frac{\partial}{\partial x}H_z(x,y) = \mathrm{j}\omega\varepsilon E_y(x,y), \qquad (2\text{-}21\mathrm{b})$$

$$\frac{\partial}{\partial y}E_z(x,y) \mp \mathrm{j}\beta E_y(x,y) = -\mathrm{j}\omega\mu H_x(x,y), \qquad (2\text{-}21\mathrm{c})$$

$$\pm \mathrm{j}\beta E_x(x,y) - \frac{\partial}{\partial x}E_z(x,y) = -\mathrm{j}\omega\mu H_y(x,y), \qquad (2\text{-}21\mathrm{d})$$

其中上一行符号为反向波,下一行符号为正向波. 将 $E_z(x,y)$,$H_z(x,y)$ 视为已知函数,就可以从方程组(2-21)中解出 $E_x(x,y)$,$E_y(x,y)$,$H_x(x,y)$,$H_y(x,y)$:

$$E_x(x,y) = \frac{-\mathrm{j}}{k_c^2}\left[\omega\mu\frac{\partial}{\partial y}H_z(x,y) \pm \beta\frac{\partial}{\partial x}E_z(x,y)\right], \qquad (2\text{-}22\mathrm{a})$$

$$E_y(x,y) = \frac{-\mathrm{j}}{k_c^2}\left[-\omega\mu\frac{\partial}{\partial x}H_z(x,y) \pm \beta\frac{\partial}{\partial y}E_z(x,y)\right], \qquad (2\text{-}22\mathrm{b})$$

$$H_x(x,y) = \frac{-\mathrm{j}}{k_c^2}\left[-\omega\varepsilon\frac{\partial}{\partial y}E_z(x,y) \pm \beta\frac{\partial}{\partial x}H_z(x,y)\right], \qquad (2\text{-}22\mathrm{c})$$

$$H_y(x,y) = \frac{-\mathrm{j}}{k_c^2}\left[\omega\varepsilon\frac{\partial}{\partial x}E_z(x,y) \pm \beta\frac{\partial}{\partial y}H_z(x,y)\right], \qquad (2\text{-}22\mathrm{d})$$

其中 $k_c^2 = (\omega^2\mu\varepsilon - \beta^2)$,取上一行符号为正向传输波,取下一行符号为反向传输波.

在直角坐标系中,求出电磁波的纵向分量 $E_z(x,y)$,$H_z(x,y)$ 后,就不必再求解其横向分量的波动方程,可以利用式(2-22),通过微分运算,求出 $E_x(x,y)$,$E_y(x,y)$,$H_x(x,y)$,$H_y(x,y)$. 也就是说,只需求解标量波动方程

$$[\nabla_t^2 + (\omega^2\mu\varepsilon + k_z^2)]E_z(x,y) = 0, \qquad (2\text{-}23\mathrm{a})$$

$$[\nabla_t^2 + (\omega^2\mu\varepsilon + k_z^2)]H_z(x,y) = 0, \qquad (2\text{-}23\mathrm{b})$$

即可得到矢量波动方程(2-10)的完整解.

同样,在圆柱坐标系中,求出电磁波的纵向分量 $E_z(r,\varphi)$,$H_z(r,\varphi)$ 后,也不必再求解 $E_r(r,\varphi)$,$E_\varphi(r,\varphi)$,$H_r(r,\varphi)$,$H_\varphi(r,\varphi)$ 所满足的波动方程. 根据圆柱坐标系中的旋度公式

$$\nabla \times \boldsymbol{H}(r,\varphi,z) = \begin{vmatrix} \dfrac{1}{r}\boldsymbol{i}_r & \boldsymbol{i}_\varphi & \dfrac{1}{r}\boldsymbol{i}_z \\[2mm] \dfrac{\partial}{\partial r} & \dfrac{\partial}{\partial \varphi} & \dfrac{\partial}{\partial z} \\[2mm] H_r & rH_\varphi & H_z \end{vmatrix} = \mathrm{j}\omega\varepsilon\boldsymbol{E}(r,\varphi,z),$$

$$\nabla \times \boldsymbol{E}(r,\varphi,z) = \begin{vmatrix} \dfrac{1}{r}\boldsymbol{i}_r & \boldsymbol{i}_\varphi & \dfrac{1}{r}\boldsymbol{i}_z \\[2mm] \dfrac{\partial}{\partial r} & \dfrac{\partial}{\partial \varphi} & \dfrac{\partial}{\partial z} \\[2mm] E_r & rE_\varphi & E_z \end{vmatrix} = -\mathrm{j}\omega\mu\boldsymbol{H}(r,\varphi,z)$$

和电磁场的纵向分量 $E_z(r,\varphi,z)$,$H_z(r,\varphi,z)$,取其中 $\boldsymbol{i}_r$,$\boldsymbol{i}_\varphi$ 两个方向的分量方程可导出公式

$$E_r(r,\varphi) = \frac{-\mathrm{j}}{k_c^2}\left[\omega\mu\frac{1}{r}\frac{\partial}{\partial \varphi}H_z(r,\varphi) \pm \beta\frac{\partial}{\partial r}E_z(r,\varphi)\right], \qquad (2\text{-}24\mathrm{a})$$

$$E_\varphi(r,\varphi) = \frac{-\mathrm{j}}{k_c^2}\left[-\omega\mu\,\frac{\partial}{\partial r}H_z(r,\varphi) \pm \beta\frac{1}{r}\frac{\partial}{\partial\varphi}E_z(r,\varphi)\right], \qquad (2\text{-}24\mathrm{b})$$

$$H_r(r,\varphi) = \frac{-\mathrm{j}}{k_c^2}\left[-\omega\varepsilon\,\frac{1}{r}\frac{\partial}{\partial\varphi}E_z(r,\varphi) \pm \beta\frac{\partial}{\partial r}H_z(r,\varphi)\right], \qquad (2\text{-}24\mathrm{c})$$

$$H_\varphi(r,\varphi) = \frac{-\mathrm{j}}{k_c^2}\left[\omega\varepsilon\,\frac{\partial}{\partial r}E_z(r,\varphi) \pm \beta\frac{1}{r}\frac{\partial}{\partial\varphi}H_z(r,\varphi)\right]. \qquad (2\text{-}24\mathrm{d})$$

由以上公式就可以求出电磁场的其他四个横向分量. 至此, 可以得到结论: 只要能求出电磁场的纵向分量 $E_z(x,y)$ 和 $H_z(x,y)$, 不必再求解电磁场横向分量的波动方程. 通过微分运算, 就可以得到任意截面、无限长、均匀传输系统内电磁场的完整表达式 $\boldsymbol{E}(x,y,z,t)$ 和 $\boldsymbol{H}(x,y,z,t)$.

2.2.5　导行电磁波按其纵向分量的特点分类

根据上面的分析可知, 任意截面、无限长、均匀传输系统内的电磁场 $\boldsymbol{E}(x,y,z,t)$ 和 $\boldsymbol{H}(x,y,z,t)$ 可由电磁场的纵向分量 $E_z(x,y)$ 和 $H_z(x,y)$ 表达. 因此, 可以根据 $E_z(x,y)$ 和 $H_z(x,y)$ 是否为零, 以及 $E_z(x,y)$ 和 $H_z(x,y)$ 的相对大小, 将导行电磁波分成以下四类:

（1）横电波（Transverse-Electric Mode, 简称 TE 波, 或 TE 模）, 也称磁波（H 波）, 其特征是

$$E_z = 0, \qquad H_z \neq 0;$$

（2）横磁波（Transverse-Magnetic Mode, 简称 TM 波, 或 TM 模）, 也称电波（E 波）, 其特征是

$$E_z \neq 0, \qquad H_z = 0;$$

（3）横电磁波（Transverse Electro-Magnetic Mode, 简称 TEM 波, 或 TEM 模）, 其特征是 $E_z = 0, H_z = 0$;

（4）其他模式, 其特征是 $E_z \neq 0, H_z \neq 0$.

对于 TE 波和 TM 波, 只要将电磁场的纵向分量代入式（2-22）或式（2-24）就可以得到电磁场所有各分量的表达式. 然而, 对于 TEM 波, 在 $E_z(x,y) = 0$, $H_z(x,y) = 0$ 的情况下, 要使式（2-22）和式（2-24）中的电磁场各分量不全为零, 必须有 $k_c = 2\pi/\lambda_c = 0$. 这就意味着 TEM 波的截止波长 λ_c 是无穷大. 因此, TEM 波只有传播状态, 没有截止状态. 自由空间的平面电磁波、同轴线中的导行电磁波的主模都是 TEM 波.

因为 TEM 波的 $\lambda_c \to \infty$, 由式（2-14a）可得 TEM 波的传播常数

$$\beta = \omega\sqrt{\mu\varepsilon} = \frac{2\pi\sqrt{\mu_r\varepsilon_r}}{\lambda_0}, \qquad (2\text{-}25)$$

显然, TEM 波的传播常数就是电磁波在自由空间中的传播常数.

对于 TEM 波,由于 $E_z(x,y)=0$,$H_z(x,y)=0$ 及 $k_c=(\omega^2\mu\varepsilon+k_z^2)^{1/2}=0$,因此,由方程(2-10)可知,TEM 波电磁场矢量应满足如下的拉普拉斯方程:

$$\nabla_t^2 \boldsymbol{E}(x,y) = 0, \tag{2-26a}$$

$$\nabla_t^2 \boldsymbol{H}(x,y) = 0. \tag{2-26b}$$

由于 TEM 波电磁场的横向空间分布满足二维拉普拉斯方程,因此,在边界条件相同的情况下,TEM 波电磁场的横向空间分布与二维静电场、静磁场的空间分布完全一样.对于给定横截面的传输系统,只要解出二维静电场、静磁场的空间分布函数,就可以根据式(2-15)和式(2-25),直接写出 TEM 模式电磁场的空间分布函数.因此,求解 TEM 模式电磁场横向分布的问题,就是我们熟悉的静电场、静磁场问题.另外,也可以根据一个电磁波传输系统中能否建立起静电场、静磁场,来判断该系统能否传输 TEM 波.比如,空心波导内部不能建立起静电场、静磁场,因此,它不能传输 TEM 模式的电磁波;同轴线内部可以建立起静电场、静磁场,因此,它一定可以传输 TEM 模式的电磁波.

TEM 波的主要特征有:电磁场的横向空间分布与静电场、静磁场相同,截止波长无穷大,群速度等于光速,无色散.

在某些特殊传输系统(如介质波导、微带传输线、光纤等)中,可能存在既不是 TE 波和 TM 波,也不是 TEM 波的特殊工作模式,其特征是 $E_z(x,y)$,$H_z(x,y)$ 均不为零.

2.2.6 微波传输系统的边界条件

通过以上的讨论,我们已经对导行电磁波的主要特征有了初步了解.剩下的问题是需要求解两个标量波动方程(2-23a)和(2-23b),从而得到导行电磁波的空间分布函数和截止波长 λ_c.只有完成了这一步,才算完全求解了麦克斯韦方程组.在求解上述标量波动方程时,需要利用传输系统的边界条件来确定方程的本征值.麦克斯韦方程组只有在连续介质中,电磁场连续变化时才能成立,在不同介质的分界面上,场量可能会发生不连续的变化,其变化规律由边界条件确定.电磁场矢量在不同介质的分界面两侧,必须满足下列边界条件:

$$\boldsymbol{n}\cdot(\boldsymbol{D}_1-\boldsymbol{D}_2)=\rho_s,$$

即电力线不能中断,可以终止于电荷;

$$\boldsymbol{n}\cdot(\boldsymbol{B}_1-\boldsymbol{B}_2)=0,$$

即磁力线不能中断,没有磁荷,只能连续;

$$\boldsymbol{n}\times(\boldsymbol{H}_1-\boldsymbol{H}_2)=\boldsymbol{j},$$

即磁场切向分量差等于面电流;

$$\boldsymbol{n}\times(\boldsymbol{E}_1-\boldsymbol{E}_2)=0,$$

即电场切向分量连续.其中 $\boldsymbol{n}$ 为介质分界面的法线矢量,方向由介质 2 指向介质

1(见图 2.4)；j 为沿分界面上、单位长度上的电流，称为电流线密度(单位为 A/m)；ρ_s 为分界面上的自由电荷面密度(单位为 C/m^2).

在微波工程中常见的两类边界条件是：理想介质边界和理想导体表面. 对于这两种边界，电磁场的上述边界条件关系可以简化为：

(1) 理想介质的分界面. 显然，理想介质内部和表面不会有自由电荷和电流，其特征为：$\rho_s = 0$，$j = 0$. 所以

$$D_{n1} = D_{n2}, \quad 即 \quad \varepsilon_1 E_{n1} = \varepsilon_2 E_{n2}, \tag{2-27a}$$

$$B_{n1} = B_{n2}, \quad 即 \quad \mu_1 H_{n1} = \mu_2 H_{n2}, \tag{2-27b}$$

$$E_{t1} = E_{t2}, \tag{2-27c}$$

$$H_{t1} = H_{t2}. \tag{2-27d}$$

其中脚标 n,t 分别表示场量的法向分量和切向分量，见图 2.4. 式(2-27) 的物理意义是：在理想介质(电阻无穷大，损耗趋于零)分界面的两侧，电场 E、磁场 H 的切向分量是连续的；电位移 D、磁感应强度 B 的法向分量是连续的. 如图 2.4(a)所示.

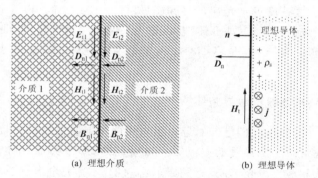

图 2.4 理想介质和理想导体表面的电磁场边界条件示意图

(2) 理想导体表面. 因为理想导体的 $\sigma \to \infty$，又 $J(x,y,z,t) = \sigma E(x,y,z,t)$ 为有限值，则理想导体内部 $E_2 = 0$. 所以

$$n \times E_1 = 0, \quad 或 \quad E_t = 0, \tag{2-28a}$$

即电力线与导体表面垂直；

$$n \cdot D_1 = \rho_s, \quad 或 \quad D_n = \rho_s. \tag{2-28b}$$

已知理想导体内部 $E_2 = 0$，根据麦克斯韦方程有 $B_2 = 0$，所以

$$n \cdot B_1 = 0, \quad 或 \quad B_n = 0, \tag{2-28c}$$

即磁力线与导体表面平行. 同理可知

$$n \times H_1 = j, \quad 即 \quad H_t = j. \tag{2-28d}$$

式(2-28)的物理意义是：磁场 B 总是平行于理想导体表面，电场 E 总是垂直于理想导体表面. 如图 2.4(b)所示.

在这一节中,我们讨论了麦克斯韦方程组的求解步骤和边界条件的一般形式.后面的章节将根据本节的结论和导行电磁波传输系统的具体边界条件,求解 $E_z(x,y)$ 和 $H_z(x,y)$,并讨论实际电磁波传输系统中导行电磁波的特性.

§2.3 矩形金属波导

矩形金属波导是微波工程中最常用的波导,相对于圆形金属波导,矩形金属波导的加工工艺复杂,功率容量较小,传输损耗较大.但是,矩形金属波导具有使导行电磁波极化方向固定不变的优点,因而得到广泛应用.矩形金属波导的几何结构如图 2.5 所示,其横截面为矩形,内部为空气或填充均匀介质,沿纵方向(z 方向)波导横截面尺寸无变化.

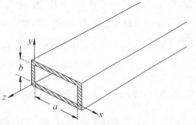

图 2.5 矩形金属波导的几何结构

根据 §2.2 的讨论知,求出矩形金属波导中的电场、磁场纵向分量 $E_z(x,y)$ 和 $H_z(x,y)$,就可以得到矩形金属波导中导行电磁波的完整表达式——$\boldsymbol{E}(x,y,z,t)$ 和 $\boldsymbol{H}(x,y,z,t)$,以及我们特别关心的参量——截止波长 λ_c.

求解矩形金属波导问题的出发点是标量波动方程(2-23)和理想导体的边界条件(2-28).

2.3.1 用分离变量法求标量波动方程在直角坐标系下的通解

求解矩形波导中的电磁场,需要采用分离变量法,在直角坐标系中求解标量波动方程(2-23a)

$$\left[\frac{\partial^2}{\partial x^2}+\frac{\partial^2}{\partial y^2}\right]E_z(x,y)+(\omega^2\mu\varepsilon+k_z^2)E_z(x,y)=0. \qquad (2\text{-}23\text{c})$$

令

$$E_z(x,y)=X(x)Y(y), \qquad (2\text{-}29)$$

将式(2-29)代入式(2-23c)可得

$$\frac{1}{X(x)}\frac{\mathrm{d}^2X(x)}{\mathrm{d}x^2}+\frac{1}{Y(y)}\frac{\mathrm{d}^2Y(y)}{\mathrm{d}y^2}=-(\omega^2\mu\varepsilon+k_z^2)=-k_c^2. \qquad (2\text{-}30)$$

两个无关的函数之和等于常数 k_c,则这两个函数必然分别为常数.令

$$\frac{1}{X(x)}\frac{\mathrm{d}^2X(x)}{\mathrm{d}x^2}=-k_x^2, \qquad (2\text{-}31\text{a})$$

$$\frac{1}{Y(y)}\frac{\mathrm{d}^2Y(y)}{\mathrm{d}y^2}=-k_y^2, \qquad (2\text{-}31\text{b})$$

$$k_x^2+k_y^2=k_c^2. \qquad (2\text{-}32)$$

显然,微分方程(2-31)的通解可以写为

$$X(x) = A\cos(k_x x + \varphi_x),$$

$$Y(x) = B\cos(k_y y + \varphi_y).$$

根据式(2-29)可得电场纵向分量的表达式

$$E_z(x,y) = D\cos(k_x x + \varphi_x)\cos(k_y y + \varphi_y), \qquad (2\text{-}33a)$$

其中 $D=AB$, φ_x, φ_y 为积分常数, k_x, k_y 的平方和是方程的本征值. 这里共有 5 个待定常数, φ_x, φ_y, k_x, k_y 由边界条件确定(矩形波导有四个边界条件),振幅常数 D 由激励条件(系统中传输的总功率)确定.

由 $\boldsymbol{E}$, $\boldsymbol{H}$ 波动方程的对称性,只需将式(2-33a)中的 $E_z(x,y)$ 换成 $H_z(x,y)$, 即可得到磁场纵向分量的表达式(当然,其中的积分常数不相同)

$$H_z(x,y) = D'\cos(k_x' x + \varphi_x')\cos(k_y' y + \varphi_y'). \qquad (2\text{-}33b)$$

2.3.2 利用边界条件确定积分常数和本征值 k_c

1. 对于矩形波导中的 TE 模

已知

$$E_z(x,y) = 0,$$

$$H_z(x,y) = D'\cos(k_x' x + \varphi_x')\cos(k_y' y + \varphi_y'),$$

将以上两式代入式(2-22),利用理想导体表面电场切向分量的边界条件 $E_t = 0$, 并参照图 2.5 确定电场的切向分量,则

$$E_x(x,0) = 0, \quad E_x(x,b) = 0, \quad E_y(0,y) = 0, \quad E_y(a,y) = 0,$$

就可以确定式(2-33b)中的 φ_x', φ_y', k_x', k_y'.

由

$$E_x(x,0) = \frac{-\mathrm{j}}{k_c^2}\omega\mu\frac{\partial}{\partial y}H_z(x,y)$$

$$= -\frac{-\mathrm{j}}{k_c^2}\omega\mu D'\cos(k_x' x + \varphi_x')\sin(k_y' 0 + \varphi_y')k_y' = 0,$$

可得 $\sin\varphi_y' = 0$.

由

$$E_x(x,b) = \frac{-\mathrm{j}}{k_c^2}\omega\mu\frac{\partial}{\partial y}H_z(x,y)$$

$$= -\frac{-\mathrm{j}}{k_c^2}\omega\mu D'\cos(k_x' x + \varphi_x')\sin(k_y' b + \varphi_y')k_y' = 0,$$

可得

$$\sin(k_y' b)\cos\varphi_y' + \cos(k_y' b)\sin\varphi_y' = 0, \quad \text{即} \quad \sin(k_y' b) = 0,$$

所以

$$k_y' = \frac{n\pi}{b}, \quad \varphi_y' = 0.$$

由

$$E_y(0,y) = -\omega\mu \frac{-j}{k_c^2} \frac{\partial}{\partial x} H_z(x,y)$$

$$= \frac{-j}{k_c^2} \omega\mu D' \sin(k_x' 0 + \varphi_x')\cos(k_y' y + \varphi_y')k_x' = 0,$$

可得 $\sin\varphi_x' = 0$.

由

$$E_y(a,y) = -\omega\mu \frac{-j}{k_c^2} \frac{\partial}{\partial x} H_z(x,y)$$

$$= \frac{-j}{k_c^2} \omega\mu D' \sin(k_x' a + \varphi_x')\cos(k_y' y + \varphi_y')k_x' = 0,$$

可得

$$\sin(k_x' a)\cos\varphi_x' + \cos(k_x' a)\sin\varphi_x' = 0, \quad 即 \quad \sin(k_x' a) = 0,$$

所以

$$k_x' = \frac{m\pi}{a}, \quad \varphi_x' = 0.$$

将这四个常数以及(2-33b)代入式(2-22),乘以因子 $e^{j(\omega t \pm \beta z)}$ 并取实部,就得到了矩形金属波导中 TE 模的场解:

$$H_x(x,y,z,t) = \pm D'^{\pm}\beta\left(\frac{m\pi}{a}\right)\sin\left(\frac{m\pi}{a}x\right)\cos\left(\frac{n\pi}{b}y\right)\sin(\omega t \mp \beta z), \quad (2\text{-}34\text{a})$$

$$H_y(x,y,z,t) = \pm D'^{\pm}\beta\left(\frac{n\pi}{b}\right)\cos\left(\frac{m\pi}{a}x\right)\sin\left(\frac{n\pi}{b}y\right)\sin(\omega t \mp \beta z), \quad (2\text{-}34\text{b})$$

$$H_z(x,y,z,t) = -D'^{\pm}\left[\left(\frac{m\pi}{a}\right)^2 + \left(\frac{n\pi}{b}\right)^2\right]\cos\left(\frac{m\pi}{a}x\right)\cos\left(\frac{n\pi}{b}y\right)\cos(\omega t \mp \beta z),$$
$$(2\text{-}34\text{c})$$

$$E_x(x,y,z,t) = D'^{\pm}\omega\mu\left(\frac{n\pi}{b}\right)\cos\left(\frac{m\pi}{a}x\right)\sin\left(\frac{n\pi}{b}y\right)\sin(\omega t \mp \beta z), \quad (2\text{-}34\text{d})$$

$$E_y(x,y,z,t) = -D'^{\pm}\omega\mu\left(\frac{m\pi}{a}\right)\sin\left(\frac{m\pi}{a}x\right)\cos\left(\frac{n\pi}{b}y\right)\sin(\omega t \mp \beta z), \quad (2\text{-}34\text{e})$$

$$E_z(x,y,z,t) = 0, \quad (2\text{-}34\text{f})$$

式(2-34)中的 D'^+, D'^- 分别为正向波和反向波的系数.

由 k_x' 和 k_y' 可以求出波动方程的本征值 k_c 和截止波长 λ_c:

$$(k_c)_{mn} = \frac{2\pi}{(\lambda_c)_{mn}} = \sqrt{\left(\frac{m\pi}{a}\right)^2 + \left(\frac{n\pi}{b}\right)^2}, \quad (2\text{-}35\text{a})$$

其中 $m,n = 0,1,2,3,\cdots$; m,n 不同时为零,否则电磁场就只有零解了.

　　将截止波长 λ_c 代入公式(2-14a),(2-16),(2-17a),(2-18)中就可以分别求出 TE 模的传播常数 β、相速度 v_p、波导波长 λ_g 和群速度 v_g.

2. 对于矩形波导中的 TM 模

已知

$$E_z(x,y) = D\cos(k_x x + \varphi_x)\cos(k_y y + \varphi_y),$$
$$H_z(x,y) = 0.$$

电场矢量的分量 $E_z(x,y)$ 恰好是波导四壁上的切向分量,利用理想导体表面电场切向分量为零的边界条件:

$$E_z(x,0) = 0, \quad E_z(x,b) = 0, \quad E_z(0,y) = 0, \quad E_z(a,y) = 0,$$

就可以确定式(2-33a)中的两个积分常数 φ_x,φ_y 和 k_x,k_y.

由 $E_z(x,0) = D\cos(k_x x + \varphi_x)\cos(k_y 0 + \varphi_y) = 0$,可得

$$\cos\varphi_y = 0.$$

由 $E_z(x,b) = D\cos(k_x x + \varphi_x)\cos(k_y b + \varphi_y) = 0$,则

$$\cos(k_y b)\cos\varphi_y - \sin(k_y b)\sin\varphi_y = 0,$$

可得

$$\sin(k_y b)\sin\varphi_y = 0, \quad 即 \quad k_y = \frac{n\pi}{b}.$$

由 $E_z(0,y) = D\cos(k_x 0 + \varphi_x)\cos(k_y y + \varphi_y) = 0$,可得

$$\cos\varphi_x = 0.$$

由 $E_z(a,y) = D\cos(k_x a + \varphi_x)\cos(k_y y + \varphi_y) = 0$,则

$$\cos(k_x a)\cos\varphi_x - \sin(k_x a)\sin\varphi_x = 0,$$

可得

$$\sin(k_x a)\sin\varphi_x = 0, \quad 即 \quad k_x = \frac{m\pi}{a}.$$

所以

$$k_x = \frac{m\pi}{a}, \quad k_y = \frac{n\pi}{b}, \quad \varphi_x = \frac{\pi}{2}, \quad \varphi_y = \frac{\pi}{2}.$$

将这四个常数以及式(2-33a)代入式(2-22)乘以因子 $\mathrm{e}^{\mathrm{j}(\omega t \pm \beta z)}$ 并取实部,就得到矩形金属波导中 TM 模的场解:

$$E_x(x,y,z,t) = \pm D^{\pm}\beta\left(\frac{m\pi}{a}\right)\cos\left(\frac{m\pi}{a}x\right)\sin\left(\frac{n\pi}{b}y\right)\sin(\omega t \mp \beta z), \tag{2-36a}$$

$$E_y(x,y,z,t) = \pm D^{\pm}\beta\left(\frac{n\pi}{b}\right)\sin\left(\frac{m\pi}{a}x\right)\cos\left(\frac{n\pi}{b}y\right)\sin(\omega t \mp \beta z), \tag{2-36b}$$

$$E_z(x,y,z,t) = D^{\pm}\left[\left(\frac{m\pi}{a}\right)^2 + \left(\frac{n\pi}{b}\right)^2\right]\sin\left(\frac{m\pi}{a}x\right)\sin\left(\frac{n\pi}{b}y\right)\cos(\omega t \mp \beta z),$$

$$\tag{2-36c}$$

$$H_x(x,y,z,t) = -D^{\pm} \omega \varepsilon \left(\frac{n\pi}{b}\right) \sin\left(\frac{m\pi}{a}x\right) \cos\left(\frac{n\pi}{b}y\right) \sin(\omega t \mp \beta z), \quad (2\text{-}36\mathrm{d})$$

$$H_y(x,y,z,t) = D^{\pm} \omega \varepsilon \left(\frac{m\pi}{a}\right) \cos\left(\frac{m\pi}{a}x\right) \sin\left(\frac{n\pi}{b}y\right) \sin(\omega t \mp \beta z), \quad (2\text{-}36\mathrm{e})$$

$$H_z(x,y,z,t) = 0, \quad (2\text{-}36\mathrm{f})$$

式(2-36)中的 D^+,D^- 分别为正向波和反向波的系数. 由 k_x 和 k_y 可以求出波动方程的本征值 k_c 和截止波长 λ_c:

$$(k_c)_{mn} = \frac{2\pi}{(\lambda_c)_{mn}} = \sqrt{\left(\frac{m\pi}{a}\right)^2 + \left(\frac{n\pi}{b}\right)^2}, \quad (2\text{-}35\mathrm{b})$$

其中 $m,n = 1,2,3,\cdots$; m,n 都不能为零,否则电磁场就只有零解了.

将截止波长 λ_c 代入公式(2-14a),(2-16),(2-17a),(2-18)中就可以分别求出 TM 模的传播常数 β、相速度 v_p、波导波长 λ_g 和群速度 v_g.

在式(2-34)和式(2-36)中,每一组 m,n 所对应的一组电磁场解,就是一个模式(也称为波型). 通常把能在均匀传输系统中独立存在的基元电磁场(从数学角度讲,就是能单独满足波动方程和均匀边界条件的本征函数)称为模式. 由于 m,n 可以有无穷多个值,所以金属波导中有可能存在无穷多个模式. 需要说明的是:如果微波源的工作波长 $\lambda_0 \to 0$,或者说工作频率 $f \to \infty$,则波导内可能存在由无穷多个基元电磁场构成的导行电磁波;如果微波源的工作波长 $\lambda_0 \to \infty$,或者说工作频率 $f \to 0$(直流),则波导内就只存在由无穷多个基元电磁场构成的衰减场,不可能存在导行电磁波.

可以证明,从均匀矩形波导中解出的所有基元电磁场构成了一个正交、完备系. 正交意味着在均匀矩形波导中,所有基元电磁场之间不存在能量交换和能量耦合. 完备则意味着在非均匀矩形波导内可能存在的任何形式的电磁场都可以用基元电磁场的线性叠加表示,就像一个任意周期函数可以展开为傅里叶级数一样. 这是因为不论是均匀矩形波导还是非均匀矩形波导,其内部传输的电磁场都满足波动方程,区别仅仅在于边界条件. 从原则上讲,用均匀矩形波导内的基元电磁场的线性叠加逼近非均匀矩形波导内的电磁场,并利用非均匀矩形波导的边界条件确定叠加系数,可以得到非均匀矩形波导内的电磁场场解.

由于每个模式都具有特定的截止波长,适当选择微波源的工作波长或波导的几何尺寸,就可以控制波导内传输的基元电磁场个数. 在实际工程中,就是根据这一原则,使得波导内只存在一个传输模式,这就是所谓的单模传输状态. 一般来说,微波传输系统应该工作在单模传输状态.

可以看出,TE 模和 TM 模截止波长的数学表达式是相同的,区别仅在于 m,n 的取值范围略有不同. 显然,截止波长 λ_c、相位常数 β、相速度 v_p、群速度 v_g、

波导波长 λ_g 以及截止状态场的衰减常数 α 都与参量 m, n 有关. 一般说来, 不同的模式(指模式名称 TE, TM 或脚标 m, n)应具有不同的场结构和传输特性参数. 但是, 确实有一些不相同的模式, 由于具有相同的截止波长, 因而具有相同的传输特性参数. 这种情况称为模式简并, 相应的模式称为简并模式. 简并模式不易实现单模传输.

比如, 当矩形波导的边长 $a = b$ 时, 除 TE$_{10}$ 模式外所有的模式都是简并模式; 当矩形波导的边长 $a = 2b$ 时, 除 TE$_{10}$ 模式外, 其他模式都是简并模式. 例如 TE$_{11}$ 与 TM$_{11}$ 简并, TE$_{21}$ 与 TM$_{21}$ 简并, 等等. 矩形波导的简并模式可以分为两类, E-H 简并和 E-E, H-H 简并.

由于 TE 模和 TM 模截止波长的数学表达式相同, 因此, 脚标相同的 TE 模和 TM 模一定是简并模式, 这种简并就是 E-H 简并. 例如, TE$_{11}$ 与 TM$_{11}$ 是 E-H 简并. 当 $a = b$ 时, TE$_{mn}$ 与 TE$_{nm}$ 是 E-E 简并, TM$_{mn}$ 与 TM$_{nm}$ 是 H-H 简并. 当 $a = 2b$ 时, TE$_{22}$ 与 TE$_{41}$ 是 E-E 简并, TM$_{22}$ 与 TM$_{41}$ 是 H-H 简并. 所以, 改变波导结构可以调整模式简并的情况.

除特殊应用外, 我们不希望在实际的电磁波传输系统中出现多模传输状态, 因此工作模式的选择、杂模的抑制都是经常要解决的问题.

避免多模传输状态、形成单模传输状态的最简单方法就是选择最低模式(也称基模, 即截止波长最长的模式)作为工作模式, 而让所有高次模式都处于截止状态. 在 $a > b$ 的条件下, TE$_{10}$ 模是矩形波导中的最低模式. 若 $a = 2b$, 如要在矩形波导中实现 TE$_{10}$ 模的单模传输, 根据式(2-35), 电磁波的工作波长 λ_0 必须满足以下条件:

$$2a > \frac{\lambda_0}{\sqrt{\mu_r \varepsilon_r}} > a = 2b, \tag{2-37}$$

其中 λ_0 为电磁波在自由空间真空中的波长($\lambda_{cH10} = 2a$, $\lambda_{cH20} = a$, $\lambda_{cH01} = 2b$).

根据式(2-14a), (2-17a), (2-18)和式(2-35), 导行电磁波的群速度可表示为

$$v_g = \frac{c}{\sqrt{\mu_r \varepsilon_r}} \sqrt{1 - \frac{1}{\mu_r \varepsilon_r} \left(\frac{\lambda_0}{\lambda_c}\right)^2}, \quad \text{其中} \quad \lambda_c = \frac{2\pi}{\sqrt{\left(\frac{m\pi}{a}\right)^2 + \left(\frac{n\pi}{b}\right)^2}}.$$

由此可见, 导行电磁波的群速度与工作波长(频率)、介质材料、模式编号以及波导横截面的几何参数有关, 因此导行电磁波的色散机理可分为频率色散、材料色散、模式色散和波导色散. 了解各种色散的产生机理有益于采取相应措施抑制色散.

2.3.3 矩形波导中的主模——TE$_{10}$ 模

TE$_{10}$ 模式是矩形波导的常用工作模式(在 $a \approx 2b$ 的条件下). 根据前面的讨

论,可以求出 TE_{10} 模式的主要技术参数:

(1) 截止波长 $\quad \lambda_c = 2a.$

(2) 传播常数 $\quad \beta = \dfrac{2\pi \sqrt{\mu_r \varepsilon_r}}{\lambda_0} \sqrt{1 - \dfrac{1}{\mu_r \varepsilon_r}\left(\dfrac{\lambda_0}{2a}\right)^2}.$

(3) 波导波长 $\quad \lambda_g = \dfrac{\dfrac{\lambda_0}{\sqrt{\mu_r \varepsilon_r}}}{\sqrt{1 - \dfrac{1}{\mu_r \varepsilon_r}\left(\dfrac{\lambda_0}{2a}\right)^2}}$(大于自由空间波长).

(4) 相速度 $\quad v_p = \dfrac{\dfrac{c}{\sqrt{\mu_r \varepsilon_r}}}{\sqrt{1 - \dfrac{1}{\mu_r \varepsilon_r}\left(\dfrac{\lambda_0}{2a}\right)^2}}$(大于自由空间波速).

(5) 群速度 $\quad v_g = \dfrac{c}{\sqrt{\mu_r \varepsilon_r}} \sqrt{1 - \dfrac{1}{\mu_r \varepsilon_r}\left(\dfrac{\lambda_0}{2a}\right)^2}$(小于自由空间波速).

(6) 电磁场表达式(在式(2-34)中代入 $m=1, n=0$):

$$H_x(x,y,z,t) = \pm D'^{\pm} \beta\left(\frac{\pi}{a}\right)\sin\left(\frac{\pi}{a}x\right)\sin(\omega t \mp \beta z), \qquad (2\text{-}38a)$$

$$H_y(x,y,z,t) = 0, \qquad (2\text{-}38b)$$

$$H_z(x,y,z,t) = -D'^{\pm}\left(\frac{\pi}{a}\right)^2\cos\left(\frac{\pi}{a}x\right)\cos(\omega t \mp \beta z), \qquad (2\text{-}38c)$$

$$E_x(x,y,z,t) = 0, \qquad (2\text{-}38d)$$

$$E_y(x,y,z,t) = -D'^{\pm}\omega\mu\left(\frac{\pi}{a}\right)\sin\left(\frac{\pi}{a}x\right)\sin(\omega t \mp \beta z), \qquad (2\text{-}38e)$$

$$E_z(x,y,z,t) = 0. \qquad (2\text{-}38f)$$

(7) 电磁场结构. TE_{10} 模式的电场结构比较简单,其电场结构的一个特点是沿波导的窄边无变化,而且只有 E_y 分量.沿波导的宽边方向和波导的纵向,电场都是按正弦规律变化;而沿窄边方向电场是均匀的(与 y 坐标无关),见图 2.6.

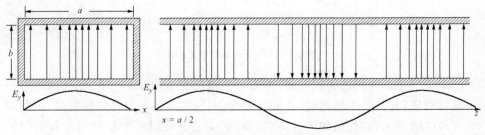

图 2.6 矩形波导 TE_{10} 模式的电场结构

　　TE$_{10}$模式的磁场结构也比较简单,它只有 H_x 和 H_z 两个分量,磁场沿 y 方向也是均匀分布的(见图 2.7). TE$_{10}$模式的电磁场结构透视图如图 2.8 所示. TE$_{10}$模式的波导壁电流如图 2.9 所示.

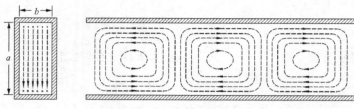

图 2.7　矩形波导 TE$_{10}$模式的磁场结构

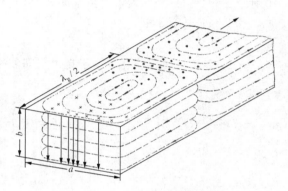

图 2.8　TE$_{10}$模式电磁场结构透视图

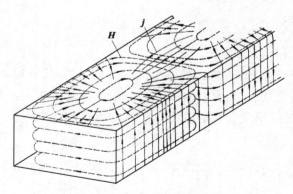

图 2.9　TE$_{10}$模式的波导壁电流

　　由于实际工程中的不同需要,常需要在波导壁上开缝.波导壁上的缝,有些是强辐射缝,有些是无辐射缝.在波导壁上,割断电流线的缝是强辐射缝,不割断电流线的缝是无辐射缝,如图 2.10 所示.强辐射缝可以作为波导与外界交换能量的通道,无辐射缝可以作为探测波导内部电磁场分布情况的窗口.

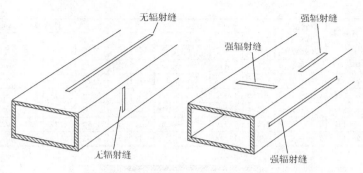

图 2.10　TE$_{10}$模式的无辐射缝和强辐射缝

在本小节的理论分析中,都是假定波导壁是理想导体,其电导率 σ 无穷大.
实际上,波导壁的电导率 σ 是有限的,高频感应电流会在波导壁上产生功率损
耗,因而必然会引起导行电磁波的衰减.由于高频感应电流在单位长度的波导壁
上产生的功率损耗与波导内壁的面积成正比,所以导行电磁波在波导内的衰减
与波导内壁的周长成正比,与波导的横截面积成反比.如果从减小衰减的角度考
虑,应选择 $a=b$,但这样的矩形波导就不可能存在单模传输状态.因此,标准矩
形波导选择 $a\approx 2b$.不同工作频段的矩形波导,结构尺寸的国家标准如表 2.1 所
示,表中各参数如图 2.11 所示.

表 2.1　矩形波导参数

型 号	频率范围/GHz	传输损耗/(dB·m^{-1})（镀银）	内截面尺寸/mm					t/mm	外截面尺寸/mm						
			a	b	偏差(±) Ⅱ级	偏差(±) Ⅲ级	r_{max}		A	B	偏差(±) Ⅱ级	偏差(±) Ⅲ级	R_{min}	R_{max}	
BJ-8	0.64~0.98		292.0	146.0	0.4	0.8	1.5	3	298.0	152.0	0.4	0.8	1.6	2.1	
BJ-9	0.76~1.15		247.6	123.8	0.4	0.8	1.2	3	253.6	129.8	0.4	0.8	1.6	2.1	
BJ-12	0.96~1.46		195.6	97.8	0.4	0.8	1.2	3	201.6	103.8	0.4	0.8	1.6	2.1	
BJ-14	1.14~1.73		165.0	82.5	0.3	0.5	1.2	2	169.0	86.5	0.3	0.5	1.0	1.5	
BJ-18	1.45~2.20		129.6	64.8	0.3	0.5	1.2	2	133.6	68.6	0.3	0.5	1.0	1.5	
BJ-22	1.72~2.61		109.2	54.6	0.2	0.4	1.2	2	113.2	58.6	0.2	0.4	1.0	1.5	
BJ-26	2.17~3.30		86.4	43.20	0.17	0.3	1.2	2	90.40	47.20	0.2	0.4	1.0	1.5	
BJ-32	2.60~3.95		72.14	34.04	0.14	0.24	1.2	2	76.14	38.04	0.14	0.28	1.0	1.5	
BJ-40	3.22~4.90		58.20	29.10	0.12	0.20	1.2	1.5	61.20	32.10	0.12	0.20	0.8	1.3	
BJ-48	3.94~5.99		47.55	22.15	0.10	0.15	0.8	1.5	50.55	25.15	0.10	0.15	0.8	1.3	
BJ-58	4.64~7.05		40.40	20.20	0.08	0.14	0.8	1.5	43.40	23.20	0.10	0.15	0.8	1.3	
BJ-70	5.38~8.17		34.85	15.80	0.07	0.12	0.8	1.5	37.85	18.80	0.10	0.15	0.8	1.3	
BJ-84	6.57~9.99		28.50	12.60	0.06	0.10	0.8	1.5	31.50	15.60	0.07	0.15	0.8	1.3	
BJ-100	8.20~12.5		22.86	10.16	0.05	0.07	0.8	1	24.86	12.16	0.06	0.10	0.65	1.15	
BJ-120	9.84~15.0		19.05	9.52	0.04	0.06	0.8	1	21.05	11.52	0.05	0.10	0.5	1.15	
BJ-140	11.9~18.0		15.80	7.90	0.03	0.05	0.4	1	17.80	9.90	0.05	0.10	0.5	1.0	
BJ-180	14.5~22.0		12.96	6.48	0.03	0.05	0.4	1	14.96	8.48	0.05	0.10	0.5	1.0	
BJ-220	17.6~26.7	0.31~0.44	10.67	4.32	0.02	0.04	0.4	1	12.67	6.32	0.05	0.10	0.5	1.0	
BJ-260	21.7~33.0		8.64	4.32	0.02	0.04	0.4	1	10.64	6.32	0.05	0.10	0.5	1.0	
BJ-320	26.4~40.0	0.50~0.73	7.112	3.556	0.020	0.040	0.4	1	9.11	5.56	0.05	0.10	0.5	1.0	

（续表）

型　号	频率范围/GHz	传输损耗/(dB·m⁻¹)（镀银）	内截面尺寸/mm					t/mm	外截面尺寸/mm				Rmin	Rmax
			a	b	偏差(±)		rmax		A	B	偏差(±)			
					Ⅱ级	Ⅲ级					Ⅱ级	Ⅲ级		
BJ-400	32.9～50.1	0.70～1.02	5.690	2.845	0.020	0.040	0.3	1	7.69	4.85	0.05	0.10	0.5	1.0
BJ-500	39.2～59.6	0.90～1.29	4.775	2.388	0.020	0.040	0.3	1	6.78	4.39	0.05	0.10	0.5	1.0
BJ-620	49.8～75.8	1.30～1.91	3.759	1.880	0.020	0.040	0.2	1	5.76	3.88	0.05	0.10	0.5	1.0
BJ-740	60.5～91.9	1.75～2.60	3.099	1.549	0.020	0.040	0.15	1	5.10	3.55	0.05	0.10	0.5	1.0
BJ-900	73.8～112	2.35～3.34	2.540	1.270	0.020	0.040	0.15	1	4.54	3.27	0.05	0.10	0.5	1.0
BJ-1200	92.2～140	3.27～5.10	2.032	1.016	0.020	0.040	0.15	1	4.03	3.02	0.05	0.10	0.5	1.0

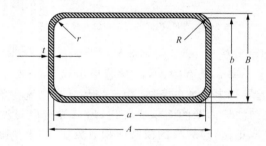

图 2.11　矩形波导的横截面

由于高频电磁波的趋肤效应,高频感应电流主要集中在波导壁内表面厚度为 $\delta=(\mu\pi f\sigma)^{-1/2}$ 的一薄层中,式中 μ 为磁导率,f 为电磁波频率,σ 为波导内表面材料的电导率(S/m).这一薄层的厚度称为趋肤深度.在微波频段,由于趋肤深度 δ 只有微米量级,因此,波导壁内表面的电导率、光洁度、氧化程度、油污和杂质等都对波导的衰减有极大的影响.表 2.2 是微波在某些金属材料表面的趋肤深度.另外,因为单位长度的波导衰减与波导内壁的周长成正比,如图 2.12 所示,当 δ 与波导内壁的粗糙起伏相当时,波导的内壁周长将加大,所以衰减将增加.

表 2.2　微波在某些金属材料表面的趋肤深度

材料名称	银	紫铜	铝	锡	黄铜
电导率/(S·m⁻¹)	6.16×10^7	5.8×10^7	3.72×10^7	0.86×10^7	1.6×10^7
δ/μm (1 GHz 时)	2.02	2.09	2.63	5.38	4.11

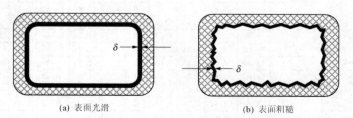

(a) 表面光滑　　　　　　　　　　(b) 表面粗糙

图 2.12　波导内壁光洁度与波导内壁周长的关系(示意图)

在 S 波段的矩形金属波导(工作频率约为 10 GHz)中,微波能量沿该波导每传输 1 m 距离,将衰减 0.3~0.44 dB. 也就是说,微波能量沿该波导每传输 1 m 距离,微波能量就要损失约 10%. 在 W 波段的矩形金属波导(工作频率约为 100 GHz)中,微波沿该波导每传输 1 m 距离,将衰减 2.35~3.34 dB. 也就是说,微波能量沿该波导每传输 1 m 距离,能量就要损失约 50%. 随着电磁波频率的升高,损耗还将急剧增大. 因此,矩形金属波导不适于长距离传输微波信号和微波能量.

对于工作在 TE_{10} 模式的矩形波导,其截面尺寸的选择主要根据以下几方面来考虑:

(1) 有效地抑制高次模,保证单模工作频带宽度;

(2) 损耗和衰减尽量小,有较高的传输效率;

(3) 功率容量大;

(4) 色散小.

§2.4　　圆形金属波导

本节将根据 §2.2 的结论和相应的边界条件,求出圆形金属波导中导行电磁波的场解以及传输特性. 根据 §2.2 所述,只需求出电磁场的纵向分量 $E_z(r,\varphi)$ 和 $H_z(r,\varphi)$,就可以求出圆形金属波导中导行电磁波的完整表达式 $\boldsymbol{E}(r,\varphi,z,t)$ 和 $\boldsymbol{H}(r,\varphi,z,t)$ 以及我们特别关心的参量——截止波长 λ_c. 具体做法与求解矩形金属波导十分相似,本节将重点讨论它们的不同之处.

圆形金属波导的结构示意图如图 2.13 所示,求解圆形金属波导问题的出发点是标量微分方程(2-23)在圆柱坐标系中的形式和理想导体的边界条件式(2-28).

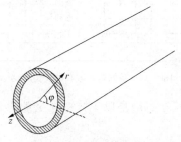

图 2.13　圆形金属波导结构示意图 (内径＝2a)

2.4.1　用分离变量法求标量微分方程在圆柱坐标系下的通解

微分方程(2-23a)在圆柱坐标系中可以化为

$$\left(\frac{\partial^2}{\partial r^2}+\frac{1}{r}\frac{\partial}{\partial r}+\frac{1}{r^2}\frac{\partial^2}{\partial \varphi^2}\right)E_z(r,\varphi)+(\omega^2\mu\varepsilon+k_z^2)E_z(r,\varphi)=0,\quad(2\text{-}39a)$$

令 $E_z(r,\varphi)=R(r)\Phi(\varphi)$，代入式(2-39a)，并将与 r 有关的函数和与 φ 有关的函数分别移到等号的两侧，则有

$$\frac{1}{R(r)}\left[r^2\frac{\mathrm{d}^2R(r)}{\mathrm{d}r^2}+r\frac{\mathrm{d}R(r)}{\mathrm{d}r}+k_c r^2 R(r)\right]=-\frac{1}{\Phi(\varphi)}\frac{\mathrm{d}^2\Phi(\varphi)}{\mathrm{d}\varphi^2}=n^2.\;(2\text{-}40)$$

在传输状态下，$k_z=\mathrm{j}\beta$，$k_c^2=\omega^2\mu\varepsilon-\beta^2$.

式(2-40)中，等式两侧是相互独立的函数，欲使等式成立，等式两边必等于同一个常数. 设这个常数为 n^2，则式(2-40)可以分离成两个方程：

$$r^2\frac{\mathrm{d}^2R(r)}{\mathrm{d}r^2}+r\frac{\mathrm{d}R(r)}{\mathrm{d}r}+(k_c^2 r^2-n^2)R(r)=0,\qquad(2\text{-}41a)$$

$$\frac{\mathrm{d}^2\Phi(\varphi)}{\mathrm{d}\varphi^2}+n^2\Phi(\varphi)=0.\qquad(2\text{-}41b)$$

(1) 若 $k_c^2 r^2>0$，方程(2-41a)是以 $k_c r$ 为自变量的 n 阶贝塞尔方程，其通解为

$$R(r)=B_1 \mathrm{J}_n(k_c r)+B_2 \mathrm{N}_n(k_c r),\qquad(2\text{-}42)$$

其中 $\mathrm{J}_n(u)$ 是 n 阶贝塞尔函数，$\mathrm{N}_n(u)$ 是 n 阶诺依曼函数，统称为柱谐函数. 图 2.14 画出了 J_0，J_1 以及 N_0，N_1.

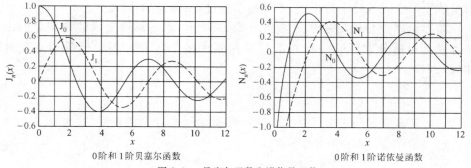

0阶和1阶贝塞尔函数　　　　　　0阶和1阶诺依曼函数

图 2.14　贝塞尔函数和诺依曼函数

(2) 若 $k_c^2 r^2<0$，方程(2-41a)是以 $k_c r$ 为自变量的 n 阶变态贝塞尔方程，其通解为

$$R'(r)=B_1' \mathrm{I}_n(k_c r)+B_2' \mathrm{K}_n(k_c r),\qquad(2\text{-}43)$$

其中 $\mathrm{I}_n(u)$ 是第一类变态贝塞尔函数，$\mathrm{K}_n(u)$ 是第二类变态贝塞尔函数，图 2.15 画出了 I_0，I_1 以及 K_0，K_1.

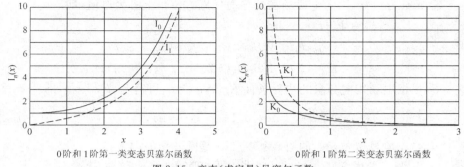

0阶和1阶第一类变态贝塞尔函数　　　　　0阶和1阶第二类变态贝塞尔函数

图 2.15　变态(虚宗量)贝塞尔函数

由于变态贝塞尔函数及其导函数在 $r=a$ 处均不为零,根据式(2-24),它们不能满足电场分量 $E_\varphi(r,\varphi,z,t)$,$E_z(r,\varphi,z,t)$ 在圆形金属波导外导体内表面的零边界条件. 因此,圆形金属波导内的电磁场不能用变态贝塞尔函数来描述.

这个结论也表明,对于圆形金属波导必有 $k_c^2 r^2 > 0$. 对于某些特殊的传输系统,比如光纤和介质波导,它们的包层中的电磁场解就需要用变态贝塞尔函数来描述.

选择式(2-42)作为方程(2-41a)的通解,考虑到电磁场沿着 φ 方向具有周期性特征,则将式(2-41b)的通解写为

$$\Phi(\varphi) = A_1 \cos(n\varphi) + A_2 \sin(n\varphi) = A_n \cos(n\varphi - \varphi_0), \qquad (2\text{-}44)$$

则方程(2-39a)的通解可以写为

$$E_z(r,\varphi) = [B_1 J_n(k_c r) + B_2 N_n(k_c r)]\cos(n\varphi - \varphi_0), \qquad (2\text{-}45a)$$

其中 B_1,B_2,φ_0 为积分常数,n 为分离变量时引入的常数,k_c 为方程的本征值,将由边界条件确定.

根据电磁场波动方程的对称性,只需将式(2-45a)中的 $E_z(r,\varphi)$ 换成 $H_z(r,\varphi)$,并采用不同的积分常数,即可得到磁场的表达式,即

$$H_z(r,\varphi) = [B_1' J_n(k_c r) + B_2' N_n(k_c r)]\cos(n\varphi - \varphi_0'). \qquad (2\text{-}45b)$$

式(2-45)就是麦克斯韦方程组在圆柱坐标系中纵向分量的通解,通解中各常数将由边界条件和场源激励条件来确定.

2.4.2　利用边界条件确定积分常数和本征值 k_c

(1) 对于圆波导中的 TM 模,有

$$E_z(r,\varphi) = [B_1 J_n(k_c r) + B_2 N_n(k_c r)]\cos(n\varphi - \varphi_0),$$
$$H_z(r,\varphi) = 0.$$

根据柱谐函数的特征和圆波导的边界条件,可以得到以下结论:

① $B_2 = 0$,因为电磁场在 $r=0$ 处为有限值;

② n 必为整数,因为电磁场在波导内任意方位角上必为单值,即

$$E_z(r,\varphi) = E_z(r,\varphi + 2\pi)$$
$$= [B_1 J_n(k_c b) + B_2 N_n(k_c b)]\cos(n\varphi - \varphi_0)$$
$$= [B_1 J_n(k_c b) + B_2 N_n(k_c b)]\cos[n(\varphi + 2\pi) - \varphi_0];$$

③ 根据电场切向分量的边界条件 $E_z(a,\varphi) = 0$,可得 $J_n(k_c a) = 0$,即

$$(k_c)_{ni} = \frac{u_{ni}}{a}, \quad n = 0,1,2,\cdots, \ i = 1,2,3,\cdots, \tag{2-46a}$$

其中 u_{ni} 是 n 阶贝塞尔函数的第 i 个零点,a 是圆波导的内半径.

所以,圆波导中 TM 模的截止波长和电磁场纵向分量的表达式为

$$(\lambda_c)_{ni} = \frac{2\pi a}{u_{ni}}, \quad n = 0,1,2,\cdots, \ i = 1,2,3,\cdots, \tag{2-46b}$$

$$E_z(r,\varphi) = D J_n\left(\frac{u_{ni}}{a}r\right)\cos(n\varphi - \varphi_0),$$

$$H_z(r,\varphi) = 0.$$

将 TM 模电场和磁场的纵向分量表达式代入式(2-24),乘以因子 $e^{j(\omega t \pm \beta z)}$ 并取实部,就可以得到圆波导中 TM 模的完整数学表达式(其中常数 $D^\pm$ 可由场源激励条件确定,不确定这个常数并不影响讨论导行电磁波的空间分布和传输特征):

$$E_r(r,\varphi,z,t) = \pm D^\pm \beta\left(\frac{u_{ni}}{a}\right)J_n'\left(\frac{u_{ni}}{a}r\right)\cos(n\varphi - \varphi_0)\sin(\omega t \mp \beta z), \tag{2-47a}$$

$$E_\varphi(r,\varphi,z,t) = \mp D^\pm \beta\left(\frac{n}{r}\right)J_n\left(\frac{u_{ni}}{a}r\right)\sin(n\varphi - \varphi_0)\sin(\omega t \mp \beta z), \tag{2-47b}$$

$$E_z(r,\varphi,z,t) = D^\pm \left(\frac{u_{ni}}{a}\right)^2 J_n\left(\frac{u_{ni}}{a}r\right)\cos(n\varphi - \varphi_0)\cos(\omega t \mp \beta z), \tag{2-47c}$$

$$H_r(r,\varphi,z,t) = D^\pm \omega\varepsilon\left(\frac{n}{r}\right)J_n\left(\frac{u_{ni}}{a}r\right)\sin(n\varphi - \varphi_0)\sin(\omega t \mp \beta z), \tag{2-47d}$$

$$H_\varphi(r,\varphi,z,t) = D^\pm \omega\varepsilon\left(\frac{u_{ni}}{a}\right)J_n'\left(\frac{u_{ni}}{a}r\right)\cos(n\varphi - \varphi_0)\sin(\omega t \mp \beta z), \tag{2-47e}$$

$$H_z(r,\varphi,z,t) = 0, \tag{2-47f}$$

其中 $n = 0,1,2,\cdots$; $i = 1,2,3,\cdots$.

将圆波导中 TM 模的截止波长 $(\lambda_c)_{ni}$ 代入式(2-14a),(2-16),(2-17a),(2-18)中就可以分别求出传播常数 β、相速度 v_p、波导波长 λ_g 和群速度 v_g.

(2) 对于圆波导中的 TE 模,有

$$H_z(r,\varphi) = [B_1' J_n(k_c r) + B_2' N_n(k_c r)]\cos(n\varphi - \varphi_0'),$$

$$E_z(r,\varphi) = 0.$$

根据柱谐函数的特征和圆波导的边界条件,可以得到以下结论:

① $B_2=0$，因为电磁场在 $r=0$ 处为有限值；

② n 必为整数，因为电磁场在波导内任意方位角上是单值的，即 $H_z(r,\varphi)=H_z(r,\varphi+2\pi)$；

③ 根据电场切向分量的边界条件，$E_\varphi(a,\varphi)=0$，将式（2-45b）代入式（2-24b）可得

$$E_\varphi(r,\varphi)=-\omega\mu\frac{-\mathrm{j}}{k_c^2}\frac{\partial}{\partial r}H_z(r,\varphi)=\omega\mu\frac{\mathrm{j}}{k_c^2}B_1'\mathrm{J}_n'(k_c r),$$

$$E_\varphi(a,\varphi)=\omega\mu\frac{\mathrm{j}}{k_c^2}B_1'\mathrm{J}_n'(k_c a)=0,$$

$$(k_c)_{ni}=\frac{v_{ni}}{a},\quad n=0,1,2,\cdots,\ i=1,2,3,\cdots,\tag{2-48a}$$

其中，v_{ni} 是 n 阶贝塞尔导函数的第 i 个零点，a 是圆波导的内半径.

所以，圆波导中 TE 模的截止波长和电磁场纵向分量的表达式为

$$(\lambda_c)_{ni}=\frac{2\pi a}{v_{ni}},\tag{2-48b}$$

$$H_z(r,\varphi)=D\mathrm{J}_n\left(\frac{v_{ni}}{a}r\right)\cos(n\varphi-\varphi_0),$$

$$E_z(r,\varphi)=0,$$

其中 $n=0,1,2,\cdots,\ i=1,2,3,\cdots$.

将 TE 模电场和磁场的纵向分量表达式代入式（2-24），乘以因子 $\mathrm{e}^{\mathrm{j}(\omega t\pm\beta z)}$ 并取实部，就可以得到圆波导中 TE 模的完整数学表达式（其中常数 $D^\pm$ 可由场源激励条件确定，不确定这个常数并不影响讨论导行电磁波的空间分布和传输特征）：

$$H_r(r,\varphi,z,t)=\mp D^\pm\beta\left(\frac{v_{ni}}{a}\right)\mathrm{J}_n'\left(\frac{v_{ni}}{a}r\right)\cos(n\varphi-\varphi_0)\sin(\omega t\mp\beta z),\tag{2-49a}$$

$$H_\varphi(r,\varphi,z,t)=\pm D^\pm\beta\left(\frac{n}{r}\right)\mathrm{J}_n\left(\frac{v_{ni}}{a}r\right)\sin(n\varphi-\varphi_0)\sin(\omega t\mp\beta z),\tag{2-49b}$$

$$H_z(r,\varphi,z,t)=D^\pm\left(\frac{v_{ni}}{a}\right)^2\mathrm{J}_n\left(\frac{v_{ni}}{a}r\right)\cos(n\varphi-\varphi_0)\cos(\omega t\mp\beta z),\tag{2-49c}$$

$$E_r(r,\varphi,z,t)=D^\pm\omega\mu\left(\frac{n}{r}\right)\mathrm{J}_n\left(\frac{v_{ni}}{a}r\right)\sin(n\varphi-\varphi_0)\sin(\omega t\mp\beta z),\tag{2-49d}$$

$$E_\varphi(r,\varphi,z,t)=D^\pm\omega\mu\left(\frac{v_{ni}}{a}\right)\mathrm{J}_n'\left(\frac{v_{ni}}{a}r\right)\cos(n\varphi-\varphi_0)\sin(\omega t\mp\beta z),\tag{2-49e}$$

$$E_z(r,\varphi,z,t)=0,\tag{2-49f}$$

其中 $n=0,1,2,\cdots,\ i=1,2,3,\cdots$.

将圆波导中 TE 模的截止波长 $(\lambda_c)_{ni}$ 代入式（2-14a），（2-16），（2-17a），

(2-18)中就可以求出该模式的传播常数 β、相速度 v_p、波导波长 λ_g 和群速度 v_g.

圆波导与矩形波导一样也存在模式简并问题,而且圆波导中也有两种简并形式:E-H 简并和极化简并.E-H 简并仅发生在 TM 模和 TE 模之间.如表 2.3 所示,TM_{11} 与 TE_{01} 简并,TM_{12} 与 TE_{02} 简并,TM_{13} 与 TE_{03} 简并,等等.

表 2.3 　圆波导中若干模式的截止波长 λ_c

模式	TM_{01}	TM_{02}	TM_{03}	TM_{11}	TM_{12}	TM_{13}	TM_{21}	TM_{22}
λ_c	$2.62a$	$1.14a$	$0.72a$	$1.64a$	$0.90a$	$0.62a$	$1.22a$	$0.75a$
模式	TE_{01}	TE_{02}	TE_{03}	TE_{11}	TE_{12}	TE_{13}	TE_{21}	TE_{22}
λ_c	$1.64a$	$0.90a$	$0.62a$	$3.41a$	$1.18a$	$0.74a$	$2.06a$	$0.94a$

极化简并是一种特殊的简并形式,如果 φ_0 的取值能够造成某一模式电磁场的解发生变化,则该模式就存在极化简并.我们将在讨论 TE_{11} 模的时候再详细介绍它.

2.4.3　圆波导中的常用模式

圆波导中的常用模式有 TE_{01},TE_{11},TM_{01},TM_{11} 等.以下对 TE_{01},TE_{11} 两个模式做些简要介绍.

1. TE_{01} 模式

已知 0 阶贝塞尔导函数的第一个零点 $v_{01}=3.832$.将 $n=0$,$i=1$,$v_{01}=3.832$ 代入式(2-49)中,就可得到圆波导 TE_{01} 模式的场结构:

$$H_r(r,\varphi,z,t)=\mp D^{\pm}\beta\left(\frac{3.832}{a}\right)J_0'\left(\frac{3.832}{a}r\right)\cos\varphi_0\ \sin(\omega t\mp\beta z),\quad (2\text{-}50a)$$

$$H_\varphi(r,\varphi,z,t)=0,\qquad\qquad\qquad\qquad\qquad\qquad\qquad\qquad (2\text{-}50b)$$

$$H_z(r,\varphi,z,t)=D^{\pm}\left(\frac{3.832}{a}\right)^2 J_0\left(\frac{3.832}{a}r\right)\cos\varphi_0\ \cos(\omega t\mp\beta z),\quad (2\text{-}50c)$$

$$E_r(r,\varphi,z,t)=0,\qquad\qquad\qquad\qquad\qquad\qquad\qquad\qquad (2\text{-}50d)$$

$$E_\varphi(r,\varphi,z,t)=D^{\pm}\omega\mu\left(\frac{3.832}{a}\right)J_0'\left(\frac{3.832}{a}r\right)\cos\varphi_0\ \sin(\omega t\mp\beta z),\quad (2\text{-}50e)$$

$$E_z(r,\varphi,z,t)=0.\qquad\qquad\qquad\qquad\qquad\qquad\qquad\qquad (2\text{-}50f)$$

由圆波导 TE_{01} 模式的场解可知,各条磁力线构成的平面与圆波导轴线重合,各条电力线构成的平面与圆波导轴线垂直.图 2.16 是圆波导 TE_{01} 模式的电磁场分布示意图.

TE_{01} 模式的特点:

(1) 电磁场是圆对称的,无极化简并,有 E-H 简并(与 TM_{11} 模).

(2) 电场只有 E_φ 分量,称为圆电模式.

(3) 由于在 $r\rightarrow a$ 处,磁场只有 H_z 分量,所以波导壁电流只有 $\boldsymbol{J}_\varphi=\boldsymbol{n}\times\boldsymbol{H}$ 正

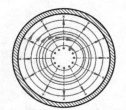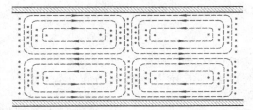

图 2.16 圆波导 TE_{01} 模式的电磁场分布示意图

比于 H_z 分量. TE_{01} 是圆波导中唯一不具有纵向壁电流分量的模式.

(4) 从截止波长来看(见表 2.3),TE_{01} 模式是圆波导中的第四个模式,而且它与 TM_{11} 模式简并. 要实现 TE_{01} 模式的单模工作,需要抑制四个模式(TE_{11},TM_{01},TE_{21},TM_{11}). 由于 TE_{01} 是唯一不具有纵向壁电流分量的模式,因此,在波导壁的圆周方向开的缝,对 TE_{01} 模式来说是无辐射缝,而对其他具有纵向壁电流分量的模式来说是强辐射缝. 因此,用螺旋形导线构成的圆波导,就可以衰减掉杂模,实现 TE_{01} 模式的单模传输.

(5) TE_{01} 模式有一个很重要的优点,即其传输衰减系数随工作频率的升高而下降. 这也是其他模式都没有的特点. 因为波导对 TE_{01} 模式的传输损耗主要由壁电流 $\boldsymbol{J}_\varphi = \boldsymbol{n}_0' \times \boldsymbol{H}$(正比于 H_z)决定,若 H_z 减小,则传输损耗将降低. 当波导内通过的功率一定时,坡印亭矢量 $\boldsymbol{P}_z = \boldsymbol{E}_\varphi \times \boldsymbol{H}_r$ 应该是常数. 当电磁波的工作频率升高时,ω 和 β 都将增大,要维持坡印亭矢量 $\boldsymbol{P}_z$ 为常数,式(2-50)中的系数 $D^\pm$ 将减小. 因此,电磁波工作频率升高时 H_z 的幅度将减小,从而导致传输损耗下降.

由于圆波导 TE_{01} 模式的工作频率越高,传输损耗越小,它就成为长距离传输微波信号的最佳工作模式以及高 Q 值微波谐振腔的常用工作模式.

上述结论的依据是我们对导行电磁波空间分布的了解,这个讨论过程和结论都充分显示了场解法的作用和贡献.

2. TE_{11} 模式

已知 1 阶贝塞尔导函数的第一个零点 $v_{11} = 1.841$. 将 $n=1, i=1, v_{11} = 1.841$ 代入式(2-49)中,就可得到圆波导 TE_{11} 模式的场结构:

$$H_r(r,\varphi,z,t) = \mp D^\pm \beta \left(\frac{1.841}{a}\right) J_1'\left(\frac{1.841}{a}r\right)\cos(\varphi-\varphi_0)\sin(\omega t \mp \beta z),$$

$$(2\text{-}51\text{a})$$

$$H_\varphi(r,\varphi,z,t) = \pm D^\pm \beta \left(\frac{1}{r}\right) J_1\left(\frac{1.841}{a}r\right)\sin(\varphi-\varphi_0)\sin(\omega t \mp \beta z), \quad (2\text{-}51\text{b})$$

$$H_z(r,\varphi,z,t) = D^\pm \left(\frac{1.841}{a}\right)^2 J_1\left(\frac{1.841}{a}r\right)\cos(\varphi-\varphi_0)\cos(\omega t \mp \beta z), \quad (2\text{-}51\text{c})$$

$$E_r(r,\varphi,z,t) = D^\pm \omega\mu \left(\frac{1}{r}\right) J_1\left(\frac{1.841}{a}r\right)\sin(\varphi-\varphi_0)\sin(\omega t \mp \beta z), \quad (2\text{-}51\text{d})$$

$$E_{\varphi}(r,\varphi,z,t) = D^{\pm} \omega\mu \left(\frac{1.841}{a}\right) J_1' \left(\frac{1.841}{a}r\right) \cos(\varphi - \varphi_0)\sin(\omega t \mp \beta z),$$

$$\tag{2-51e}$$

$$E_z(r,\varphi,z,t) = 0.$$

$$\tag{2-51f}$$

图 2.17 是圆波导 TE_{11} 模式场分布示意图.

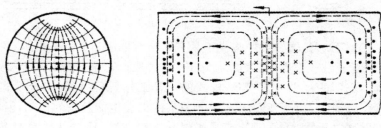

图 2.17　圆波导 TE_{11} 模式场分布示意图

TE_{11} 模式的特点:

(1) 截止波长最大, $\lambda_c = 3.41a$. 当微波源的波长满足: $2.62a < \lambda < 3.41a$ 时,波导内只有 TE_{11} 模式处于传输状态.

(2) 电磁场是非圆对称的,存在极化简并.电场的对称面被称为极化面.通信卫星的主要技术参数包括经度、纬度、上行工作频率、下行工作频率、功率、极化方式等.我国通信卫星一般采用水平极化方式,国际通信卫星一般采用圆极化方式.因为存在极化简并的模式(见图 2.18),其极化面可能由于偶然的原因发生旋转,这就会给电磁能量的耦合造成困难,不但会增加衰减,甚至可能由于电场正交,造成电磁能量完全不能耦合.

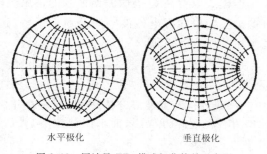

水平极化　　　　　　　　　　垂直极化

图 2.18　圆波导 TE_{11} 模式极化简并示意图

由于 TE_{11} 模式存在极化简并,所以圆波导没有单模工作的最低模式.因此,在大多数情况下,尽管矩形波导的制造工艺比圆形波导复杂,功率容量比圆形波导小,损耗比圆形波导大,微波工程中仍然经常使用矩形波导作为传输系统.

§2.5 同 轴 线

同轴线也是微波工程中常用的传输系统,其结构如图 2.19 所示.从理论上讲,求解同轴线内电磁场的方法、步骤与求解圆波导内的电磁场的方法、步骤完全相同,唯一的区别就在于边界条件略有不同.根据§2.4 对圆柱坐标系中标量微分方程(2-23)通解形式的讨论可知,式(2-45) 仍然可以描述同轴线内的导行电磁波.

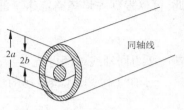

图 2.19 同轴线结构示意图

在圆形波导中,由于在 $r=0$ 处,电磁场为有限值,根据诺依曼函数的特点,可以得到

$$B_2 = 0, \quad B_2' = 0.$$

从而可以很方便地由电场切向分量的边界条件 $E_z(a,\varphi)=0$ 或 $E_\varphi(a,\varphi)=0$,求解出本征值 k_c、截止波长 λ_c 等.在同轴线中,由于内导体的存在,导行电磁波的通解表达式中 B_2 和 B_2' 均不为零,这就使得本征值的求解变得十分困难.

以 TM 模式为例,因为电磁场在波导内任意方位角上必为单值,所以

$$E_z(r,\varphi) = E_z(r,\varphi+2\pi)$$
$$= [B_1 J_n(k_c b) + B_2 N_n(k_c b)]\cos(n\varphi - \varphi_0)$$
$$= [B_1 J_n(k_c b) + B_2 N_n(k_c b)]\cos[n(\varphi + 2\pi) - \varphi_0],$$

则 n 为整数.

因为电场切向分量 $E_z(b,\varphi)=0, E_z(a,\varphi)=0$,根据(2-45a),则有

$$E_z(b,\varphi) = [B_1 J_n(k_c b) + B_2 N_n(k_c b)]\cos(n\varphi - \varphi_0) = 0,$$
$$E_z(a,\varphi) = [B_1 J_n(k_c a) + B_2 N_n(k_c a)]\cos(n\varphi - \varphi_0) = 0.$$

由这两个方程可以得到关于 k_c 的本征值方程

$$\frac{J_n(k_c b)}{J_n(k_c a)} = \frac{N_n(k_c b)}{N_n(k_c a)}.$$

由于这个本征值方程是超越方程,只能求出数值解,无法得到解析解,这对讨论问题是很不方便的.

根据§2.2 中关于 TEM 波的讨论及同轴线结构可知,同轴线内是可以存在静电场和静磁场的.也就是说,波长趋于无穷大($k_c=0$)的电磁波可以在同轴线中传输.这是同轴线与空心波导的根本区别.因为 TEM 模的截止波长趋于无穷大,所以它肯定是主模,而且此时必有

$$E_z(r,\varphi) = 0, \quad H_z(r,\varphi) = 0.$$

否则,由麦克斯韦方程组中旋度方程引出的式(2-24)会得出没有物理意义的无

穷大解. 对于 TEM 模, 由于 $k_c=0$, 标量波动方程(2-23)将退化为二维拉普拉斯方程. 求解同轴线主模(TEM 模)电场、磁场横向分量的问题就变成了求解静电场、静磁场问题.

根据电磁学的理论, 同轴线中的静态电磁场只有 $E_r(r,\varphi)$, $H_\varphi(r,\varphi)$ 分量. 因此, 可以根据安培环路定律写出磁场表达式:

$$H_\varphi(r,\varphi) = \frac{I}{2\pi r}\boldsymbol{i}_\varphi, \tag{2-52}$$

其中 I 为同轴线中的电流, $\boldsymbol{i}_\varphi$ 为单位矢量.

同轴线中 TEM 模磁场的解就可写成

$$\boldsymbol{H}(r,\varphi,z,t) = \mathrm{Im}\left\{\frac{I^{\mp}}{2\pi r}\boldsymbol{i}_\varphi \mathrm{e}^{\mathrm{j}(\omega t \pm \beta z)}\right\}. \tag{2-53a}$$

已知 $\beta = \omega\sqrt{\mu\varepsilon}$, 只要将磁场表达式 $\boldsymbol{H}(r,\varphi,z,t)$ 代入麦克斯韦方程组中的旋度方程, 就可以解出同轴线中 TEM 模电场的解 $\boldsymbol{E}(r,\varphi,z,t)$.

$$\nabla \times \boldsymbol{H} = \begin{vmatrix} \dfrac{1}{r}\boldsymbol{i}_r & \boldsymbol{i}_\varphi & \dfrac{1}{r}\boldsymbol{i}_z \\ \dfrac{\partial}{\partial r} & \dfrac{\partial}{\partial \varphi} & \dfrac{\partial}{\partial z} \\ 0 & rH_\varphi & 0 \end{vmatrix} = \mathrm{j}\omega\varepsilon\boldsymbol{E}.$$

同轴线中 TEM 模电场的解就可写为

$$\boldsymbol{E}(r,\varphi,z,t) = \mathrm{Im}\left\{\pm\sqrt{\frac{\mu}{\varepsilon}}\frac{I^{\mp}}{2\pi r}\boldsymbol{i}_r \mathrm{e}^{\mathrm{j}(\omega t \pm \beta z)}\right\}. \tag{2-53b}$$

对于 TEM 模式, 通常的电压、电流定义仍有意义. 电流由内导体的外表面或外导体的内表面上的纵向电流线密度的积分确定, 电压由内外导体间电场的线积分确定:

$$I^{\mp} = \int_0^{2\pi} \boldsymbol{n} \times \boldsymbol{H}(r=a,b,\varphi,z,t) \cdot \boldsymbol{i}_z r\mathrm{d}\varphi = \int_0^{2\pi} \frac{I^{\mp}}{2\pi}\mathrm{e}^{\mathrm{j}(\omega t \pm \beta z)}\mathrm{d}\varphi = I^{\mp}\mathrm{e}^{\mathrm{j}(\omega t \pm \beta z)}, \tag{2-54a}$$

$$V^{\mp} = \int_b^a \boldsymbol{E}(r,\varphi,z,t) \cdot \boldsymbol{i}_r\mathrm{d}r = \mp\sqrt{\frac{\mu}{\varepsilon}}\frac{I^{\mp}}{2\pi}\ln\left(\frac{a}{b}\right)\mathrm{e}^{\mathrm{j}(\omega t \pm \beta z)}, \tag{2-54b}$$

其中 V^+, V^- 分别是正向和反向电压波, I^+, I^- 分别是正向、反向电流波.

在行波状态下, 正向电压波与正向电流波之比称为微波传输线的特性阻抗 Z_c(单位: Ω),

$$Z_c = \frac{1}{2\pi}\sqrt{\frac{\mu}{\varepsilon}}\ln\left(\frac{a}{b}\right). \tag{2-55}$$

同轴线中, TEM 模的特性阻抗具有与低频电路理论中阻抗等价的意义. 可以证明, 在行波状态下, 按特性阻抗值乘以电流平方算出的功率与用坡印亭定律

算出的功率完全一样. 这就是说, 当同轴线工作在单模传输状态时, 同轴线中通过的电磁波平均功率可以表示为

$$P = \frac{1}{2} Z_c I^2.$$ (2-56)

例 2-1　试求同轴线的最大功率容量.

解　如果同轴线内导体表面的电场强度超过了填充介质的击穿场强, 同轴线内就会发生电击穿现象. 显然, 同轴线内填充介质的击穿场强越高, 同轴线的功率容量就越大. 由此击穿场强可以解出相应的最大电流振幅, 代入式(2-56)即可求出同轴线的功率容量. 已知同轴线的内导体表面的电场强度最大, 设其峰值为 E_b. 根据式(2-53b),

$$E_b = \sqrt{\frac{\mu}{\varepsilon}} \left. \frac{I}{2\pi r} \right|_{r=b},$$

$$P = \frac{1}{2} Z_c I^2 = \frac{1}{2} \left[\frac{1}{2\pi} \sqrt{\frac{\mu}{\varepsilon}} \ln\left(\frac{a}{b}\right) \right] \left[2\pi b E_b \sqrt{\frac{\varepsilon}{\mu}} \right]^2 = \pi E_b^2 \sqrt{\frac{\varepsilon}{\mu}} b^2 \ln\left(\frac{a}{b}\right).$$

令 $\frac{\partial P}{\partial b} = 0$, 可以求出 $\frac{a}{b} = e^{1/2}$ 时, 同轴线内传输的功率 P 有极大值. 此时同轴线的特性阻抗 $Z_c = \frac{1}{4\pi} \sqrt{\frac{\mu}{\varepsilon}}$. 如果同轴线内填充的介质 $\varepsilon_r = 2.4$, 则 $Z_c \approx 19.4\ \Omega$; 如果同轴线内的介质为空气, 则 $Z_c \approx 30\ \Omega$.

例 2-2　试求同轴线的最小衰减.

解　传输线衰减的定义是单位长度的传输线中传输功率与损耗功率之比.

传输线中的传输功率 $P = \frac{1}{2} Z_c I^2 = \frac{1}{4\pi} \sqrt{\frac{\mu}{\varepsilon}} \ln\left(\frac{a}{b}\right) I^2$, 传输线的损耗主要来自导体表面的欧姆损耗, 单位长度传输线的损耗可以表示为

$$P_L = \frac{1}{2} R_s I_s^2 = \frac{1}{2} R_s \left[\int_0^{2\pi} \left(\frac{I}{2\pi a}\right)^2 a\,d\varphi + \int_0^{2\pi} \left(\frac{-I}{2\pi b}\right)^2 b\,d\varphi \right]$$

$$= \frac{R_s I^2}{4\pi} \left[\frac{1}{a} + \frac{1}{b} \right] = \frac{R_s I^2}{4\pi a} \left[1 + \frac{a}{b} \right],$$

其中 I 为同轴线中的总电流, I_s 是单位长度同轴线内、外导体上的总表面电流, R_s 是单位长度同轴线内、外导体上的总表面电阻.

在同轴线外导体半径 a 恒定的前提下, 令 $\frac{\partial (P_L/P)}{\partial (a/b)} = 0$, 可以求出 $\frac{a}{b} \approx 3.6$, 此时同轴线的衰减最小, 同轴线的特性阻抗 $Z_c = \frac{1}{2\pi} \sqrt{\frac{\mu}{\varepsilon}} \ln(3.6)$. 如果同轴线内填充介质的 $\varepsilon_r = 2.4$, 则 $Z_c \approx 49.7\ \Omega$; 如果同轴线内的介质为空气, 则 $Z_c \approx 77\ \Omega$. 目前, 微波工程中常用同轴线的特性阻抗有 75 Ω 和 50 Ω 两种. 前者用于微波的低频频段, 后者用于微波的高频频段和毫米波段.

　　当微波源的工作频率足够高时, 任何导行电磁波传输系统都能传输色散波. 同轴线的主模是 TEM 模, 要实现 TEM 模的单模传输, 必须使 TE, TM 模都处于截止状态. 这就需要求出次低模式的截止频率 k_c. 前面曾提到, 同轴线的本征值方程为一超越方程, 只能得到数值解. 在 a, b 的数值相差不大时, 同

轴线的次低模式——TE$_{11}$模的截止波长 $\lambda_c \approx \pi(a+b)$. 微波工程中通常以 $\lambda \approx 2\lambda_c = 2\pi(a+b)$ 作为同轴线的下限工作波长,即以 $f \approx \dfrac{2c}{\sqrt{\varepsilon_r}\,\pi(a+b)}$ 作为同轴线的上限工作频率.

同轴线的选择、设计原则:(1) 单模工作;(2) 功率容量较大;(3) 衰减系数较小.

§2.6 奇偶禁戒规则

任何微波传输系统总是要从微波源获得能量,怎样保证它们之间的正常耦合是我们关心的问题. 如果微波源输出口的边界形式与传输系统的边界形式相同,可以根据模式的正交性来判断它们之间是否存在耦合. 而在实际中,往往是微波源输出口的边界形式与传输系统的边界形式不相同,这时就需要根据奇偶禁戒规则来判断它们之间是否存在耦合. 奇偶禁戒规则实际上是模式正交性的推论,它的要点是:奇对称模式和偶对称模式是正交的,不发生能量交换.(也就是说,奇模式不能激励偶模式,偶模式不能激励奇模式.)应用奇偶禁戒规则的关键有以下几点:

(1) 各模式的奇偶对称性都是对同一参考面而言的.

(2) 参考面必须是系统连接处边界面的几何对称面.

(3) 可任选电场对电场或磁场对磁场来做奇偶禁戒判断.

(4) 如果两个模式相对于系统连接处所有几何对称面都具有相同的奇偶对称性,则这两个模式可以相互激励;如果两个模式相对于系统连接处任意一个几何对称面具有不同的奇偶对称性,则这两个模式不能相互激励.

由图 2.20(a)可见,矩形波导有两个几何对称面 A 和 B,它们都可以作为判断模式奇偶对称性的参考面. 如果波导的工作模式为 TE$_{10}$模,则相对于 A 参考面 TE$_{10}$模为偶模式,而相对于 B 参考面 TE$_{10}$模为奇模式. 既然模式的奇偶性与参考面的选取有关,则应用奇偶禁戒规则必须首先确定参考面.

电磁场模式相对于某参考面的奇偶性可采用以下方法判断:将参考面视为镜子,若参考面两侧的电场或磁场恰如镜子中的物与像,则该电磁场为偶对称;若参考面两侧的电场或磁场与镜子中的物与像关系相反,则该电磁场为奇对称.

图 2.20(b)是由矩形波导构成的四端口结,通常称为魔 T. 该系统中只存在一个几何对称面,因此只能用该对称面作为判断模式奇偶对称性的参考面. 如果该系统的工作模式为 TE$_{10}$模,则在 No. 1 端口 TE$_{10}$模为偶模式,而在 No. 4 端口 TE$_{10}$模为奇模式. 这表明对于 TE$_{10}$模而言,上述四端口结的 No. 1 和 No. 4 端口是不能相互传输微波能量的,即 No. 1 和 No. 4 端口是相互隔离的. 有关魔 T 的

特性和用途等问题将在§3.5中详细讨论.

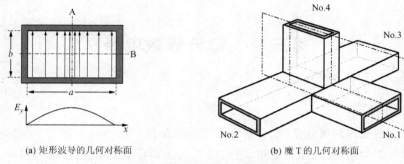

(a) 矩形波导的几何对称面　　(b) 魔 T 的几何对称面

图 2.20　矩形波导 TE_{10} 模式奇偶对称性的判断及魔 T 的几何对称面

第三章　微波等效电路

§3.1　简　　介

　　第二章采用场解法研究、分析了微波传输系统中的导行电磁波,并得到了一些非常重要的结论.从原则上讲,场解法可以求解任意边界的电磁场问题.场解法的优点在于它给出了模式、截止等重要概念以及电磁场的空间分布结构.但是,只有在非常简单的边界条件下,场解法才能给出精确的解析解.尽管如此,场解法给出的解析解也往往具有非常复杂的数学形式,这对于微波工程应用很不方便.另外,场解法中的主要物理量与低频电路中的物理量不相同,这就妨碍了许多低频电路的成熟理论和概念在微波工程中的应用.

　　基于上述原因,微波工程师希望找到一种在数学上比较简单,又能满足实际工程需要的近似分析方法,这种方法就是微波等效电路法.

　　微波等效电路法是采用低频电路中的概念和方法来分析本质上属于场的问题,因此它是一种近似方法.近似方法必然有特定的应用范围和应用条件,微波等效电路法的应用范围和应用条件是:微波传输系统应处于单模工作状态,非均匀区内不存在非线性介质(线性介质的物理特性与电磁场的物理量无关).

　　可以将常见的微波系统分成两类:(1)能处于单模工作状态的电磁波系统;(2)只能处于多模工作状态的电磁波系统.

　　根据第二章的讨论可知,均匀传输系统可以传输单模电磁波,非均匀传输系统则不能.因此,区分这两类微波传输系统的依据是纵向边界条件.明确地说,就是边界条件是否与传输方向上的坐标有关决定了电磁波传输系统的类别.

　　第一类电磁波系统包括单模均匀传输系统,它可以等效为长线.当单模均匀传输线的长度相当于或大于电磁波的波长时,这段均匀传输线就可以等效为长线.在微波工程中经常使用的各种波导、同轴线以及光通信系统中的光纤等都可以等效为长线.研究长线传输特性的方法被称为长线理论.

　　第二类电磁波系统被称为非均匀区,它可以等效为微波网络.根据第二章的讨论,场解法可以求出均匀微波传输线中电磁场的解,从原则上讲,对于非均匀区,也可以在给定的边界条件下,通过求解麦克斯韦方程组,得到非均匀区内电磁场的解.求出非均匀区的场解是最理想的,因为场解不但可以给出反射波和透射波的相对振幅和相位,还可以给出电磁场的场分布和传播常数.场解是彻底的精确解. 遗憾的是, 在几乎所有实际微波工程问题中, 非均匀区场解的解析表达式是无法求得的. 因此, 需要引入一种能对微波系统中的非均匀区做定量分析的简便方法, 这种分析方法就是微波等效网络理论.

在如图 3.1 所示的微波系统中, 单模电磁波在传输中遇到一非均匀区, 由于边界条件的复杂化, 非均匀区内波动方程的解必然变得十分复杂. 但是, 在属于均匀波导部分的 V_1 和 V_2 区(通常称为非均匀区的近区)中, 无论其中的电磁场如何复杂, 总可以用均匀波导中的基元模式叠加构成. 因为 V_1, V_2, W_1, W_2 各区具有相同的边界条件, 所以应有相同的本征函数族, 即相同的模式族. 根据参考面 T_1, T_2 处均匀区和非均匀区的电磁场必然连续的条件可以求得叠加系数. 在 W_1, W_2 区中, 由于单模条件的限制, 除基模能传输外, 其余所有高次模式都被截止. 所以, 在参考面 T_1, T_2 以外, 非均匀区的远区 W_1, W_2 区中, 只有单一模式的导行电磁波. 这个电磁波又可以分成三部分: 从能源来的电磁波称为入射波; 返回能源的电磁波称为反射波; 穿过非均匀区的电磁波称为透射波. 可以肯定, 无论插入单模波导中的非均匀区的内部如何复杂, 只要知道了由于插入非均匀区后所引起的反射波和透射波相对于入射波的振幅和相位, 非均匀区的微波等效电路特性就唯一地确定了. 这就是微波等效网络理论的基本思路.

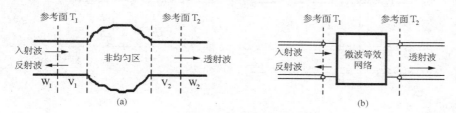

图 3.1　微波系统及其等效电路

在微波等效电路理论中, 长线与微波等效网络的分界面是参考面, 大多数微波参量都与参考面的相对位置有关. 除了参考面应选在非均匀区的远区这个条件外(远区的物理意义就是高次模式都已完全截止了), 参考面的选择是任意的. 网络参量与参考面的位置存在对应关系, 即网络参量会随参考面的移动而改变. 另外, 需要注意的是, 微波等效网络的拓扑结构不是唯一的.

微波等效网络的意义是: 在入射波和传输系统完全相同的条件下, 如果有一个网络所产生的反射波和透射波与某个非均匀区所产生的反射波及透射波相同, 则称这个网络是该非均匀区的微波等效网络. 等效网络法只研究了非均匀区对电磁波系统的宏观影响, 并不涉及非均匀区内部的电磁场特性, 因此如果要设计微波元、器件, 也许就不得不利用数值计算方法求解非均匀区内部的电磁场.

§3.2　长　线　理　论

长线理论是微波等效电路理论中涉及单模均匀传输线传输特性的理论.第二章中曾采用场解法分析了电磁波传输系统中的导行电磁波.在这一章将采用电路理论的方法分析同一问题,并研究两者的对应关系.在这里必须注意,我们的研究对象是微波,由于微波的波长很短,因此在很短的一段传输线上,微波的相位就会有明显的差异.例如,频率为 50 Hz 的低频交流电在传输线上的相位变化是 $6 \times 10^{-5}\,°/\mathrm{m}$(波长 6000 km);而频率为 10 GHz 的微波,在传输线上的相位变化是 $1.2 \times 10^{4}\,°/\mathrm{m}$(波长 3 cm).因此,在研究低频电路时,一般不考虑电磁波的相位问题,而在讨论微波电路时,则必须考虑电磁波的相位问题.图 3.2 是采用微波等效电路法分析微波传输线的等效电路及其各参量的参考方向.其中 R_1, L_1, C_1, G_1 分别为微波传输线单位长度上的串联分布电阻、电感和并联分布电容、电导.$\dot{V}, \dot{I}$ 分别为电压波和电流波.

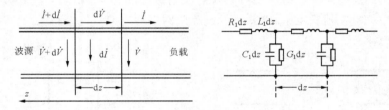

图 3.2　长线及其等效电路

3.2.1　电报方程及其解

根据图 3.2 的等效电路,单位长度均匀传输线上的串联阻抗和并联导纳可以表示为

$$Z_1 = R_1 + \mathrm{j}\omega L_1, \tag{3-1a}$$

$$Y_1 = G_1 + \mathrm{j}\omega C_1. \tag{3-1b}$$

根据电路分析理论中的基尔霍夫定律(分流、分压关系),可以分别得到长度为 dz 的一段均匀传输线上的电压波和电流波的微分方程:

$$\mathrm{d}\dot{V}(z) = \dot{I}(z)Z_1\mathrm{d}z, \tag{3-2a}$$

$$\mathrm{d}\dot{I}(z) = \dot{V}(z)Y_1\mathrm{d}z. \tag{3-2b}$$

式(3-2a)和式(3-2b)就是长线理论的基本方程——电报方程.

由式(3-2a)和式(3-2b)可以分别得到电压波微分方程和电流波微分方程:

$$\frac{\mathrm{d}^2\,\dot{V}(z)}{\mathrm{d}z^2} = Z_1 Y_1\,\dot{V}(z) = \gamma^2\,\dot{V}(z),\tag{3-2c}$$

$$\frac{\mathrm{d}^2\,\dot{I}(z)}{\mathrm{d}z^2} = Z_1 Y_1\,\dot{I}(z) = \gamma^2\,\dot{I}(z).\tag{3-2d}$$

值得注意的是,这两个微分方程的形式与场解法中电磁场纵向分量方程的形式 (2-9)式完全相同. 因此可以认为,长线理论是场解法的一维表达形式.

可以直接写出电压波微分方程(3-2c)的通解:

$$\dot{V}(z) = \dot{V}^+(z) + \dot{V}^-(z) = \dot{V}_+\,\mathrm{e}^{\gamma z} + \dot{V}_-\,\mathrm{e}^{-\gamma z}.\tag{3-3a}$$

其中 $\dot{V}(z)$ 是电压波. $\dot{V}^+(z),\dot{V}^-(z)$ 分别是电压波的正向、反向分量,即正向电压波和反向电压波. $\dot{V}_+,\dot{V}_-$ 分别是正向电压波和反向电压波的振幅(与 z 无关). $\dot{V}(z),\dot{V}^+(z),\dot{V}^-(z),\dot{V}_+,\dot{V}_-$ 都是复数量. $\dot{I}(z),\dot{I}^+(z),\dot{I}^-(z),\dot{I}_+,$ $\dot{I}_-$ 的意义与电压波类似. 将这个通解代入式(3-2a),就可以得到电流波微分方程(3-2d)的通解:

$$\dot{I}(z) = \dot{I}^+(z) + \dot{I}^-(z) = \sqrt{\frac{G_1 + \mathrm{j}\omega C_1}{R_1 + \mathrm{j}\omega L_1}}(\dot{V}_+\,\mathrm{e}^{\gamma z} - \dot{V}_-\,\mathrm{e}^{-\gamma z})$$

$$= Y_\mathrm{c}[\dot{V}^+(z) - \dot{V}^-(z)].\tag{3-3b}$$

式(3-2)和式(3-3)中各常数的意义分别为:

(1) 待定积分常数 $\dot{V}_+,\dot{V}_-$ 可由终端负载条件(边界条件)确定;

(2) 传播常数　$\gamma = \sqrt{Z_1 Y_1} = \sqrt{(R_1 + \mathrm{j}\omega L_1)(G_1 + \mathrm{j}\omega C_1)}$;　(3-4a)

(3) 特性阻抗　$Z_\mathrm{c} = \dfrac{1}{Y_\mathrm{c}} = \sqrt{\dfrac{R_1 + \mathrm{j}\omega L_1}{G_1 + \mathrm{j}\omega C_1}}$.　(3-4b)

式(3-3) 乘以 $\mathrm{e}^{\mathrm{j}\omega t}$ 就构成了电压波和电流波. 按照图 3.2 的参考方向,可以分别定义入射电压波、入射电流波、反射电压波和反射电流波:

入射电压波:$\dot{V}^+(z) = \dot{V}_+\,\mathrm{e}^{\gamma z}$;

入射电流波:$\dot{I}^+(z) = Y_\mathrm{c}\,\dot{V}_+\,\mathrm{e}^{\gamma z}$;

反射电压波:$\dot{V}^-(z) = \dot{V}_-\,\mathrm{e}^{-\gamma z}$;

反射电流波:$\dot{I}^-(z) = -Y_\mathrm{c}\,\dot{V}_-\,\mathrm{e}^{-\gamma z}$.

定义入射波、反射波的规则是:(1) 从波源向负载传输的波为入射波,反之为反射波;(2) 电磁波沿其传输方向前进时,其幅度应越来越小.

按照入射波、反射波的划分,特性阻抗的物理意义就是:传输线中入射电压波与入射电流波之比,或传输线中反射电压波与反射电流波之比的负值. 在一般情况下,传输线中的总电压波与总电流波之比不等于特性阻抗.

理想微波传输线是无损耗的,实用微波传输线的特性阻抗或导纳的实部也远小于其虚部,可以满足 $R_1 \ll \omega L_1, G_1 \ll \omega C_1$ 的条件.因此,微波工程中通常认为:

传播常数

$$\gamma = \mathrm{j}\omega \sqrt{L_1 C_1} = \mathrm{j}\beta, \tag{3-5a}$$

相位常数

$$\beta = \omega \sqrt{L_1 C_1}, \tag{3-5b}$$

特性阻抗

$$Z_\mathrm{c} = \sqrt{\frac{L_1}{C_1}}. \tag{3-6}$$

这样就基本解决了长线中电磁波的传输问题.以后还需要根据终端负载条件,确定电压波中的两个待定复常数.对比长线理论的解式(3-3)和场解法的解式(2-7),我们发现,长线理论的解对应于场解法中电磁波沿纵向分布的解.也可以说,长线理论的解就是场解法的一个特例.它们的区别在于:长线理论的解与传输系统的横向坐标变量 x,y 无关;场解法的解与传输系统的横向坐标变量 x,y 有关.这表明,长线理论不能给出电磁场的横向场分布特性,也无法区分模式,因此长线理论不能用于分析多模传输系统.长线理论的优点在于引入了电压波、电流波和特性阻抗,使微波电路与电子电路有了共同语言.长线理论虽然不能分析电磁场的横向分布特征,却特别适合于讨论电磁波沿纵向的传播、反射等问题.长线理论是一种等效的、近似的简便计算方法.对于导行电磁波的空间分布和关键参数——传播常数 β,仍需要利用场解法求解或者通过测量波导波长 λ_g 求得.

3.2.2 反射系数与输入阻抗

反射系数是长线理论的重要参量,它有明确的物理意义,可以直接测量.反射系数的定义是:反射电压波与入射电压波之比.反射系数一般是复数,其模是反射电压波振幅与入射电压波振幅之比,其幅角是参考面坐标 z(负载在 $z=0$ 处)的函数,即

$$\Gamma(z) = |\Gamma| \mathrm{e}^{\mathrm{j}\theta} = \frac{\dot{V}^-(z)}{\dot{V}^+(z)} = \frac{\dot{V}_-}{\dot{V}_+}\mathrm{e}^{-\mathrm{j}2\beta z} = \left|\frac{\dot{V}_-}{\dot{V}_+}\right| \mathrm{e}^{\mathrm{j}(\varphi_2 - \varphi_1 - 2\beta z)}, \tag{3-7}$$

其中 φ_1 和 φ_2 分别是待定复常数 $\dot{V}_+$ 和 $\dot{V}_-$ 的幅角.

反射系数 $\Gamma(z)$ 的值域在 ± 1 之间.由于 $\dot{V}_+,\dot{V}_-$ 是由终端条件确定的积分

常数,因此,在终端条件确定的均匀传输线上反射系数的模是常数,在终端条件确定的分段均匀传输线上,反射系数的模在各均匀段上是常数.

实际上,反射系数已经能够完全确定传输线的工作状态,可以不再引入其他参量.由于在电子类工程问题中人们习惯采用阻抗这一物理量,因此引入输入阻抗的概念.

输入阻抗的定义:在均匀传输线的任意参考面上,总电压波与总电流波之比为该参考面的输入阻抗 Z_{in}. 输入阻抗 Z_{in} 的定义与普通电路理论的输入阻抗定义相同,而特性阻抗 Z_c 是普通电路理论中没有的概念.

$$Z_{in}(z) = \frac{\dot{V}(z)}{\dot{I}(z)} = Z_c \frac{\dot{V}^+(z) + \dot{V}^-(z)}{\dot{V}^+(z) - \dot{V}^-(z)} = Z_c \frac{1 + \Gamma(z)}{1 - \Gamma(z)}, \tag{3-8a}$$

$$\Gamma(z) = \frac{Z_{in}(z) - Z_c}{Z_{in}(z) + Z_c} = |\Gamma| e^{j\theta} = \frac{\dot{V}^-(z)}{\dot{V}^+(z)}. \tag{3-8b}$$

对于特性阻抗 Z_c 确定的传输线,其任意参考面上的输入阻抗 Z_{in} 与反射系数有确定的对应关系.如果知道了传输线的特性阻抗和某一参考面上的输入阻抗,就可以求出该参考面上的反射系数 Γ（其中 $Z_{in}, Z_c, \dot{V}^-(z), \dot{V}^+(z)$ 都在参考面的同一侧）.

3.2.3 终端方程

根据输入阻抗的定义可知,输入阻抗 Z_{in} 与参考面的位置有关.如果知道了负载端参考面上的输入阻抗 Z_L（这一条件相当于场解法中的边界条件）,就可以确定电报方程通解中的待定复常数 $\dot{V}_+, \dot{V}_-$. 那么,长线上任意参考面处的输入阻抗 Z_{in},就可以用负载阻抗 Z_L 换算出来.

设在传输线的终端 $z = 0$ 处,总电压波为 $\dot{V}_0$,总电流波为 $\dot{I}_0$,将 $Z_L = \dfrac{\dot{V}_0}{\dot{I}_0}$ 代入电报方程的通解式(3-3)中,就可以确定待定复常数 $\dot{V}_+, \dot{V}_-$. 将 $\dot{V}_+, \dot{V}_-$ 代入式(3-3),考虑到式(3-5)并利用欧拉公式 $e^{jx} = \cos x + j \sin x$ 化简表达式,可以得到长线理论中电报方程的解——终端方程:

$$\dot{V}(z) = \dot{V}_0 \cos(\beta z) + j \dot{I}_0 Z_c \sin(\beta z), \tag{3-9a}$$

$$\dot{I}(z) = \dot{I}_0 \cos(\beta z) + j Y_c \dot{V}_0 \sin(\beta z). \tag{3-9b}$$

终端方程(3-9)描述了均匀传输线上任意参考面处的总电压波 $\dot{V}(z)$、总电流波 $\dot{I}(z)$、传输线特性阻抗 Z_c、终端负载 Z_L 以及参考面和终端负载的相对距离 z 之间的关系.按照输入阻抗的定义式(3-8),由终端方程可以确定任意参考面上

的输入阻抗和输入导纳:

$$Z_{in}(z) = \frac{\dot{V}(z)}{\dot{I}(z)} = Z_c \frac{Z_L + jZ_c \, \tan(\beta z)}{Z_c + jZ_L \, \tan(\beta z)}, \tag{3-10a}$$

$$Y_{in}(z) = \frac{\dot{I}(z)}{\dot{V}(z)} = Y_c \frac{Y_L + jY_c \, \tan(\beta z)}{Y_c + jY_L \, \tan(\beta z)}, \tag{3-10b}$$

其中 Z_{in} 和 Y_{in} 分别为距终端负载距离为 l 的参考面 T_1 上的输入阻抗和输入导纳,Z_c 和 Z_L 为传输线的特性阻抗和终端负载阻抗.

一般情况下,输入阻抗是个复数,它与负载阻抗 Z_L、特性阻抗 Z_c、相位常数 β、工作频率 f 以及参考面的位置 z 有关(见图 3.3),并随 z 的变化作周期性变化(周期为 $\lambda_g/2$).输入阻抗的这种特性是微波技术中阻抗变换、阻抗匹配的理论根据.

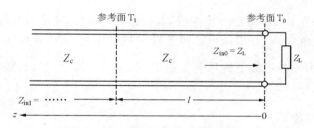

图 3.3 阻抗变换公式参考方向示意图

由式(3-10)可见,对于工作在非匹配状态($Z_c \neq Z_L$)的传输线,任意参考面上的输入阻抗 Z_{in} 随工作频率 f 的不同或参考面位置 z 的移动而改变;如果传输线处于匹配状态($Z_c = Z_L$),则均匀传输线上任意参考面上的输入阻抗 Z_{in} 与工作频率 f 及参考面的位置 z 无关,恒等于传输线的特性阻抗 Z_c,这就是我们所希望的微波传输线的匹配状态.

3.2.4 传输线中的三种状态

1. 行波状态

如果微波传输线的负载无反射地吸收了全部入射功率,传输系统中只有从微波源到负载的单向行波,传输线中的这种状态被称为行波状态.按照这个定义,行波状态下不存在反射波,即 $\dot{V}^- = 0$.理想长线中任意参考面上的输入阻抗由式(3-8a)确定,将 $\dot{V}^- = 0, z = 0, Z_{in}(z=0) = Z_L$ 代入式(3-8a),可得行波状态的负载条件

$$Z_L = Z_c.$$

也可利用反射系数的概念,导出相同结论.将 $\dot{V}^- = 0$, $z = 0$, $Z_{in}(z=0) =$

Z_L 代入反射系数表达式(3-8b),即

$$\Gamma = \frac{\dot{V}^-}{\dot{V}^+} = \frac{Z_{\text{in}} - Z_c}{Z_{\text{in}} + Z_c} = \frac{Z_L - Z_c}{Z_L + Z_c} = 0,$$

也可得到行波状态的负载条件

$$Z_L = Z_c.$$

以上讨论表明:要使传输线中的电磁波处于行波状态,就要求微波负载阻抗 Z_L 等于微波传输线的特性阻抗 Z_c,这种负载被称为传输线的匹配负载.由于理想传输线的特性阻抗 Z_c 是实数,因此只有实数负载才是理想的匹配负载.另外,在行波状态下,电压波、电流波的振幅是常数(与 z 无关),微波测量中就是利用这一点来判断传输线是否处于行波状态.

在微波工程中,总是希望和追求微波传输线工作在行波状态,行波状态也被称为匹配状态.微波传输线工作在匹配状态下有以下优点:微波能量传输效率高,功率容量大,信号失真小.

2. 纯驻波状态

如果微波负载完全不吸收有功功率,入射波的功率全部由反射波带回,这种全反射状态就是纯驻波状态.按照这个定义,纯驻波状态下,反射波的振幅等于入射波的振幅,即 $|\dot{V}^-| = |\dot{V}^+|$.按照反射系数的定义和式(3-8b),应有

$$|\Gamma| = \frac{|\dot{V}^-|}{|\dot{V}^+|} = \frac{|Z_L - Z_c|}{|Z_L + Z_c|} = 1.$$

因为理想传输线的特性阻抗 Z_c 是实数,那么,纯驻波状态的负载条件是: $Z_L = 0$, $Z_L \to \infty$,或 Z_L 为纯电抗性负载.

在实际的微波系统中,负载阻抗无穷大或纯电抗性负载是不容易实现的.因此,通常是用终端短路,也就是利用负载 $Z_L = 0$ 来实现传输线中的纯驻波状态.当 $Z_L = 0$ 时,根据阻抗变换公式(3-10),有 $Z_{\text{in}} = \text{j} Z_c \tan(\beta z)$,这表明,在传输线的任意参考面上,输入阻抗可以为零,也可以为纯电抗性负载.零负载和纯电抗负载都是不能吸收能量的,因此必然造成电磁波的全反射.

由表达式 $Z_{\text{in}} = \text{j} Z_c \tan(\beta z)$ 可知,一段终端短路的微波传输线可以等效为一个可变电抗调节器.

3. 驻波状态

既非行波状态,也非纯驻波状态的情况,就是所谓的驻波状态.实际上,只要微波负载不符合前两种状态的负载条件要求,就必然形成一种中间状态——驻波状态.微波工程中经常遇到的实际情况是驻波状态.

驻波状态的反射系数满足: $0 < |\Gamma| < 1$.

传输线中的电压波可以表示为

$$\dot{V}(z) = \dot{V}_+ \, \mathrm{e}^{\mathrm{j}\beta z} + \dot{V}_- \, \mathrm{e}^{-\mathrm{j}\beta z} = \dot{V}_+ \, \mathrm{e}^{\mathrm{j}\beta z} + \dot{V}_- \, \mathrm{e}^{-\mathrm{j}\beta z}$$

$$+ (\dot{V}_- \, \mathrm{e}^{\mathrm{j}\beta z} - \dot{V}_- \, \mathrm{e}^{\mathrm{j}\beta z}) \quad (\dot{V}_+ > \dot{V}_-)$$

$$= \dot{V}_- \, (\mathrm{e}^{-\mathrm{j}\beta z} + \mathrm{e}^{\mathrm{j}\beta z}) + (\dot{V}_+ - \dot{V}_-) \mathrm{e}^{\mathrm{j}\beta z},$$

由此可见,等式右边第一部分就是纯驻波分量,第二部分是行波分量,所以驻波可分解为行波与纯驻波的叠加.

3.2.5　驻波参量

根据前边的讨论,微波传输线中有三种可能的传输状态,其中纯驻波、行波状态是极端情况,没有程度可言;驻波状态介于两者之间,需要有参量来描述驻波状态的程度,这个参量就是驻波参量.根据电报方程的解式(3-3a),任意参考面上总电压的模可以表示为

$$\mid \dot{V}(z) \mid = \mid \dot{V}^+ \, (z) + \dot{V}^- \, (z) \mid = \sqrt{V_1^2 + V_2^2 + 2V_1 V_2 \, \cos(\theta_0 - 2\beta z)},$$

$$(3\text{-}11)$$

其中 $(\theta_0 - 2\beta z) = \theta$ 是反射系数 Γ 的幅角, V_1, V_2 分别是正向、反向电压波的振幅,即图 3.4 右图中 $\dot{V}^+, \dot{V}^-$ 的长度,即

$$\dot{V}^+ \, (z) = \dot{V}_+ \, \mathrm{e}^{+\mathrm{j}\beta z} = V_1 \mathrm{e}^{\mathrm{j}\varphi_1} \cdot \mathrm{e}^{+\mathrm{j}\beta z},$$

$$\dot{V}^- \, (z) = \dot{V}_- \, \mathrm{e}^{-\mathrm{j}\beta z} = V_2 \mathrm{e}^{\mathrm{j}\varphi_2} \cdot \mathrm{e}^{-\mathrm{j}\beta z},$$

其中 φ_1, φ_2 分别为 $\dot{V}_+(z)$ 和 $\dot{V}_-(z)$ 的初始相位.

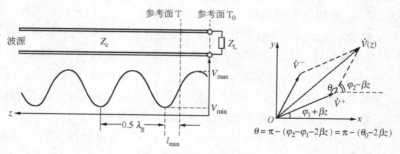

图 3.4　电压驻波沿传输线分布示意图

显然,当 $(\theta_0 - 2\beta z) = 2n\pi (n = 0, \pm 1, \pm 2, \cdots)$ 时, $V_{\max} = V_1 + V_2$;当 $(\theta_0 - 2\beta z) = (2n+1)\pi (n = 0, \pm 1, \pm 2, \cdots)$ 时, $V_{\min} = V_1 - V_2$.

根据图 3.4 和式(3-11),可以定义:

电压驻波系数

$$\rho = \frac{V_{\max}}{V_{\min}} = \frac{|\dot{V}^+| + |\dot{V}^-|}{|\dot{V}^+| - |\dot{V}^-|} = \frac{1 + |\Gamma|}{1 - |\Gamma|}, \tag{3-12a}$$

电压驻波相位

$$l_{\min} = \frac{\lambda_g}{4\pi}[(\theta_0 - 2\beta z) \pm \pi] \quad \left(0 \leqslant l_{\min} < \frac{1}{2}\lambda_g\right). \tag{3-12b}$$

其中,电压驻波相位的定义可由图 3.4 引出:

(1) 驻波振幅有极小值的参考面:

$$\theta_0 - 2\beta z_{\min} = (2m+1)\pi, \quad m = 0, \pm 1, \pm 2, \cdots;$$

(2) 任意参考面:

$$\theta_0 - 2\beta z = \theta.$$

即

$$z_{\min} = \frac{1}{2\beta}[\theta_0 - (2m+1)\pi], \quad m = 0, \pm 1, \pm 2, \cdots; \quad z = \frac{1}{2\beta}(\theta_0 - \theta).$$

按定义:

$$l_{\min} = z_{\min} - z = \frac{1}{2\beta}[\theta - (2m+1)\pi] = \frac{\lambda_g}{4\pi}[\theta - (2m+1)\pi],$$

$$m = 0, -1;$$

$$l_{\min} = \frac{\lambda_g}{4\pi}[(\theta_0 - 2\beta z) \pm \pi], \quad 0 \leqslant \theta < \pi \text{ 取 "+" 号}; \ 0 \leqslant \theta < 2\pi \text{ 取 "-" 号}.$$

在微波工程中,一般认为电压驻波系数 $\rho = 1.05$ 就可以算是良好匹配. $l_{\min}$ 的数值等于从参考面至波源方向上最近的一个电压极小点的距离.

在长线理论这一节中,对于传输线上的任意参考面,我们定义了三套参量:反射系数 Γ;输入阻抗 Z_{in};驻波参量 $\rho, l_{\min}$. 它们都是电报方程解的导出量. 实际上,这三套参量中的任何一套,都可以全面描述传输线的工作状态,而且它们之间存在确定的换算关系. 反射系数 Γ 是三套参量中的最基本参量,它有明确的物理意义,可以直接测量. 引入其他两套参量的目的,是为了计算的方便. 这三套参量的相互换算,可以直接利用本节导出的有关公式,也可以利用 §3.3 将要介绍的圆图来完成.

3.2.6 均匀传输系统与长线的等效

对于微波均匀传输系统,第二章中曾采用场解法解出了电场 E、磁场 H 和电磁波传播常数 β;本节又采用长线理论的方法导出了总电压波 $\dot{V}$、总电流波 $\dot{I}$ 和传输线的特性阻抗 Z_c. 在许多微波工程问题中,通常希望采用比较形象、简单的长线理论来分析均匀传输线,那么场解法和长线理论间是否存在等效关系呢？

　　微波传输系统中有两类工作模式：非色散模式和色散模式. 非色散模式传输系统可以直接应用长线理论；而色散模式传输系统，则需要在特定条件下，才能运用长线理论和圆图进行分析. 这是因为长线理论的基本参量是电压波和电流波，从这两个基本参量出发，可以导出功率、阻抗、导纳、反射系数、驻波参量等. 对非色散模式，可以明确地定义电压波、电流波（实际上是明确定义了特性阻抗. 例如同轴线中的主模 TEM 模），因此可以直接利用长线理论和圆图分析非色散模式传输系统. 由于无法唯一地定义色散模式的电压波和电流波，因此必须引入某些等效参量来描述色散模式的电压波、电流波参量后，才可以将长线理论应用于色散模式微波传输系统. 新引入的等效参量应满足两个要求：

　　（1）能适用于色散和非色散两类传输系统；

　　（2）尽可能保留长线理论的基本关系式，能够利用圆图进行计算.

　　考察矩形和圆柱波导的场解表达式(2-34)，(2-36)，(2-47)和式(2-49)可见，电磁场各分量的表达式关于变量 z 的函数形式基本相同，最多只相差一个常数. 长线理论中电报方程的解只与变量 z 有关. 因此如果能消去场解中的横向变量 x 和 y，只考虑变量 z，则场解法和长线理论就存在对应关系. 将微波传输系统中电场和磁场的横向分量分成两部分，令其中与横向坐标 x 和 y 有关的一部分沿传输系统横断面的积分归一，那么，剩下的部分就是等效电压和等效电流.

　　定义归一化等效电压 $\bar{V}(z)$ 和归一化等效电流 $\bar{I}(z)$ 满足以下关系：

$$\boldsymbol{E}_t(x,y,z) = \boldsymbol{E}(x,y)\bar{V}(z), \tag{3-13a}$$

$$\boldsymbol{H}_t(x,y,z) = \boldsymbol{H}(x,y)\bar{I}(z), \tag{3-13b}$$

$$\int_s \boldsymbol{E}(x,y) \times \boldsymbol{H}(x,y) \cdot \mathrm{d}\boldsymbol{S} = 1. \tag{3-14}$$

其中 $\boldsymbol{E}_t,\boldsymbol{H}_t$ 分别为电场、磁场垂直于电磁波传输方向的横向分量.

　　由于这个规定没有涉及电磁场的纵向分量 E_z,H_z，所以这个定义使归一化等效电压、归一化等效电流既适用于色散模式，也适用于非色散模式. 归一化等效电压、归一化等效电流具有相同的量纲，它们的比值不是阻抗，而是一个数值. 另外，它们的乘积就是功率流密度 P：

$$P = \int_s \boldsymbol{E}_t(x,y,z) \times \boldsymbol{H}_t(x,y,z) \cdot \mathrm{d}\boldsymbol{S}$$

$$= \int_s \boldsymbol{E}(x,y) \times \boldsymbol{H}(x,y) \cdot \mathrm{d}\boldsymbol{S}\bar{V}(z)\bar{I}(z) = \bar{V}(z)\bar{I}(z), \tag{3-15}$$

其中 $\boldsymbol{S}$ 为传输系统的横截面.

　　为了使归一化等效电压、归一化等效电流能利用长线理论的基本关系式，根

据式(3-8)可得

$$\frac{Z_{\text{in}}}{Z_{\text{c}}} = \frac{\dot{V}/\sqrt{Z_{\text{c}}}}{\dot{I}\sqrt{Z_{\text{c}}}} = \frac{1+\Gamma}{1-\Gamma}. \tag{3-16a}$$

如果引入

归一化等效输入阻抗

$$\bar{Z}_{\text{in}} = \frac{Z_{\text{in}}}{Z_{\text{c}}}, \tag{3-17a}$$

归一化等效电压

$$\bar{V} = \frac{\dot{V}}{\sqrt{Z_{\text{c}}}}, \tag{3-17b}$$

归一化等效电流

$$\bar{I} = \dot{I}\sqrt{Z_{\text{c}}}, \tag{3-17c}$$

则不但引入了适用于各种模式的归一化等效电压、归一化等效电流,而且,也使它们与反射系数的关系符合长线理论的基本关系式

$$\bar{Z}_{\text{in}} = \frac{\bar{V}}{\bar{I}} = \frac{1+\Gamma}{1-\Gamma}. \tag{3-16b}$$

在引入了上述归一化等效参量之后,传输色散模的微波传输系统就可以用长线理论和圆图来分析了. 这种化场为路的方法,在理论上是严格的,未做任何近似. 应当注意的是:归一化等效电压、归一化等效电流具有相同的量纲,它们不具有普通电流、电压的物理意义,它们的表达式还需按定义求出. 当然,求出它们的表达式也并非容易的事.

例 3-1 求矩形波导的主模 TE_{10} 模在行波状态下的正向归一化等效电压和正向归一化等效电流.

解 已知正向传输的电磁波功率为

$$P^{+} = \frac{1}{2}\text{Re}\int_{S} \boldsymbol{E} \times \boldsymbol{H} \cdot \text{d}\boldsymbol{S} = \frac{1}{2}\int_{S} -E_{y}(x,y) \times H_{x}(xy) \cdot \text{d}S,$$

其中 $\boldsymbol{S}$ 为传输系统的横截面. 代入 TE_{10} 模的电磁场表达式(2-38)可得

$$P^{+} = \frac{1}{4}abD^{2}\beta\omega\mu\left(\frac{\pi}{a}\right)^{2}.$$

根据归一化等效电压、归一化等效电流的定义可得

$$P^{+} = \frac{1}{2}\bar{V}^{+}\bar{I}^{+} = \frac{1}{2}|\bar{V}^{+}|^{2} = \frac{1}{2}|\bar{I}^{+}|^{2},$$

其中 $\bar{V}^{+} = \dfrac{\dot{V}^{+}}{\sqrt{Z_{\text{c}}}}$,$\bar{I}^{+} = \dot{I}^{+}\sqrt{Z_{\text{c}}}$,且 $Z_{\text{c}} = \dfrac{\dot{V}^{+}}{\dot{I}^{+}}$.

所以,TE_{10} 模在行波状态下的归一化等效电压、归一化等效电流为

$$\bar{V}^+ = \bar{I}^+ = D\,\frac{\pi}{a}\,\sqrt{\frac{ab\beta\omega\mu}{2}}\,e^{j(\omega t - \beta z)}. \tag{3-18}$$

现在,尽管可以利用长线理论研究各种模式的传播特性了,但是并没有求出传输线的特性阻抗,只是利用归一化的方法回避了求解特性阻抗的困难. 在多数情况下,也可以按特定的规定,定义某一色散模式的特性阻抗,这就是所谓的等效阻抗 Z_e. 等效阻抗作为一个相对的阻抗参量,在许多情况下是非常方便和有效的.

对矩形波导的 TE_{10} 模,可以规定矩形波导 TE_{10} 模的"电压"为两宽边中点之间的电压,"电流"为宽边上的纵向电流. 这样就可以导出按电压、电流定义的矩形波导 TE_{10} 模的等效阻抗

$$Z_{e(V\text{-}I)} = \frac{\pi}{2}\,\frac{b}{a}\,\frac{\sqrt{\dfrac{\mu}{\varepsilon}}}{\sqrt{1 - \dfrac{1}{\mu_r\varepsilon_r}\left(\dfrac{\lambda}{2a}\right)^2}}. \tag{3-19}$$

显然,这种规定存在任意性,由此引出的等效阻抗只具有相对意义. 然而,实验表明:将两段横截面尺寸不同的矩形波导对接,当它们的等效阻抗相同时,连接处的反射最小. 因此,在利用等效阻抗的概念解决相同横向结构,但横截面尺寸不同的传输系统的连接问题时,只要采用定义相同的等效阻抗就可以解决阻抗匹配、反射等问题. 显然,如果采用等效阻抗的概念研究方波导与圆波导对接问题,就会遇到困难.

3.2.7　均匀传输系统等效为长线的具体方法

理想(无损耗)均匀长线的传输特性可以归结为两个实参数:传播常数 β 和特性阻抗 Z_c. 长线理论中的基本物理量是电压波、电流波. 应用长线理论解决传输系统的问题时,必须根据实际情况确定上述各参量.

对于非色散模式,只要求出传播常数 β、特性阻抗 Z_c、电压波、电流波各参量(例如同轴线),就可以直接应用长线理论来解决传输系统的问题.

对于色散模式,可以用场解法解出传播常数 β 与本征值的关系(当然本征值能否解出还是问题). 在确定特性阻抗 Z_c、电压波、电流波各参量时,通常采用以下两种方法:

(1) 全部采用归一化等效参量. 这种方法是严格的,未引入任何近似,它避开了特性阻抗的不确定性. 但是,这种方法在数学上存在一定的困难.

(2) 采用等效阻抗 Z_e 代替特性阻抗 Z_c 进行计算. 这种方法不严格,但方便实用.

无论采用哪种方法，对于具体的传输系统，确定了传播常数 β 和任意参考面上的归一化输入阻抗或归一化输入导纳后，就可以利用长线理论和圆图做工程计算了.

对于非色散模式：$\beta = \dfrac{2\pi}{\lambda}$，$\bar{Z}_{in}(z) = \dfrac{Z_{in}(z)}{Z_c}$.

对于色散模式：$\beta = \dfrac{2\pi}{\lambda_g}$，$\bar{Z}_{in}(z) = \dfrac{\bar{V}(z)}{\bar{I}(z)}$ 或 $\bar{Z}_{in}(z) = \dfrac{Z_{in}(z)}{Z_e}$.

显然，不同的模式具有不同的传播常数 β 和归一化输入阻抗 $\bar{Z}_{in}$. 因此，长线理论只能一个模式一个模式地解决问题，不能研究多模的综合效应. 也就是说，长线理论只能处理、计算处于单模状态的传输系统.

§3.3 圆图（Smith 圆图）

§3.2 中引入了长线理论中的三套参量，并指出每一套参量都可以独立、全面地描述传输线的工作状态. 三套长线参量之间存在确定的换算关系，这种换算关系既可以用数学公式描述，也可以用图解的方法描述. 圆图就是长线理论的三套参量——反射系数 Γ、输入阻抗 Z_{in}、驻波参量 ρ, l_{min} 以及阻抗变换公式的图解表达. 应当指出的是，圆图仅是一种计算工具，它不包含任何新的概念. 圆图可以分为阻抗圆图和导纳圆图.

在这一节里将要讨论的几个问题是：圆图是如何构成的？ 圆图有什么用途？ 怎样使用圆图？

3.3.1 阻抗圆图的构成

了解阻抗圆图的构成方法，有利于理解和灵活使用阻抗圆图. 简单地说，阻抗圆图是反射系数 $\Gamma(z)$、输入阻抗 $Z_{in}(z)$ 及驻波参量 ρ, l_{min} 之间换算关系的图解表示. 根据这个思路，可以分三个步骤绘出阻抗圆图：

（1）将反射系数标在极坐标系中构成反射系数复平面.

根据反射系数的定义式（3-7），以反射系数的模 $|\Gamma|$ 和幅角 θ 作为矢径和极角，可以将反射系数 $\Gamma(z)$ 的任意值标在极坐标系中. 根据反射系数的定义，有 $0 < |\Gamma| \leqslant 1$，改变反射系数的模 $|\Gamma|$ 就可以画出如图 3.5(a) 所示的一系列同心圆. 注意，按照图 3.2 的参考方向和式（3-7），当参考面向波源方向移动时，z 值增大，幅角 θ 将减小. 因此，当参考面向波源方向移动时，圆图中的矢径按顺时针方向转动.

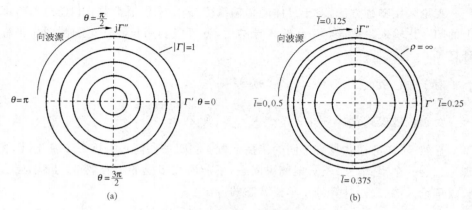

图 3.5　反射系数复平面和驻波参量

（2）将驻波参数标在反射系数复平面上.

根据驻波参数与反射系数的关系式（3-12a）和式（3-12b），可以将驻波参量标在反射系数复平面上. 由式（3-12a）可知，当反射系数的模为常数，而其相位连续变化时，驻波系数 ρ 也是圆心在原点的一族同心圆（见图 3.5(b)）. 在圆图中，驻波系数 ρ 与反射系数的模 $|\varGamma|$ 的区别是：驻波系数 ρ 的量值与矢径长度是非线性关系，反射系数的模 $|\varGamma|$ 的量值与矢径长度是线性关系. 根据式（3-12b），驻波相位与反射系数幅角之比和波导波长 λ_g 有关，为了使圆图对于任意波导波长 λ_g 都适用，可以定义一个新参量——电长度：

$$\bar{l} = \frac{l_{\min}}{\lambda_g} = \frac{1}{4\pi}(\theta \pm \pi) \quad (0 \leqslant l < 0.5). \tag{3-12c}$$

按照这个定义，电长度的值在 0 至 0.5 间. 电长度的量值与反射系数幅角的量值之间的对应关系是线性的，而且与波导波长 λ_g 无关. $\theta = \pi$ 对应于 $\bar{l} = 0$ 或 0.5. 按照式（3-12c），电长度的刻度值应当按顺时针减小标出，为了其他应用的方便，圆图中电长度的刻度是按顺时针增大标出的. 因此，圆图上电长度的刻度值并不是电长度的实际数值.

（3）将输入阻抗标在反射系数复平面上.

根据输入阻抗与反射系数的关系式（3-8），又可以将输入阻抗标在反射系数复平面上. 为了使圆图对各种特性阻抗的传输线都适用，可以采用归一化输入阻抗

$$\bar{Z}_{\text{in}}(z) = \frac{Z_{\text{in}}(z)}{Z_c}, \tag{3-20}$$

这样，归一化输入阻抗与反射系数的关系为

$$\bar{Z}_{\text{in}} = \frac{1+\varGamma}{1-\varGamma} \quad \text{或} \quad \varGamma = \frac{\bar{Z}_{\text{in}}-1}{\bar{Z}_{\text{in}}+1}. \tag{3-21}$$

将 $\Gamma(z)=\Gamma'+\mathrm{j}\Gamma''$，$\bar{Z}_{\mathrm{in}}=\bar{R}_{\mathrm{in}}+\mathrm{j}\bar{X}_{\mathrm{in}}$ 代入式(3-21)，将实部和虚部分开，整理后可得

$$\left(\Gamma'-\frac{\bar{R}_{\mathrm{in}}}{\bar{R}_{\mathrm{in}}+1}\right)^2+(\Gamma'')^2=\left(\frac{1}{\bar{R}_{\mathrm{in}}+1}\right)^2, \tag{3-22a}$$

$$(\Gamma'-1)^2+\left(\Gamma''-\frac{1}{\bar{X}_{\mathrm{in}}}\right)^2=\left(\frac{1}{\bar{X}_{\mathrm{in}}}\right)^2. \tag{3-22b}$$

式(3-22)是归一化输入阻抗与反射系数换算关系的一种表达方式.

对于确定的参量 $\bar{R}_{\mathrm{in}}$，根据式(3-22a)，反射系数是复平面上的一个圆；对于一系列 $\bar{R}_{\mathrm{in}}$ 值，反射系数将是复平面上的一族圆. 如图 3.6(a) 所示，它们的圆心在点 $\left(\frac{\bar{R}_{\mathrm{in}}}{\bar{R}_{\mathrm{in}}+1},0\right)$，半径为 $\frac{1}{\bar{R}_{\mathrm{in}}+1}$. 由于圆心的横坐标加圆半径恰好为 1，所以这一族圆都与 (1,0) 点相切. 这一族圆通常称为等电阻圆. $\bar{R}_{\mathrm{in}}=0$ 时，等电阻圆是复平面上的单位圆；$\bar{R}_{\mathrm{in}}\to\infty$ 时，等电阻圆退化为单位圆上的一点 (1,0).

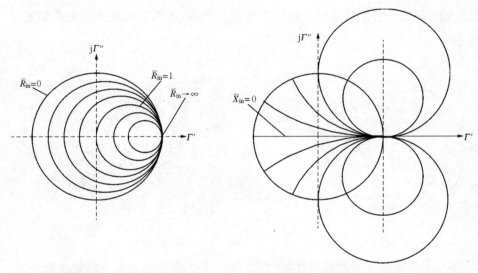

(a) 反射系数复平面上的归一化等电阻圆　　　　　(b) 反射系数复平面上的归一化等电抗圆

图 3.6　反射系数复平面上的归一化输入阻抗

对于确定的 $\bar{X}_{\mathrm{in}}$，根据式(3-22b)，反射系数也是复平面上的一个圆；对于一系列 $\bar{X}_{\mathrm{in}}$ 值，反射系数将是复平面上的一族圆. 如图 3.6(b) 所示，它们的圆心在点 $\left(1,\frac{1}{\bar{X}_{\mathrm{in}}}\right)$，半径为 $\frac{1}{\bar{X}_{\mathrm{in}}}$. 由于圆心的纵坐标恰好等于圆半径，所以，这一族圆也都与 (1,0) 点相切. 这一族圆通常称为等电抗圆. $\bar{X}_{\mathrm{in}}=0$ 时，等电抗圆是复平面上的横轴；$\bar{X}_{\mathrm{in}}\to\infty$ 时，等电抗圆退化为单位圆上的一点 (1,0).

给定 $\bar{R}_{\mathrm{in}}$ 和 $\bar{X}_{\mathrm{in}}$，就可以确定反射系数复平面上的一点，由此可以确定反射系数；反之，给定反射系数，也可以确定反射系数复平面上的一点，从而也可以确定

归一化输入电阻 $\bar{R}_{\text{in}}$ 和归一化输入电抗 $\bar{X}_{\text{in}}$.

由图 3.6 和式(3-22)可知,(1,0)点是一个特殊点,所有等电阻圆、等电抗圆都经过该点.因此,从数学上讲,这一点的阻抗值是不确定的.从圆图的物理意义上讲,(1,0)点的反射系数 $\Gamma=1$.这表明,正向、反向电压波等幅同相,总电压的振幅必有最大值,根据物理概念可以判定,(1,0)点应当是开路点.

只要将图 3.5 和图 3.6 四个图重叠在一起,就得到了所谓阻抗圆图,如图 3.7(a)所示.为使圆图图面清晰、简捷,圆图中没有标出驻波系数 ρ 和反射系数的模 $|\Gamma|$;为了应用的方便,圆图中电长度的刻度是按顺时针增大标出的.归纳起来,构成阻抗圆图的完整步骤是:

(1) 在极坐标系中标出反射系数复平面;

(2) 根据反射系数与驻波参量的对应关系,将驻波参量标在反射系数复平面上;

(3) 根据反射系数与输入阻抗的对应关系,将输入阻抗标在反射系数复平面上.

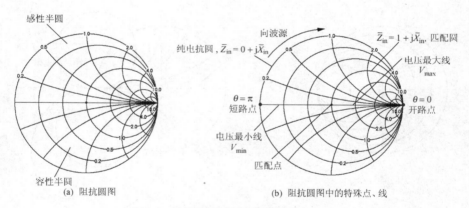

图 3.7 阻抗圆图和阻抗圆图中的特殊点、线

这样,对于阻抗圆图上的任意点,可以读出三套长线参量的相应数值.也就是说,只要知道了任意一种长线参量,就可以在阻抗圆图上找到对应的点,根据这个对应点的位置就可以读出其他两种长线参量的值.从这个意义上讲,阻抗圆图是三种长线参量相互换算的图.照理讲应该在阻抗圆图中标出所有各参量的刻度值,但实际只标出了四个量:

(1) 反射系数的幅角 θ;

(2) 归一化输入阻抗的虚部 $\bar{X}_{\text{in}}$;

(3) 归一化输入阻抗的实部 $\bar{R}_{\text{in}}$;

(4) 电长度 $\bar{l}$.

　　另外两个参量——反射系数的模$|\Gamma|$和驻波系数ρ，可以采用如下方法读出：

　　（1）反射系数的模$|\Gamma|$．由于反射系数的模沿单位圆径向的分布是线性的，所以阻抗圆图中任意点的反射系数的模等于该点到原点的距离与阻抗圆图的半径之比．

　　（2）驻波系数ρ．根据传输线中电压波振幅的表达式（3-11），可以画出驻波电压振幅分布，如图 3.4(a)．根据图 3.4(a)和驻波系数ρ的定义式（3-12a），可以断定，当传输线的负载确定后，均匀传输线上任意参考面上的驻波系数ρ都是相同的，反射系数的模也是恒定的．从物理意义上讲，当均匀传输线的终端负载确定后，传输线中任意参考面上的入射波振幅和反射波振幅都是相同的，因此任意参考面上的反射系数的模以及任意参考面上的驻波系数ρ都应当是相同的．

　　也可以用反射系数表达式（3-8b）和负载、输入阻抗变换公式（3-10a）来证明这一点．因为

$$\Gamma = \frac{Z_{\mathrm{in}} - Z_{\mathrm{c}}}{Z_{\mathrm{in}} + Z_{\mathrm{c}}} = \frac{\dfrac{Z_{\mathrm{L}} + jZ_{\mathrm{c}}\,\tan(\beta l)}{Z_{\mathrm{c}} + jZ_{\mathrm{L}}\,\tan(\beta l)} - 1}{\dfrac{Z_{\mathrm{L}} + jZ_{\mathrm{c}}\,\tan(\beta l)}{Z_{\mathrm{c}} + jZ_{\mathrm{L}}\,\tan(\beta l)} + 1} = \frac{Z_{\mathrm{L}} - Z_{\mathrm{c}}}{Z_{\mathrm{L}} + Z_{\mathrm{c}}} \cdot \frac{1 - j\tan(\beta l)}{1 + j\tan(\beta l)}.$$

显然，当负载阻抗确定后，均匀传输线中任意参考面上的反射系数的模是一个与参考面位置l无关的常数，其幅角随参考面的移动而改变．也就是说，在传输线负载确定的条件下，随着参考面的移动，反射系数的轨迹是复平面上一个圆心在原点的圆．因此，当均匀传输线的终端负载确定后，传输线中任意参考面上的驻波系数ρ是相同的．均匀传输线这个重要特性是利用圆图解题时经常要用到的．

　　再考察特殊条件下三套长线参量的关系．在$\theta = 0$的条件下，有

$$\Gamma = |\Gamma| \qquad 和 \qquad \bar{Z}_{\mathrm{in}} = \bar{R}_{\mathrm{in}}.$$

根据驻波系数的表达式（3-12a）、输入阻抗的表达式（3-8），以及以上两个等式，可以得到在$\theta = 0$的条件下

$$\rho = \frac{1 + |\Gamma|}{1 - |\Gamma|} = \frac{1 + \Gamma}{1 - \Gamma} = \bar{Z}_{\mathrm{in}} = \bar{R}_{\mathrm{in}}. \tag{3-23a}$$

（3-23a）式表明，在阻抗圆图中$\theta = 0$这条线上，归一化输入阻抗的实部$\bar{R}_{\mathrm{in}}$的值恰好等于驻波系数ρ的数值．因为在阻抗圆图中，以原点为中心的同心圆是等驻波系数圆，所以，阻抗圆图中任意点的驻波系数就等于圆心在原点并过该点的圆与$\theta = 0$线交点处的归一化电阻值．

　　本小节介绍了（1）阻抗圆图的构成方法；（2）在圆图上标上或读出三套长线参量的方法；（3）如何在圆图上实现三套长线参量之间的相互换算．

3.3.2　阻抗圆图中的特殊点、特殊线

如图 3.7(b)所示,阻抗圆图中有一些具有特殊物理意义的点和线段.了解并熟记它们有利于灵活使用圆图解决实际问题.

(1) 阻抗圆图中的原点对应于 $\Gamma=0$;$\rho=1$;$\bar{Z}_{in}=1$.

如果传输线某一参考面上的长线参量落在阻抗圆图的原点上,就说明反射系数 $\Gamma=0$,传输线处于匹配状态.所以,阻抗圆图中的原点也称为匹配点.

(2) 阻抗圆图中的单位圆对应于 $|\Gamma|=1$;$\rho\rightarrow\infty$;$\bar{R}_{in}=0$.

如果传输线某一参考面上的长线参量落在阻抗圆图的单位圆上,就说明反射系数 $|\Gamma|=1$,传输线处于纯驻波状态.此时,输入阻抗为纯电抗,所以阻抗圆图中的单位圆也称为纯电抗圆.

(3) 阻抗圆图中的开路点和短路点.

因为传输线上开路点的反射电压波与入射电压波等幅同相,根据式(3-7)、式(3-8)和式(3-12)可知,开路点的长线参量为

$$\Gamma=1,\quad \theta=0,$$
$$\rho\rightarrow\infty,\quad \bar{l}=\pm 0.25,$$
$$\bar{Z}_{in}\rightarrow\infty.$$

因为传输线上短路点的反射电压波与入射电压波等幅反相,根据式(3-7)、式(3-8)和式(3-12)可知,短路点的长线参量为

$$\Gamma=-1,\quad \theta=\pi,$$
$$\rho\rightarrow\infty,\quad \bar{l}=0,$$
$$\bar{Z}_{in}=0.$$

(4) 阻抗圆图中的纯电阻线.

阻抗圆图中开路点和短路点间的连线对应于 $\bar{X}_{in}=0$,称为纯电阻线.根据式(3-11),传输线中任意参考面上总电压的模为

$$|\dot{V}(z)|=|\dot{V}^{+}+\dot{V}^{-}|=\sqrt{V_1^2+V_2^2+2V_1V_2\,\cos(\theta_0-2\beta z)},$$

其中 $\theta=(\theta_0-2\beta z)$ 是反射系数的幅角.V_1,V_2 分别是正向电压波和反向电压波的振幅.

在原点到短路点的连线上,因为 $\theta=\pi$,所以 $|\dot{V}(z)|=V_{min}$.这条线就称为电压最小线.按照驻波相位的定义和图 3.4,电压最小线是在圆图上计算电长度的基准.所以圆图上任意一点的驻波相位,等于过该点的矢径向波源方向转到电压最小线 V_{min} 所经过的电长度 $\bar{l}$ 乘以波导波长 λ_g.

在原点到开路点的连线上,因为 $\theta=0$,所以 $|\dot{V}(z)|=V_{max}$.这条线就称为电压最大线.电压最大线上的归一化电阻值的刻度可以作为驻波系数 ρ 的刻度.

（5）感性半圆和容性半圆.

在阻抗圆图的上半部分，$\bar{X} > 0$，称为感性半圆；在阻抗圆图的下半部分，$\bar{X} < 0$，称为容性半圆.

例 3-2　微波传输系统及其负载阻抗如图 3.8 所示，波导波长 $\lambda_g = 5$ cm. 试求参考面 T_0，T_1 处的长线参量 $Z_{in}, \Gamma, \rho, l_{min}$.

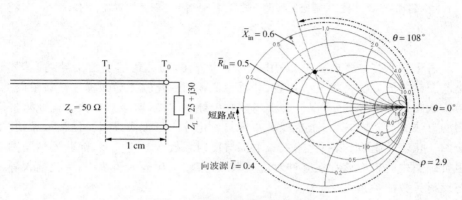

图 3.8　微波传输系统及其负载阻抗

解　（1）求 T_0 参考面上的长线参量 $Z_{in}, \Gamma, \rho, l_{min}$.

因为　　$Z_{in} = Z_c \dfrac{Z_L + j Z_c \tan(\beta l)}{Z_c + j Z_L \tan(\beta l)}$，　　$l = 0$，　　所以　　$Z_{in} = Z_L = 25 + j30$.

在阻抗圆图上标出 T_0 参考面上的归一化输入阻抗 $\bar{Z}_{in} = 0.5 + j0.6$，过阻抗点引矢径并做一个以原点为中心的圆. 可查出：$|\Gamma| = 0.48, \theta = 108°, \rho = 2.9, l_{min} = (0.5 - 0.1)\lambda_g = 2$ cm（顺时针转到电压最小线）.

（2）求 T_1 参考面上的长线参量 $Z_{in}, \Gamma, \rho, l_{min}$.

见图 3.9，由于终端负载已经确定，所以，T_1, T_0 参考面上的驻波系数 $\rho = 2.9$. 也可以说，这两个参考面上的长线参量必然处在同一个以原点为圆心的圆上.

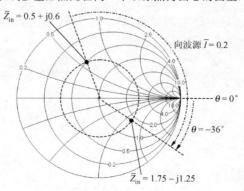

图 3.9　参考面 T_1 上的长线参量

参考面从 T_0 处移动到 T_1 是由负载向波源方向移动,将 T_0 参考面上长线量对应的矢径在圆图上沿顺时针方向转过电长度 $\bar{l}=1\,\text{cm}/5\,\text{cm}=0.2$. 新矢径的端点,即驻波系数圆 $\rho=2.9$ 和新矢径射线的交点,就是 T_1 参考面上长线量的对应点. 由此对应点可以读出

① 反射系数: $|\Gamma|=0.48, \theta=-36°$;

② 驻波参量: $\rho=2.9, l_{\min}=(0.5-0.3)\lambda_g=1\,\text{cm}$;

③ 输入阻抗: $Z_{\text{in}}=50\times(1.75-\text{j}1.25)$.

此例题也可以利用长线理论的数学公式求解,但利用圆图更加直观、方便.

3.3.3 导纳圆图

由于在研究并联电路时,采用导纳更为方便,因此还需要绘出导纳圆图. 导纳圆图的构成方法是将反射系数、驻波参量和归一化输入导纳标在复数平面上. 与构成阻抗圆图相同,可以分三个步骤画出导纳圆图,前两个步骤与构成阻抗圆图的方法完全相同,第三个步骤需要将归一化输入阻抗换成归一化输入导纳. 由于归一化输入阻抗、归一化输入导纳都与反射系数有对应关系,因此导纳圆图与阻抗圆图之间也应该存在某种对应关系. 考察归一化输入阻抗、归一化输入导纳与反射系数的关系

$$\bar{Z}_{\text{in}}(z)=\frac{1+\Gamma}{1-\Gamma},\quad \bar{Y}_{\text{in}}(z)=\frac{1+(-\Gamma)}{1-(-\Gamma)}$$

可以看出,只要将反射系数的幅角增加 $180°$,则归一化输入阻抗就变为归一化输入导纳. 因此,只要将阻抗圆图的幅角 θ 的零点旋转 $180°$,并将圆图中的阻抗刻度直接作为导纳刻度,就可以得到导纳圆图.

对比图 3.10 中的阻抗圆图和导纳圆图可见,将反射系数的幅角旋转 $180°$,将等电阻圆作为等电导圆,将等电抗圆作为等电纳圆,阻抗圆图就可以直接作为导纳圆图用. 需要注意的是,阻抗圆图与导纳圆图中的特殊点、线的方位角相对

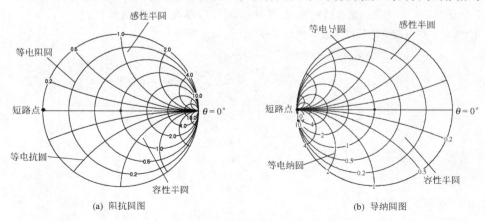

(a) 阻抗圆图　　　　　　　　　　　　　(b) 导纳圆图

图 3.10　阻抗圆图与导纳圆图

于匹配圆相差 180°. 其中

（1）短路点与开路点对换（相对于匹配圆，方位角相差 180°）；

（2）电压最大线 $V_{\max}$ 与电压最小线 $V_{\min}$ 对换（相对于匹配圆，方位角相差 180°）；

（3）驻波系数 ρ 的值应在阻抗圆图的电压最大线上读出，在导纳圆图的电压最小线上读出，总之是可以在刻度值大于 1 的线上读出.

因为在 $\theta = 180°$ 的条件下，

$$\rho = \frac{1+|\Gamma|}{1-|\Gamma|} = \frac{1-\Gamma}{1+\Gamma} = \bar{Y}_{\text{in}} = \bar{G}_{\text{in}}. \tag{3-23b}$$

实际上，圆图上通常并不注明是导纳圆图还是阻抗圆图，只统称圆图，如图 3.11 所示. 根据需要，圆图既可以作为阻抗圆图用，也可以作为导纳圆图用. 事实上，

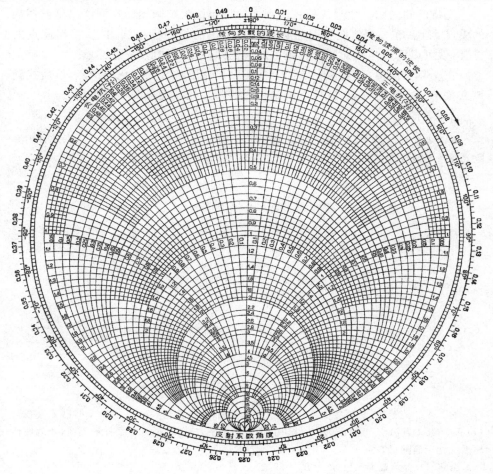

图 3.11 Smith 圆图

如果将一归一化输入阻抗 $\bar{Z}_{in}$ 标在圆图上,圆图就是阻抗圆图,这时必须根据阻抗圆图上 θ 角的零点以及特殊点、特殊线的位置读出其他长线参量的值.如果将一归一化输入导纳 $\bar{Y}_{in}$ 标在圆图上,圆图就是导纳圆图.同样,此时必须根据导纳圆图上 θ 角的零点以及特殊点、特殊线的位置读出其他长线参量的值.

显然,对于指定的参考面而言,不论将其归一化输入阻抗值还是归一化输入导纳值标在圆图上,读出的 $|\Gamma|,\rho,\theta,l_{min}$ 的值都是相同的.

根据阻抗圆图和导纳圆图的对应关系,还可以在圆图上做归一化阻抗和归一化导纳的换算.可以肯定,当均匀传输线的终端负载确定后,反射系数就确定了.因此,将反射系数标在阻抗圆图上,就可读出归一化阻抗值;将反射系数标在导纳圆图上,就可读出归一化导纳值.利用圆图的这个特点可以做导纳、阻抗的换算.

先将已知的归一化阻抗标在圆图上,然后,按阻抗圆图的规则读出反射系数的模 $|\Gamma|$ 和幅角 θ.再将此反射系数按导纳圆图的规则标在圆图上,根据此点的位置,就可以读出与已知归一化阻抗对应的归一化导纳值,反之亦然.

在实际工作中,只需要在圆图上标出归一化阻抗或归一化导纳点,然后找到该点关于原点的对称点,就可以确定相应的归一化导纳或归一化阻抗.

例 3-3　已知 $\bar{Z}_L=1+j1.8$,求 $\bar{Y}_L$.

解　如图 3.12 所示,在阻抗圆图上标出 $\bar{Z}_L$,读出反射系数 $|\Gamma|=0.67,\theta=48°$.将反射系数 Γ 标在导纳圆图上可读出 $\bar{Y}_L=0.24-j0.43$,也可以在阻抗圆图上直接读出 $\bar{Y}_L=0.24-j0.43$.

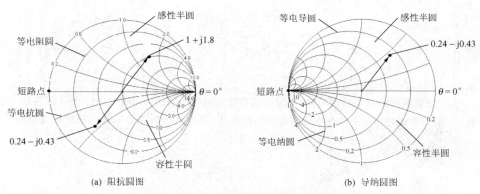

图 3.12　利用圆图做输入阻抗与输入导纳的换算

例 3-4　一微波传输系统的特性阻抗 $Z_c=50\ \Omega$,工作波长($\approx\lambda_g$)为 10 cm,已知负载为 (1) $Z_L=25\ \Omega$,(2) $Z_L=25+j30\ \Omega$.求在这两种情况下,应分别插入什么样的网络,才能使传输系统处于匹配状态?

分析　(1) 负载为实数,$Z_L=R_L=25\ \Omega$.

在这种情况下,最简单的方法是采用如图 3.13(a)所示方法,在负载和传输线之间插入

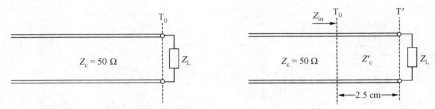

图 3.13(a)　负载和传输线之间插入四分之一阻抗变换器做匹配

一个四分之一阻抗变换器做匹配.

取 $l=\lambda_g/4$，则 $\beta l=2\pi l/\lambda_g=\pi/2$，根据长线理论的阻抗变换公式，则有

$$Z_{in}=Z'_c\frac{Z_L+jZ'_c\ \tan(\beta z)}{Z'_c+jZ_L\ \tan(\beta z)}=(Z'_c)^2/Z_L.$$

令 $Z_{in}=Z_c$，则参考面 T_0 左侧传输线就处于匹配状态. 由此可得

$$Z'_c=(Z_cZ_L)^{1/2}=35.4\ \Omega.$$

所以，只需在传输线和负载之间插入一段长度为 $l=\lambda_g/4$、特性阻抗为 $Z'_c=35.4\ \Omega$ 的均匀传输线，就可使主传输线达到匹配状态. 当然，解决这个问题的方法不是唯一的.

（2）负载为复数，$Z_L=R_L+jX_L=(25+j30)\Omega$.

首先，必须清楚我们的任务是要将 T_0 参考面处的输入阻抗 $Z_{in}=Z_L=(25+j30)\Omega$ 变为 $Z_{in}=50\ \Omega$. 也就是说，必须在 T_0 参考面和负载 Z_L 之间插入一个网络（这个网络的拓扑结构不是唯一的），使 T_0 参考面处的输入阻抗 $Z_{in}=50\ \Omega$. 可以分两个步骤完成这个阻抗变换：

① 根据圆图的基本特性可知，在一段串联的均匀传输线上，任意参考面处的反射系数和驻波系数都相同（保持不变）；而该参考面上的归一化输入阻抗 $\bar{Z}_{in}$ 却会发生较大的变化. 因此可以在 T_0 参考面和负载 Z_L 之间插入一段串联的均匀传输线来完成第一个步骤.

在阻抗圆图上标出归一化负载阻抗 $\bar{Z}_L=0.5+j0.6$. 当改变插入传输线的长度时，在 T_0 参考面处观察到的长线矢量的对应点将在阻抗圆图中沿等驻波系数圆移动. 适当选择传输线的长度，则在 T_0 参考面处观察到的 $\bar{Z}_{in}$ 可以等于 $1+j\bar{X}_{in}$. 这说明，适当选择插入传输线的长度就可以使 T_0 参考面处观察到的 $Z_{in}=50+jX_{in}$. 从原则上讲，插入的这段传输线的特性阻抗可以任选，为了简单、实用，通常令它的特性阻抗与主传输线的特性阻抗相同.

② 根据圆图的基本特性可知，一段终端短路的均匀传输线可以等效为一个可调电抗. 因此在 T_0 参考面处并联一段终端短路的均匀传输线，调整这段短路传输线的长度使其抵消掉 T_0 参考面处观察到的 $Z_{in}=50+jX_{in}$ 的虚部. 从原则上讲，这段终端短路的并联传输线的特性阻抗也可以任选，为了简单、实用，通常令它的特性阻抗与主传输线的特性阻抗相同.

解　首先确定网络拓扑结构、参考面和传输线参数，如图 3.13(b)所示. 由于匹配网络中有并联电路，采用导纳圆图计算比较方便. 而且，$\bar{Z}_{in}=1$ 和 $\bar{Y}_{in}=1$ 都是匹配状态.

① 在阻抗圆图上找到 $\bar{Z}_L=0.5+j0.6$，将它换算成 $\bar{Y}_L=0.82-j0.98$，调整传输线长度 l_1 使 $\bar{Y}'_{in}$ 在圆图上的对应点沿等驻波系数圆向波源方向移动到 $1+j1.12$. $\bar{Y}_L$ 和 $\bar{Y}'_{in}$ 两点之间在此方向上的电长度差为 $\Delta\bar{l}_{min}=(0.25+0.065)$. 因此，可以确定 $l_1=0.315\times10$ cm（由于电长度具有周期性，可以根据实际需要延长 l_1）.

② 根据图 3.13(b)的等效电路，如果 $\bar{Y}''_{in}=-j1.12$，则 $\bar{Y}_{in}=\bar{Y}'_{in}+\bar{Y}''_{in}=1$，主传输线处于

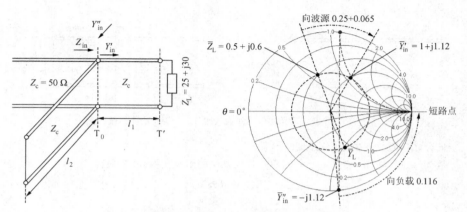

图 3.13(b)　在负载和传输线之间插入匹配网络做匹配

匹配状态. 根据导纳圆图上 $\bar{Y}'_{in}$ 的对应点 $1+j1.12$, 找到 $\bar{Y}''_{in}=-j1.12$. 因为 $\bar{Y}''_{in}=-j1.12$ 是由一段长度为 l_2 的终端短路线变换而来, 所以, 将 $\bar{Y}''_{in}$ 在圆图上的对应点沿等驻波系数圆向负载方向移动到短路点. $\bar{Y}''_{in}$ 和短路点之间在此方向上的电长度差为 $\Delta\bar{l}_{min}=0.116$. 由此可以确定并联短路支线的长度 $l_2=0.116\times10$ cm.

§3.4　网 络 参 量

§3.2 讨论了微波均匀传输线与长线的等效关系. 本小节将讨论微波系统中不均匀区的等效电路——微波网络. 长线理论引入了长线参量, 微波网络理论中将要引入的新参量是网络参量. 如同长线理论中有几套长线参量一样, 网络参量也有几种. 由于各种网络参量之间有确定的换算关系, 因此本小节只介绍两种最常用的网络参量——S 参量和 A 参量.

3.4.1　散射参量 S 的定义

S 参量是最常用的微波网络参量, 它是长线理论中反射系数的推广. 首先考虑一个如图 3.14 所示的微波网络, 该微波网络是一个与 n 条传输线相连的 n 端口网络, 网络的每个端口分别编号为 $i=1,2,3,4,5,\cdots,n$. 设每条传输线中都存在一对传输方向相反的波.

规定进入网络的归一化电压波为入波, 用 a 表示; 离开网络的归一化电压波为出波, 用 b 表示. 在规定了入波、出波之后, 网络的特性就可以归结为: 在一定入波的条件下, 会有什么样的出波. 一旦这个关系确定了, 网络的特性就完全确定了.

假设网络内部没有非线性媒质, 描述网络内部电磁场的方程就是线性微分方程, 因此入波、出波之间的关系是线性关系, 并满足线性网络理论的基本原

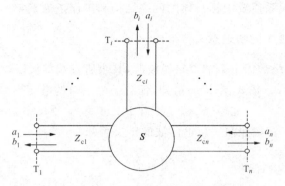

图 3.14 n 端口微波网络示意图

则——叠加原理. 设 n 端口网络的 n 个归一化电压入波分别为 $a_1, a_2, \cdots, a_n$, n 个归一化电压出波分别为 $b_1, b_2, \cdots, b_n$, 它们满足方程:

$$b_1 = S_{11}a_1 + S_{12}a_2 + S_{13}a_3 + \cdots + S_{1n}a_n,$$
$$b_2 = S_{21}a_1 + S_{22}a_2 + S_{23}a_3 + \cdots + S_{2n}a_n,$$
$$b_3 = S_{31}a_1 + S_{32}a_2 + S_{33}a_3 + \cdots + S_{3n}a_n, \qquad \text{(3-24a)}$$
$$\vdots$$
$$b_n = S_{n1}a_1 + S_{n2}a_2 + S_{n3}a_3 + \cdots + S_{nn}a_n.$$

这就是散射参量的定义式. 散射参量的定义式表明, 网络任意端口的出波由网络所有端口的入波线性叠加构成, 叠加系数就是 S 参量. 散射参量的定义式也可以用矩阵表示:

$$\boldsymbol{a} = \begin{bmatrix} a_1 \\ a_2 \\ a_3 \\ \vdots \\ a_n \end{bmatrix}, \quad \boldsymbol{b} = \begin{bmatrix} b_1 \\ b_2 \\ b_3 \\ \vdots \\ b_n \end{bmatrix}, \qquad \text{(3-24b)}$$

$$\boldsymbol{S} = \begin{bmatrix} S_{11} & S_{12} & S_{13} & \cdots & S_{1n} \\ S_{21} & S_{22} & S_{23} & \cdots & S_{2n} \\ S_{31} & S_{32} & S_{33} & \cdots & S_{3n} \\ \vdots & \vdots & \vdots & & \vdots \\ S_{n1} & S_{n2} & S_{n3} & \cdots & S_{nn} \end{bmatrix}. \qquad \text{(3-24c)}$$

从原则上讲, 求解 S 参量需要根据散射参量的物理意义、散射矩阵的性质以及电路理论等方面的知识, 确定 n 组入波 a 与出波 b 的对应关系, 代入式 (3-24) 就可以解出 S 参量. S 参量确定之后, 在任意入波 a_n 激励下的出波 b_n 就可以根据 S 参量的定义式求得. 入波 a、出波 b 与入射波、反射波之间存在对应关系,这种对应关系需要根据具体的网络结构和工作条件确定.

3.4.2 散射参量 S 的物理意义

设 n 端口网络的第 j 个端口接微波源,其余所有端口接匹配负载,即网络只有一个电压入波 a_j. 按式(3-24a)可知,任意一个端口的电压出波为

$$b_i = S_{ij}a_j \quad (i = 1,2,3,\cdots,n). \tag{3-25}$$

(1)如果 $i \neq j$,按照归一化电压波的定义可知

$$S_{ij} = \frac{b_i}{a_j} = \frac{\dot{V}_i^+ / \sqrt{Z_{ci}}}{\dot{V}_j^+ / \sqrt{Z_{cj}}}, \tag{3-26a}$$

$$|S_{ij}|^2 = \frac{|b_i|^2}{|a_j|^2} = \frac{|\dot{V}_i^+ / \sqrt{Z_{ci}}|^2}{|\dot{V}_j^+ / \sqrt{Z_{cj}}|^2} = \frac{P_i}{P_j}. \tag{3-26b}$$

式(3-26)表明,在网络的各负载端口都处于匹配状态的条件下,S_{ij} 的物理意义是任意两个端口之间的归一化电压传输系数;当相关端口的特性阻抗相同时,其物理意义是两个端口的电压传输系数;其模的平方是两端口之间的功率传输系数.

(2)如果 $i = j$,按照归一化电压波的定义可知

$$S_{jj} = \frac{b_j}{a_j} = \frac{\dot{V}_j^- / \sqrt{Z_{cj}}}{\dot{V}_j^+ / \sqrt{Z_{cj}}} = \Gamma. \tag{3-27}$$

式(3-27)表明,在网络的各负载端口都处于匹配状态的条件下,S_{jj} 的物理意义是任意端口的电压反射系数.

应该注意的是:(1)引出上述物理意义的前提条件是:除波源输入端口外,网络的其他各端口"全匹配",这也表明网络只有一个入波.(2)长线理论中的入射波、反射波是相对于波源定义的,网络参量中的入波、出波是相对于网络定义的.

3.4.3 散射矩阵的性质

对于常用的微波网络,其 S 参量具有一些特殊的性质,了解这些性质对于分析、讨论微波网络问题十分有用.

(1)互易定理.互易网络的散射参量所表示的矩阵是转置不变的.即

$$\boldsymbol{S}^{\mathrm{T}} = \boldsymbol{S}, \quad \text{或} \quad S_{ij} = S_{ji} \quad (i,j = 1,2,3,\cdots,n). \tag{3-28}$$

互易定理的物理意义是:对全匹配互易网络,如果将输入和输出端口对换,网络相应的归一化电压传输系数不变.

微波网络的形式很多,有些是互易网络,有些是非互易网络.一般说来,内部含有磁化铁氧体、磁化等离子体、晶体、有源器件的微波网络是非互易网络.

例如,一根常规的微波波导,无论从哪个端口输入微波能量,其传输特性都是相同的,因此它是互易网络.如果在波导中放置一条磁化铁氧体,则当微波能量从不同的端口输入时,其传输特性就完全不同.这种内部放置了磁化铁氧体的波导,就是所谓的隔离器.隔离器只能单向传输微波功率,是非互易元件.

(2) 无损耗网络的 S 参量满足条件

$$S^+ S = I, \tag{3-29}$$

其中 $S^+ = (S^*)^T$,上标"$*$"表示取 S 的共轭,I 是单位矩阵.

证明 已知无损耗网络的输入总功率必然等于输出总功率,网络的输入总功率为

$$P_a = \frac{1}{2}\sum_{i=1}^{n} |a_i|^2 = \frac{1}{2}\sum_{i=1}^{n} a_i^* a_i = \frac{1}{2}\begin{bmatrix} a_1^* & a_2^* & \cdots & a_n^* \end{bmatrix}\begin{bmatrix} a_1 \\ a_2 \\ \vdots \\ a_n \end{bmatrix} = \frac{1}{2}a^+ a, \tag{3-30}$$

网络的输出总功率为

$$P_b = \frac{1}{2}\sum_{i=1}^{n} |b_i|^2 = \frac{1}{2}\sum_{i=1}^{n} b_i^* b_i = \frac{1}{2}\begin{bmatrix} b_1^* & b_2^* & \cdots & b_n^* \end{bmatrix}\begin{bmatrix} b_1 \\ b_2 \\ \vdots \\ b_n \end{bmatrix} = \frac{1}{2}b^+ b. \tag{3-31}$$

因为 $P_a = P_b$,所以 $a^+ a = b^+ b$.根据 S 的矩阵定义式 $b = Sa$,有

$$a^+ a = (Sa)^+ (Sa) = (a^+ S^+)(Sa),$$
$$a^+ (I)a = a^+ (S^+ S)a,$$
$$a^+ (I - S^+ S)a = 0,$$

所以
$$S^+ S = I.$$

此定理的物理意义是入波、出波的总能量守恒.

(3) 无损耗、互易网络散射参量 S 满足

$$S^* S = I. \tag{3-32}$$

因为无损耗网络有 $S^+ S = I$,$(S^*)^T S = I$,互易网络有 $S^T = S$,所以 $S^* S = I$.

§ 3.5 魔 T

3.5.1 魔 T 的结构和 S 参量

四分支波导具有奇妙的微波特性,通常称为魔 T 或双 T 电桥(见图 3.15).魔 T 在微波系统、微波测量、微波器件等方面有广泛的用途.可以利用散射参量来分析魔 T 的一般特性,这不但可以了解魔 T 的微波特性,也有利于加深对散

射参量的理解.

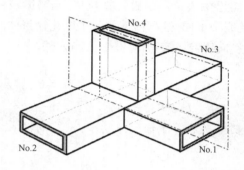

图 3.15 魔 T 的结构及其几何对称面

在讨论魔 T 的特性时,需要用到 §2.6 讨论的有关模式耦合、模式激励的奇偶禁戒规则.在微波传输系统或微波元件内部,不同模式的电磁场具有不同的空间分布形式.电磁场的空间分布形式对于适当的参考面,可能具有对称性或反对称性.通常将具有偶对称性的模式称为偶模式,将具有奇对称性的模式称为奇模式.电磁场的奇、偶对称性,必须相对确定的参考面而言.参考面可以根据需要和方便的原则任选,但是,参考面必须是场边界的几何对称面.如图 2.20(a)所示,在矩形波导内,如果选择 $x = \dfrac{a}{2}$ 平面作为参考面,则 TE_{10} 模的电场是偶模式;如果选择 $y = \dfrac{b}{2}$ 平面作为参考面,则矩形波导内 TE_{10} 模是奇模式.激励场和被激励场都可以在电场和磁场中任选,但必须同时选电场或同时选磁场.

魔 T 是解释奇偶禁戒规则用法的理想结构.首先应肯定,用 TE_{10} 模作为工作模式激励魔 T 时,魔 T 内部将存在很复杂的高次模式.但是,在输入、输出波导 TE_{10} 模单模工作状态的制约下,在适当的参考面之外,魔 T 的各端口上只存在 TE_{10} 模.

由图 3.15 可见:(1)魔 T 的几何对称面就是其 No.1 端口宽边中心线和 No.4 端口窄边中心线构成的平面.因此,TE_{10} 模在 No.1 端口是偶对称的,在 No.4 端口是奇对称的.对于矩形波导的工作模式 TE_{10} 模而言,魔 T 的 No.1 端口与 No.4 端口必然是相互隔离的.(2)从魔 T 的基本构造来看,魔 T 可以视为无损耗的互易网络.因此,魔 T 的 S 参量矩阵是转置不变的,而且,其入波、出波的能量一定是守恒的.这两个特点是魔 T 的基本特征,它们对于求解魔 T 的 S 参量矩阵将很有帮助.

为了求出魔 T 的 S 参量矩阵,需要根据魔 T 的基本特征,找出多组输入电压波与输出电压波的对应关系.根据这些对应关系建立方程,求解魔 T 的 S 参量矩阵.

首先,假设在 No. 1 端口接匹配微波源,并用 TE_{10} 模激励魔 T,而且 No. 2 端口、No. 3 端口处于匹配状态.由于激励源是偶对称的,根据激励的奇偶禁戒规则,No. 4 端口的输出电压波为零.考虑到互易定理,即 $S_{ij} = S_{ji}$,所以可以写出一组输入、输出电压波和魔 T 的 **S** 参量矩阵之间的关系式:

$$\begin{bmatrix} 0 \\ b_2 \\ b_3 \\ 0 \end{bmatrix} = \begin{bmatrix} S_{11} & S_{12} & S_{13} & S_{14} \\ S_{12} & S_{22} & S_{23} & S_{24} \\ S_{13} & S_{23} & S_{33} & S_{34} \\ S_{14} & S_{24} & S_{34} & S_{44} \end{bmatrix} \begin{bmatrix} a_1 \\ 0 \\ 0 \\ 0 \end{bmatrix}. \tag{3-33}$$

由于用 TE_{10} 模式从魔 T 的 No. 1 端口激励时,激励源的电场是偶对称的,在魔 T 中心,参考面的两侧,被激励起的电场必然是等幅同相的,因此,No. 2 端口和 No. 3 端口的输出电压波也必然是等幅同相的.又因魔 T 无损耗,则有

$$b_2 = b_3 \quad 及 \quad |b_2|^2 + |b_3|^2 = |a_1|^2.$$

根据这两个等式,并设入波与出波的相位差为 α,可以解出 No. 2、No. 3 端口的出波为

$$b_2 = b_3 = \frac{e^{j\alpha}}{\sqrt{2}} a_1, \tag{3-34}$$

$$\frac{e^{j\alpha}}{\sqrt{2}} \begin{bmatrix} 0 \\ a_1 \\ a_1 \\ 0 \end{bmatrix} = \begin{bmatrix} S_{11} & S_{12} & S_{13} & S_{14} \\ S_{12} & S_{22} & S_{23} & S_{24} \\ S_{13} & S_{23} & S_{33} & S_{34} \\ S_{14} & S_{24} & S_{34} & S_{44} \end{bmatrix} \begin{bmatrix} a_1 \\ 0 \\ 0 \\ 0 \end{bmatrix}. \tag{3-35}$$

从这个矩阵关系式中,可以得到四个方程.由于需要解出十个未知数,还需要再列出六个方程.

再假设在 No. 4 端口接匹配微波源,并用 TE_{10} 模激励魔 T,而且 No. 2 端口、No. 3 端口处于匹配状态.由于激励源是奇对称的,按激励的奇偶禁戒规则,No. 1端口的输出电压波必然为零.这样,又可以得到一组输入、输出电压波和魔 T 的 **S** 矩阵之间的关系式:

$$\begin{bmatrix} 0 \\ b_2 \\ b_3 \\ 0 \end{bmatrix} = \begin{bmatrix} S_{11} & S_{12} & S_{13} & S_{14} \\ S_{12} & S_{22} & S_{23} & S_{24} \\ S_{13} & S_{23} & S_{33} & S_{34} \\ S_{14} & S_{24} & S_{34} & S_{44} \end{bmatrix} \begin{bmatrix} 0 \\ 0 \\ 0 \\ a_4 \end{bmatrix}. \tag{3-36}$$

由于用 TE_{10} 模从魔 T 的 No. 4 端口激励时,激励源的电场是奇对称的,在魔 T 中心,参考面的两侧,被激励起的电场必然是等幅反相的,因此,No. 2 端口和 No. 3 端口的输出电压波也必然是等幅反相的.又因魔 T 无损耗,则有

$$b_2 = -b_3 \quad 及 \quad |b_2|^2 + |b_3|^2 = |a_4|^2.$$

根据这两个等式,并设入波与出波的相位差为 β,可以解出 No. 2、No. 3 端口的出波为

$$b_2 = -b_3 = \frac{e^{j\beta}}{\sqrt{2}} a_4, \tag{3-37}$$

$$\frac{e^{j\beta}}{\sqrt{2}} \begin{bmatrix} 0 \\ a_4 \\ -a_4 \\ 0 \end{bmatrix} = \begin{bmatrix} S_{11} & S_{12} & S_{13} & S_{14} \\ S_{12} & S_{22} & S_{23} & S_{24} \\ S_{13} & S_{23} & S_{33} & S_{34} \\ S_{14} & S_{24} & S_{34} & S_{44} \end{bmatrix} \begin{bmatrix} 0 \\ 0 \\ 0 \\ a_4 \end{bmatrix}. \tag{3-38}$$

从这个矩阵关系式中又可得到三个方程. 根据上述七个方程可以解出魔 T 的 S 参量矩阵的七个参量元素:

$$S_{11} = S_{14} = S_{44} = 0; \quad S_{12} = S_{13} = \frac{e^{j\alpha}}{\sqrt{2}}; \quad S_{24} = -S_{34} = \frac{e^{j\beta}}{\sqrt{2}}.$$

其余三个散射参量,可以利用无损耗网络入波、出波能量守恒的条件求出($S^+S = I$),也可以按下述方法求出. 已知

$$S = \frac{1}{\sqrt{2}} \begin{bmatrix} 0 & e^{j\alpha} & e^{j\alpha} & 0 \\ e^{j\alpha} & S_{22} & S_{23} & e^{j\beta} \\ e^{j\alpha} & S_{23} & S_{33} & -e^{j\beta} \\ 0 & e^{j\beta} & -e^{j\beta} & 0 \end{bmatrix}, \tag{3-39}$$

根据散射参量的物理意义及魔 T 各端口特性阻抗相同的条件(3-26)式,有

$$|S_{ij}|^2 = \frac{|b_i|^2}{|a_j|^2} = \frac{P_i}{P_j}.$$

如果仅从第 j 端口向无损耗网络输入能量,那么,在各端口全匹配的条件下,必有

$$P_j = \sum_{i=1}^{n} P_i = \sum_{i=1}^{n} P_j |S_{ij}|^2 = P_j \sum_{i=1}^{n} |S_{ij}|^2,$$

即

$$\sum_{i=1}^{n} |S_{ij}|^2 = 1 \quad (j = 1, 2, 3, \cdots, n). \tag{3-40}$$

根据已知条件,并利用上述条件,可得

$$\left| \frac{1}{\sqrt{2}} e^{j\alpha} \right|^2 + \left| \frac{S_{22}}{\sqrt{2}} \right|^2 + \left| \frac{S_{23}}{\sqrt{2}} \right|^2 + \left| \frac{1}{\sqrt{2}} e^{j\beta} \right|^2 = 1, \tag{3-41}$$

$$\left| \frac{1}{\sqrt{2}} e^{j\alpha} \right|^2 + \left| \frac{S_{23}}{\sqrt{2}} \right|^2 + \left| \frac{S_{33}}{\sqrt{2}} \right|^2 + \left| \frac{1}{\sqrt{2}} e^{j\beta} \right|^2 = 1. \tag{3-42}$$

由此可以求出魔 T 的 S 参量矩阵的另外三个元素

$$S_{22} = S_{23} = S_{33} = 0.$$

因为 α, β 是与 No. 1 端口、No. 4 端口的参考面位置有关的量,适当选择这两个参考面的位置,总可以使 α, β 都为零. 因此,魔 T 的 S 参量矩阵可简写为

$$S = \frac{1}{\sqrt{2}} \begin{bmatrix} 0 & 1 & 1 & 0 \\ 1 & 0 & 0 & 1 \\ 1 & 0 & 0 & -1 \\ 0 & 1 & -1 & 0 \end{bmatrix}. \tag{3-43}$$

以上根据魔 T 的几组特殊的入波、出波关系,求出了魔 T 的 S 参量矩阵. 有了魔 T 的 S 参量矩阵,就可以求出魔 T 在任意入波情况下的出波,由此可以导出魔 T 的其他特性和用途.

(1) 在 No. 2 端口接微波源,其他各端口接匹配负载. 可以得到

$$\begin{bmatrix} b_1 \\ b_2 \\ b_3 \\ b_4 \end{bmatrix} = \frac{1}{\sqrt{2}} \begin{bmatrix} 0 & 1 & 1 & 0 \\ 1 & 0 & 0 & 1 \\ 1 & 0 & 0 & -1 \\ 0 & 1 & -1 & 0 \end{bmatrix} = \begin{bmatrix} a_2 \\ 0 \\ 0 \\ 0 \end{bmatrix},$$

由此可得 $b_1 = \frac{1}{\sqrt{2}} a_2$,$b_2 = 0$,$b_3 = 0$,$b_4 = \frac{1}{\sqrt{2}} a_2$. 此时,No. 1 端口、No. 4 端口的出波等幅同相,No. 3 端口没有输出.

(2) 在 No. 3 端口接微波源,其他各端口接匹配负载. 可以得到

$$\begin{bmatrix} b_1 \\ b_2 \\ b_3 \\ b_4 \end{bmatrix} = \frac{1}{\sqrt{2}} \begin{bmatrix} 0 & 1 & 1 & 0 \\ 1 & 0 & 0 & 1 \\ 1 & 0 & 0 & -1 \\ 0 & 1 & -1 & 0 \end{bmatrix} = \begin{bmatrix} 0 \\ 0 \\ a_3 \\ 0 \end{bmatrix},$$

由此可得 $b_1 = \frac{1}{\sqrt{2}} a_3$,$b_2 = 0$,$b_3 = 0$,$b_4 = -\frac{1}{\sqrt{2}} a_3$. 此时,No. 1 端口、No. 4 端口的出波等幅反相,No. 2 端口没有输出. 这说明当魔 T 的各端口都匹配时,魔 T 的 No. 2 端口、No. 3 端口之间也是相互隔离的. 魔 T 的这一特性看起来有点不可理解,但这却是千真万确的.

在第一种情况下,魔 T 输出电压波的特点为 No. 1 端口、No. 4 端口的输出为等幅同相;在第二种情况下,魔 T 输出电压波的特点为 No. 1 端口、No. 4 端口的输出为等幅反相.

从输入端口看去,如果 No. 1 端口、No. 4 端口构成第一象限,则输出电压波等幅同相;如果 No. 1 端口、No. 4 端口构成第二象限,则输出电压波等幅反相,其符号恰好与余弦函数相同.

魔 T 的 No. 2 端口、No. 3 端口之间相互隔离的特性可以用互易定理来解释. 当魔 T 的各端口都匹配时,① 如果从 No. 1 端口输入微波能量 P_0,则 No. 2 端口的出波功率为 $\frac{P_0}{2}$;根据互易定理,如果从 No. 2 端口输入微波能量 P_0,则 No. 1 端口的出波功率也必然为 $\frac{P_0}{2}$. ② 如果从 No. 4 端口输入微波能量 P_0,则

No.2 端口的出波功率为 $\dfrac{P_0}{2}$；根据互易定理，如果从 No.2 端口输入微波能量 P_0，则 No.4 端口的出波功率也必然为 $\dfrac{P_0}{2}$. 由此可以得到推论，当魔 T 的各端口都匹配时，如果从 No.2 端口输入微波能量 P_0，则 No.1 端口、No.4 端口的出波功率分别为 $\dfrac{P_0}{2}$，因此 No.3 端口的出波功率必然为零. 因此魔 T 的 No.2 端口、No.3 端口之间必然是相互隔离的.

根据魔 T 的几何结构和电磁场的奇偶禁戒规则，可知当魔 T 的各端口都匹配时，魔 T 的 No.1 端口、No.4 端口是相互隔离的. 现在又知道魔 T 的 No.2 端口、No.3 端口之间也是相互隔离的. 魔 T 的这一特点具有重要的实用价值，它使得魔 T 在各种实际应用中都有两种连接方式.

3.5.2 魔 T 的应用

1. 微波电桥

如图 3.16 所示，如果在魔 T(缩写为 MT)的 No.1 端口接微波功率源，在 No.4 端口接一个匹配的功率指示表，在 No.2 端口、No.3 端口分别接阻抗为 Z_2, Z_3 的负载，并设由 Z_2, Z_3 引起的反射系数分别为 Γ_2, Γ_3. 根据这些条件和魔 T 的 S 参量，可以写出以下关系式：

$$
\begin{bmatrix} b_1 \\ b_2 \\ b_3 \\ b_4 \end{bmatrix} = \frac{1}{\sqrt{2}} \begin{bmatrix} 0 & 1 & 1 & 0 \\ 1 & 0 & 0 & 1 \\ 1 & 0 & 0 & -1 \\ 0 & 1 & -1 & 0 \end{bmatrix} \begin{bmatrix} a_1 \\ a_2 \\ a_3 \\ 0 \end{bmatrix} = \frac{1}{\sqrt{2}} \begin{bmatrix} 0 & 1 & 1 & 0 \\ 1 & 0 & 0 & 1 \\ 1 & 0 & 0 & -1 \\ 0 & 1 & -1 & 0 \end{bmatrix} \begin{bmatrix} a_1 \\ \Gamma_2 b_2 \\ \Gamma_3 b_3 \\ 0 \end{bmatrix},
$$

$$(3\text{-}44)$$

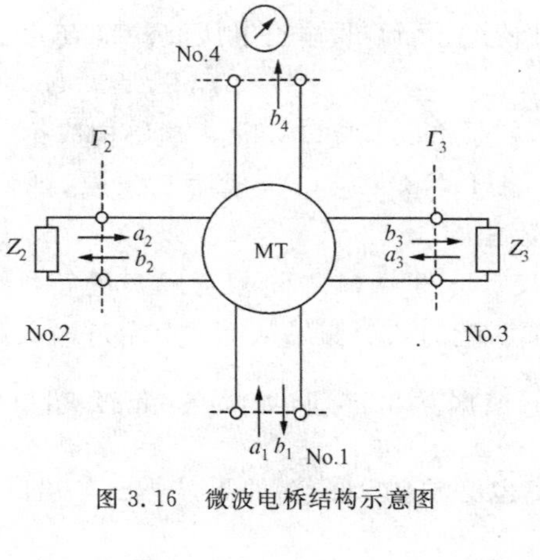

图 3.16　微波电桥结构示意图

其中,No.1 端口有微波源输入功率,也可能存在反射波;No.2 端口、No.3 端口可能有由反射引入的输入功率;No.4 端口处于匹配状态,没有由反射引入的输入功率.

逐行展开式(3-44),并在 b_4 的表达式中消去 b_2,b_3,整理后可以得到

$$b_4 = \frac{1}{2}a_1(\Gamma_2 - \Gamma_3).\qquad(3\text{-}45)$$

如果 No.4 端口的微波功率指示为零,即 $b_4=0$,通常称微波电桥处于平衡状态. b_4 等于零,意味着 $(\Gamma_2 - \Gamma_3)=0$,在各端口传输线特性阻抗相同的前提下,必有 $Z_2 = Z_3$.利用微波电桥的平衡与否,可以判断 Z_2,Z_3 两个负载是否相等.如果其中一个负载为标准负载,则可以利用微波电桥对其他微波负载进行定标.微波电桥在微波测量中有广泛用途.

2. $E\text{-}H$ 调配器

如图 3.17(a)所示,如果在魔 T 的 No.2 端口接匹配微波功率源,在 No.3 端口接待匹配的微波负载,在 No.1 端口、No.4 端口分别用短路活塞短路,则构成 $E\text{-}H$ 调配器.此时,各端口的入波、出波关系为

$$\begin{bmatrix} b_1 \\ b_2 \\ b_3 \\ b_4 \end{bmatrix} = \frac{1}{\sqrt{2}}\begin{bmatrix} 0 & 1 & 1 & 0 \\ 1 & 0 & 0 & 1 \\ 1 & 0 & 0 & -1 \\ 0 & 1 & -1 & 0 \end{bmatrix}\begin{bmatrix} a_1 \\ a_2 \\ a_3 \\ a_4 \end{bmatrix} = \frac{1}{\sqrt{2}}\begin{bmatrix} 0 & 1 & 1 & 0 \\ 1 & 0 & 0 & 1 \\ 1 & 0 & 0 & -1 \\ 0 & 1 & -1 & 0 \end{bmatrix}\begin{bmatrix} -e^{-j2\beta L_1}b_1 \\ a_2 \\ \Gamma_3 b_3 \\ -e^{-j2\beta L_4}b_4 \end{bmatrix}.$$

$$(3\text{-}46)$$

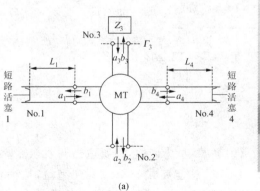

图 3.17 魔 T 调配器结构示意图及实物图片

根据式(3-7),反射系数可以表示为

$$\Gamma(z) = |\Gamma| e^{j\theta} = |\Gamma| e^{j(\theta_0 - 2\beta z)} = \frac{\dot{V}^-(z)}{\dot{V}^+(z)}.$$

当 $z=0$ 时,参考面在短路面上,应有 $\Gamma=-1$,所以 $\theta_0 = \pm\pi$. 则图 3.17(a)中 No. 1 端口的反射系数是以从短路面向波源方向移动 L_1 距离来计算的,所以

$$\Gamma(L_1) = \frac{a_1}{b_1} = |\Gamma| e^{j(\theta_0 - 2\beta L_1)}, \quad \text{即} \quad a_1 = -b_1 e^{-j2\beta L_1}.$$

同理可得 $\qquad\qquad\qquad\qquad a_4 = -b_4 e^{-j2\beta L_4}.$

其中 L_1 为短路活塞 1 到 No. 1 端口参考面的距离, L_4 为短路活塞 4 到 No. 4 端口参考面的距离. No. 1 端口是短路型全反射, No. 2 端口有匹配微波源输入功率, No. 3 端口可能有由反射引入的输入功率, No. 4 端口是短路型全反射. 图 3.17(b)为 $E\text{-}H$ 调配器的实物图.

展开(3-46)式,并令 No. 2 端口的出波 b_2 等于零,可以得到方程

$$e^{-j2\beta L_1} + e^{-j2\beta L_4} + 2\Gamma_3 e^{-j2\beta(L_1+L_4)} = 0. \qquad (3\text{-}47a)$$

如果方程(3-47a)能够得到满足,则说明从 No. 2 端口输入的微波能量没有反射出来. 由于 No. 1 端口、No. 4 端口和魔 T 本身没有损耗,所以从 No. 2 端口输入的微波能量必然全部消耗在 No. 3 端口的负载上. 等效的结果就是:尽管 No. 3 端口不匹配,仍可使全部微波能量注入到负载上.

将式(3-47a)整理后可得

$$\sqrt{1+1-2\cos[\pi - 2\beta |L_1 - L_4|]}\, e^{-j\beta(L_1+L_4)} = 2|\Gamma_3| e^{j[\theta_3 - 2\beta(L_1+L_4)\pm\pi]}.$$

$$(3\text{-}47b)$$

根据模和幅角分别相等的关系,可得到方程(3-47b)成立的条件:

$$\sqrt{1+1-2\cos[\pi - 2\beta |L_1-L_4|]} = 2|\Gamma_3|,$$

$$\sqrt{2+2\cos[2\beta |L_1-L_4| + 2k\pi]} = 2|\Gamma_3|,$$

$$|L_1 - L_4| = \frac{\lambda_g}{2\pi}[\arccos|\Gamma_3| + k\pi], \qquad (3\text{-}48a)$$

$$|L_1 + L_4| = \frac{\lambda_g}{2\pi}[\theta_3 \pm \pi]. \qquad (3\text{-}48b)$$

由(3-48)式可知,不论 No. 3 端口的反射系数 Γ_3 为何值,只要适当调节 No. 1 端口和 No. 4 端口短路活塞的位置 L_1 和 L_4,总能使式(3-48)得到满足,从而使 No. 3 端口的任意有损耗负载得到匹配. 然而,如果 No. 3 端口的负载是无损耗的,根据能量守恒定律,从 No. 2 端口输入的微波能量必然要从原路返回,所以魔 T 调配器只可以对任意有耗负载做匹配.

　　$E\text{-}H$ 调配器是微波波导系统中最常用的调配器. 这种调配器没有调配死区,工作频带与波导的单模工作频带相同. 在利用 $E\text{-}H$ 调配器对系统做匹配时,

还需要利用其他仪表监测 No. 2 端口的反射并使其达到最小,或者监测 No. 3 端口的输出功率并使其达到最大.

3. 移相器

如图 3.18 所示,如果在魔 T 的 No. 2 端口接匹配微波功率源,在 No. 3 端口接匹配的微波负载,在 No. 1 端口、No. 4 端口分别用短路活塞短路. 此时,各端口的入波、出波关系的矩阵表达式为

$$
\begin{bmatrix} b_1 \\ 0 \\ b_3 \\ b_4 \end{bmatrix} = \frac{1}{\sqrt{2}} \begin{bmatrix} 0 & 1 & 1 & 0 \\ 1 & 0 & 0 & 1 \\ 1 & 0 & 0 & -1 \\ 0 & 1 & -1 & 0 \end{bmatrix} \begin{bmatrix} a_1 \\ a_2 \\ 0 \\ a_4 \end{bmatrix} = \frac{1}{\sqrt{2}} \begin{bmatrix} 0 & 1 & 1 & 0 \\ 1 & 0 & 0 & 1 \\ 1 & 0 & 0 & -1 \\ 0 & 1 & -1 & 0 \end{bmatrix} \begin{bmatrix} -\mathrm{e}^{-\mathrm{j}2\beta L_1} b_1 \\ a_2 \\ 0 \\ -\mathrm{e}^{-\mathrm{j}2\beta L_4} b_4 \end{bmatrix},
$$

$$\text{(3-49)}$$

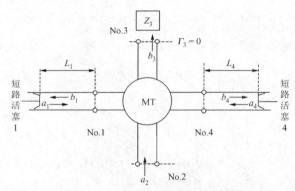

图 3.18　魔 T 移相器结构示意图

其中 L_1 为短路活塞 1 到 No. 1 端口参考面的距离,L_4 为短路活塞 4 到 No. 4 端口参考面的距离. No. 1 端口是短路型全反射,No. 2 端口有匹配微波源输入功率,No. 3 端口没有由反射引入的输入功率,No. 4 端口是短路型全反射.

展开式(3-49)可得

$$
b_3 = \frac{1}{2} (\mathrm{e}^{-\mathrm{j}2\beta L_4} - \mathrm{e}^{-\mathrm{j}2\beta L_1}) a_2.
$$

$$\text{(3-50a)}$$

根据图 3.19 和余弦定律,可求出电压传输系数的模

$$
\begin{aligned}
\mid b_3 / a_2 \mid &= \left[\left(\frac{1}{2} \right)^2 + \left(\frac{1}{2} \right)^2 - 2 \left(\frac{1}{2} \right) \left(\frac{1}{2} \right) \cos(2\beta \mid L_4 - L_1 \mid) \right]^{1/2} \\
&= \sqrt{\frac{1}{2}} [1 - \cos(2\beta \mid L_4 - L_1 \mid)]^{1/2} \\
&= \sqrt{\frac{1}{2}} [1 + \cos(\pi - 2\beta \mid L_4 - L_1 \mid)]^{1/2}
\end{aligned}
$$

$$= \cos\left(\frac{\pi}{2} - \beta \mid L_4 - L_1 \mid\right).$$

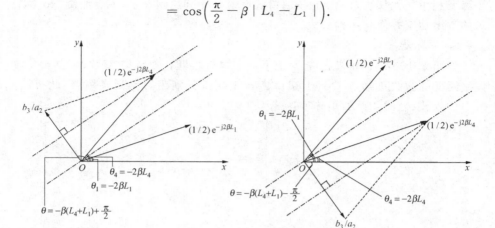

图 3.19 电压传输系数幅角 θ 的两种可能

如图 3.19 所示,电压传输系数的幅角 θ 有两种可能,综合起来为

$$\theta = -\beta(L_4 + L_1) \pm \frac{\pi}{2},$$

所以式(3-50a)可化为

$$\frac{b_3}{a_2} = \cos\left(\frac{\pi}{2} - \beta \mid L_4 - L_1 \mid\right) e^{-j\left[\beta(L_4+L_1)\pm\frac{\pi}{2}\right]}. \tag{3-50b}$$

由于 L_4,L_1 之差恒定并不影响 L_4,L_1 之和的任意性,适当调整两个短路活塞的位置 L_4 和 L_1,可以使 No.2 端口的入波和 No.3 端口的出波在保持等幅的条件下,相位连续可调. 只要保持 $\beta \mid L_4 - L_1 \mid = \frac{\pi}{2}$,即保持 $4 \mid L_4 - L_1 \mid = \lambda_g$,则有 $\left|\frac{b_3}{a_2}\right| = 1$;可以调出任意的相位差值,$\arg\left(\frac{b_3}{a_2}\right) = -\beta(L_4 + L_1) \pm \frac{\pi}{2}$. 由此可见,魔 T 可以构成一个性能良好的移相器.

魔 T 移相器的使用方法是:首先在未加移相器时使微波源与负载达到匹配. 插入移相器后系统可能失配,调整 No.1 端口和 No.4 端口活塞的位置使系统重新达到匹配. 同步移动 No.1 端口和 No.4 端口的活塞(可以采用联动机构),即可连续改变 No.3 端口的出波相位.

§3.6 二端口网络

3.6.1 二端口网络的 S 参量

二端口网络是微波系统中应用最多的网络,它描述了微波系统中具有输入、输出两个通道的不均匀区,可以用 S 参量来描述.在讨论 S 参量时,曾经讨论过互易网络和无损耗网络的一些基本性质,对于二端口网络,还需引入网络对称性的概念.所谓对称网络,就是网络各端口的 S 参量完全一样(如传输线并联或串联电阻).对称网络一定是互易的,但互易网络未必是对称的,图 3.20 为对称网络和互易网络的几个实例.

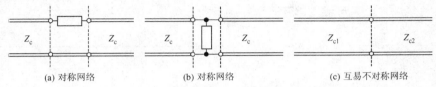

(a) 对称网络　　　　　　(b) 对称网络　　　　　　(c) 互易不对称网络

图 3.20　对称网络和互易不对称网络实例

对称网络的 S 参量

$$S = \begin{bmatrix} S_{11} & S_{12} \\ S_{12} & S_{11} \end{bmatrix}, \tag{3-51}$$

互易网络的 S 参量

$$S = \begin{bmatrix} S_{11} & S_{12} \\ S_{12} & S_{22} \end{bmatrix}. \tag{3-52}$$

常用的二端口微波网络基本上都可以分解成表 3.1 中所示的五种基本网络的组合.这五种基本网络的 S 参量和 A 参量都可以按照网络参量的定义求出.§3.5 中曾导出了魔 T 的 S 参量,并利用 S 参量研究了魔 T 的特性,其他二端口网络的 S 参量也可以采用类似的方法求得.求解二端口网络 S 参量的要点是:根据物理概念或电路理论寻找一组或多组归一化输入电压波与归一化输出电压波的对应关系,将这些对应关系代入网络参量的定义式,利用网络的互易、无损耗及对称性解出网络参量.

表　3.1

网络名称	等效电路	A 参量	S 参量
串联阻抗	T_1　T_2　Z　Z_{c1}　Z_{c2}	$\begin{bmatrix} 1 & Z \\ 0 & 1 \end{bmatrix}$	$S_{11} = \dfrac{Z + Z_{c2} - Z_{c1}}{Z + Z_{c1} + Z_{c2}}$ $S_{22} = \dfrac{Z + Z_{c1} - Z_{c2}}{Z + Z_{c1} + Z_{c2}}$ $S_{12} = \dfrac{2\sqrt{Z_{c1}Z_{c2}}}{Z + Z_{c1} + Z_{c2}}$ $S_{21} = S_{12}$

（续表）

网络名称	等效电路	A 参量	S 参量
并联导纳	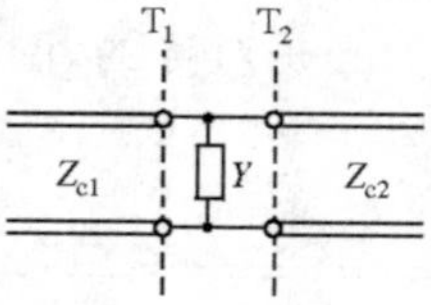	$\begin{bmatrix} 1 & 0 \\ Y & 1 \end{bmatrix}$	$S_{11} = \dfrac{Y_{c1} - Y_{c2} - Y}{Y_{c1} + Y_{c2} + Y}$ $S_{22} = \dfrac{Y_{c2} - Y_{c1} - Y}{Y_{c1} + Y_{c2} + Y}$ $S_{12} = \dfrac{2\sqrt{Y_{c1} Y_{c2}}}{Y_{c1} + Y_{c2} + Y}$ $S_{21} = S_{12}$
理想变压器	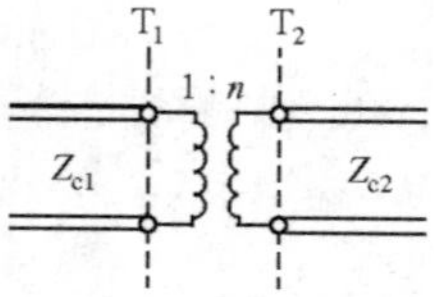	$\begin{bmatrix} \dfrac{1}{n} & 0 \\ 0 & n \end{bmatrix}$	$S_{11} = \dfrac{Z_{c2} - n^2 Z_{c1}}{n^2 Z_{c1} + Z_{c2}}$ $S_{22} = \dfrac{n^2 Z_{c1} - Z_{c2}}{n^2 Z_{c1} + Z_{c2}}$ $S_{12} = \dfrac{2n\sqrt{Z_{c1} Z_{c2}}}{n^2 Z_{c1} + Z_{c2}}$ $S_{21} = S_{12}$
均匀传输线段	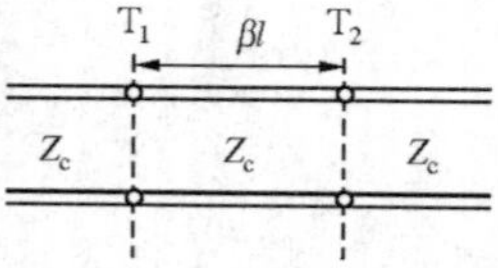	$\begin{bmatrix} \cos(\beta l) & jZ_c \sin(\beta l) \\ \dfrac{j}{Z_c}\sin(\beta l) & \cos(\beta l) \end{bmatrix}$	$\begin{bmatrix} 0 & e^{-j\beta l} \\ e^{-j\beta l} & 0 \end{bmatrix}$
不同阻抗传输线的连接处	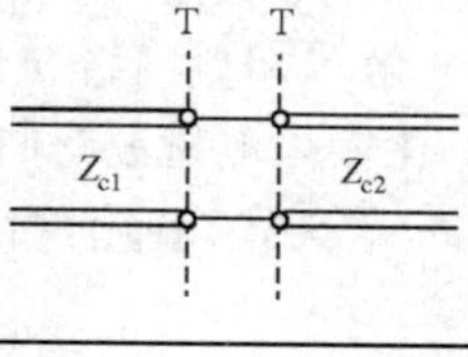	$\begin{bmatrix} 1 & 0 \\ 0 & 1 \end{bmatrix}$	$S_{11} = \dfrac{Z_{c2} - Z_{c1}}{Z_{c1} + Z_{c2}}$ $S_{22} = \dfrac{Z_{c1} - Z_{c2}}{Z_{c1} + Z_{c2}}$ $S_{12} = \dfrac{2\sqrt{Z_{c1} Z_{c2}}}{Z_{c1} + Z_{c2}}$ $S_{21} = S_{12}$
魔 T	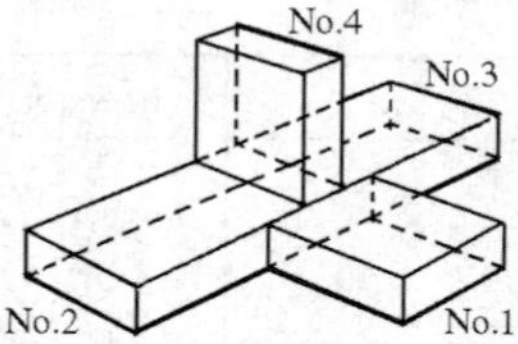		$\dfrac{1}{\sqrt{2}}\begin{bmatrix} 0 & 1 & 1 & 0 \\ 1 & 0 & 0 & 1 \\ 1 & 0 & 0 & -1 \\ 0 & 1 & -1 & 0 \end{bmatrix}$

例 3-5　求特性阻抗为 Z_{c1} 和特性阻抗为 Z_{c2} 的两段传输线对接处的 S 参量.

解　网络的等效电路如图 3.21 所示,网络是互易、无损耗二端口网络(不是对称网络, $S_{11} \neq S_{22}$). 其 S 参量的一般表达式为

$$\begin{bmatrix} b_1 \\ b_2 \end{bmatrix} = \begin{bmatrix} S_{11} & S_{12} \\ S_{12} & S_{22} \end{bmatrix} \begin{bmatrix} a_1 \\ a_2 \end{bmatrix}.$$

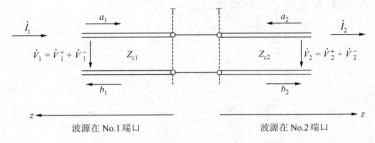

图 3.21 传输线 Z_{c1}，Z_{c2} 连接处的等效电路及参考方向

首先，从参考面 T 左侧输入微波信号并在传输线 Z_{c2} 的终端接匹配负载. 那么，从参考面 T 左侧向右观察，传输线特性阻抗是 Z_{c1}，负载阻抗是 Z_{c2}. 根据反射系数与输入阻抗的关系式 (3-8b)，参考面 T 处的反射系数为

$$\Gamma_1 = \frac{Z_{c2} - Z_{c1}}{Z_{c2} + Z_{c1}} = \frac{b_1}{a_1}.$$

将上式代入 S 参量的表达式，则有

$$\begin{bmatrix} \Gamma_1 a_1 \\ b_2 \end{bmatrix} = \begin{bmatrix} S_{11} & S_{12} \\ S_{12} & S_{22} \end{bmatrix} \begin{bmatrix} a_1 \\ 0 \end{bmatrix}.$$

然后，从参考面 T 右侧输入微波信号并在传输线 Z_{c1} 的终端接匹配负载. 那么，从参考面 T 的右侧向左观察，传输线特性阻抗是 Z_{c2}，负载阻抗是 Z_{c1}. 根据反射系数与输入阻抗的关系式 (3-8b)，参考面 T 处的反射系数为

$$\Gamma_2 = \frac{Z_{c1} - Z_{c2}}{Z_{c1} + Z_{c2}} = \frac{b_2}{a_2}.$$

将上式代入 S 参量的表达式，则有

$$\begin{bmatrix} b_1 \\ \Gamma_2 a_2 \end{bmatrix} = \begin{bmatrix} S_{11} & S_{12} \\ S_{12} & S_{22} \end{bmatrix} \begin{bmatrix} 0 \\ a_2 \end{bmatrix}.$$

对于无损耗网络的 S 参量满足以下等式：

$$\sum_{i=1}^{2} |S_{ij}|^2 = 1 \quad (j = 1, 2).$$

由这三个关系式可求得

$$S_{11} = \frac{Z_{c2} - Z_{c1}}{Z_{c2} + Z_{c1}}, \quad S_{22} = \frac{Z_{c1} - Z_{c2}}{Z_{c1} + Z_{c2}}, \quad S_{12} = \sqrt{1 - (S_{11})^2} = \frac{2\sqrt{Z_{c1} Z_{c2}}}{Z_{c1} + Z_{c2}}.$$

3.6.2 二端口网络的 A 参量

在微波工程中，经常要用到二端口网络，二端口网络的应用常常遇到所谓级联问题. 求解级联问题时，采用 S, Z, Y 参量都不方便. 为了解决级联问题，微波技术特别引入了二端口网络的特有参量 A 参量. A 参量特别适合于处理级联问题，其原因在于 A 参量定义中的电流、电压参考方向特别适合于处理级联问题. 如图 3.22 所示，上一级的输出电流、电压恰好就是下一级的输入电流、电压，S

参量、Z 参量和 Y 参量的定义都不满足这一点.

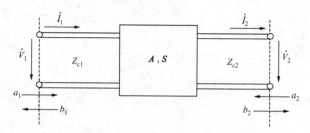

图 3.22　二端口网络 A,S 参量的参考方向

根据图 3.22 的参考方向，A 参量的矩阵表达式为

$$\begin{bmatrix} \dot{V}_1 \\ \dot{I}_1 \end{bmatrix} = \begin{bmatrix} a & b \\ c & d \end{bmatrix} \begin{bmatrix} \dot{V}_2 \\ \dot{I}_2 \end{bmatrix} = A \begin{bmatrix} \dot{V}_2 \\ \dot{I}_2 \end{bmatrix}. \tag{3-53}$$

对比 S 参量和 A 参量的定义可见：

（1）S 参量的物理量是归一化入波 a 和归一化出波 b，并以微波网络为参考方向. A 参量的物理量是总电压波和总电流波，并以波源、负载的位置为参考方向.

（2）S 参量是归一化量，其值与传输线的输入、输出特性阻抗有关. A 参量既可以是归一化量，也可以是非归一化量. 当其为归一化量时，与传输线的输入、输出特性阻抗有关；当其为非归一化量时，与传输线的输入、输出特性阻抗无关.

（3）利用 A 参量解级联问题非常方便，只需将各级网络的 A 参量按矩阵的乘法规则相乘，即可得到级联后整个网络的 A 参量.

式（3-53）中采用的是非归一化电流、非归一化电压，导出的 A 参量为非归一化 A 参量. 如果采用归一化等效电流、归一化等效电压，则导出的 A 参量为归一化 A 参量，用 $\bar{A}$ 表示. $\bar{A}$ 的定义式为

$$\begin{bmatrix} \bar{V}_1 \\ \bar{I}_1 \end{bmatrix} = \begin{bmatrix} \bar{a} & \bar{b} \\ \bar{c} & \bar{d} \end{bmatrix} \begin{bmatrix} \bar{V}_2 \\ \bar{I}_2 \end{bmatrix} = \bar{A} \begin{bmatrix} \bar{V}_2 \\ \bar{I}_2 \end{bmatrix}. \tag{3-54}$$

由于非归一化 A 参量容易利用电路理论知识求解，所以通常是先求非归一化 A 参量，然后利用 $\bar{A}$ 参量与非归一化 A 参量的对应关系求出 $\bar{A}$ 参量. 将归一化等效电流、等效电压与非归一化电流、电压代入式（3-53）和（3-54），并根据归一化等效电压、等效电流与非归一化电压、电流的关系式（3-17），就可以导出归一化 $\bar{A}$ 参量与非归一化 A 参量的对应关系.

根据式（3-54）和（3-17），已知

$$\bar{V}_1 = \bar{a}\bar{V}_2 + \bar{b}\,\bar{I}_2, \quad \bar{I}_1 = \bar{c}\bar{V}_2 + \bar{d}\,\bar{I}_2,$$

$$\bar{V}_n = \frac{\dot{V}_n}{\sqrt{Z_{cn}}}, \quad \bar{I}_n = \dot{I}_n\,\sqrt{Z_{cn}},$$

将其中的 $\bar{V}_1, \bar{I}_1, \bar{V}_2, \bar{I}_2$ 用 $\dot{V}_1, \dot{I}_1, \dot{V}_2, \dot{I}_2$ 代换,则有

$$\dot{V}_1 = \bar{a}\,\sqrt{\frac{Z_{c1}}{Z_{c2}}}\dot{V}_2 + \bar{b}\,\sqrt{Z_{c1}Z_{c2}}\,\dot{I}_2,$$

$$\dot{I}_1 = \frac{\bar{c}}{\sqrt{Z_{c1}Z_{c2}}}\dot{V}_2 + \bar{d}\,\sqrt{\frac{Z_{c2}}{Z_{c1}}}\,\dot{I}_2.$$

将以上两个等式写成矩阵形式,即

$$\begin{bmatrix} \dot{V}_1 \\ \dot{I}_1 \end{bmatrix} = \begin{bmatrix} \bar{a}\,\sqrt{\dfrac{Z_{c1}}{Z_{c2}}} & \bar{b}\,\sqrt{Z_{c1}Z_{c2}} \\ \dfrac{\bar{c}}{\sqrt{Z_{c1}Z_{c2}}} & \bar{d}\,\sqrt{\dfrac{Z_{c2}}{Z_{c1}}} \end{bmatrix} \begin{bmatrix} \dot{V}_2 \\ \dot{I}_2 \end{bmatrix}.$$

将此矩阵表达式与式(3-53)对比可得

$$\bar{a} = a\,\sqrt{\frac{Z_{c2}}{Z_{c1}}}, \tag{3-55a}$$

$$\bar{b} = \frac{b}{\sqrt{Z_{c1}Z_{c2}}}, \tag{3-55b}$$

$$\bar{c} = c\,\sqrt{Z_{c1}Z_{c2}}, \tag{3-55c}$$

$$\bar{d} = d\,\sqrt{\frac{Z_{c1}}{Z_{c2}}}. \tag{3-55d}$$

A 参量和二端口网络的 S 参量、Z 参量、Y 参量之间有确定的换算关系,只要求出任意一种网络参量就可以根据换算关系导出所需要的其他网络参量. 网络参量之间的换算关系需要根据网络参量的定义求解,以下以 S 参量和 A 参量为例,求解它们之间的换算关系.

根据 $\bar{A}$ 参量的定义式(3-54),可得

$$\bar{V}_1 = \bar{a}\bar{V}_2 + \bar{b}\,\bar{I}_2, \quad \bar{I}_1 = \bar{c}\bar{V}_2 + \bar{d}\,\bar{I}_2.$$

根据电报方程的解(3-3)式和入射波与反射波的规定以及归一化等效电压、归一化等效电流的定义,有

$$\dot{V}_n = \dot{V}_n^+ + \dot{V}_n^-, \quad \dot{I}_n = Y_{cn}(\dot{V}_n^+ - \dot{V}_n^-),$$

$$\bar{V}_n = \frac{\dot{V}_n}{\sqrt{Z_{cn}}}, \quad \bar{I}_n = \dot{I}_n\,\sqrt{Z_{cn}}.$$

根据以上等式和图 3.22 所示的二端口网络 A, S 参量的参考方向,可以得

到以下关系：

$$\overline{V}_1 = \overline{V}_1^+ + \overline{V}_1^- = a_1 + b_1, \tag{3-56a}$$

$$\overline{I}_1 = \sqrt{Z_{c1}} Y_{c1} (\overline{V}_1^+ - \overline{V}_1^-) \sqrt{Z_{c1}} = \overline{V}_1^+ - \overline{V}_1^- = a_1 - b_1, \tag{3-56b}$$

$$\overline{V}_2 = \overline{V}_2^+ + \overline{V}_2^- = b_2 + a_2, \tag{3-56c}$$

$$\overline{I}_2 = \sqrt{Z_{c2}} Y_{c2} (\overline{V}_2^+ - \overline{V}_2^-) \sqrt{Z_{c2}} = \overline{V}_2^+ - \overline{V}_2^- = b_2 - a_2. \tag{3-56d}$$

注意图 3.22 的参考方向是从两端口网络的右侧指向左侧，因此，a_1, b_2 为正向电压波，a_2, b_1 为反向电压波.

将式(3-56)代入 $\overline{A}$ 参量的定义式(3-54)，可以得到

$$a_1 + b_1 = \bar{a}(a_2 + b_2) + \bar{b}(b_2 - a_2), \tag{3-57a}$$

$$a_1 - b_1 = \bar{c}(a_2 + b_2) + \bar{d}(b_2 - a_2). \tag{3-57b}$$

将 S 参量的定义式

$$\begin{bmatrix} b_1 \\ b_2 \end{bmatrix} = \begin{bmatrix} S_{11} & S_{12} \\ S_{12} & S_{22} \end{bmatrix} = \begin{bmatrix} a_1 \\ a_2 \end{bmatrix}$$

代入式(3-57)，消去 b_1, b_2 可得

$$(\bar{a}S_{21} + \bar{b}S_{21} - 1 - S_{11})a_1 + (\bar{a} + \bar{a}S_{22} + \bar{b}S_{22} - \bar{b} - S_{12})a_2 = 0, \tag{3-58a}$$

$$(\bar{c}S_{21} + \bar{d}S_{21} - 1 + S_{11})a_1 + (\bar{c} + \bar{c}S_{22} + \bar{d}S_{22} - \bar{d} + S_{12})a_2 = 0. \tag{3-58b}$$

因为 a_1, a_2 是任意的，所以等式成立的条件是式(3-58)中 a_1, a_2 的系数为零，由此可以得到四个方程，由这四个方程就可以求出二端口网络 S 参量和 $\overline{A}$ 参量的换算关系，如表 3.2 所示.

表 3.2　二端口网络 S 参量和 $\overline{A}$ 参量换算表

	以 S 表示	以 $\overline{A}$ 表示
S	$\begin{bmatrix} S_{11} & S_{12} \\ S_{21} & S_{22} \end{bmatrix}$	$S_{11} = \dfrac{\bar{a} + \bar{b} - \bar{c} - \bar{d}}{\bar{a} + \bar{b} + \bar{c} + \bar{d}}$ $S_{12} = \dfrac{2\lvert\overline{A}\rvert}{\bar{a} + \bar{b} + \bar{c} + \bar{d}}$ $S_{21} = \dfrac{2}{\bar{a} + \bar{b} + \bar{c} + \bar{d}}$ $S_{22} = \dfrac{-\bar{a} + \bar{b} - \bar{c} + \bar{d}}{\bar{a} + \bar{b} + \bar{c} + \bar{d}}$

（续表）

	以 S 表示	以 $\overline{A}$ 表示
$\overline{A}$	$\overline{a}=\dfrac{1}{2S_{21}}(1-\lvert S\rvert+S_{11}-S_{22})$ $\overline{b}=\dfrac{1}{2S_{21}}(1+\lvert S\rvert+S_{11}+S_{22})$ $\overline{c}=\dfrac{1}{2S_{21}}(1+\lvert S\rvert-S_{11}-S_{22})$ $\overline{d}=\dfrac{1}{2S_{21}}(1-\lvert S\rvert-S_{11}+S_{22})$	$\begin{bmatrix} \overline{a} & \overline{b} \\ \overline{c} & \overline{d} \end{bmatrix}$

注：其中 $\lvert\overline{A}\rvert$，$\lvert S\rvert$ 分别为 $\overline{A}$，S 矩阵的行列式.

为了便于求解网络的 A 参量，需要了解有关 A 参量的一些性质：

（1）互易网络的 A 参量满足：$ad-bc=1$.

根据互易网络的条件 $S_{12}=S_{21}$，以及 $\overline{A}$ 参量与 S 参量的换算关系，可以证明 $\overline{a}\overline{d}-\overline{b}\overline{c}=1$. 再利用 $\overline{A}$ 参量与 A 参量的对应关系就可以证明 $ad-bc=1$.

（2）对称网络的 A 参量满足：$a=d$，$a^2-bc=1$.

根据对称网络的条件 $S_{11}=S_{22}$，$S_{12}=S_{21}$，以及 $\overline{A}$ 参量与 S 参量的换算关系，可以证明 $\overline{a}=\overline{d}$，$\overline{a}^2-\overline{b}\overline{c}=1$. 再利用 $\overline{A}$ 参量与 A 参量的对应关系就可以证明 $a=d$，$a^2-bc=1$.

（3）无损耗、互易网络的 a，d 为实数，b，c 为虚数.

根据无损耗、互易网络的 $S^{*}S=I$，以及 $\overline{A}$ 参量与 S 参量的换算关系，可以证明 $\overline{a}$，$\overline{d}$ 为实数，$\overline{b}$，$\overline{c}$ 为虚数. 再利用 $\overline{A}$ 参量与 A 参量的对应关系，就可以证明 a，d 为实数，b，c 为虚数.

3.6.3 二端口网络 A 参量的求解方法

A 参量是由常规电流、电压定义的，因此比 $\overline{A}$ 参量更容易求得，通常先求 A 参量，然后再转换为 $\overline{A}$ 参量. 按照 A 参量的定义式(3-53)，输入端口阻抗和输出端口阻抗的对应关系为

$$Z_1=\frac{\dot{V}_1}{\dot{I}_1}=\frac{a\dot{V}_2+b\dot{I}_2}{c\dot{V}_2+d\dot{I}_2}=\frac{aZ_2+b}{cZ_2+d}. \tag{3-59}$$

由式(3-59)可见，只要根据电路分析理论中电压、电流、阻抗等基本概念，找出四组输入端口阻抗和输出端口阻抗的对应关系，代入(3-59)式即可以求出二端口网络的 A 参量. 一般情况下，需要找到四个方程来求解四个 A 参量元素.

如果二端口网络是互易网络，则有一个方程 $ad-bc=1$. 因此，对于互易网络，再找出三个方程即可求解四个 A 参量元素.

如果二端口网络是对称网络，则有方程 $a=d$ 和 $a^2-bc=1$. 因此，对于对称

网络,再找到两个方程即可求解四个 A 参量元素.两个方程很容易得到,只需要在 No.2 端口假设开路、短路即可.

　　求出四个 A 参量元素后,再按 A 参量和 $\bar{A}$ 参量的对应关系即可求出 $\bar{A}$ 参量.由 $\bar{A}$ 参量又可以换算出 S 参量.

　　例 3-6　如图 3.23,求两条特性阻抗不同的均匀传输线中串联阻抗 Z 的 A 参量和 S 参量.

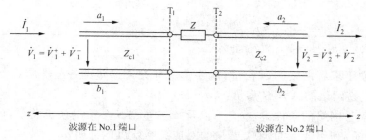

图 3.23　特性阻抗不同的均匀传输线之间串联阻抗 Z

　　解　(1)求 A 参量.

　　对于网络本身来说,从 T_1 参考面向右看和从 T_2 参考面向左看是完全一样的.也就是说,网络本身(A 参量与外接传输线无关)具有对称性,因此有

$$a = d, \qquad\qquad ①$$
$$a^2 - bc = 1. \qquad\qquad ②$$

设 No.2 端口短路,即 $Z_2 = 0$,由式(3-59)可得 $Z_1 = \dfrac{b}{d}$;根据电路分析理论可知此时必有 $Z_1 = Z$,由此得到

$$\frac{b}{d} = Z. \qquad\qquad ③$$

设 No.2 端口开路,即 $Z_2 \to \infty$,由式(3-59)可得 $Z_1 = \dfrac{a}{c}$;根据电路分析理论可知此时必有 $Z_1 \to \infty$,这样就得到

$$\frac{a}{c} \to \infty. \qquad\qquad ④$$

根据这四个方程可以求出 $a = 1, d = 1, b = Z, c = 0$.其中 a 取正号是因为 A 参量定义的入波电压降方向与出波电压降方向相同.

　　(2)求 S 参量.

　　设 No.2 端口右侧的传输线处于匹配状态,从 T_1 参考面向右看的负载阻抗为 $Z + Z_{c2}$;从 T_1 参考面向左看的特性阻抗为 Z_{c1},则 T_1 参考面上的反射系数为

$$\Gamma_1 = \frac{Z + Z_{c2} - Z_{c1}}{Z + Z_{c2} + Z_{c1}} = S_{11}.$$

　　设 No.1 端口左侧的传输线处于匹配状态,从 T_2 参考面向左看的负载阻抗为 $Z + Z_{c1}$;从 T_2 参考面向右看的特性阻抗为 Z_{c2},则 T_2 参考面上的反射系数为

$$\Gamma_2 = \frac{Z + Z_{c1} - Z_{c2}}{Z + Z_{c1} + Z_{c2}} = S_{22}.$$

由于网络内有电阻,是有损耗网络,不能应用能量守恒关系求 S_{12} 和 S_{21}. 必须按电压关系或电流关系求 S_{21} 和 S_{12}.

设微波能量由 No.1 端口输入,No.2 端口右侧的传输线处于匹配状态,$\dot{V}_1$,$\dot{V}_2$ 分别为参考面 T_1,T_2 两边传输线上的总电压,$\dot{V}_1^+$,$\dot{V}_1^-$ 分别为 No.1 端口的正向电压波和反向电压波,$\dot{V}_2^+$,$\dot{V}_2^-$ 分别为 No.2 端口的正向电压波和反向电压波. 设微波能量从 No.1 端口输入,根据电路分析理论的分压关系可知

$$\dot{V}_2 = \frac{Z_{c2}}{Z + Z_{c2}} \dot{V}_1.$$

注意图中 z 的参考方向是由负载指向波源,此时,在 No.1 端口,a_1 为正向波,b_1 为反向波;在 No.2 端口,a_2 为反向波,b_2 为正向波.

根据长线理论中总电压和正向、反向电压波的关系,S 参量中正向电压波、反向电压波的定义,归一化电压的定义,以及分压关系可得

$$\dot{V}_2 = \dot{V}_2^+ = \sqrt{Z_{c2}}\, b_2,$$

$$\dot{V}_1 = (\dot{V}_1^+ + \dot{V}_1^-) = \sqrt{Z_{c1}}\,(a_1 + b_1),$$

$$\sqrt{Z_{c2}}\, b_2 = \frac{Z_{c2}}{Z + Z_{c2}}\, \sqrt{Z_{c1}}\,(a_1 + b_1) = \frac{Z_{c2}}{Z + Z_{c2}}\, \sqrt{Z_{c1}}\,(1 + S_{11})a_1,$$

由此可解出

$$S_{21} = \frac{b_2}{a_1} = \frac{Z_{c2}}{Z + Z_{c2}}(1 + S_{11}) \sqrt{\frac{Z_{c1}}{Z_{c2}}}$$

$$= \frac{2Z_{c2}}{Z + Z_{c1} + Z_{c2}} \sqrt{\frac{Z_{c1}}{Z_{c2}}} = \frac{2\sqrt{Z_{c1} Z_{c2}}}{Z + Z_{c1} + Z_{c2}}.$$

同理,设微波能量由 No.2 端口输入,No.1 端口左侧的传输线处于匹配状态,$\dot{V}_1$,$\dot{V}_2$ 分别为参考面 T_1,T_2 两边传输线上的总电压,$\dot{V}_1^+$,$\dot{V}_1^-$ 分别为 No.1 端口的正向电压波和反向电压波;$\dot{V}_2^+$,$\dot{V}_2^-$ 分别为 No.2 端口的正向电压波和反向电压波. 根据电路分析理论的分压关系可知

$$\dot{V}_1 = \frac{Z_{c1}}{Z + Z_{c1}} \dot{V}_2.$$

注意图中 z 的参考方向是由负载指向波源. 此时,在 No.2 端口,a_2 为正向波,b_2 为反向波;在 No.1 端口,a_1 为反向波,b_1 为正向波.

根据长线理论中总电压和正向、反向电压波的关系,S 参量中正向电压波、反向电压波的定义,归一化电压的定义,以及分压关系可得

$$\dot{V}_1 = \dot{V}_1^+ = \sqrt{Z_{c1}}\, b_1,$$

$$\dot{V}_2 = (\dot{V}_2^+ + \dot{V}_2^-) = \sqrt{Z_{c2}}\,(a_2 + b_2),$$

$$S_{12} = \frac{b_1}{a_2} = \frac{Z_{c1}}{Z + Z_{c1}} \sqrt{\frac{Z_{c2}}{Z_{c1}}} (1 + S_{22}) = \frac{2Z_{c1}}{Z + Z_{c1} + Z_{c2}} \sqrt{\frac{Z_{c2}}{Z_{c1}}} = S_{21}.$$

由本例题可见,互易网络确有 $S_{12} = S_{21}$.

同样,也可以根据电路分析理论的电流关系求解 S_{12} 和 S_{21}. 当 No. 1 端口接波源,No. 2 端口接匹配负载时,已知 $\dot{I}_1 = \dot{I}_2$,因为

$$\dot{I}_1 = (\dot{I}_1^+ + \dot{I}_1^-) = Y_{c1}(\dot{V}_1^+ - \dot{V}_1^-) = Y_{c1}\sqrt{Z_{c1}}(a_1 - b_1),$$

$$\dot{I}_2 = \dot{I}_2^+ = Y_{c2}\dot{V}_2^+ = Y_{c2}\sqrt{Z_{c2}}b_2,$$

所以

$$S_{21} = \frac{b_2}{a_1} = (1 - S_{11})\sqrt{\frac{Z_{c2}}{Z_{c1}}} = \frac{2\sqrt{Z_{c1}Z_{c2}}}{Z + Z_{c1} + Z_{c2}}.$$

例 3-7 如图 3.24,求在两条特性阻抗不同的均匀传输线中并联导纳 Y 的 A 参量和 S 参量.

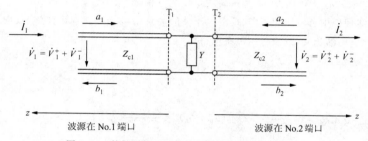

图 3.24 特性阻抗不同的均匀传输线之间并联导纳 Y

解 (1) 求 A 参量.

显然,网络的 A 参量具有对称性,即有

$$a = d, \tag{①}$$

$$a^2 - bc = 1. \tag{②}$$

设 No. 2 端口短路,即 $Z_2 = 0$;由式(3-59)可知 $Z_1 = \frac{b}{d}$,根据电路分析理论可知此时 $Z_1 = 0$,这样就得到

$$\frac{b}{d} = 0. \tag{③}$$

设 No. 2 端口开路,即 $Z_2 \to \infty$;由式(3-59)可知 $Z_1 = \frac{a}{c}$,根据电路分析理论可知此时 $Z_1 = \frac{1}{Y}$,这样可得到

$$\frac{a}{c} = \frac{1}{Y}. \tag{④}$$

由以上四个方程可以求出 $a = 1, b = 0, c = Y, d = 1$. 其中 a 取正号是因为 A 参量定义的入波电压降方向与出波电压降方向相同.

(2) 求 S 参量.

设 No. 2 端口右侧匹配,则 T_1 参考面右侧的负载导纳为 $Y + Y_{c2}$,而 T_1 参考面左侧的特

性导纳为 Y_{c1}. 所以,T_1 参考面上的反射系数为

$$S_{11} = \Gamma_1 = \frac{Y_{c1} - (Y_{c2} + Y)}{Y_{c1} + (Y_{c2} + Y)}.$$

设 No.1 端口左侧匹配,则 T_2 参考面左侧的负载导纳为 $Y + Y_{c1}$,而 T_2 参考面右侧的特性导纳为 Y_{c2}. 所以,T_2 参考面上的反射系数为

$$S_{22} = \Gamma_2 = \frac{Y_{c2} - (Y_{c1} + Y)}{Y_{c2} + (Y_{c1} + Y)}.$$

由于网络内有电阻,是有损耗网络,不能应用能量守恒关系,但可以根据电流关系或电压关系求出 S_{21} 和 S_{12}.

设微波能量从 No.1 端口输入,No.2 端口右侧接匹配负载. 根据电路分析理论,在 T_1 和 T_2 参考面上电压必然连续,因此有 $\dot{V}_1^+ + \dot{V}_1^- = \dot{V}_2^+$. 根据电压与归一化等效电压的关系可得

$$\sqrt{Z_{c1}}(a_1 + b_1) = \sqrt{Z_{c2}} b_2,$$

由此可解出

$$S_{21} = \frac{b_2}{a_1} = \sqrt{\frac{Y_{c2}}{Y_{c1}}}(1 + S_{11}) = \frac{2\sqrt{Y_{c1}Y_{c2}}}{Y + Y_{c1} + Y_{c2}}.$$

也可以根据电路分析理论的分流关系求得 S_{21}. 设微波能量从 No.1 端口输入,$\dot{I}_1$,$\dot{I}_2$ 分别为参考面 T_1,T_2 两边传输线上的总电流;$\dot{I}_1^+$,$\dot{I}_1^-$ 分别为 No.1 端口的正向电流波和反向电流波;$\dot{I}_2^+$,$\dot{I}_2^-$ 分别为 No.2 端口的正向电流波和反向电流波. 根据电路分析理论可以得到分流关系

$$\dot{I}_2 = \frac{Y_{c2}}{Y + Y_{c2}} \dot{I}_1.$$

根据长线理论中总电压和正向、反向电流波的关系,以及归一化等效电流的定义,由上式可得

$$\dot{I}_2 = \dot{I}_2^+ = Y_{c2}\dot{V}_2^+ = Y_{c2}\sqrt{Z_{c2}} b_2,$$

$$\dot{I}_1 = (\dot{I}_1^+ + \dot{I}_1^-) = Y_{c1}(\dot{V}_1^+ - \dot{V}_1^-) = Y_{c1}\sqrt{Z_{c1}}(a_1 - b_1),$$

$$Y_{c2}\sqrt{Z_{c2}} b_2 = \frac{Y_{c2}}{Y + Y_{c2}} Y_{c1}\sqrt{Z_{c1}}(a_1 - b_1) = \frac{Y_{c2}}{Y + Y_{c2}} Y_{c1}\sqrt{Z_{c1}}(1 - S_{11})a_1,$$

由此可解出

$$S_{21} = \frac{b_2}{a_1} = \frac{Y_{c1}Y_{c2}}{Y + Y_{c2}}(1 - S_{11})\frac{1}{\sqrt{Y_{c1}Y_{c2}}} = \frac{2\sqrt{Y_{c1}Y_{c2}}}{Y + Y_{c1} + Y_{c2}}.$$

同理可求出 S_{12},根据网络的互易性也可以证明 $S_{12} = S_{21}$.

例 3-8 求两条特性阻抗不同的传输线对接处的 A 参量和 S 参量. 网络的等效电路如图 3.21 所示.

解 (1) 求 S 参量,见例 3-5.

(2) 求 A 参量.

① 在例 3-4 的解中令 $Z=0$,或在例 3-5 的解中令 $Y=0$,即可得到这种网络的 A 参量.

② 按照 A 参量的定义得

$$\dot{V}_1 = a\dot{V}_2 + b\dot{I}_2, \qquad \dot{I}_1 = c\dot{V}_2 + d\dot{I}_2,$$

按照电路分析原理可知

$$\dot{V}_1 = \dot{V}_2, \quad \dot{I}_1 = \dot{I}_2,$$

所以 $\begin{cases} \dot{V}_1 = a\dot{V}_1 + b\dot{I}_1, \\ \dot{I}_1 = c\dot{V}_1 + d\dot{I}_1, \end{cases}$ 整理可得

$$\begin{cases} Z_1 = aZ_1 + b, & ① \\ 1 = cZ_1 + d. & ② \end{cases}$$

设二端口开路,则 $Z_1 \rightarrow \infty$;设二端口短路,则 $Z_1 = 0$. 将这些 Z_1 值代入方程①,②,可得 $c = 0$, $d = 1, b = 0, a = 1$.

例 3-9 如图 3.25,求两条特性阻抗不同的均匀传输线中接理想变压器的 **A** 参量和 **S** 参量.

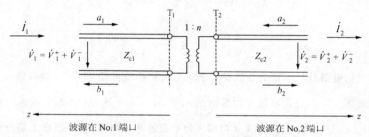

图 3.25 特性阻抗不同的均匀传输线之间接理想变压器

解 (1) 求 **A** 参量.

因为网络是互易的,但不是对称的,故有

$$ad - bc = 1. \qquad\qquad ①$$

根据电路分析理论可知,从 T_1 参考面向右看,理想变压器的阻抗变换比为 $Z_1 = \dfrac{Z_2}{n^2}$,再根据式(3-59),可得方程

$$\frac{Z_2}{n^2} = \frac{aZ_2 + b}{cZ_2 + d}.$$

设 No.2 端口开路,即令 $Z_2 \rightarrow \infty$,可得

$$\frac{a}{c} \rightarrow \infty. \qquad\qquad ②$$

设 No.2 端口短路,即令 $Z_2 = 0$,可得

$$\frac{b}{d} = 0. \qquad\qquad ③$$

设 No.2 端口接负载 $Z_2 = 1$,可得

$$\frac{1}{n^2} = \frac{a+b}{c+d}. \qquad\qquad ④$$

由以上四个方程,可以求出 $a = \dfrac{1}{n}, b = 0, d = n, c = 0$.

（2）求 **S** 参量.

设从 No.1 端口输入微波，No.2 端口右侧传输线处于匹配状态，则 T_1 参考面右侧的负载阻抗为 $\dfrac{Z_{c2}}{n^2}$，而 T_1 参考面左侧的特性阻抗为 Z_{c1}. 所以，T_1 参考面上的反射系数为

$$\Gamma_1 = S_{11} = \frac{\dfrac{Z_{c2}}{n^2} - Z_{c1}}{\dfrac{Z_{c2}}{n^2} + Z_{c1}} = \frac{Z_{c2} - Z_{c1} n^2}{Z_{c2} + Z_{c1} n^2}.$$

设从 No.2 端口输入微波，No.1 端口左侧传输线处于匹配状态，则 T_2 参考面左侧的负载阻抗为 $n^2 Z_{c1}$，而 T_2 参考面右侧的特性阻抗为 Z_{c2}. 所以，T_2 参考面上的反射系数为

$$\Gamma_2 = S_{22} = \frac{Z_{c1} n^2 - Z_{c2}}{Z_{c1} n^2 + Z_{c2}}.$$

因为理想变压器是无损耗的，根据 $\sum\limits_{i=1}^{2} |S_{ij}|^2 = 1 \ (j = 1, 2)$，可得

$$|S_{21}| = \sqrt{1 - |S_{11}|^2}, \qquad |S_{12}| = \sqrt{1 - |S_{22}|^2}.$$

由于特性阻抗是实数，所以 $S_{21} = S_{12} = \dfrac{2n \sqrt{Z_{c1} Z_{c2}}}{n^2 Z_{c1} + Z_{c2}}.$

例 3-10　如图 3.26，求理想均匀传输线的 **A** 参量和 **S** 参量.

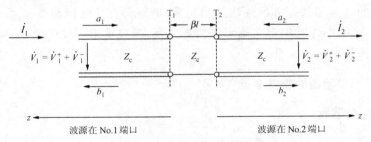

图 3.26　理想均匀传输线

解　（1）求 **S** 参量.

已知网络是对称网络，无反射，按照 **S** 参量的定义可以直接写出

$$S_{11} = S_{22} = 0.$$

设 a_1，b_2 是正向行波，a_2，b_1 是反向行波，所以 $b_2 = a_1 \mathrm{e}^{-\mathrm{j}\beta l}$，$b_1 = a_2 \mathrm{e}^{-\mathrm{j}\beta l}$，则有

$$S_{12} = S_{21} = \mathrm{e}^{-\mathrm{j}\beta l}.$$

由此可见，一根均匀传输线，其网络参量与工作频率有关，更不必说复杂的微波电路了. 低频电路的结构和工作点确定后，电路的工作特性就确定了. 微波电路的工作特性不仅与其电路结构和工作点有关，而且与工作频率有关，这是微波电路与低频电路的根本区别. 利用微波传递信息时，不可能只传输单频率的电磁波，因为调制后的任何电磁波都具有一定的频谱宽度. 微波工程的目标就是设计出能在一定的频谱宽度范围内具有特定工作特性的电路. 显然，微波电路的设计和调试比低频电路困难得多.

（2）求 **A** 参量.

由于网络具有对称性，有

$$a = d,$$ ①

$$a^2 - bc = 1.$$ ②

由于本例题涉及的是一段微波传输线,所以不能根据电路理论得到 No.1 和 No.2 端口之间的阻抗关系,必须利用长线理论中的阻抗变换关系.

一般可设从 T_2 参考面向右看的负载为 Z_2,那么,根据终端方程,由参考面 T_1 向右看的输入阻抗为 $Z_1 = Z_c \dfrac{Z_2 + \mathrm{j}Z_c \tan(\beta l)}{Z_c + \mathrm{j}Z_2 \tan(\beta l)}$. 设 No.2 端口短路,即 $Z_2 = 0$,则可得到

$$Z_1 = \frac{b}{d} = \mathrm{j}Z_c \tan(\beta l).$$ ③

设 No.2 端口开路,即 $Z_2 \to \infty$,则可得到

$$Z_1 = \frac{a}{c} = -\mathrm{j}Z_c \cot(\beta l).$$ ④

由这四个方程可以解出

$$a = \cos(\beta l), \quad b = \mathrm{j}Z_c \sin(\beta l), \quad c = \mathrm{j}\frac{1}{Z_c} \sin(\beta l), \quad d = \cos(\beta l).$$

以上例题中的五种网络是最基本的微波网络,一般的微波网络都可以分解成这五种网络的组合. 在求解实际网络时,可以先将网络分解成基本网络,再将各级网络的 $\boldsymbol{A}$ 参量按矩阵的乘法规则相乘,即可得到实际网络的 $\boldsymbol{A}$ 参量. 四种网络参量 $\boldsymbol{S}, \boldsymbol{Z}, \boldsymbol{Y}, \boldsymbol{A}$ 之间存在确定的换算关系,只要求出一种参量,就可导出或通过查表换算成其他参量.

3.6.4 二端口网络的特性参量

(1) 反射系数

$$S_{11} = \Gamma \Big|_{a_2 = 0} = \frac{b_1}{a_1} \Big|_{a_2 = 0},$$ (3-60)

电压驻波比

$$\rho = \frac{1 + |\Gamma|}{1 - |\Gamma|}.$$ (3-61)

(2) 归一化等效电压传输系数

$$S_{21} = T \Big|_{a_2 = 0} = \frac{b_2}{a_1} \Big|_{a_2 = 0}.$$ (3-62)

(3) 插入损耗

$$L = \left(T \Big|_{a_2 = 0} \right)^{-2} = \left(\frac{a_1}{b_2} \Big|_{a_2 = 0} \right)^2.$$ (3-63)

插入损耗是量纲一的量. 如果 $X = 10 \lg L$,则工程上称插入损耗为 X dB 或 X 分贝. dB(分贝)也常用于计量功率,如果 $X = 10 \lg \left(\dfrac{P}{1 \text{ mW}} \right)$,则通常称功率 P 的量值为 X dBmW,或简称 X dBm.

（4）插入相移

$$\arg\left(T\Big|_{a_2=0}\right) = \arg(S_{21}). \tag{3-64}$$

上述所有的网络特性参量都是在网络输出端匹配的条件下定义的，否则网络的出波 b 中将包含有负载反射造成的分量.

§3.7 简单不均匀性的近似分析

在分析微波传输系统时，通常假设传输系统沿传输方向上是均匀的. 而实际的微波传输系统中往往存在沿传输方向的非均匀区，例如两段特性阻抗不同的传输线的连接处. 这类非均匀区的严格分析必须采用数值计算方法，因而在理论分析和工程应用方面都很不方便. 本小节介绍一种分析传输系统中简单非均匀区的近似方法.

3.7.1 不同阻抗的传输线对接

在微波系统中，有时需要将不同特性阻抗的传输线对接，这就造成了所谓的"阶跃"不均匀性. 常见的情况有：（1）不同截面尺寸的波导与同轴线的对接；（2）不同介质填充的波导与同轴线的对接.

不均匀性的等效电路如图 3.27 所示，其中两段传输线具有不同的特性阻抗 Z_{c1}, Z_{c2}，也可以采用等效阻抗 Z_{e1}, Z_{e2}. 在边界突变处，由于传输模式不能单独满足电磁场的边界条件，因此必然出现高次模式. 对于单模传输系统来说，高次模式处于截止状态，它所携带的电磁能量不能沿传输系统传输，因而成为不均匀区的电磁储能. 根据这个现象，可以将这种不均匀区等效为一个并联电容，其等效电路如图 3.27(a) 所示. 当边界突变的幅度不大时，这个"阶跃"电容的数值很小，一般可以忽略不计. 在忽略"阶跃"电容的条件下，可以根据特性阻抗 Z_{c1}, Z_{c2} 与等效阻抗 Z_{e1}, Z_{e2} 或者归一化等效电压与归一化等效电流的概念求解出反射系数，此时反射系数为实数.

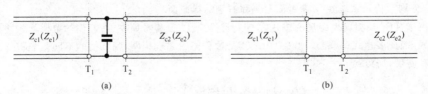

图 3.27 不同特性阻抗传输线连接处的等效电路

根据网络参量的概念，这种不均匀区可以等效为一个微波网络，该网络的 **S** 参量如表 3.1 所示，其中传输线的特征阻抗还需要根据具体情况确定.

在求解这类不均匀区问题时,可以选用以下三种方法:

(1)对于非色散模式,可以求出传输线的特征阻抗 Z_{c1},Z_{c2},因而可以直接应用表 3.1 中的 S 参量表达式.

(2)对于色散模式,必须先确定传输线的等效阻抗 Z_{e1},Z_{e2},然后应用表 3.1 中的 S 参量表达式.

(3)对于色散模式,还可以用归一化等效电压和等效电流的概念求解网络的 S 参量.

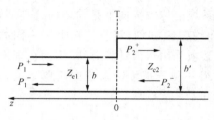

图 3.28 窄边不相等的矩形波导对接

例 3-11 如图 3.28 所示,将两根窄边分别为 b 和 b' 且宽边相等的矩形波导对接,传输系统工作在 TE_{10} 模单模状态.试用归一化等效电压和归一化等效电流的概念求解参考面 T 处的 S 参量.

解 首先求解 S_{11}.设微波源在 T 参考面左侧,参考面右侧接匹配负载,T 参考面在 $z=0$ 处.

(1)根据能量守恒原理,T 参考面上,输入功率等于反射功率加透射功率,即

$$P_1^+ - P_1^- = P_2^+ + P_2^- = P_2^+.$$

其中 P_1^+,P_1^- 分别是 T 参考面左侧向右传输的正向波和反向波,P_2^+,P_2^- 分别是 T 参考面右侧向右传输的正向波和反向波.因为,传输系统右侧终端是匹配的,所以 $P_2^-=0$.

因为传输线的特征阻抗是实数,所以 Γ_1 也是实数,则有

$$P_1^+(1-|S_{11}|^2) = P_1^+(1-S_{11}^2) = P_2^+. \tag{3-64}$$

按照归一化等效电压、归一化等效电流的定义,有

$$P_1^+ = \frac{1}{2}\int_{S_1}\{\boldsymbol{E}_{t1}(x,y,z) \times \boldsymbol{H}_{t1}^*(x,y,z)\} \cdot \mathrm{d}\boldsymbol{S}_1$$

$$= \frac{1}{2}\int_{S_1}\{\boldsymbol{E}_{t1}(x,y) \times \boldsymbol{H}_{t1}^*(x,y)\bar{V}_1^+(z)[\bar{I}_1^+(z)]^*\} \cdot \mathrm{d}\boldsymbol{S}_1, \tag{3-65}$$

$$P_2^+ = \frac{1}{2}\int_{S_2}\{\boldsymbol{E}_{t2}(x,y,z) \times \boldsymbol{H}_{t2}^*(x,y,z)\} \cdot \mathrm{d}\boldsymbol{S}_2$$

$$= \frac{1}{2}\int_{S_2}\{\boldsymbol{E}_{t2}(x,y) \times \boldsymbol{H}_{t2}^*(x,y)\bar{V}_2^+(z)[\bar{I}_2^+(z)]^*\} \cdot \mathrm{d}\boldsymbol{S}_2. \tag{3-66}$$

S_1,S_2 分别为传输系统在 T 参考面左侧和右侧的横截面.

由于 TE_{10} 模横向电磁场的表达式与 y 无关,所以 T 参考面左、右两侧的电磁场表达式是相同的.因此表达式(3-65),(3-66)中的两个被积函数完全相同,积分值的不同只与积分区域的面积有关,所以

$$P_1^+ = \frac{1}{2}\int_{S_1}\{\boldsymbol{E}_{t1}(x,y) \times \boldsymbol{H}_{t1}^*(x,y)\bar{V}_1^+(z)[\bar{I}_1^+(z)]^*\} \cdot \mathrm{d}\boldsymbol{S}_1,$$

$$P_2^+ = \frac{b'}{2b}\int_{S_1}\{\boldsymbol{E}_{t1}(x,y) \times \boldsymbol{H}_{t1}^*(x,y)\bar{V}_2^+(z)[\bar{I}_2^+(z)]^*\} \cdot \mathrm{d}\boldsymbol{S}_1.$$

令 $\int_{S_1}\{\boldsymbol{E}_{t1}(x,y) \times \boldsymbol{H}_{t1}^*(x,y)\} \cdot \mathrm{d}\boldsymbol{S}_1 = 1$,则式(3-65),(3-66)的积分为

$$P_1^+ = \frac{1}{2} \mid \bar{V}_1^+ \mid^2, \tag{3-67a}$$

$$P_2^+ = \frac{b'}{2b} \mid \bar{V}_2^+ \mid^2. \tag{3-67b}$$

根据式(3-67)和式(3-64)可化为

$$\frac{1}{2} \mid \bar{V}_1^+ \mid^2 (1 - S_{11}^2) = \frac{b'}{2b} \mid \bar{V}_2^+ \mid^2. \tag{3-68a}$$

由于式(3-68a)的两侧采用的是同一个归一化条件,因此式(3-68a)也可以写为

$$\mid \dot{V}_1^+ \mid^2 (1 - S_{11}^2) = \frac{b'}{b} \mid \dot{V}_2^+ \mid^2. \tag{3-68b}$$

（2）T 参考面左侧传输线中的电压波可以表示为

$$\begin{aligned}
\dot{V}_1 &= \dot{V}_1^+ + \dot{V}_1^- = \dot{V}_{1+} e^{j\beta z} + \dot{V}_{1-} e^{-j\beta z} \\
&= \dot{V}_{1+} e^{j\beta z} + \dot{V}_{1-} e^{-j\beta z} + (\dot{V}_{1-} e^{j\beta z} - \dot{V}_{1-} e^{j\beta z}) \\
&= \dot{V}_{1-}(e^{-j\beta z} + e^{j\beta z}) + (\dot{V}_{1+} - \dot{V}_{1-}) e^{j\beta z}
\end{aligned}$$

这表明,传输线中的电压波可以分解为纯驻波与行波的叠加.式中的第一部分是纯驻波分量,第二部分是行波分量.根据 T 参考面两侧的电压行波在 T 参考面上必然连续的特点,由 T 参考面两侧的行波分量可得到

$$\dot{V}_1^+ - \dot{V}_1^- = \dot{V}_2^+, \quad \dot{V}_1^+ (1 - S_{11}) = \dot{V}_2^+. \tag{3-69}$$

由方程(3-68b)和(3-69)可以求出 No.1 端口的反射系数

$$\Gamma_1 = S_{11} = \frac{b' - b}{b' + b}. \tag{3-70a}$$

采用同样的方法,可以求出 No.2 端口的反射系数

$$\Gamma_2 = S_{22} = \frac{b - b'}{b + b'}. \tag{3-70b}$$

因为这个网络是无损耗的,由 $\sum\limits_{i=1}^{2} \mid S_{ij} \mid^2 = 1 \ (j = 1,2)$ 可得

$$S_{21} = S_{12} = \frac{2\sqrt{bb'}}{b + b'}. \tag{3-70c}$$

这一结果与用等效阻抗方法得到的结果完全一样.当两段传输线填充的介质不同时,界面上也会发生反射.同样可以用上述方法求出反射系数,由于这种情况本来就没有"阶跃"电容,因此计算结果将是准确的.

　　采用归一化等效电压、等效电流的方法求解传输线问题,从原则上讲是可以不做任何近似的,但是由于数学上的困难而很不实用.上边这个例子就说明了等效阻抗的概念具有简便、有效的优点.

3.7.2　矩形波导中的谐振窗

　　在微波工程中常需要对波导系统进行密封,但又希望不影响微波能量的传输.这时,可以采用低损耗电介质做成的微波谐振窗来封闭波导.在不考虑边缘

效应的前提下,其等效电路如图 3.29 所示. 令波导中填充电介质的部分和未填充电介质的部分具有相同的等效阻抗,即 $Z'_e = Z_e$.

　　已知矩形波导 TE_{10} 模的等效阻抗可以采用式(3-19)表示,确定了工作波长 λ 和工作模式后,就可以求出谐振窗的几何尺寸 a, b, a' 和 b'.

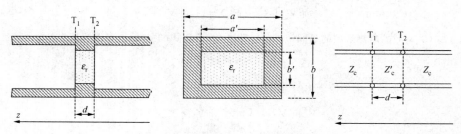

图 3.29　矩形波导中的谐振窗及等效电路图

第四章 微波元件

§4.1 简 介

一个微波系统通常包含微波传输线和微波部件.微波部件的功能是对微波能量或微波信号进行处理和变换.通常称无源微波部件为微波元件,有源微波部件为微波器件.微波元器件又可分为线性互易元件、线性非互易元件、非线性元件与器件和有源器件四大类:

(1) 线性互易元件.这类元件内部只有线性互易物质,它们只能对微波能量或微波信号进行线性处理和线性变换.这里所说的"线性"是指元件不能做频率或频谱的变换.常见的线性互易元件有匹配负载、衰减器、移相器、功率分配器、定向耦合器、阻抗匹配器(可调)、阻抗变换器(不可调)、短路活塞、滤波器、微波电桥等.线性互易元件将是本章讨论的重点.

(2) 线性非互易元件.线性非互易元件内部的介质是线性的,但具有各向异性.常见的线性非互易介质有磁化铁氧体、磁化等离子体、晶体等.线性非互易元件不能做频率或频谱的变换.它们的主要特性是可以区别沿不同方向传输的导行电磁波.常见的线性非互易元件有隔离器、环行器等.

(3) 非线性元件与器件.非线性元件与器件内部有非线性物质,能对微波的频率或微波信号的频谱进行变换.常用的非线性元件与器件有调制器、检波器、混频器、倍频器等.

(4) 有源器件.微波有源器件可以产生微波能量或对微波信号进行放大.常见的有源器件有振荡器、放大器、微波管等.

由于微波元件、器件的种类很多,具体的形式更是不胜枚举.本章将选择一些典型的微波元件,利用已经学过的概念和方法,讨论它们的工作原理和用途.

§4.2 匹 配 负 载

匹配负载是单端口微波元件.它的特性是能够完全吸收到达其端口的微波能量而不造成微波反射,因此它是耗能元件.匹配负载可以在传输系统中建立行波状态.比如,在计算网络的 S 参量时常假设:"某某端口匹配",这就是说,在实测网络的 S 参量时,需要在该端口接匹配负载.匹配负载的技术指标直接影响到测量系统的精度.

图 4.1 是矩形波导匹配负载结构示意图,匹配负载是由吸收材料和匹配段构成的.根据吸收材料的几何形状,微波匹配负载可以分为面吸收式和体吸收式两大类(见图 4.1(a),(b)).其中面吸收匹配负载常用于小功率微波系统,体吸收匹配负载可用于大功率微波系统.根据吸收材料的种类,微波匹配负载又可以分为固态和液态两大类.常用的固态微波吸收材料有金属电阻膜、碳化硅、羟基铁等.常用的液态微波吸收材料就是水.测试实验表明,水匹配负载的驻波比 $\rho < 1.05 \sim 1.20$,能承受数百至几十千瓦的平均功率,是良好的微波匹配负载(见图 4.1(c)).

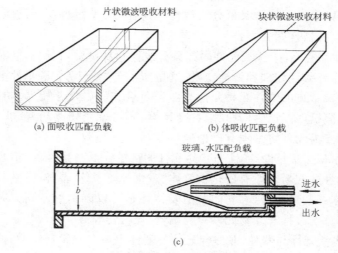

(a) 面吸收匹配负载   (b) 体吸收匹配负载

(c)

图 4.1 矩形波导匹配负载结构示意图

设计和评价微波匹配负载的基本原则是:

(1)端口在尽量宽的频带内保持阻抗匹配.这就要求吸收材料的边界缓慢过渡.比较简单的过渡曲线是直线、斜线、阶梯或梯度变化,也有采用双圆弧、余弦等曲线.设计匹配段的过渡曲线时,需要综合考虑技术指标和加工成本.

(2)采用功率容量大的吸收材料,吸收材料尽量放置在强电场区.

匹配负载的主要技术指标:

(1)功率容量.功率容量在数百毫瓦以下的匹配负载为小功率匹配负载.

(2)工作带宽.相对带宽>10%的属于宽带匹配负载.

(3)带内驻波比.ρ 为 1.05~1.20 是比较好的匹配负载,相当于 99.2%~99.998%的入射功率被负载吸收.

图 4.2 是矩形波导及面吸收匹配负载实物图,图 4.3 为中、小功率矩形波导匹配负载实物图.

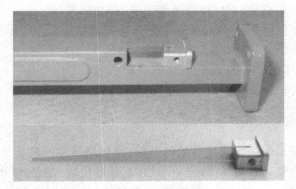

图 4.2 矩形波导及面吸收匹配负载

图 4.3 中、小功率矩形波导匹配负载

§4.3 短 路 器

短路器是微波系统中常用的单端口元件.第三章中曾指出,微波传输线中有两种特殊的状态——行波状态和纯驻波状态.匹配负载能够在传输系统中建立起行波状态.如果需要在传输线中建立纯驻波状态,必须在传输线的终端接开路、短路或纯电抗性负载.对于低频电路来说,终端开路是很容易实现的.然而,微波传输线的开路终端将向空间辐射微波,因而不能形成纯驻波所需要的全反射.在微波频段,绝对无损耗的纯电抗元件也是不存在的.所以,只有终端短路才是真正能够实现的.最容易在微波传输线上实现纯驻波状态的微波元件是短路器.

短路器可分为固定式和可调式两大类.固定式短路器就是将传输线完全短路.它的特点是:对于任何频率的电磁波,反射系数 Γ 都恒等于 -1.固定式短路器本身没有频率特性,是宽带元件,但其短路面的位置不能移动.可调式短路器就是短路活塞.它的特点是:在特定的微波频率范围内,反射系数 Γ 约等于 -1,

短路面的位置可以移动.设计短路活塞的基本原则是:

（1）尽可能多地反射微波功率,辐射损耗和吸收损耗都应尽量小;

（2）工作频带应尽量宽;

（3）电接触要良好,移动要平滑,磨损要小.

短路活塞可以分为接触式和非接触式两大类.

4.3.1　接触式短路活塞

接触式短路活塞的工作原理最简单,只要短路活塞与传输线内壁有良好的电接触并能平滑移动就可以了.但是,设计和制造接触式短路活塞并不是容易的事,特别是对大功率系统而言.首先,良好的电接触和能平滑移动就是一对矛盾.接触过紧会造成活塞移动困难,接触过松会增加辐射损耗,甚至造成接触点打火.通常接触式短路活塞都采用弹性材料制造,常用的材料有铍青铜、磷青铜等.

设计接触式短路活塞的两个关键点是:

（1）根据传输线壁电流的分布,在不影响电性能的条件下,尽量减小机械接触面.例如,工作在 TE_{10} 模的矩形波导中的短路活塞,其窄边就不必与波导壁接触.

（2）利用纯驻波电压、电流的波节、波腹的分布特点,使短路面和电接触点分离.

短路活塞短路面和电接触点分离的原理是根据纯驻波的特性——电流波节点到短路面的距离是 1/4 波导波长的奇数倍,如图 4.4 和图 4.5 所示.如果能保证短路活塞的短路面至电接触点的距离是 1/4 波导波长的奇数倍,那么尽管电接触点间有间隙,由于接触点间的电压降很小,而且在接触点参考面上的电流又恰好处于波节点因而幅度趋于零,所以此间隙处的辐射功率是趋于零的.

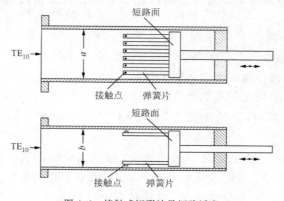

图 4.4　接触式矩形波导短路活塞

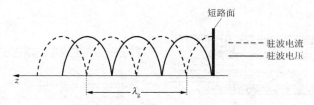

图 4.5 驻波电压、电流分布示意图

根据 TE_{10} 模式壁电流分布特征(见图 2.9),矩形波导窄边与活塞之间没有电流通过(见图 2.10),所以短路活塞短路面与波导窄边不必良好接触,以便减小摩擦阻力.

这种短路活塞的优点是:(1)即使接触点的电接触不太好,由于该处高频感应电流趋于零,因而没有电流线可切断,也就不会造成辐射损耗.(2)当短路活塞在大功率条件下使用时,由于接触点的电压和通过电流都很小,可以避免打火.

但这并不意味着这种短路活塞可以完全替代固定式短路器.因为当活塞短路面到电接触点的长度 l 确定后,只有特定波长的微波信号才能满足这种短路活塞的正常工作条件,因此这种短路活塞是窄带元件.

4.3.2 非接触式短路活塞

非接触式短路活塞又分为抗流型和滤波器型两种结构.抗流型短路活塞的特点是:对高频短路,对直流开路,因而可以视为低通滤波器.抗流型短路活塞在微波元件、器件和测量系统中有广泛的用途.下面以同轴抗流型短路活塞为例,介绍抗流型短路活塞的结构和工作原理.

图 4.6 是同轴抗流型短路活塞的结构示意图和等效电路.如图 4.6(a),在分析同轴抗流型短路活塞时,先假设内导体与抗流型短路活塞接触良好,则抗流型短路活塞与外导体的间隙可以视为一段特性阻抗为 Z_{c2} 的低阻抗传输线,沿此传输线向里可以看到一个辐射缝和一个短路面,将辐射损耗等效为一个电阻 R,就可得到如图 4.6(b)所示的等效电路.

根据图 4.6(b),如果 $l_2 = \lambda_g/4$,则参考面 T_2 上的负载阻抗就是无穷大,那么等效辐射电阻 R 上的电流趋于零,这说明尽管短路活塞与同轴线外导体之间存在辐射缝,但没有辐射损耗.这正是我们所希望的.如果 $l_1 = \lambda_g/4$ 也成立,则参考面 T_1 上的负载阻抗也将趋于零.这表明,如果 l_1 和 l_2 都等于 1/4 波导波长,则同轴抗流型短路活塞与外导体之间的间隙并不影响它对特定微波频率的短路作用.

同样可以证明:此时同轴抗流型短路活塞与内导体之间的间隙也不影响它

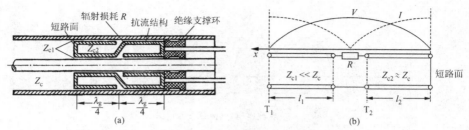

图 4.6　同轴抗流型短路活塞结构示意图和等效电路

对特定微波频率的短路作用. 前面我们曾假设内导体与抗流型短路活塞接触良好, 现在看来应当说是高频接触良好.

图 4.7 是矩形波导抗流型短路活塞的结构示意图, 其工作原理、分析方法与同轴抗流型短路活塞完全一样.

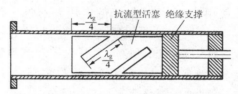

图 4.7　矩形波导抗流型短路活塞结构示意图

抗流型短路活塞的优点是: 无机械接触, 无磨损, 电性能稳定, 交流短路, 直流开路, 可以通过它来为微波腔体内的有源器件提供直流偏置.

抗流型短路活塞的缺点是: 工作频带窄, 如果工作频率偏离设计频率, 活塞的短路特性将会明显变差. 另外, 其机械加工难度较大, 不适于在微波高频段使用.

另外一种非接触式短路活塞是滤波器型短路活塞, 它可被视为带阻滤波器. 滤波器型短路活塞的工作频带比抗流型短路活塞的宽, 但其反射系数的模却比抗流型短路活塞的小. 也可以说, 滤波器型活塞是以降低反射系数幅值为代价展宽了工作频带. 滤波器型短路活塞的另一个优点是容易加工, 特别是当工作频率较高时, 因此这种短路活塞可用作宽带微波、毫米波元件、器件上的频率调谐机构.

图 4.8 是多节同轴滤波器型短路活塞的结构图. 设同轴线的特性阻抗为 Z_c, 由 T_1 参考面向右看的输入阻抗为 Z_1, 则 T_1 参考面上的反射系数为

$$\Gamma = \frac{Z_1 - Z_c}{Z_1 + Z_c}.$$

若 $Z_1 \ll Z_c$ 时, 则反射系数 Γ 趋于 -1. 显然, Z_1 与各节的特性阻抗 Z_{c1}, Z_{c2}, Z_{c3}, Z_{c4}, Z_{c5}, … 以及各节的长度有关. 适当选择总节数和各节的参数, 就可以使活塞端面上的反射系数满足实际要求.

首先考察两节的情况, 已知同轴线的特性阻抗由式(2-55)确定, 参考面 T_1

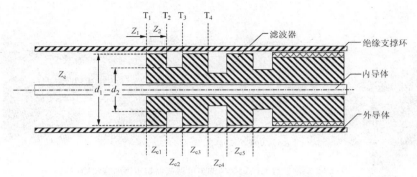

图 4.8　多节同轴滤波器型短路活塞结构图

处的输入阻抗为

$$Z_1 = Z_{c1} \frac{Z_2 + jZ_{c1} \tan(\beta l_1)}{Z_{c1} + jZ_2 \tan(\beta l_1)}.$$

当 $l_1 \approx \dfrac{\lambda_g}{4}$ 时,有

$$Z_1 \approx \frac{Z_{c1}^2}{Z_2}. \tag{4-1}$$

根据图 4.8 和式(2-55)可知 $Z_{c1} \ll Z_c$,而且 $Z_{c1} < Z_2$,由公式(4-1)可知 $Z_1 \ll Z_c$,所以

$$\Gamma = \frac{Z_1 - Z_c}{Z_1 + Z_c} \approx -1.$$

　　两节滤波器型短路活塞的工作频带很窄,这与抗流型短路活塞的情况相同.但滤波器型短路活塞容易实现多节结构,增加节数就可以拓宽其工作频带.滤波器型短路活塞的主要指标:反射系数 $|\Gamma| \to 1$,其值越大越好;反射系数的幅角 $\theta \to \pi$,偏离越小越好.

　　接触式短路活塞、抗流型和滤波器型短路活塞的优缺点如表 4.1 所示.矩形波导及同轴结构的多节滤波器型短路活塞见图 4.9.

表　4.1

	优　　点	缺　　点
接触式短路活塞	体积小,成本低,短路面确定,工作频带宽,可用于微波及毫米波各频段	不适用于大功率和经常移动的场合
抗流型短路活塞	功率容量大,隔直流,磨损小,反射系数大,短路面确定	加工困难,体积大,工作频带窄,不能实现多节结构.不适用于毫米波段
滤波器型短路活塞	成本低,工作频带宽,容易实现多节结构,隔直流,磨损小,特别适用于毫米波段	短路面不能精确确定,反射系数的模略小

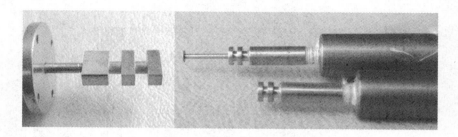

图 4.9　矩形波导及同轴结构的多节滤波器型短路活塞实物图

§4.4　衰　减　器

衰减器是调节微波功率的两端口元件,有固定衰减器和可调衰减器之分.衰减器按工作原理分为三种类型:吸收式、截止式和旋转极化式.

4.4.1　吸收式衰减器

吸收式衰减器的工作原理是利用介质材料对微波能量的吸收作用,它与匹配负载的工作原理类似.吸收式衰减器与匹配负载的不同之处在于:衰减器是两端口元件,它允许部分微波功率通过;匹配负载是单端口元件,它必须吸收全部入射微波功率.吸收式衰减器有固定衰减器和可调衰减器两类.可调衰减器是通过改变吸收材料在电场中的位置和体积来调整衰减量的.吸收式衰减器是对称网络,而且驻波系数较小.

吸收式衰减器的主要技术指标包括衰减量、驻波比、工作频带、功率容量等.

吸收式衰减器的结构如图 4.10 和图 4.11 所示.

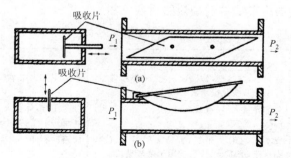

图 4.10　吸收式衰减器结构示意图

图 4.11　波导型吸收式衰减器

4.4.2　截止式衰减器

截止式衰减器是根据波导中截止电磁波的场强沿传播方向按指数规律衰减的特征工作的.

根据第二章中式(2-14b),当 $\lambda_0 \gg \lambda_c$ 时,截止电磁波的衰减常数为

$$\alpha = \frac{2\pi\sqrt{\mu_r\varepsilon_r}}{\lambda_0}\sqrt{\frac{1}{\mu_r\varepsilon_r}\left(\frac{\lambda_0}{\lambda_c}\right)^2 - 1} \approx \frac{2\pi}{\lambda_c},$$

那么,均匀传输线中任意两参考面 T_1,T_2 上通过的微波功率(参考方向为:z 正方向从负载指向波源)之比为

$$\frac{P_1}{P_2} = \frac{\mathrm{Re}\displaystyle\int_S \boldsymbol{E}_1 \times \boldsymbol{H}_1^* \cdot \mathrm{d}\boldsymbol{S}}{\mathrm{Re}\displaystyle\int_S \boldsymbol{E}_2 \times \boldsymbol{H}_2^* \cdot \mathrm{d}\boldsymbol{S}} = \frac{\mathrm{Re}\displaystyle\int_S \boldsymbol{E}_t \times \boldsymbol{H}_t^* \cdot \mathrm{d}\boldsymbol{S}\mathrm{e}^{2\alpha z_1}}{\mathrm{Re}\displaystyle\int_S \boldsymbol{E}_t \times \boldsymbol{H}_t^* \cdot \mathrm{d}\boldsymbol{S}\mathrm{e}^{2\alpha z_2}} = \mathrm{e}^{2\alpha(z_1 - z_2)},$$

其中传输线 T_1,T_2 参考面上的横向边界条件相同,应有 $\boldsymbol{E}_{t1} = \boldsymbol{E}_{t2}$,$\boldsymbol{H}_{t1} = \boldsymbol{H}_{t2}$. 所以,微波能量通过参考面 T_1,T_2 后的衰减量(以分贝为单位)为

$$10\lg(P_1/P_2) = 10\lg[\mathrm{e}^{2\alpha(z_1 - z_2)}] = 20\alpha l \lg \mathrm{e}. \tag{4-2}$$

截止式衰减器的特点:(1)以分贝为单位的衰减量是输入、输出参考面间距的线性函数,衰减量容易精确计算.截止式衰减器的衰减量可以作为微波衰减量的定标标准.(2)衰减量的可调范围很大,可达 120 dB.(3)如果截止式衰减器内没有吸收材料,它的反射系数就很大.

图 4.12 是同轴-同轴型截止式衰减器的剖面图,该剖面是系统几何对称的,可以作为应用奇偶禁戒规则的参考面.这种衰减器的特点是结构简单,但是由于衰减器内部没有微波吸收材料,大部分入射波能量必然被反射回波源,所以截止式衰减器的驻波系数很大.在使用中需要在输入端口增加隔离器、环行器等非互易器件,以便抑制反射波对波源的干扰.

由于圆波导的 TE_{11} 模是极化简并模式,它的极化面可以旋转,因此它既

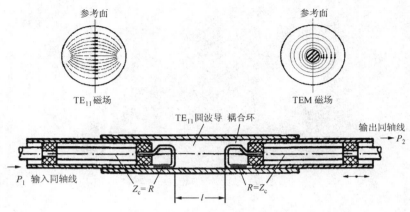

图 4.12　同轴-同轴型截止式衰减器

可以被偶对称模式激励,也可以被奇对称模式激励.

同轴-同轴型截止式衰减器沿轴线的剖面是系统几何对称面.根据奇偶禁戒规则,同轴线中工作模式的磁场是奇对称的,圆波导中工作模式的磁场也可以是奇对称的.因此,电磁波可以从输入端口耦合到输出端口.如果输入端口输入的电磁波波长满足 $\lambda \gg 3.41a$ 的条件,电磁波在圆波导内处于截止状态,此时输出端口的输出功率可由式(4-2)确定.截止式衰减器的内部是无损耗的,当衰减量增大时反射必然增大.为了减小反射,可以采用如图 4.13 所示的截止式衰减器结构.在图 4.13 所示的截止式衰减器中,系统几何对称面就是由两段同轴线的轴线构成的平面.在同轴线内,TEM 模式的磁场相对于参考面是奇对称的;在

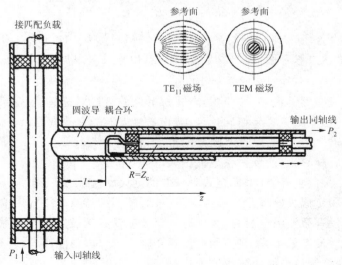

图 4.13　同轴-同轴型截止式衰减器

圆波导内，TE_{11} 模式的磁场可以是奇对称的. 所以这种结构也可以构成截止式衰减器. 由于输入同轴线的终端增加了匹配负载，因此这种结构的截止式衰减器的驻波系数较小.

4.4.3 旋转极化式衰减器

旋转极化式衰减器也是一种吸收式衰减器. 调整微波吸收材料的位置或体积，可以改变吸收式衰减器的衰减量. 旋转极化式衰减器则是通过调整微波吸收介质片相对于电场的角度来改变衰减量的. 相对于前边介绍的两种衰减器，旋转极化式衰减器的反射系数更小，而且反射系数与衰减量无关. 因此，旋转极化式衰减器的衰减量调节精度更高，但功率容量较小，通常用于精密测量.

如图 4.14 所示，旋转极化式衰减器的主体是工作在 TE_{11} 模式的圆波导，它的输入端、输出端都是工作在 TE_{10} 模式的矩形波导. 圆波导内有三个介质吸收片，介质片 1,3 平行于矩形波导的宽边，介质片 2 与矩形波导宽边的夹角为 θ.

因为介质片吸收的功率 $P = \sigma E_t^2$，所以介质片 1 并不吸收微波功率，它只起稳定电场极化方向的作用. 介质片 2 处的电场 E_1 可以分解为对于介质片 2 的垂直分量 $E_\perp$ 和平行分量 E_t. 平行分量 E_t 将全部被介质片 2 吸收，垂直分量 $E_\perp$ 则到达介质片 3 处，即有

$$E_\perp = E_1 \cos\theta. \tag{4-3a}$$

介质片 3 处的电场 $E_\perp$ 又可分解为对于介质片 3 的垂直分量 E_2 和平行分量 E_{t3}. 平行分量 E_{t3} 将全部被介质片 3 吸收，垂直分量 E_2 将从矩形波导输出，即有

$$E_2 = E_\perp \cos\theta = E_1 \cos^2\theta. \tag{4-3b}$$

因为输入、输出功率正比于输入端、输出端的电场强度，所以旋转极化式衰减器的衰减量可表示为

$$L = 10\lg(P_1/P_3) = 10\lg(E_1/E_2)^2 = 20\lg(1/\cos^2\theta) = -40\lg|\cos\theta|. \tag{4-4}$$

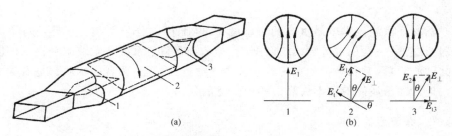

图 4.14　旋转极化式衰减器结构示意图

§4.5 移 相 器

移相器是两端口元件,可以用于调节输入、输出端口的微波相位差.移相器的反射系数和插入损耗都应当尽量小.这一方面要求其与传输线的阻抗匹配良好,另一方面要求其内部的介质材料具有较低的微波损耗.

已知理想移相器的 S 参量为 $\begin{bmatrix} 0 & e^{-j\beta l} \\ e^{-j\beta l} & 0 \end{bmatrix}$,所以改变移相器的长度 l 或改变移相器中电磁波的传播常数 β 都可以达到移相的目的.考察理想移相器的 S 参量和式(2-14a)

$$\beta = \frac{2\pi \sqrt{\mu_r \varepsilon_r}}{\lambda_0} \sqrt{1 - \frac{1}{\mu_r \varepsilon_r}\left(\frac{\lambda_0}{\lambda_c}\right)^2}.$$

可见,移相器的工作原理可以分为三类:

(1)调整移相器的实际长度,或改变行波在移相器内实际通过的距离.例如,用魔 T 和两个短路活塞可以组成一个良好的移相器.

(2)调整移相器内填充介质的物理参数或几何参数.例如,采用与图 4.10 和图 4.11 所示的吸收式衰减器相同的结构,将其中的高损耗吸收材料换成低损耗、高介电系数的材料,通过改变介质材料在移相器内的体积或空间位置就可以达到移相的目的.

(3)调整波导宽边尺寸.例如,矩形波导中的 TE_{10} 模式的传播常数 β 与截止波长 $\lambda_c = 2a$ 有关.改变波导的宽边尺寸 a,也可以达到移相的目的.但此方法产生的相移量不能太大,因为改变波导的宽边尺寸 a 将引起特性阻抗和截止波长的变化.

§4.6 匹配与匹配器

匹配是微波技术中最重要的概念之一.匹配可以分为两类:一类是对微波源的匹配;另一类是对传输线的匹配.前者是希望微波系统从微波源获得尽可能多的微波能量,后者是希望在传输系统中建立行波状态.两者的本质都是希望更有效地传输微波能量和不失真地传输微波信号.

4.6.1 微波源的匹配

如图 4.15 所示,在讨论微波源的匹配时,将参考面选在微波源的输出端口上.在图 4.15(b)中,参考面 T 的左侧为微波源,右侧为根据阻抗变换关系式(3-10)求出的微波负载 Z_L 在参考面 T 处的输入阻抗 Z_{iL}.对于微波源和等效负

载 Z_{iL} 而言,电路中传输线的长度趋于零,可以视为短线情况.也就是说,可以利用电路分析的概念和方法来分析微波源的匹配问题.

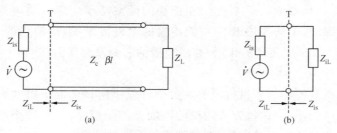

图 4.15　微波源匹配的等效电路

将微波源等效为内阻是 $Z_{is} = R_{is} + jX_{is}$ 的电压源 $\dot{V}$,并将参考面 T 处的负载阻抗写成

$$Z_{iL} = R_{iL} + jX_{iL} = Z_c \frac{Z_L + jZ_c \tan(\beta l)}{Z_c + jZ_L \tan(\beta l)}.$$

根据电路分析原理,可以求出微波源输出的有功功率为

$$P = \frac{1}{2} R_{iL} \dot{I} \dot{I}^* = \frac{1}{2} R_{iL} \left(\frac{\dot{V}}{Z_{is} + Z_{iL}} \right) \left(\frac{\dot{V}}{Z_{is} + Z_{iL}} \right)^*$$

$$= \frac{\dot{V}^2}{2} \frac{R_{iL}}{(R_{is} + R_{iL})^2 + (X_{is} + X_{iL})^2}, \tag{4-5}$$

令 $\dfrac{\partial P}{\partial X_{iL}} = 0, \dfrac{\partial P}{\partial R_{iL}} = 0$,即可得到有功功率 P 有极大值的负载条件:

$$X_{iL} = -X_{is}, \quad R_{iL} = R_{is},$$

即

$$Z_{is} = Z_{iL}^*. \tag{4-6}$$

这个条件就是电路分析原理中的共轭匹配条件.如此看来,微波源的匹配似乎与低频电路相同,非常容易实现.其实不然,在实际的微波系统中实现共轭匹配是非常困难的.首先,当实际负载至参考面的距离 l 确定后,等效负载 Z_{iL} 的值与微波源的工作频率有关,而且微波源的内阻 Z_{is} 也是频率的函数.此外,微波源的工作频率和内阻 Z_{is} 还会受到等效负载 Z_{iL} 变化的影响.由于复数阻抗与工作频率有关,所以微波源的宽带匹配是十分不易实现的.

微波源难于实现共轭匹配的原因在于微波源内阻 Z_{is} 是复数,而且与工作频率有关.已知传输线的特性阻抗是实数 Z_c,可以设想,如果微波源的内阻是实数 R_{is},而且等于传输线的特性阻抗 Z_c,那么,共轭匹配条件就可以简化为

$$Z_{is} = Z_c = Z_{iL},$$

这时,微波系统就容易实现宽带匹配状态.

现在的问题是如何使微波源的内阻 Z_{is} 等于传输线的特性阻抗 Z_c.真正做

到这一点是非常困难的,可以说是不可能的,但可以找到等效的办法. 如果在图 4.15(a)中参考面 T 处,插入一个隔离器,则从参考面 T 左侧向右传输的微波功率可以通过,而从参考面 T 右侧向左传输的微波功率全部被隔离器吸收,不能反射回负载端. 对于从 T 右侧向左侧传输的电磁波来说,传输线的负载是微波源的内阻 Z_{is}. 由于隔离器的作用,在隔离器的右侧没有反射波,这个结果就可以在宏观上等效为 $Z_{is}=Z_c$.

这种由微波源和隔离器构成的微波部件就是所谓的匹配微波源. 由于隔离器功率容量的限制,由这种方式构成的匹配微波源都是中、小功率微波源. 由于匹配微波源的等效内阻是实数,而且等于传输线的特性阻抗,因此其工作频率和输出功率都比较稳定. 实用的微波源、毫米波源甚至包括激光器,一般都应该在其输出端口加隔离器. 加了隔离器后,它们的频谱指标和稳定性都将大幅度提高. 除非特别说明,在微波技术中讨论问题时,总是假设微波源是匹配微波源.

4.6.2　匹配器

微波传输线是用来传输微波能量和微波信号的,因此希望传输线处于行波状态. 理由是:

(1) 当负载和传输线匹配时,负载可以从匹配微波源获得最大有功功率.

(2) 当负载和传输线匹配时,微波能量直达负载,不经过反射,因此微波的实际行程最短,传输线上的总微波损耗最小.

(3) 行波状态传输线的功率容量最大. 因为对于微波传输线,其击穿电压 V_{max} 是确定值,由于 $V_{max}=|\dot{V}^+|+|\dot{V}^-|$,这里 $\dot{V}^+,\dot{V}^-$ 为传输线上的正、反向电压波. 因此在 V_{max} 相同的条件下,传输线在行波状态下的功率容量最大.

(4) 行波状态对微波源的稳定工作最有利.

(5) 微波信号在行波状态下传输失真最小.

当微波负载与传输线不匹配时,需要插入匹配器,以便使传输线处于匹配状态. 匹配器分为可调式和固定式两类. 可调式匹配器又称为调配器;固定式匹配器又称为阻抗变换器. 匹配器是两端口元件,本身无损耗,只适用于各种有功负载.

1. 调配器

(1) 魔 T(E-H)调配器

在 §3.5 中曾利用 S 参数分析了魔 T 调配器的工作原理. 魔 T 调配器是最常用的矩形波导调配器,可以用它对任意有功负载做匹配.

(2) 单并联可变电纳调配器

单并联可变电纳调配器是两端口元件,它有三个特性阻抗完全相同的分支,其中一个分支用短路活塞短路并能在主传输线上移动. 单并联可变电纳调配器可以采用同轴线或波导结构实现,其等效电路如图 4.16(a)所示.

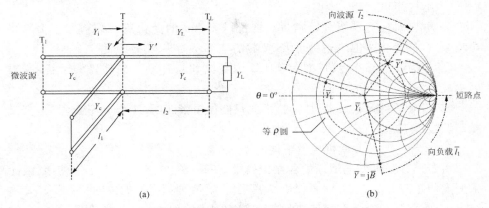

图 4.16 单并联可变电纳调配器的等效电路及圆图分析方法

假设终端负载 Y_L 与传输线不匹配,$Y_L \neq Y_c$,我们希望在并联了短路支线 l_1 后,参考面 T 上的输入导纳 Y_i 能等于传输线的特性导纳. 这样,尽管终端负载与传输线不匹配,但整个系统在除 l_1 和 l_2 这两段较短的传输线外,其他部分都处于行波状态. 下面利用导纳圆图来解释单并联可变电纳调配器的工作原理.

首先,我们需要的结果是在 T 参考面上 $\overline{Y}_i = \overline{Y}' + \overline{Y} = 1$. 由于并联支线的终端是短路的,当短路面在短路支线上移动时,短路支线在参考面 T 上的输入导纳 $\overline{Y}$ 始终是纯电纳性的,相应的反射系数轨迹将落在导纳圆图的单位圆上. 所以参考面 T 上的输入电纳为

$$\overline{Y}_i = \overline{Y}' + j\overline{B} = 1.$$

要使这个等式成立 $\overline{Y}'$ 必须取特定值. 首先,$\overline{Y}'$ 的实部必须等于 1,$j\overline{B}$ 必须与 $\overline{Y}'$ 的虚部共轭,即 $\overline{Y}_i = (1 + j\overline{B}') + j\overline{B} = 1$.

问题的关键就是求出能使上式成立的 l_1 和 l_2. 这可以用阻抗、导纳变换式 (3-10) 求解,也可以利用导纳圆图求解. 当然,利用圆图更方便、更直观.

先将归一化负载导纳 $\overline{Y}_L$ 标在圆图上. 当参考面 T 在终端时,$\overline{Y}'$ 就等于 $\overline{Y}_L$. 当参考面 T 沿均匀传输线向波源方向移动时,$\overline{Y}'$ 的轨迹必然沿着等驻波系数 ρ 圆顺时针移动. 由于需要 $\overline{Y}'$ 的实部恰好等于 1,所以,等驻波系数圆与 $\overline{G}=1$ 圆的交点就是我们需要的 $\overline{Y}'$ 值. 根据 $\overline{Y}'$ 从等于 $\overline{Y}_L$ 转到与 $\overline{G}=1$ 圆的交点所经过的电长度,可以求出 l_2 的长度. 根据 $\overline{Y}'$ 的终点位置,可以读出 $\overline{B}'$ 的值. 欲使 $\overline{Y}_i = (1 + j\overline{B}') + j\overline{B} = 1$,需要 $\overline{Y} = j\overline{B} = -j\overline{B}'$. 当参考面 T 与短路面重合时,$\overline{Y}$ 就在导纳圆图的短路点上;当参考面 T 离开短路面向主传输线移动时,参考面 T 将沿并联支线向微波源方向移动,因此 $\overline{Y}$ 的轨迹将沿着单位圆顺时针移动. 根据 $\overline{Y}$ 从

短路点转到与$-jB'$重合所经过的电长度,就可以求出l_1的值.

单并联可变电纳调配器的特点:

① 结构简单,容易操作.

② 可以对任意有损耗负载进行匹配.(要求l的变化范围必须大于$1/2$波导波长,B的变化范围应当尽量大,负载的实部不为零.)

③ 传输线上有开缝(长度大于$1/2$波导波长),容易受到外界的干扰,有辐射损耗.

④ 匹配是对确定频率而言的,因此只能做窄带匹配.工作频率变动后,需要重新调配.

（3）双并联、三并联可变电纳调配器

由于单并联可变电纳调配器在传输线上开有缝,在很多场合不宜使用,因此人们发明了双并联、三并联可变电纳调配器.这两种调配器的共同特点是其传输线上没有开缝,几个并联短路支线在主传输线上的相对位置不能调整,因此只能完全靠调整并联短路支线的长度做匹配.其中双并联可变电纳调配器不能对任意负载做匹配,也就是存在所谓的"调配死区".

三并联可变电纳调配器既可采用同轴线也可采用波导结构实现,其等效电路如图 4.17 所示,其中各串联线段的长度l是固定的,不能调整;l_1,l_2,l_3为三个长度可调的并联短路支线.由于参考面T_1至负载的距离是固定的,所以Y_1'在圆图上的位置是由负载导纳Y_L和工作频率f_0决定的.根据Y_1'在圆图上的位置,可以分三种情况来讨论这种调配器的工作原理.

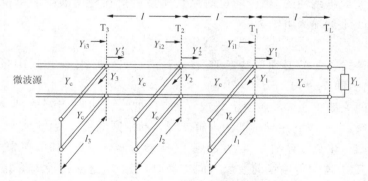

图 4.17　三并联可变电纳调配器的等效电路

① 如图 4.18(a)所示,$\overline{Y}_1'$恰好落在$\overline{G}=1$的圆上,也就是$\overline{Y}_1'=1+j\overline{B}_1'$.这时只需调整三段并联支线的长度,使它们的导纳分别为$\overline{Y}_1=-j\overline{B}_1'$,$\overline{Y}_2\rightarrow0$(开路状态),$\overline{Y}_3\rightarrow0$(开路状态).这样就相当于传输线上只接了一个并联短路支线l_1,而且$\overline{Y}_{i1}=\overline{Y}_1'+\overline{Y}_1=1$,即从参考面$T_1$向左的整个传输系统处于匹配状态.

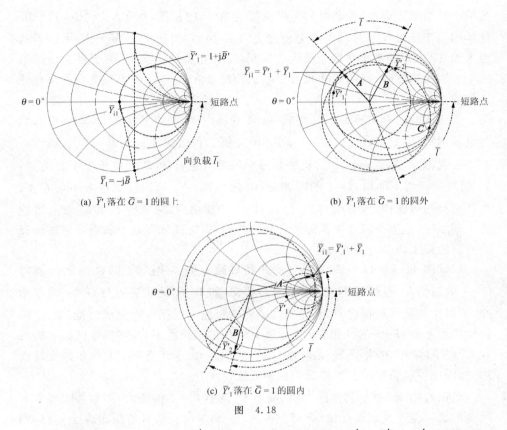

(a) $\bar{Y}'_1$ 落在 $\bar{G}=1$ 的圆上

(b) $\bar{Y}'_1$ 落在 $\bar{G}=1$ 的圆外

(c) $\bar{Y}'_1$ 落在 $\bar{G}=1$ 的圆内

图 4.18

② 如图 4.18(b)所示,$\bar{Y}'_1$ 落在 $\bar{G}=1$ 的圆外,即 $\bar{Y}'_1=\bar{G}'_1+j\bar{B}'_1$. 如果调整 l_1,$\bar{Y}_{i1}=\bar{G}'_1+j\bar{B}'_1+j\bar{B}_1$ 将沿着等电导圆 $\bar{G}=\bar{G}'_1<1$ 移动. 显然,仅仅调整 l_1,$\bar{Y}_{i1}$ 的轨迹与 $\bar{G}=1$ 的电导圆无交点,这就不可能使参考面 T_1 上的输入导纳 $\bar{Y}_{i1}=\bar{Y}'_1+\bar{Y}_1=1$. 这时,需要第二个并联短路支线参与调配. 由于参考面 T_1 与参考面 T_2 之间是一段均匀传输线,参考面 T_1 上的输入导纳 $\bar{Y}_{i1}$ 和参考面 T_2 上的输入导纳 $\bar{Y}'_2$ 必然在导纳圆图的同一个驻波系数圆上,它们的驻波相位差由系统的工作频率、参考面 T_1,T_2 间的距离确定. 这样,当调整 l_1 时,$\bar{Y}_{i1}$ 将沿等电导圆移动,同时 $\bar{Y}'_2$ 则保持与 $\bar{Y}_{i1}$ 在同一等驻波系数圆上. 由图 4.18(b)可见,从原点向点 $\bar{Y}_{i1}$ 和点 $\bar{Y}'_2$ 可以做两个矢量 **A** 和 **B**. 显然,矢量 **A** 与 **B** 的模相等,幅角差恒定. 当 $\bar{Y}_{i1}$ 沿等电导圆移动时,$\bar{Y}'_2$ 的轨迹也一定是一个半径相同的圆. 由于 $\bar{Y}'_2$ 的轨迹圆包含了原点,而且它与单位圆的切点不在短路点上. 所以只要 **A** 和 **B** 的幅角差不为零,或者说电长度 $\bar{l}$ 不为零,$\bar{Y}'_2$ 的轨迹圆总能与 $\bar{G}=1$ 的圆相交,如 $\bar{Y}'_2$ 或 C 点. 这就表明,调整 l_1 总能使 $\bar{Y}'_2=1+j\bar{B}'_2$. 这样,参考面 T_2 处的状态就

与第一种情况完全相同. 此时只需再调整 l_2 和 l_3 的长度, 使 $\bar{Y}_2 = -j\bar{B}_2'$, $\bar{Y}_3 \to 0$. 这样相当于传输线上并联了两个短路支线 l_1 和 l_2, 而且 $\bar{Y}_{i2} = \bar{Y}_2' + \bar{Y}_2 = 1$, 即从参考面 T_2 向左的整个传输系统处于匹配状态. 在这种情况下, 由于没有使用第三个并联短路支线, 说明双并联可变电纳调配器在一定的条件下也是可以有效工作的.

③ 如图 4.18(c) 所示, $\bar{Y}_1$ 落在 $\bar{G}=1$ 的圆内. 此时如果调整 l_1, $\bar{Y}_{i1}$ 同样将沿等电导圆移动, $\bar{Y}_2'$ 的轨迹也是一个圆. 但与第二种情况不同的是, 这个圆较小, 它不包含原点. 那么, 当 $\bar{Y}_1$ 的轨迹圆过小或者矢量 $\boldsymbol{A}$ 和 $\boldsymbol{B}$ 的幅角差不合适时, $\bar{Y}_2'$ 的轨迹圆将不能与 $\bar{G}=1$ 的圆相交. 也就是说, $\bar{Y}_2'$ 的轨迹就存在不与 $\bar{G}=1$ 的圆相交的可能性. 这表明当 $\bar{Y}_1$ 落在 $\bar{G}=1$ 的圆内时, 只调整 l_1 和 l_2 就有可能达不到匹配, 这就是双并联调配器存在的所谓"调配死区". 这时就需要启用第三个并联短路支线参与调配.

根据图 4.18(c), 当调整第一个并联短路支线 l_1 时, $\bar{Y}_2'$ 的轨迹圆可能与 $\bar{G}=1$ 的圆相交, 也可能不与 $\bar{G}=1$ 的圆相交. 如果 $\bar{Y}_2'$ 的轨迹圆与 $\bar{G}=1$ 的圆相交, 可以仿照第一种情况, 再利用第二个并联短路支线就可以完成匹配. 如果 $\bar{Y}_2'$ 的轨迹圆不与 $\bar{G}=1$ 的圆相交, 当矢量 $\boldsymbol{A}$ 和 $\boldsymbol{B}$ 的幅角差不为零时, 该圆就必然落在 $\bar{G}=1$ 的圆外. 这表明 $\bar{Y}_2'$ 必落在 $\bar{G}=1$ 的圆外. 由于还有两个并联短路支线没用过, 因此可以仿照第二种情况的调整方法使 $\bar{Y}_{i3}=1$.

根据对图 4.18(c) 的讨论表明, 如果 $\bar{Y}_1$ 落在 $\bar{G}=1$ 的圆内, 则双并联可变电纳调配器可能存在调配死区. 此时如果将 T_1 参考面到负载的距离改变 $\lambda_g/4$, 则 $\bar{Y}_1$ 将在圆图上沿等驻波系数圆转动 $180°$. 所以新的 $\bar{Y}_1$ 将落在 $\bar{G}=1$ 的圆外, 即可按前面讨论过的第二种情况实现匹配. 这表明: 如果双并联可变电纳调配器的输入、输出波导的长度不相等, 且长度差约为 $\lambda_g/4$, 则只需改变双并联可变电纳调配器的连接方式, 即将输入、输出端口对换, 就可以避开调配死区.

综合以上三种情况可得到如下结论:

① 双并联可变电纳调配器可以在一定的频带范围内, 对大多数有损耗负载做匹配, 但双并联可变电纳调配器存在调配死区.

② 输入、输出波导长度不相等 (长度差约为 $\lambda_g/4$) 的双并联可变电纳调配器可以在一定的频带范围内, 对任意有损耗负载做匹配.

③ 三并联可变电纳调配器可以在一定的频带范围内, 对任意有损耗负载做匹配.

双并联、三并联可变电纳调配器的特点:

① 结构简单, 容易操作.

② 可以对任意有损耗的负载进行匹配, 前提是: 在工作频率范围内, 第一

个并联短路支线间的传输线的电长度必须足够大,负载阻抗的实部不为零.

③ 传输线完全封闭,不受外界的干扰.

④ 匹配是对确定频率而言的,因此只能做窄带匹配.工作频率变动后,需要重新匹配.

以上利用圆图分析了可变电纳调配器的工作原理,在实际使用可变电纳调配器时并不需要求出这几个并联短路支线的长度.通常可变电纳调配器的使用方法是:监视调配器和微波源之间某个参考面上的反射系数,反复调整各并联短路支线的长度,直到反射系数降到最小值.调配器在使用时总是对某一确定频率调配的,当工作频率变动后,必须重新调配.

2. 阻抗变换器

阻抗变换器是一种阻抗变换比不可调的匹配器,相对于调配器而言,它的工作频带可以做得较宽.阻抗变换器通常用于对纯电阻负载与传输线之间,以及传输线与传输线之间的匹配.阻抗变换器可以用波导结构、同轴线结构或微带线结构实现,因此可以用于微波集成电路中.最简单的阻抗变换器就是 1/4 波长(波导波长)阻抗变换器,它也是多节阻抗变换器的基本单元.

在讨论调配器时,我们只需要了解其工作原理,并不需要严格的数学计算.因为在实际应用中,总是需要通过反复调整调配器从而使微波传输系统达到匹配.由于阻抗变换器设计、制造完成后就不能再做调整,因此关于阻抗变换器的分析、设计就必须尽可能地准确.

如图 4.19(a)所示,在 T_2 参考面右侧传输线终端匹配的条件下,根据阻抗变换公式(3-10a),参考面 T_1 上的输入阻抗

$$Z_{in} = Z_1 \frac{Z_{c2} + jZ_1 \tan(\beta l)}{Z_1 + jZ_{c2} \tan(\beta l)}.$$

当插入传输线的长度 l 与系统的工作波长 λ_g 满足关系 $l = \frac{\lambda_g}{4}$ 时,$\beta l = \frac{2\pi l}{\lambda_g} = \frac{\pi}{2}$,则输入阻抗为

$$Z_{in} = \frac{Z_1^2}{Z_{c2}}. \tag{4-7}$$

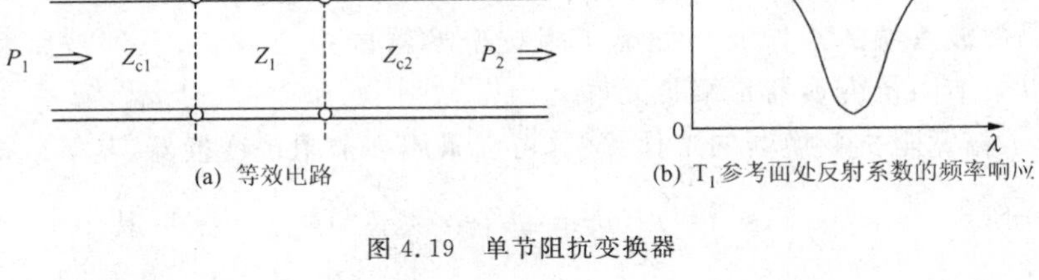

(a) 等效电路　　　　(b) T_1 参考面处反射系数的频率响应

图 4.19　单节阻抗变换器

这时,如果插入传输线的特性阻抗满足 $Z_1 = \sqrt{Z_{c1} Z_{c2}}$,则参考面 T_1 左侧的传输线就处于匹配状态.但是,当插入传输线的长度和特性阻抗确定后,如果工作波长改变了,则传输线又将会偏离匹配状态.

有时候需要了解当工作波长偏离中心波长时,传输线上反射系数或驻波系数的变化规律,也就是需要了解单节阻抗变换器的频率响应.这时,可以利用两端口网络的 S 参量或 A 参量.

参考面 T_1 至参考面 T_2 的衰减量可以用两端口网络的 S 参量或 $\bar{A}$ 参量表示为

$$L = \frac{P_1^+}{P_2^+} = \frac{1}{|S_{21}|^2} = \frac{1}{4}\ |\ \bar{a} + \bar{b} + \bar{c} + \bar{d}\ |^2,\tag{4-8}$$

其中

$$\bar{A} = \begin{bmatrix} \bar{a} & \bar{b} \\ \bar{c} & \bar{d} \end{bmatrix} = \begin{bmatrix} \sqrt{\dfrac{Z_1}{Z_{c1}}} & 0 \\ 0 & \sqrt{\dfrac{Z_{c1}}{Z_1}} \end{bmatrix} \begin{bmatrix} \cos(\beta l) & j\sin(\beta l) \\ j\sin(\beta l) & \cos(\beta l) \end{bmatrix} \begin{bmatrix} \sqrt{\dfrac{Z_{c2}}{Z_1}} & 0 \\ 0 & \sqrt{\dfrac{Z_1}{Z_{c2}}} \end{bmatrix}$$

$$= \begin{bmatrix} \sqrt{\dfrac{Z_{c2}}{Z_{c1}}}\cos(\beta l) & j\dfrac{Z_1}{\sqrt{Z_{c1} Z_{c2}}}\sin(\beta l) \\ j\dfrac{\sqrt{Z_{c1} Z_{c2}}}{Z_1}\sin(\beta l) & \sqrt{\dfrac{Z_{c1}}{Z_{c2}}}\cos(\beta l) \end{bmatrix}.$$

令 $r = \dfrac{Z_{c2}}{Z_{c1}}$,$p_1 = \dfrac{Z_1}{Z_{c1}}$,$\theta = \beta l = \dfrac{2\pi l}{\lambda_g}$,其中 r 为输入、输出端口的阻抗变换比,p_1 为插入段相对于输入端的归一化阻抗,则式(4-8)可以化为

$$L = \frac{1}{4}\left[\frac{p_1}{\sqrt{r}} + \frac{\sqrt{r}}{p_1}\right]^2 + \frac{1}{4}\left[\left(\sqrt{r} + \frac{1}{\sqrt{r}}\right)^2 - \left(\frac{p_1}{\sqrt{r}} + \frac{\sqrt{r}}{p_1}\right)^2\right]\cos^2\theta$$

$$= \frac{P_1^+}{P_2^+} = \frac{P_1^- + P_2^+}{P_2^+} = \frac{P_1^-}{P_2^+} + 1 = \sum_{i=0}^{1} A_i\cos^{2i}\theta \geqslant 1.\tag{4-9}$$

这就是单节阻抗变换器的频率响应.在不考虑损耗的情况下,只有当 $Z_1 = \sqrt{Z_{c1} Z_{c2}}$,$\theta = \dfrac{\pi}{2}$ 时反射波才能等于零.第一条比较容易实现,第二条只能对某一特定波长成立,这个特定波长就是阻抗变换器的中心工作波长.如图 4.19(b)所示,如果微波系统的工作波长偏离了阻抗变换器的中心波长,反射波将急剧增大.所以单节阻抗变换器是窄带元件.

为了拓宽阻抗变换器的工作频带,可以采用多节阻抗变换器,其等效电路如图 4.20 所示.令 $r = \dfrac{Z_{c2}}{Z_{c1}}$,$p_1 = \dfrac{Z_1}{Z_{c1}}$,$p_2 = \dfrac{Z_2}{Z_{c1}}$,$p_3 = \dfrac{Z_3}{Z_{c1}}$,$\cdots$,$p_n = \dfrac{Z_n}{Z_{c1}}$,其中 r 为输入、

输出端口的阻抗变换比，p_n 为各插入段相对于输入端的归一化阻抗.

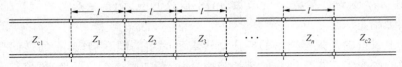

图 4.20　多节阻抗变换器的等效电路

按照处理单节阻抗变换器同样的方法和步骤,可以得到

$$L = \sum_{i=0}^{n} A_i \cos^{2i}\theta \geqslant 1, \tag{4-10a}$$

其中 A_i 是由 $r, p_1, \cdots, p_i$ 构成的多项式系数,这些参量就是各节传输线相对于输入端传输线的归一化阻抗.

如果知道多节阻抗变换器的结构参数 $l, Z_1, Z_2, Z_3, \cdots, Z_n$,根据式(4-10a)就可以求出多节阻抗变换器的传输特性.这类问题就是所谓的网络分析问题.

因为网络的衰减量为

$$L = \frac{P_1^+}{P_2^+} = \frac{P_1^- + P_2^+}{P_2^+} = \frac{P_1^-}{P_2^+} + 1 = \sum_{i=0}^{n} A_i \cos^{2i}\theta, \tag{4-10b}$$

根据式(4-10b),可以画出插入多节阻抗变换器后网络衰减量 L 的频率响应曲线.如果传输线处于匹配状态,则必有 $L=1$.所以,传输线中插入多节阻抗变换器后的匹配条件就是

$$\frac{P_1^-}{P_2^+} = \sum_{i=0}^{n} A_i \cos^{2i}\theta - 1 = 0. \tag{4-11}$$

这是一个关于 $\cos^2\theta$ 的一元 n 次方程,当系数 A_i 满足一定条件时,存在 n 个正实根 x_i.对应于每个正实根,根据 $x_i = \cos^2\theta_i = \cos^2(\beta_i l) = \cos^2\left(\frac{2\pi l}{\lambda_{gi}}\right)$,可以求出一个相应的工作波长.这就说明,传输线在 n 个特定的工作波长上反射系数为零,

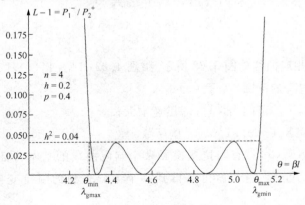

图 4.21　四节切比雪夫阻抗变换器的频率响应曲线

这正是我们希望的结果. 图 4.21 是一个四节切比雪夫阻抗变换器的频率响应曲线,其中 h, p 为设计参数,n 为节数. 由图 4.21 可见,阻抗变换器的节数越多,其工作频带越宽.

以上讨论的是根据网络的拓扑结构求出网络的频率响应,它的逆问题是根据网络的频率响应求出网络的拓扑结构,即所谓的网络综合问题. 网络综合问题是工程设计中更常见的问题. 这类问题是要在给定传输特性和工作频率的条件下,求解阻抗变换器的设计参数 $l, Z_1, Z_2, Z_3, \cdots, Z_n$. 就像积分比微分更困难一样,网络综合问题比网络分析问题要困难得多. 网络分析问题在数学上比较简单,而且问题的解是单一的. 网络综合问题不仅在数学上比较困难,而且问题的解不是单一的.

3. 切比雪夫多节阻抗变换器的设计方法

多节阻抗变换器的设计方法有很多种,例如切比雪夫函数阻抗变换器、贝塞尔函数阻抗变换器、椭圆函数阻抗变换器等. 这类多节阻抗变换器的设计思路和方法基本相同,本节以切比雪夫阻抗变换器为例,说明这类多节阻抗变换器的设计方法.

切比雪夫阻抗变换器的特点是其频率响应曲线近似于切比雪夫多项式的平方. 根据切比雪夫函数的定义:

$$T_n(x) = \begin{cases} \cos(n \arccos x), & |x| < 1, \\ \mathrm{ch}(n\,\mathrm{arcch}\,x), & |x| > 1, \end{cases} \tag{4-12}$$

当 n 为整数时,切比雪夫函数可以展开为如下的多项式:

$$T_0(x) = 1,$$
$$T_1(x) = x,$$
$$T_2(x) = 2x^2 - 1,$$
$$T_3(x) = 4x^3 - 3x,$$
$$T_4(x) = 8x^4 - 8x^2 + 1,$$
$$\vdots$$

平方后得到的相应曲线如图 4.22 所示. 由图 4.22 可见,$T_n^2(x)$ 具有以下特点:

① 在 $|x| \leqslant 1$ 的范围内,$T_n^2(x) \leqslant 1$;

② 在 $|x| > 1$ 的范围内,$T_n^2(x)$ 迅速增大;

③ $T_n^2(x) = T_n^2(-x)$,$T_n^2(x)$ 是偶函数.

可以看出,函数 $T_n^2(x)$ 具有阻抗变换器频率响应曲线的基本特征. 如果将函数 $T_n^2(x)$ 做适当的坐标变换,就可以得到一个十分理想的阻抗变换器频率响应曲线.

设传输系统插入阻抗变换器后的衰减量 L 可以表示为切比雪夫函数:

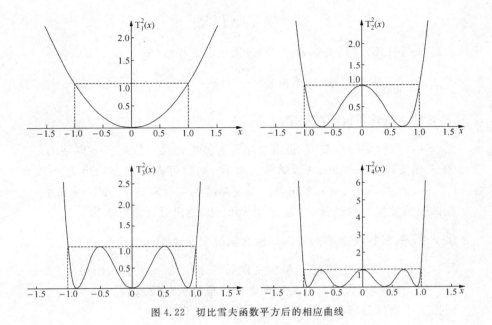

图 4.22 切比雪夫函数平方后的相应曲线

$$L - 1 = h^2 T_n^2\left(\frac{\cos\theta}{p}\right)\begin{cases}\leqslant h^2, & \theta_{\min} \leqslant \theta \leqslant \theta_{\max}; \\ \to \infty, & n > 1.\end{cases} \tag{4-13}$$

由于切比雪夫多项式的"波纹"为 1,需要在式(4-13)中引入参数 h^2,以便调整切比雪夫阻抗变换器的波纹系数. 引入参数 p 的目的是为了进行坐标变换,以便改变切比雪夫阻抗变换器的中心工作频率. 整理式(4-13)可以得到

$$L - 1 = \frac{P_1^+}{P_2^+} - 1 = \frac{P_1^-}{P_2^+} = h^2 T_n^2\left[\frac{1}{p}\cos\left(\frac{2\pi}{\lambda_g}l\right)\right] \quad (n = 1,2,\cdots). \tag{4-14a}$$

式(4-14a)表明,反射功率和透射功率之比与 h, p, n, l 和 λ_g 五个参数有关,其中 n 为阻抗变换器的节数,l 为阻抗变换器的节长,λ_g 是微波在传输系统中的波导波长,h, p 是我们引入的参数,h 与波纹系数有关,p 与中心工作频率有关.

由图 4.21 可见,适当选择 h, p, n, l 四个参数,可以使输入端反射功率与输出端透射功率之比,在 $\lambda_{g\max}$ 和 $\lambda_{g\min}$ 之间且小于 h^2. 这正是我们设计阻抗变换器所关心和希望的.

下面介绍切比雪夫阻抗变换器的具体设计方法和步骤. 首先,假设阻抗变换器的频率响应具有式(4-14a)的形式;然后,按切比雪夫多项式展开式(4-14a),可以得到

$$\frac{P_1^-}{P_2^+} = h^2 T_n^2\left[\frac{1}{p}\cos\left(\frac{2\pi}{\lambda_g}l\right)\right] = h^2\left\{\sum_{i=1}^{n} B_i'\left[\frac{1}{p}\cos^i\left(\frac{2\pi}{\lambda_g}l\right)\right]\right\}^2$$

$$= \sum_{i=1}^{n} B_i \cos^{2i}\left(\frac{2\pi}{\lambda_{\mathrm{g}}} l\right). \tag{4-14b}$$

式(4-11)和(4-14b)都是关于 $\cos^2\theta$ 的一元 n 次方程. 已知

① 式(4-11)中的系数 A_i 是由 $r = \dfrac{Z_{c2}}{Z_{c1}}$, $p_1 = \dfrac{Z_1}{Z_{c1}}$, $p_2 = \dfrac{Z_2}{Z_{c1}}$, $p_3 = \dfrac{Z_3}{Z_{c1}}$, $\cdots$, $p_n = \dfrac{Z_n}{Z_{c1}}$ 这些传输线特性阻抗参数确定的;

② 式(4-14b)中的系数 B_i 是由切比雪夫多项式及参数 h, p, n 确定的;

③ 求出参数 h, p, n 和 l 后, 就可求出 B_i, 然后可以根据方程组 $B_i - A_i = 0$ $(i = 1, 2, \cdots, n)$ 和 $A_0 - 1 = 0$, 求出每一节传输线的特性阻抗 $Z_1, Z_2, \cdots, Z_n$.

在做阻抗变换器的设计时, 通常以下列方式给出设计目标参数:

① $r = \dfrac{Z_{c2}}{Z_{c1}}$, 阻抗变换器的输入与输出阻抗变换比;

② $f_{\max}$ 和 $f_{\min}$ 或 $\lambda_{\min}$ 和 $\lambda_{\max}$, 阻抗变换器的工作频带, 或直接给出节数 n;

③ $|\Gamma|_{\max}$ 或 $\rho_{\max}$, 带内最大反射系数的模或最大驻波系数.

根据这些设计目标参数就可以确定 l, h, p 及节数 n.

（1）确定参数 h

根据式(4-14a)可得

$$h^2 = \left(\frac{P_1^-}{P_2^+}\right)_{\max} = \left(\frac{P_1^-}{P_1^+}\right)_{\max}\left(\frac{P_1^+}{P_2^+}\right)_{\max} = |\Gamma|_{\max}^2\left(\frac{P_1^+}{P_2^+}\right)_{\max},$$

其中

$$\left(\frac{P_1^+}{P_2^+}\right)_{\max} = \left(\frac{P_1^- + P_2^+}{P_2^+}\right)_{\max} = \left(\frac{P_1^-}{P_2^+}\right)_{\max} + 1 = h^2 + 1,$$

所以

$$h^2 = |\Gamma|_{\max}^2(1 + h^2),$$

$$h = \frac{|\Gamma|_{\max}}{\sqrt{1 - |\Gamma|_{\max}^2}} = \frac{\rho_{\max} - 1}{2\sqrt{\rho_{\max}}}, \tag{4-15}$$

其中驻波系数 ρ 与反射系数 Γ 的关系由式(3-12a)确定.

（2）确定参数 p 和 l

根据切比雪夫函数在坐标变换前后的对应关系 $x = \dfrac{1}{p}\cos\left(\dfrac{2\pi l}{\lambda_{\mathrm{g}}}\right)$, 可以写出与阻抗变换器上、下边频对应的两个等式:

$$\frac{1}{p}\cos\left(\frac{2\pi l}{\lambda_{\mathrm{gmax}}}\right) = 1, \tag{4-16a}$$

$$\frac{1}{p}\cos\left(\frac{2\pi l}{\lambda_{\mathrm{gmin}}}\right) = -1, \tag{4-16b}$$

即
$$\frac{2\pi l}{\lambda_{\text{gmax}}} = \arccos p, \tag{4-17a}$$

$$\frac{2\pi l}{\lambda_{\text{gmin}}} = \arccos(-p) = \pi - \arccos p. \tag{4-17b}$$

由(4-17a)和(4-17b)消去 l 可得

$$p = \cos\left[\frac{\pi}{1 + \dfrac{\lambda_{\text{gmax}}}{\lambda_{\text{gmin}}}}\right]. \tag{4-18}$$

由(4-17a)和(4-17b)消去 p 可得

$$l = \frac{1}{2}\left(\frac{\lambda_{\text{gmax}} \cdot \lambda_{\text{gmin}}}{\lambda_{\text{gmax}} + \lambda_{\text{gmin}}}\right). \tag{4-19}$$

(3) 确定节数 n

节数 n 可以通过查阅《微波工程设计手册》中的数表得到,也可以根据式(4-14)解出 n 的值.首先考察阻抗变换器的一个特殊情况,式(4-14)中的 λ_{g} 是导行电磁波的波导波长,当 $l = \frac{\lambda_{\text{g}}}{2}$ 时,根据切比雪夫函数的定义式(4-12),且已知 $p < 1$,则式(4-14a)就化为

$$L - 1 = \frac{P_1^+}{P_2^+} - 1 = \frac{P_1^-}{P_2^+} = h^2 T_n^2\left(\frac{1}{p}\right) = h^2 \text{ch}^2\left[n\,\text{arcch}\left(\frac{1}{p}\right)\right] \quad (n = 1, 2, \cdots). \tag{4-20}$$

根据阻抗变换公式(3-10)和圆图可知,当 $l = \frac{\lambda_{\text{g}}}{2}$ 时,阻抗变换器将失去阻抗变换的功能.这时,输入端口的反射系数与不接阻抗变换器完全一样.因此,可得到

$$\Gamma = \frac{Z_{\text{c2}} - Z_{\text{c1}}}{Z_{\text{c2}} + Z_{\text{c1}}} = \frac{r - 1}{r + 1}. \tag{4-21}$$

按照插入损耗的定义和阻抗变换器无损耗的假设,可得

$$L = \frac{P_1^+}{P_2^+} = \frac{P_1^+}{P_1^+ - P_1^-} = \frac{1}{1 - |\Gamma|^2}. \tag{4-22}$$

联立式(4-20)、式(4-21)、式(4-22)可得

$$\frac{|1 - r|^2}{4r} = h^2\text{ch}^2\left[n\,\text{arcch}\left(\frac{1}{p}\right)\right], \tag{4-23a}$$

$$n \geqslant \frac{\text{arcch}\left(\dfrac{|1 - r|}{2h\sqrt{r}}\right)}{\text{arcch}\left(\dfrac{1}{p}\right)}. \tag{4-23b}$$

也可根据已经求出的 p, h, l 值,取 $n = 1, 2, 3, \cdots$ 的自然数后,求出对应于不同 n 值时式(4-14b)中的 B_i.再由方程组 $B_i - A_i = 0$ $(i = 1, 2, \cdots, n)$ 和 $A_0 - 1 =$

0，求出式（4-11）中的 A_i．根据 A_i 就可以求出 $p_1, p_2, \cdots, p_n$ 以及各节阻抗变换段的特性阻抗 $Z_1, Z_2, \cdots, Z_n$．根据设计要求给出的 $|\Gamma|_{\max}$ 或 $\rho_{\max}$，以及已经求出的 p, h, l 值，可以选定一个满足设计要求的最小 n 值．

从原则上讲，知道了 p, h 和 l 并确定一个 n 值后，就可以求出式（4-14b）中的 B_i；由方程组 $B_i - A_i = 0$（$i = 1, 2, \cdots, n$）和 $A_0 - 1 = 0$，可以求出式（4-11）中的 A_i；根据 A_i 就可以求出 $p_1, p_2, \cdots, p_n$ 以及各节阻抗变换段的特性阻抗 $Z_1, Z_2, \cdots, Z_n$．

但是这个过程的数学计算相当繁琐，通常都是借助于《微波工程设计手册》中的数表，根据设计目标参数以及求出的参数 p, h, l 和 n（n 也可以通过查表得到）就可以查表得到 $p_1, p_2, \cdots, p_n$，按照 $Z_1 = p_1 Z_{c1}, Z_2 = p_2 Z_{c1}, \cdots, Z_n = p_n Z_{c1}$ 的关系，就可以求得切比雪夫阻抗变换器的所有设计参数．现在利用计算机和专用微波工程设计软件也可以很方便地求解各类阻抗变换器的设计参数．

切比雪夫函数在微波技术中的应用非常广泛，除了切比雪夫阻抗变换器外，还有切比雪夫定向耦合器、切比雪夫滤波器等．它们的设计思路都是将微波元件的某一个技术指标的频率响应与切比雪夫函数的平方 $T_n^2(x)$ 联系起来，通过比较多项式系数的方法，确定微波元件的结构参数．

在厘米波段以及波长更长的波段内，用上述计算方法设计多节阻抗变换器十分有效．但是，在毫米波段或亚毫米波段情况就有所不同．首先，由于波长很短，阻抗变换器的节长尺度较小，加工的相对误差就增大了．即使设计精度很高，实际加工出的阻抗变换器的误差也会很大．因此，在波长较短的情况下，常采用渐变过渡代替多节阶梯阻抗变换器．常用的渐变过渡曲线有直线、圆弧、余弦曲线、指数曲线、Klopfenstein 渐变线等．

4. 切比雪夫多节阻抗变换器的近似设计方法

切比雪夫多节阻抗变换器可以通过查表或借助微波工程软件进行设计，也可以采用下面介绍的近似方法进行设计．多节阻抗变换器结构如图 4.23 所示．

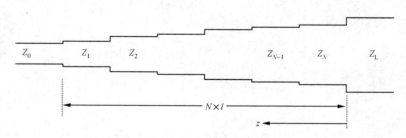

图 4.23　多节阻抗变换器结构示意图

第 N 节输出端口的反射系数为

$$\Gamma_N^{\text{out}} = \frac{Z_L - Z_N}{Z_L + Z_N}, \tag{4-24}$$

第 N 节输入端口的输入阻抗为

$$Z_N^{\text{in}} = Z_N \frac{1 + \Gamma_N^{\text{out}} e^{-j2\beta l}}{1 - \Gamma_N^{\text{out}} e^{-j2\beta l}}, \tag{4-25}$$

第 $N-1$ 节输出端口的反射系数为

$$\Gamma_{N-1}^{\text{out}} = \frac{Z_N^{\text{in}} - Z_{N-1}}{Z_N^{\text{in}} + Z_{N-1}} = \frac{(Z_N - Z_{N-1}) + (Z_N + Z_{N-1})\Gamma_N^{\text{out}} e^{-j2\beta l}}{(Z_N + Z_{N-1}) + (Z_N - Z_{N-1})\Gamma_N^{\text{out}} e^{-j2\beta l}}. \tag{4-26}$$

令

$$\Gamma_{N-1}^{\text{out}} = \frac{\Gamma_{N-1} + \Gamma_N^{\text{out}} e^{-j2\beta l}}{1 + \Gamma_{N-1}\Gamma_N^{\text{out}} e^{-j2\beta l}} \approx \Gamma_{N-1} + \Gamma_N^{\text{out}} e^{-j2\beta l}, \tag{4-27}$$

则

$$\Gamma_{N-1} = \frac{Z_N - Z_{N-1}}{Z_N + Z_{N-1}}. \tag{4-28}$$

作为近似计算方法,假设式(4-24)—式(4-28)中各节反射系数都远远小于 1.

同理,第 $N-2$ 节输出端口的反射系数为

$$\Gamma_{N-2}^{\text{out}} \approx \Gamma_{N-2} + \Gamma_{N-1}^{\text{out}} e^{-j2\beta l} \approx \Gamma_{N-2} + \Gamma_{N-1} e^{-j2\beta l} + \Gamma_N^{\text{out}} e^{-j4\beta l}. \tag{4-29}$$

第 0 节输出端口(阻抗变换器的输入端口)的反射系数为

$$\Gamma_0^{\text{out}} \approx \Gamma_0 + \Gamma_1^{\text{out}} e^{-j2\beta l} \approx \Gamma_0 + \Gamma_1 e^{-j2\beta l} + \Gamma_2 e^{-j4\beta l} + \cdots$$
$$+ \Gamma_{N-1} e^{-j2(N-1)\beta l} + \Gamma_N^{\text{out}} e^{-j2N\beta l} \tag{4-30}$$

和

$$\Gamma_0^{\text{out}} \approx \Gamma_N^{\text{out}} \prod_{n=1}^{N} (e^{-j2\beta l} - x_n), \tag{4-31}$$

其中,$x_n = e^{j\varphi_n}$ 是方程 $\dfrac{\Gamma_0^{\text{out}}}{\Gamma_0^{\text{out}}} = 0$ 的解(也即 Γ_0^{out} 表达式的零点),自变量是输入信号波长. 如果能求出 x_n,将它代入式(4-31),展开式(4-31)并与式(4-30)的同类项对比,可以求出 $\Gamma_0 \sim \Gamma_{N-1}$ 以及 Γ_N^{out}. 然后,再利用式(4-24)和式(4-28),从 Z_L 可递推出 $Z_N \sim Z_1$;从 Z_0 可递推出 $Z_1 \sim Z_N$.

设传输系统插入阻抗变换器后,第 0 节输出端口的反射系数可以表示为切比雪夫函数,令

$$\Gamma_0^{\text{out}} = h \cdot T_n\left[\frac{1}{p}\cos(\beta l)\right] \begin{cases} \leqslant h, & \left|\dfrac{1}{p}\cos(\beta l)\right| \leqslant 1, \\ \to \infty, & \left|\dfrac{1}{p}\cos(\beta l)\right| > 1. \end{cases} \tag{4-32}$$

若 n 为整数,

$$\Gamma_0^{\text{out}} = h \cdot T_n\left[\frac{1}{p}\cos(\beta l)\right] = H \prod_{n=1}^{N}\left[\frac{1}{p}\cos(\beta l) - X_n\right], \tag{4-33}$$

其中, h,p 由式(4-15)和式(4-18)确定, X_n 是切比雪夫多项式的零点,自变量是输入信号波长.

当 $2\beta l=\varphi_n$ 时,式(4-31)为零;当 $\dfrac{1}{p}\cos(\beta l)=X_n$ 时,式(4-33)为零. 在这两个等式中消去 βl,则有

$$\varphi_n = 2\arccos(pX_n). \tag{4-34}$$

例 4-1　利用切比雪夫阻抗变换器的近似设计公式,设计一个切比雪夫阻抗变换器. 已知阻抗变换比 $r=2$,输入传输线特性阻抗 $Z_0=50\,\Omega$,工作频率 2～8 GHz,工作频段内最大反射系数 $\varGamma_{\max}\leqslant 0.05$.

解　根据式(4-15), $h=\dfrac{|\varGamma|_{\max}}{\sqrt{1-|\varGamma|^2_{\max}}}\approx\varGamma_{\max}=0.05$,根据式(4-18),

$$p = \cos\left(\frac{\pi}{1+\dfrac{\lambda_{\mathrm{gmax}}}{\lambda_{\mathrm{gmin}}}}\right) = \cos\left(\frac{\pi}{1+\dfrac{f_{\max}}{f_{\min}}}\right) \approx 0.809,$$

根据式(4-23b), $n\geqslant\dfrac{\operatorname{arcch}\left(\dfrac{|1-r|}{2h\sqrt{r}}\right)}{\operatorname{arcch}\left(\dfrac{1}{p}\right)}\approx 3.9214$,所以取 $n=4$. 令

$$\mathrm{T}_4(x) = 8x^4 - 8x^2 + 1 = 0,$$

可得切比雪夫多项式的零点: $X_1=0.9239,X_2=-0.9239,X_3=0.3827,X_4=-0.3827$. 将以上数据代入式(4-34),求得 $\varphi_1=1.4533,\varphi_2=4.8300,\varphi_3=2.5121,\varphi_4=3.7711$.

根据 $x_n=\mathrm{e}^{\mathrm{j}\varphi_n}$,求出

$$x_1 = 0.1173 + \mathrm{j}0.9931, \quad x_2 = 0.1173 - \mathrm{j}0.9931,$$

$$x_3 = -0.8083 + \mathrm{j}0.5888, \quad x_4 = -0.8083 - \mathrm{j}0.5888,$$

将 x_n 代入式(4-31),并将其展开可得

$$\varGamma_0^{\mathrm{out}} \approx \varGamma_4^{\mathrm{out}}(\mathrm{e}^{-\mathrm{j}8\beta l} + 1.3820\mathrm{e}^{-\mathrm{j}6\beta l} + 1.6207\mathrm{e}^{-\mathrm{j}4\beta l} + 1.3820\mathrm{e}^{-\mathrm{j}2\beta l} + 1). \tag{4-35}$$

另外,已知 $N=4$,根据式(4-30),可得

$$\varGamma_0^{\mathrm{out}} \approx \varGamma_0 + \varGamma_1\mathrm{e}^{-\mathrm{j}2\beta l} + \varGamma_2\mathrm{e}^{-\mathrm{j}4\beta l} + \varGamma_3\mathrm{e}^{-\mathrm{j}6\beta l} + \varGamma_4^{\mathrm{out}}\mathrm{e}^{-\mathrm{j}8\beta l}. \tag{4-36}$$

对比式(4-35)和式(4-36)的系数,可得

$$\varGamma_0 = \varGamma_4^{\mathrm{out}}, \quad \varGamma_1 = \varGamma_3 = 1.3820\varGamma_4^{\mathrm{out}}, \quad \varGamma_2 = 1.6208\varGamma_4^{\mathrm{out}}.$$

当微波波长与阻抗变换器的节长满足 $\lambda=\dfrac{l}{2}$,阻抗变换器就失去阻抗变换作用(阻抗点在圆图上的位置转了 360°回到原来的位置),即式(4-35)变为

$$\varGamma_0^{\mathrm{out}} \approx \varGamma_4^{\mathrm{out}}(1 + 1.3821 + 1.6208 + 1.3821 + 1) = \frac{Z_L - Z_0}{Z_L + Z_0},$$

所以

$$\varGamma_4^{\mathrm{out}} = \frac{1}{6.385} \times \frac{Z_L - Z_0}{Z_L + Z_0} = \frac{1}{6.385} \times \frac{100 - 50}{100 + 50} = 0.0522.$$

由此可得

$$\Gamma_0 = 0.0522, \quad \Gamma_1 = \Gamma_3 = 1.3821 \times 0.0522 = 0.0722,$$
$$\Gamma_2 = 1.6208 \times 0.0522 = 0.0846.$$

因为 $Z_L = r Z_0 = 100\,\Omega$,根据式(4-24)和式(4-28),则

$$Z_4 = \frac{1 - \Gamma_4^{\text{out}}}{1 + \Gamma_4^{\text{out}}} Z_L = \frac{1 - 0.0522}{1 + 0.0522} \times 100 = 90.08\,\Omega,$$

$$Z_3 = \frac{1 - \Gamma_3}{1 + \Gamma_3} Z_4 = \frac{1 - 0.0722}{1 + 0.0722} \times 90.08 = 77.95\,\Omega,$$

$$Z_2 = \frac{1 - \Gamma_2}{1 + \Gamma_2} Z_3 = \frac{1 - 0.0846}{1 + 0.0846} \times 77.95 = 65.79\,\Omega,$$

$$Z_1 = \frac{1 - \Gamma_1}{1 + \Gamma_1} Z_2 = \frac{1 - 0.0722}{1 + 0.0722} \times 65.79 = 56.94\,\Omega.$$

以上是针对图 4.23 从 Z_L 端向 Z_0 端递推. 因为 $Z_0 = \dfrac{1 - \Gamma_0}{1 + \Gamma_0} Z_1$,如果从 Z_0 端向 Z_L 端递推,则有

$$Z_1 = \frac{1 + \Gamma_0}{1 - \Gamma_0} Z_0 = \frac{1 + 0.0522}{1 - 0.0522} \times 50 = 55.51\,\Omega,$$

$$Z_2 = \frac{1 + \Gamma_1}{1 - \Gamma_1} Z_1 = \frac{1 + 0.0722}{1 - 0.0722} \times 55.51 = 64.15\,\Omega,$$

$$Z_3 = \frac{1 + \Gamma_2}{1 - \Gamma_2} Z_2 = \frac{1 + 0.0846}{1 - 0.0846} \times 64.15 = 76.00\,\Omega,$$

$$Z_4 = \frac{1 + \Gamma_3}{1 - \Gamma_3} Z_3 = \frac{1 + 0.0722}{1 - 0.0722} \times 76.01 = 87.82\,\Omega.$$

考虑到减小递推误差的累积,Z_1,Z_2 采用从 Z_0 端向 Z_L 端递推的解,即 $Z_1 = 55.51\,\Omega$,$Z_2 = 64.15\,\Omega$;Z_3,Z_4 采用从 Z_L 端向 Z_0 端递推的解,即 $Z_3 = 77.95\,\Omega$,$Z_4 = 90.08\,\Omega$. 求出 1/4 波长阻抗变换器各节的阻抗后,就可以采用波导、同轴线或者微带线结构实现该阻抗变换器.

图 4.24 是利用式(3-8)和式(3-10)结合图 4.20 计算得到的四阶切比雪夫阻抗变换器的频率响应. 在 2～8 GHz 频率范围内,输入端口的反射系数小于 0.06,基本符合设计要求. 我们注意到:(1)阻抗变换器存在 12～18 GHz、22～28 GHz、32～38 GHz 等低反射频段. 虽然这些频段也可以使用,但它们不是最短的阻抗变换器设计方案,因此不但电路的尺寸较大,也会产生额外的传输损耗.(2)阻抗变换器反射系数最大值所对应的频率,是中心工作频率的偶数倍,同时相应波长 λ 与各段节长 l 符合 $l = \lambda / 2$,此时阻抗变换器失去作用,相应的反射系数就是 Z_0 直接于对接 Z_L 的反射系数.

由图 4.24 可见,采用 $Z_1 \sim Z_4$ 的不同组合方式可以得到不同的频率响应. 这表明,在计算机技术高度发达的条件下,采用网络分析的方式也可以设计出性能良好的阻抗变换器. 实际上,微波工程设计软件就是采用预定设计目标,将 $Z_1 \sim Z_4$ 的可能值输入并观察阻抗变换器的频率响应,直至找到符合要求的 $Z_1 \sim Z_4$. 例如,在本例题中若将 Z_2 的阻值增加 1 Ω,即:$Z_1 = 55.51\,\Omega$,$Z_2 = 65.15\,\Omega$,$Z_3 = 77.95\,\Omega$,$Z_4 = 90.08\,\Omega$,可以使输入端口的反射系数在 2～8 GHz 频率范围内小于 0.05.

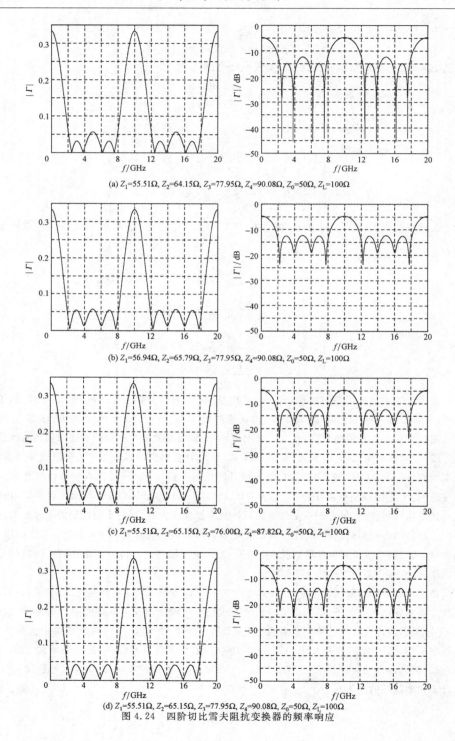

(a) $Z_1=55.51\Omega$, $Z_2=64.15\Omega$, $Z_3=77.95\Omega$, $Z_4=90.08\Omega$, $Z_0=50\Omega$, $Z_L=100\Omega$

(b) $Z_1=56.94\Omega$, $Z_2=65.79\Omega$, $Z_3=77.95\Omega$, $Z_4=90.08\Omega$, $Z_0=50\Omega$, $Z_L=100\Omega$

(c) $Z_1=55.51\Omega$, $Z_2=65.15\Omega$, $Z_3=76.00\Omega$, $Z_4=87.82\Omega$, $Z_0=50\Omega$, $Z_L=100\Omega$

(d) $Z_1=55.51\Omega$, $Z_2=65.15\Omega$, $Z_3=77.95\Omega$, $Z_4=90.08\Omega$, $Z_0=50\Omega$, $Z_L=100\Omega$

图 4.24　四阶切比雪夫阻抗变换器的频率响应

5. 渐变线阻抗变换器

若图 4.23 中 N 趋于无穷大,l 趋于零,则多节阻抗变换器演化为渐变线阻抗变换器.考察式(4-30)可见,多节阻抗变换器输入端口的反射系数等于各节反射系数增量乘以相应的相移然后叠加.根据图 4.23 和式(4-27)、式(4-28)可得

$$\Gamma_{N-1}^{\text{out}} \approx \Gamma_{N-1} + \Gamma_N^{\text{out}} \mathrm{e}^{-\mathrm{j}2\beta l} = \frac{Z_N - Z_{N-1}}{Z_N + Z_{N-1}} + \Gamma_N^{\text{out}} \mathrm{e}^{-\mathrm{j}2\beta l}, \tag{4-37}$$

$$\Gamma(z + \delta z) \approx \frac{Z(z) - Z(z + \delta z)}{Z(z) + Z(z + \delta z)} + \Gamma(z) \mathrm{e}^{-\mathrm{j}2\beta \delta z}. \tag{4-38}$$

当 $\delta z \to 0$ 时,

$$\Gamma(z) + \delta\Gamma(z) \approx -\frac{\delta \overline{Z}(z)}{2\overline{Z}(z)} + \Gamma(z). \tag{4-39}$$

所以,渐变线阻抗变换器在 z 处的反射系数增量为:

$$\delta\Gamma(z) \approx -\frac{\delta \overline{Z}(z)}{2\overline{Z}(z)}, \tag{4-40}$$

相应的相移为 $\mathrm{e}^{-\mathrm{j}2\beta z}$. 因此,渐变线阻抗变换器在 z 处的反射系数为:

$$\mathrm{d}\Gamma(z) \approx -\frac{\delta \overline{Z}(z)}{2\overline{Z}(z)} \mathrm{e}^{-\mathrm{j}2\beta z} = -\mathrm{e}^{-\mathrm{j}2\beta z} \frac{1}{2} \frac{\mathrm{d}[\ln\overline{Z}(z)]}{\mathrm{d}z} \mathrm{d}z. \tag{4-41}$$

渐变线阻抗变换器在输入端口的反射系数为:

$$\Gamma_{\text{in}} = \Gamma(z = L) = \int_0^L -\mathrm{e}^{-\mathrm{j}2\beta z} \frac{1}{2} \frac{\mathrm{d}}{\mathrm{d}z}[\ln\overline{Z}(z)] \mathrm{d}z. \tag{4-42}$$

若给定 $\overline{Z}(z)$,利用式(4-42)可求解渐变线阻抗变换器在输入端口的反射系数,这属于网络分析问题.然而,给定 Γ_{in} 求解 $\overline{Z}(z)$,是我们更关心的网络综合问题.

在微波工程应用中,我们也可以采用 $\overline{Z}(z)$ 的试探函数代入式(4-42),如果解出的 Γ_{in} 能够满足工程需要,则不必采用复杂的网络综合方法.

例 4-2 指数渐变阻抗变换器.令 $\dfrac{\mathrm{d}}{\mathrm{d}z}[\ln\overline{Z}(z)] = C_0$,$C_0$ 为常数,求阻抗渐变方程、反射系数 Γ_{in} 及其频率响应.

解 $\ln\overline{Z}(z) = C_0 z + C$;$\overline{Z}(z) = \mathrm{e}^{C_0 z + C}$.

因为 $\overline{Z}(z=0) = \overline{Z}_L = r$,$\overline{Z}(z=L) = 1$,所以 $C = \ln(r)$,$C_0 = -\dfrac{1}{L}\ln(r)$,则阻抗渐变方程为

$$\overline{Z} = \mathrm{e}^{-\frac{z}{L}\ln(r) + \ln(r)} = \mathrm{e}^{(1-z/L)\ln(r)},$$

$$\Gamma_{\text{in}} = \int_0^L -\mathrm{e}^{-\mathrm{j}2\beta z} \frac{1}{2} \frac{\mathrm{d}}{\mathrm{d}z}\left[\ln(r)\left(1 - \frac{z}{L}\right)\right] \mathrm{d}z = \frac{\ln(r)}{2L} \int_0^L \mathrm{e}^{-\mathrm{j}2\beta z} \mathrm{d}z = \frac{\ln(r)}{2L} \frac{\mathrm{e}^{-\mathrm{j}2\beta L} - 1}{-\mathrm{j}2\beta}.$$

反射系数

$$\Gamma_{\text{in}} = \frac{\ln(r)}{2L} \mathrm{e}^{-\mathrm{j}\beta L} \frac{\mathrm{e}^{-\mathrm{j}\beta L} - \mathrm{e}^{+\mathrm{j}\beta L}}{-\mathrm{j}2\beta} = \frac{\ln(r)}{2} \mathrm{e}^{-\mathrm{j}\beta L} \frac{\sin\beta L}{\beta L}.$$

图 4.25 是指数渐变阻抗变换器的频率响应. 显然, 变换段长度相对于工作波长越长, 反射越小. 阻抗变换比 r 越大, 反射系数越大.

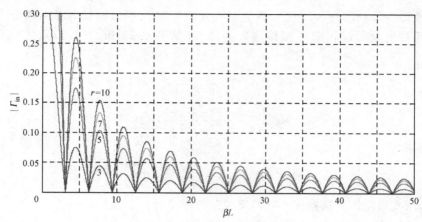

图 4.25   指数渐变阻抗变换器频率响应

例 4-3   指数渐变阻抗变换器. 令 $\dfrac{\mathrm{d}}{\mathrm{d}z}[\ln \overline{Z}(z)] = \begin{cases} C_0 z, & 0 \leqslant z \leqslant \dfrac{L}{2}, \\[2mm] C_0(L-z), & \dfrac{L}{2} \leqslant z \leqslant L. \end{cases}$ 求阻抗渐变方程、反射系数 Γ_{in} 及其频率响应.

解

$$\ln \overline{Z}(z) = \begin{cases} \displaystyle\int C_1 z \,\mathrm{d}z = \dfrac{C_0}{2} z^2 + C_1, & 0 \leqslant z \leqslant \dfrac{L}{2}, \\[3mm] \displaystyle\int C_1(L-z)\,\mathrm{d}z = -\dfrac{C_0}{2}(L-z)^2 + C_2, & \dfrac{L}{2} \leqslant z \leqslant L, \end{cases}$$

$$\overline{Z}(z) = \begin{cases} \mathrm{e}^{\frac{C_0}{2} z^2 + C_1}, & 0 \leqslant z \leqslant \dfrac{L}{2}, \\[3mm] \mathrm{e}^{-\frac{C_0}{2}(L-z)^2 + C_2}, & \dfrac{L}{2} \leqslant z \leqslant L. \end{cases}$$

因为 $\overline{Z}(z=0) = \overline{Z}_{\mathrm{L}} = r$, $\overline{Z}(z=L) = 1$, $z = L/2$ 处阻抗是连续的, 所以 $C_0 = -\dfrac{4}{L^2}\ln(r)$, $C_1 = \ln(r)$, $C_2 = 0$. 则阻抗渐变方程为

$$\overline{Z}(z) = \begin{cases} \mathrm{e}^{\left(1 - \frac{2}{L^2} z^2\right)\ln(r)}, & 0 \leqslant z \leqslant \dfrac{L}{2}, \\[3mm] \mathrm{e}^{\frac{2\ln(r)}{L^2}(L-z)^2}, & \dfrac{L}{2} \leqslant z \leqslant L. \end{cases}$$

反射系数

$$\Gamma_{\mathrm{in}} = \frac{2}{L^2}\ln(r)\int_0^{L/2} \mathrm{e}^{-\mathrm{j}2\beta z} z \,\mathrm{d}z + \frac{2}{L^2}\ln(r)\int_{L/2}^{L} \mathrm{e}^{-\mathrm{j}2\beta z}(L-z)\,\mathrm{d}z = \frac{\ln(r)}{2}\mathrm{e}^{-\mathrm{j}\beta L}\left[\frac{\sin(\beta L/2)}{\beta L/2}\right]^2,$$

其中

$$\int \mathrm{e}^{-\mathrm{j}2\beta z} z \,\mathrm{d}z = \frac{z}{-\mathrm{j}2\beta}\mathrm{e}^{-\mathrm{j}2\beta z} - \frac{1}{(-\mathrm{j}2\beta)^2}\mathrm{e}^{-\mathrm{j}2\beta z}.$$

例 4-2 和例 4-3 的阻抗渐变方程均为指数型.显然,在这两个例子中阻抗变换比 r 以及阻抗变换器长度 L 都各自相同的条件下,例 4-3 的设计结果具有更小的带内最大反射系数 Γ_{max}.

阻抗变换器设计者追求的是,在阻抗变换比 r、带内最大反射系数 Γ_{max} 相同的条件下,设计出最短的阻抗变换器结构.根据例 4-2 和例 4-3 的分析可以看出,若令 $\dfrac{\mathrm{d}}{\mathrm{d}z}[\ln \bar{Z}(z)] = f(z)$,则设计最佳的渐变线阻抗变换器就归结为选择最佳函数 $f(z)$.除了例 4-2 和例 4-3 介绍的两种函数外,$f(z)$ 还可选用高斯函数或 Klopfenstein 函数.其中,根据 Klopfenstein 函数设计的渐变线阻抗变换器具有最短的长度.

§4.7 定向耦合器

定向耦合器是一种具有方向选择性的四端口功率分配元件,它可以对主传输线上的正向、反向电磁波分别采样.微波定向耦合器的种类有小孔型、十字槽型及带状线型等.

4.7.1 小孔型定向耦合器

小孔型定向耦合器是由两根通过波导壁上的小孔相互耦合的波导构成,见图 4.26,其基本特征是:主体结构具有四个端口;从 No.1 端口输入的微波功率将按一定的比例从 No.2 端口、No.3 端口输出,No.4 端口无输出;从 No.2 端口输入的微波功率将按一定的比例从 No.1 端口、No.4 端口输出,No.3 端口无输出.No.1 端口和 No.2 端口间的传输线称为主波导,No.3 端口和 No.4 端口间的传输线称为副波导.当主波导中存在正、反向传输波时,No.3 端口的输出功率与正向波的功率成正比,No.4 端口的输出功率与反向波的功率成正比(见图 4.27).

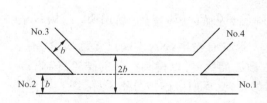

图 4.26 波导型定向耦合器结构示意图及实物图片

下面以只有两个小孔的定向耦合器为例,介绍小孔型定向耦合器的工作原理.首先,假设小孔的直径很小,每个小孔的功率耦合量对主波导传输的微波能量影响不大,并定义由小孔在主、副波导之间形成的电压耦合系数为 k.假设从 No.1 端口输入微波功率,则各端口的输入、输出功率分别为:

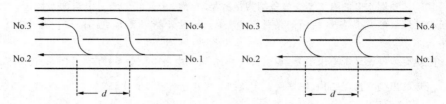

图 4.27　双孔定向耦合器正、反向波叠加示意图

No. 1 端口入波功率：

$$P_1 = \frac{1}{2}\left|a_1\right|^2;\tag{4-43}$$

No. 3 端口出波功率：

$$P_3 = \frac{1}{2}\left|b_3\right|^2 = \frac{1}{2}\left|\overset{\text{1孔耦合波}}{ka_1 e^{j\theta}} + \overset{\text{2孔耦合波}}{ka_1 e^{j\theta}}\right|^2$$

$$= \frac{1}{2}\left|2ka_1 e^{j\theta}\right|^2 = 2k^2\left|a_1\right|^2;\tag{4-44}$$

No. 4 端口出波功率：

$$P_4 = \frac{1}{2}\left|b_4\right|^2 = \frac{1}{2}\left|\overset{\text{1孔耦合波}}{ka_1 e^{j\theta'}} + \overset{\text{2孔耦合波}}{ka_1 e^{j(\theta'+2\beta d)}}\right|^2$$

$$= \frac{1}{2}\left|ka_1 e^{j(\theta'+\beta d)}(e^{-j\beta d} + e^{j\beta d})\right|^2$$

$$= \frac{1}{2}\left|2ka_1 e^{j(\theta'+\beta d)}\cos(\beta d)\right|^2 = 2k^2\left|a_1\right|^2\cos^2(\beta d);\tag{4-45}$$

No. 2 端口出波功率：

$$P_2 = \frac{1}{2}\left|b_2\right|^2 = P_1 - P_3 - P_4.\tag{4-46}$$

其中 θ,θ' 分别为 No. 3 端口、No. 4 端口到 No. 1 端口的相移.

显然，当 $\beta d = \dfrac{\pi}{2}$，即 $d = \dfrac{\lambda_g}{4}$ 时，必有 $P_4 = 0$，$P_2 = P_1 - P_3$. 这说明：当从 No. 1 端口输入微波能量时，No. 2 端口、No. 3 端口有输出，No. 4 端口无输出，这正是我们所希望的. 如果从 No. 2 端口输入微波能量，可以得到类似的结论. 因此，一个理想的定向耦合器可以对传输线上的正向、反向电磁波分别采样，即

$$\left|\Gamma_2\right|^2 \approx \frac{P_4}{k^2 P_1} = \frac{P_4}{P_3}, \quad k \ll 1.\tag{4-47}$$

简而言之，只要主、副波导之间的小孔位置合适，就可以构成定向耦合器. 需要注意的是，只有在耦合孔很小时，两个小孔的耦合波幅度才会近似相等. 只有这样，反向传输的两个耦合波才有可能在 No. 4 端口相互抵消，从而得到 $P_4 = 0$ 的结论.

微波工程中实用的定向耦合器是一个三端口元件,见图 4.26,它的 No.4 端口上接有匹配负载,No.2 端口与 No.3 端口输出功率的比值由小孔的直径、小孔的个数等参数决定.

小孔型定向耦合器的重要技术参数有:

(1)正向过渡衰减量(正向输入时,主波导与副波导的输出功率之比)

$$L_+ (\mathrm{dB}) = 10 \lg\left(\frac{P_1}{P_3}\right) = -20 \lg(2k);\tag{4-48}$$

(2)方向性系数(正向输入时,副波导 No.3 端口与 No.4 端口的输出功率之比)

$$D(\mathrm{dB}) = 10 \lg\left(\frac{P_3}{P_4}\right) = -20 \lg|\cos(\beta d)|.\tag{4-49}$$

由于小孔型定向耦合器的电压耦合系数 k 必须远小于 1,不能任选,因此双孔定向耦合器的正向过渡衰减量只能是一个很大的常数. 双孔定向耦合器的孔间距 d 确定后,只有在工作波长满足 $\lambda_g = 4d$ 的条件下,定向耦合器才能正常工作. 这个波长被称为定向耦合器的中心工作波长. 当实际工作波长偏离中心工作波长时,定向耦合器的方向性系数将会劣化,因此双孔定向耦合器是窄带元件,不能满足宽带系统的要求.

已知多节阻抗变换器比单节阻抗变换器的工作频带宽. 同样,多孔定向耦合器也比双孔定向耦合器的工作频带宽. 这实际上就是拓宽微波元件、器件工作频带的基本思路和方法.

如图 4.28 所示,假设定向耦合器有 n 个小孔(n 为偶数),第 i 个小孔的电压耦合系数为 k_i,孔间距为 d,按照双孔定向耦合器的分析方法,可以写出从 No.1 端口输入微波时,No.2 端口、No.3 端口及 No.4 端口的出波情况为:

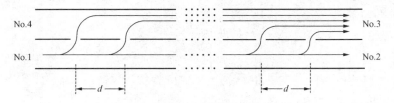

图 4.28 多孔定向耦合器正向波叠加示意图

No.1 端口入波功率:

$$P_1 = \frac{1}{2}\left|a_1\right|^2;\tag{4-50}$$

No.3 端口出波功率:

$$P_3 = \frac{1}{2}\left|\overset{1\text{孔耦合波}}{k_1 a_1 \mathrm{e}^{\mathrm{j}\theta}} + \overset{2\text{孔耦合波}}{k_2 a_1 \mathrm{e}^{\mathrm{j}\theta}} + \cdots + \overset{n\text{孔耦合波}}{k_n a_1 \mathrm{e}^{\mathrm{j}\theta}}\right|^2$$

$$= \frac{1}{2} \left| \sum_{i=1}^{n} k_i a_1 \mathrm{e}^{\mathrm{j}\theta} \right|^2 = \frac{1}{2} \left| a_1 \right|^2 \left(\sum_{i=1}^{n} k_i \right)^2 ; \tag{4-51}$$

No. 4 端口出波功率:

$$P_4 = \frac{1}{2} \left| \overset{\text{1孔耦合波}}{k_1 a_1 \mathrm{e}^{\mathrm{j}\theta'}} + \overset{\text{2孔耦合波}}{k_2 a_1 \mathrm{e}^{\mathrm{j}(\theta'+2\beta d)}} + \cdots + \overset{\text{n孔耦合波}}{k_n a_1 \mathrm{e}^{\mathrm{j}[\theta'+2(n-1)\beta d]}} \right|^2$$

$$= \frac{1}{2} \left| a_1 \mathrm{e}^{\mathrm{j}\theta'} \right|^2 \left| k_1 + k_2 \mathrm{e}^{\mathrm{j}2\beta d} + \cdots + k_n \mathrm{e}^{\mathrm{j}2(n-1)\beta d} \right|^2$$

$$= \frac{1}{2} \left| a_1 \right|^2 \left| k_1 + k_2 \mathrm{e}^{\mathrm{j}2\beta d} + \cdots + k_n \mathrm{e}^{\mathrm{j}2(n-1)\beta d} \right|^2 ; \tag{4-52}$$

No. 2 端口出波功率:

$$P_2 = \frac{1}{2} \left| b_2 \right|^2 = P_1 - P_3 - P_4 . \tag{4-53}$$

其中 θ, θ' 分别为 No. 3 端口、No. 4 端口到 No. 1 端口的相移.

为了简化问题以获得解析表达式,设 $k_i = k$,则式(4-50)～式(4-53)可以化为

$$P_1 = \frac{1}{2} \left| a_1 \right|^2 , \tag{4-54}$$

$$P_3 = \frac{1}{2} \left(nk \right)^2 \left| a_1 \right|^2 , \tag{4-55}$$

$$P_4 = \frac{1}{2} k^2 \left| a_1 \right|^2 \left| 1 + \mathrm{e}^{\mathrm{j}2\beta d} + \mathrm{e}^{\mathrm{j}4\beta d} + \cdots + \mathrm{e}^{\mathrm{j}2(n-2)\beta d} + \mathrm{e}^{\mathrm{j}2(n-1)\beta d} \right|^2$$

$$= \frac{1}{2} k^2 \left| a_1 \right|^2 \left| \mathrm{e}^{\mathrm{j}(n-1)\beta d} \right|^2 \left| \mathrm{e}^{-\mathrm{j}(n-1)\beta d} + \mathrm{e}^{-\mathrm{j}(n-3)\beta d} + \mathrm{e}^{-\mathrm{j}(n-5)\beta d} \right.$$

$$\left. + \cdots + \mathrm{e}^{-\mathrm{j}\beta d} + \mathrm{e}^{\mathrm{j}\beta d} + \cdots + \mathrm{e}^{\mathrm{j}(n-5)\beta d} + \mathrm{e}^{\mathrm{j}(n-3)\beta d} + \mathrm{e}^{\mathrm{j}(n-1)\beta d} \right|^2 ,$$

$$= \frac{1}{2} k^2 \left| a_1 \right|^2 \left\{ 2 \cos\left[(n-1)\beta d \right] + 2 \cos\left[(n-3)\beta d \right] \right.$$

$$\left. + \cdots + 2 \cos(\beta d) \right\}^2 \left(\frac{\sin \beta d}{\sin \beta d} \right)^2$$

$$= \frac{1}{2} k^2 \left| a_1 \right|^2 \left| \frac{\sin(n\beta d)}{\sin(\beta d)} \right|^2 , \tag{4-56}$$

$$P_2 = P_1 - P_3 - P_4 . \tag{4-57}$$

由此可得多孔定向耦合器的技术参数:

正向过渡衰减量:

$$L_+ \ (\mathrm{dB}) = 10 \lg \left(\frac{P_1}{P_3} \right) = -20 \lg(nk_i) ; \tag{4-58}$$

方向性系数:

$$D(\mathrm{dB}) = 10 \lg \left(\frac{P_3}{P_4} \right) = 20 \lg \left| \frac{n \sin(\beta d)}{\sin(n\beta d)} \right| \geqslant 20 \lg \left| n \sin(\beta d) \right| . \tag{4-59}$$

由式(4-58)可见：(1)尽管电压耦合系数 k_i 必须很小，不能任选，但可以通过改变小孔的个数 n 来调整正向过渡衰减量 L_+；(2)方向性系数 D 也可以通过改变小孔的个数来调整；(3)由于多孔定向耦合器对 βd 无严格的特殊要求，只要 $\beta d \neq k\pi$ 就可以．因此多孔定向耦合器的工作频带较宽．

实际上，定向耦合器内的小孔直径相同，小孔间距也相同，这只是为了理论分析和加工制造方便，而并非最佳设计参数方案．在实用的宽带高方向性定向耦合器中有所谓的切比雪夫定向耦合器．切比雪夫定向耦合器的设计方法与切比雪夫阻抗变换器的设计方法基本相同，采用这种设计方法可以求出小孔的个数 n、每个小孔的电压耦合系数 k_i、每个小孔的直径以及小孔之间的距离 d．具有切比雪夫函数频率响应的多孔定向耦合器可以在很宽的频带内保持较高的方向性系数．

4.7.2 带状线型定向耦合器

所谓带状线型定向耦合器，就是在上下两块公共接地板之间放置两根彼此存在耦合的带状导体，如图 4.29 所示．带状线型定向耦合器是双导体传输系统，可以采用同轴线或微带线结构来实现．

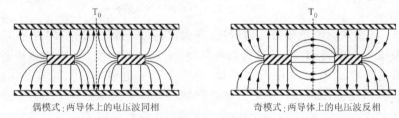

偶模式：两导体上的电压波同相　　　　奇模式：两导体上的电压波反相

图 4.29　带状线型定向耦合器奇、偶模式电场结构示意图

根据两根带状导体上相对电压相位的情况，带状线传输系统中可以存在奇、偶两种 TEM 模式．这两种模式具有相同的传播常数，但由于它们的电磁场空间分布不同，见图 4.29，因此具有不同的特性阻抗．

可以证明，偶模式特性阻抗 Z_e 和奇模式特性阻抗 Z_o 满足如下关系：

$$Z_e \geqslant Z_o, \tag{4-60a}$$

$$Z_e Z_o = Z_c^2. \tag{4-60b}$$

两根带状线耦合得越紧，则偶模式特性阻抗 Z_e 和奇模式特性阻抗 Z_o 的差就越大；当两根带状线相距无穷远时，则有 $Z_e = Z_o = Z_c$．带状线型定向耦合器的工作特性正是靠奇、偶模式的特性阻抗之差才得以实现的．

可以利用 S 参量和电磁场的叠加原理来分析带状线型定向耦合器．在一般情况下，两根带状耦合线上的入波和出波可以分解成奇模式、偶模式的线性叠加，叠加关系如图 4.30 所示，其中的叠加关系为：

各端口的出波：

$$b_n = b_{on} + b_{en};\qquad (4\text{-}61)$$

各端口的入波：

$$a_1 = \frac{a_1}{2} + \frac{a_1}{2},\qquad (4\text{-}62a)$$

$$a_2 = 0,\qquad (4\text{-}62b)$$

$$a_3 = 0,\qquad (4\text{-}62c)$$

$$a_4 = \frac{a_1}{2} - \frac{a_1}{2} = 0.\qquad (4\text{-}62d)$$

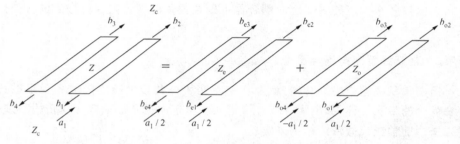

图 4.30　带状线中奇、偶模式的线性叠加关系

从奇、偶模式的电场分布可以看出，在参考面 T_0 上电场的切向分量 $E_t = 0$，其物理意义表明参考面 T_0 可以视为良导体，通常称为电壁．电壁的物理意义在于：如果沿参考面 T_0 放置一导体平板，它不会影响电磁场的空间分布情况．这说明带状线型定向耦合器内的电磁场空间结构与特定激励条件下的四个独立均匀传输线的电磁场空间结构完全相同．所以，带状线型定向耦合器的传输特性一定与特定激励条件下的四个独立均匀传输线的总体传输特性相同．

已知奇、偶模式两种激励状态下，传输系统的入波、出波叠加关系如图 4.30，根据四个独立均匀传输线的入波条件，分别求出它们的出波，然后按图 4.30 所示的入波、出波叠加关系就可以求出耦合带状线的出波和传输特性．

已知一段插入均匀传输线的 $\bar{A}$ 参量为

$$\bar{A} = \begin{bmatrix} \sqrt{\dfrac{Z}{Z_c}} & 0 \\[2mm] 0 & \sqrt{\dfrac{Z_c}{Z}} \end{bmatrix} \begin{bmatrix} \cos(\beta l) & \mathrm{j}\sin(\beta l) \\[2mm] \mathrm{j}\sin(\beta l) & \cos(\beta l) \end{bmatrix} \begin{bmatrix} \sqrt{\dfrac{Z_c}{Z}} & 0 \\[2mm] 0 & \sqrt{\dfrac{Z}{Z_c}} \end{bmatrix}$$

$$= \begin{bmatrix} \cos(\beta l) & \mathrm{j}\dfrac{Z}{Z_c}\sin(\beta l) \\[3mm] \mathrm{j}\dfrac{Z_c}{Z}\sin(\beta l) & \cos(\beta l) \end{bmatrix},$$

其中 Z 为插入均匀传输线的特性阻抗，Z_c 为输入、输出均匀传输线的特性阻抗.

由带状线型定向耦合器的结构可知该网络是对称的，根据 $\overline{A}$ 参量和 S 参量的换算关系，可以求出耦合线段的 S 参量各元素为

$$S_{11} = S_{22} = \frac{\bar{a} + \bar{b} - \bar{c} - \bar{d}}{\bar{a} + \bar{b} + \bar{c} + \bar{d}} = \frac{\left(\dfrac{Z}{Z_c} - \dfrac{Z_c}{Z}\right)}{\left(\dfrac{Z}{Z_c} + \dfrac{Z_c}{Z}\right) - 2\mathrm{j}\cot(\beta l)}, \tag{4-63}$$

$$S_{12} = S_{21} = \frac{2}{\bar{a} + \bar{b} + \bar{c} + \bar{d}} = \frac{2}{2\cos(\beta l) + \mathrm{j}\left(\dfrac{Z}{Z_c} + \dfrac{Z_c}{Z}\right)\sin(\beta l)}. \tag{4-64}$$

由均匀传输线的 S 参量，根据奇偶模式的特性阻抗，可以直接写出一段插入均匀传输线的奇模式和偶模式的 S 参量：

偶模式：

$$S_{\mathrm{e}11} = S_{\mathrm{e}22} = \frac{\left(\dfrac{Z_{\mathrm{e}}}{Z_c} - \dfrac{Z_c}{Z_{\mathrm{e}}}\right)}{\left(\dfrac{Z_{\mathrm{e}}}{Z_c} + \dfrac{Z_c}{Z_{\mathrm{e}}}\right) - \mathrm{j}2\cot(\beta l)}, \tag{4-65a}$$

$$S_{\mathrm{e}12} = S_{\mathrm{e}21} = \frac{2}{2\cos(\beta l) + \mathrm{j}\left(\dfrac{Z_{\mathrm{e}}}{Z_c} + \dfrac{Z_c}{Z_{\mathrm{e}}}\right)\sin(\beta l)}; \tag{4-65b}$$

奇模式：

$$S_{\mathrm{o}11} = S_{\mathrm{o}22} = \frac{\left(\dfrac{Z_{\mathrm{o}}}{Z_c} - \dfrac{Z_c}{Z_{\mathrm{o}}}\right)}{\left(\dfrac{Z_{\mathrm{o}}}{Z_c} + \dfrac{Z_c}{Z_{\mathrm{o}}}\right) - \mathrm{j}2\cot(\beta l)}, \tag{4-65c}$$

$$S_{\mathrm{o}12} = S_{\mathrm{o}21} = \frac{2}{2\cos(\beta l) + \mathrm{j}\left(\dfrac{Z_{\mathrm{o}}}{Z_c} + \dfrac{Z_c}{Z_{\mathrm{o}}}\right)\sin(\beta l)}. \tag{4-65d}$$

在 $Z_{\mathrm{e}}Z_{\mathrm{o}} = Z_c^2$ 的条件下，可以得到

$$S_{\mathrm{e}11} = - S_{\mathrm{o}11}, \quad S_{\mathrm{e}12} = S_{\mathrm{o}12}.$$

根据图 4.30，按照奇模式和偶模式的 S 参量以及入波情况，可以得到如下等式：

$$b_1 = b_{\mathrm{e}1} + b_{\mathrm{o}1} = S_{\mathrm{e}11}\left(\frac{a_1}{2}\right) + S_{\mathrm{o}11}\left(\frac{a_1}{2}\right) = 0, \tag{4-66a}$$

$$b_2 = b_{\mathrm{e}2} + b_{\mathrm{o}2} = S_{\mathrm{e}21}\left(\frac{a_1}{2}\right) + S_{\mathrm{o}21}\left(\frac{a_1}{2}\right) = S_{\mathrm{e}21}a_1 = S_{\mathrm{o}21}a_1, \tag{4-66b}$$

$$b_3 = b_{\mathrm{e}3} + b_{\mathrm{o}3} = S_{\mathrm{e}21}\left(\frac{a_1}{2}\right) + S_{\mathrm{o}21}\left(-\frac{a_1}{2}\right) = 0, \tag{4-66c}$$

$$b_4 = b_{\mathrm{e}4} + b_{\mathrm{o}4} = S_{\mathrm{e}11}\left(\frac{a_1}{2}\right) + S_{\mathrm{o}11}\left(-\frac{a_1}{2}\right) = S_{\mathrm{e}11}a_1 = - S_{\mathrm{o}11}a_1. \tag{4-66d}$$

由式(4-66)可见,当微波信号从 No. 1 端口输入时, No. 2 端口、No. 4 端口有输出, No. 3 端口无输出. 这正是一个理想的定向耦合器. 带状线型定向耦合器与小孔型定向耦合器的不同之处是:其副波导的输出端口是 No. 4 端口而不是 No. 3 端口.

代入奇模式或偶模式的 S 参量,就可以得到带状线型定向耦合器的出波:

$$b_2 = \frac{2a_1}{2\cos(\beta l) + \mathrm{j}\left(\sqrt{\dfrac{Z_e}{Z_o}} + \sqrt{\dfrac{Z_o}{Z_e}}\right)\sin(\beta l)}, \tag{4-67a}$$

$$b_4 = \frac{a_1 \times \mathrm{j}\left(\sqrt{\dfrac{Z_e}{Z_o}} - \sqrt{\dfrac{Z_o}{Z_e}}\right)\sin(\beta l)}{2\cos(\beta l) + \mathrm{j}\left(\sqrt{\dfrac{Z_e}{Z_o}} + \sqrt{\dfrac{Z_o}{Z_e}}\right)\sin(\beta l)}, \tag{4-67b}$$

$$b_1 = b_3 = 0. \tag{4-67c}$$

根据入波和出波的比值,就可以求出带状线型定向耦合器的技术参数:

正向过渡衰减量:

$$L_+ \text{ (dB)} = 10\lg\left(\frac{P_1}{P_4}\right) = 10\lg\frac{|a_1|^2}{|b_4|^2}$$

$$= 20\lg\left|\frac{\left(\sqrt{\dfrac{Z_e}{Z_o}} + \sqrt{\dfrac{Z_o}{Z_e}}\right) - 2\mathrm{j}\cot(\beta l)}{\sqrt{\dfrac{Z_e}{Z_o}} - \sqrt{\dfrac{Z_o}{Z_e}}}\right|; \tag{4-68a}$$

方向性系数:

$$D(\text{dB}) = 10\lg\left(\frac{P_4}{P_3}\right) = 10\lg\frac{|b_4|^2}{|b_3|^2} \to \infty. \tag{4-68b}$$

正向过渡衰减量 L_+ 是 Z_e 和 Z_o 及 l 和 λ_g 的函数,其中 Z_e 和 Z_o 与两带状耦合线的耦合松紧程度有关. 当单节带状线型定向耦合器的设计参数确定后,正向过渡衰减量 L_+ 还与工作频率有关. 因此,单节带状线型定向耦合器是窄带元件. 为了改善其频带特性,可以将带状线型定向耦合器做成多节结构. 将若干特性阻抗不同、长度不同的耦合线相串联,通过调整它们的参数,就可以构成工作频带很宽的带状线型定向耦合器.

带状线型定向耦合器的方向性系数 D 趋于无穷大,但这仅是理论值. 实际上由于加工的误差,不可能将其做得完全对称,只要带状线型定向耦合器在结构上存在不对称,其方向性系数 D 就不会是无穷大,但总是可以做得相当大.

综合两类定向耦合器的工作原理可见,定向耦合特性都是通过副传输线上的多个正向、反向波相互抵消或相互加强而实现的. 因此定向耦合器必须有两个以上的耦合机制. 例如,在小孔型定向耦合器中至少应当有两个以上的小孔,在带状线型定向耦合器中至少应有一段奇模式、偶模式特性阻抗不相同的耦合传输线. 当定向耦合器只有两种耦合机制时,它是窄带元件,因为副传输线上的反向波只能在某一特定频率上完全抵消. 为了拓宽定向耦合器的工作频带,需要增加耦合机制的数目,从而产生了多孔定向耦合器和多节带状线型定向耦合器.

增加耦合机制为什么可以拓宽定向耦合器的工作频带呢? 以多孔定向耦合器为例来说明这个问题. 根据图 4.28,在电压耦合系数 k 很小的前提下,可以认为,相邻两个小孔在副波导中激励的反向波幅度几乎相等,当工作波长满足 $\lambda = 4d$ 时,相邻小孔在副波导中激励的反向波到达 No. 4 端口时恰好相互抵消. 如果定向耦合器内只有两个小孔,则反向波在 No. 4 端口恰好为等幅反相的波长(频率)组合方式只有一种,因此只能对应于一个工作波长 $\lambda = 4d$. 如果定向耦合器内有多个小孔,则反向波在 No. 4 端口恰好相互抵消的波长(频率)组合方式就会有多种,每一个波长(频率)组合方式都对应有一个工作波长. 因此,多孔定向耦合器可以在较宽的频带内具有较高的方向性系数.

§4.8 微波铁氧体元件

铁氧体是微波系统中经常用到的各向异性材料,它是呈黑褐色的陶瓷,相对介电系数约为 $10 \sim 20$,电阻率很高($> 10^6 \ \Omega \cdot cm$),因而微波损耗很小. 铁氧体是非线性、各向异性的磁性材料,其磁导率与外加磁场有关(非线性),在特定磁场下铁氧体在不同方向上的磁导率不同(各向异性). 微波系统中常用的铁氧体材料主要有镍-锌、镍-镁、锰-镁铁氧体以及钇铁石榴石(YIG)等.

铁氧体材料的晶格离子的 3d 或 4f 电子存在未被抵消的自旋,这些自旋呈现固有磁矩并在量子交换力的作用下在铁氧体材料内部形成所谓的"磁畴",所以经过磁化的铁氧体材料具有较强的磁性.

由于铁氧体是具有非线性、各向异性的材料,所以当电磁波从不同的方向与其相互作用时,铁氧体将呈现不同的效应(非互易性). 基于这种非互易效应,可以制作各种非互易微波元件.

4.8.1 张量磁导率

各向同性磁介质的磁化强度 $\boldsymbol{M}$、磁场强度 $\boldsymbol{H}$ 以及磁感应强度 $\boldsymbol{B}$ 都在同一方向上,按照通常的定义有

$$\boldsymbol{M} = \chi \boldsymbol{H}, \tag{4-69a}$$

$$\boldsymbol{B} = \mu_0 (\boldsymbol{H} + \boldsymbol{M}) = \mu_0 (1 + \chi) \boldsymbol{H} = \mu_0 \mu_r \boldsymbol{H}, \tag{4-69b}$$

其中 μ_0 是真空中的磁导率,磁化率 χ 和相对磁导率 μ_r 都是常数,它们是描述磁介质磁性的参量.

铁氧体是各向异性磁介质材料,其中磁化强度 M、磁场强度 H 以及磁感应强度 B 一般不在同一方向上. 如果采用矩阵来表示各向异性磁介质的磁性参量,可以定义下列单列矩阵:

磁化强度:

$$M = \begin{bmatrix} M_x \\ M_y \\ M_z \end{bmatrix}; \tag{4-70a}$$

磁场强度:

$$H = \begin{bmatrix} H_x \\ H_y \\ H_z \end{bmatrix}; \tag{4-70b}$$

磁感应强度:

$$B = \begin{bmatrix} B_x \\ B_y \\ B_z \end{bmatrix}. \tag{4-70c}$$

磁化强度 M、磁场强度 H 以及磁感应强度 B 之间的关系可以用磁化率

$$\boldsymbol{\chi} = \begin{bmatrix} \chi_{xx} & \chi_{xy} & \chi_{xz} \\ \chi_{yx} & \chi_{yy} & \chi_{yz} \\ \chi_{zx} & \chi_{zy} & \chi_{zz} \end{bmatrix} \tag{4-71a}$$

和相对磁导率

$$\boldsymbol{\mu}_r = \begin{bmatrix} \mu_{xx} & \mu_{xy} & \mu_{xz} \\ \mu_{yx} & \mu_{yy} & \mu_{yz} \\ \mu_{zx} & \mu_{zy} & \mu_{zz} \end{bmatrix} \tag{4-71b}$$

表示为

$$M = \boldsymbol{\chi} H, \tag{4-72a}$$
$$B = \mu_0 (H + M) = \mu_0 (I + \boldsymbol{\chi}) H = \mu_0 \boldsymbol{\mu}_r H, \tag{4-72b}$$

其中 $\boldsymbol{\mu}_r = I + \boldsymbol{\chi}$,$I$ 是三阶单位矩阵,$\boldsymbol{\chi}$ 是磁化率张量,$\boldsymbol{\mu}_r$ 是磁导率张量.

4.8.2　铁氧体中电子自旋的进动

如果将铁氧体中的自旋电子视为经典粒子,则其轨道角动量可根据经典力学理论的运动方程给出,但其自旋是与空间运动无关的基本粒子的内在性质,所以自旋角动量无法用经典力学理论描述,必须引入量子力学理论中电子自旋角动量 s 与固有磁矩 m_0 的关系. 这种将经典力学理论和量子力学理论综合起来分析问题的方法被称为"半经典的宏观唯象理论". 根据量子力学理论,电子自旋角

动量 s 与固有磁矩 m_0 的关系为

$$m_0 = -\frac{e}{mc}s = -\gamma s, \qquad (4\text{-}73a)$$

其中 e 为电子电荷，m 为电子质量，c 为光速，$\gamma = \frac{e}{mc}$ 是电子的旋磁比. 若采用国际单位制，则电子的荷质比 $e/m = 1.7594 \times 10^{11}$ C/kg；若采用高斯单位制，根据国际单位制与高斯单位制中库仑的换算关系，1 国际单位制库仑 $= \frac{c}{10}$ 高斯单位制库仑（c 为光速），则电子的荷质比 $e/m = c \times 1.7594 \times 10^7$ C/g，所以在高斯单位制下旋磁比

$$\gamma = 2\pi \times 2.80 \times 10^6 (\text{Oe} \cdot \text{s})^{-1}. \qquad (4\text{-}73b)$$

奥斯特（Oe）与国际单位制的换算是 1 Oe $= (1000/4\pi)$ A/m.

在外加磁场强度 H 的作用下，电子自旋角动量 s 受到力矩 $m_0 \times H$ 的作用，根据经典力学理论，电子自旋运动方程为

$$\frac{\mathrm{d}s}{\mathrm{d}t} = m_0 \times H. \qquad (4\text{-}74a)$$

设铁氧体单位体积内有 n 个未抵消的自旋，则铁氧体的宏观磁化强度 M 为

$$M = n \times m_0. \qquad (4\text{-}75)$$

根据式（4-73a），（4-75），则方程（4-74a）可化为

$$\frac{\mathrm{d}M}{\mathrm{d}t} = -\gamma(M \times H). \qquad (4\text{-}74b)$$

方程（4-74b）即无损耗情况下的朗道-里弗西兹方程. 如果考虑损耗，则应当在方程（4-74b）中增加阻尼项：

$$\frac{\mathrm{d}M}{\mathrm{d}t} = -\gamma(M \times H) + \omega_r(\chi_0 H - M), \qquad (4\text{-}74c)$$

这就是修正的布洛赫（Bloch）方程. 其中 $\chi_0 = M_0/H_0$ 是恒定磁场磁化率，ω_r 是弛豫角频率，其倒数是弛豫时间 $\tau_r = 1/\omega_r$，约为 10^{-8} s.

设磁场强度 H 的方向为 z 方向，则 $H = H_0 = i_z H_0$，方程（4-74b）可写为

$$\frac{\mathrm{d}}{\mathrm{d}t}(i_x M_x + i_y M_y + i_z M_z) = -\gamma[(i_x M_x + i_y M_y + i_z M_z) \times i_z H_0], \quad (4\text{-}76)$$

即

$$\frac{\mathrm{d}M_x}{\mathrm{d}t} = -\gamma M_y H_0, \qquad (4\text{-}77a)$$

$$\frac{\mathrm{d}M_y}{\mathrm{d}t} = \gamma M_x H_0, \qquad (4\text{-}77b)$$

$$\frac{\mathrm{d}M_z}{\mathrm{d}t} = 0. \qquad (4\text{-}77c)$$

方程(4-77)的通解为

$$M_x = M_0 \sin\theta \cos(\omega_0 t + \varphi_0), \quad (4\text{-}78\text{a})$$

$$M_y = M_0 \sin\theta \sin(\omega_0 t + \varphi_0), \quad (4\text{-}78\text{b})$$

$$M_z = M_0 \cos\theta, \quad (4\text{-}78\text{c})$$

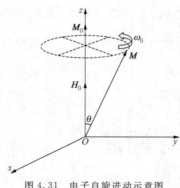

图 4.31 电子自旋进动示意图

其中 $M_0, \sin\theta, \varphi_0$ 是积分常数, $\omega_0 = \gamma H_0$ 为旋磁共振角频率. 此时, 磁化强度 $\boldsymbol{M}$ 的变化规律如图 4.31 所示, 即在恒定磁场 $\boldsymbol{H}_0$ 作用下, $\boldsymbol{M}$ 保持与 $\boldsymbol{H}_0$ 的夹角 θ 不变, 并以角频率 ω_0 按右手螺旋方向绕 $\boldsymbol{H}_0$ 旋转. 这表明, 铁氧体中自旋电子的自旋轴还将绕恒定磁场 $\boldsymbol{H}_0$ 转动, 这种复合的运动方式称为"进动". 自旋电子的进动类似于地球的运动, 地球不但自转而且绕太阳公转. 磁化铁氧体中电子的自旋进动是一种本征运动, 它对铁氧体的电磁性质有重要影响.

在无损耗的理想情况下, 式(4-78)描述的自旋进动将永不停止, 在有损耗的情况下自旋进动将逐渐减弱, 即 θ 角逐渐变小. 经过所谓的弛豫时间 τ_r 后, 磁化强度 $\boldsymbol{M}$ 将静止在恒定磁场 $\boldsymbol{H}_0$ 的方向上(记为 $\boldsymbol{M}_0$), 自旋的进动就停止了. 这时 $\boldsymbol{M}_0$ 在 $\boldsymbol{H}_0$ 的方向上形成了附加的磁场, 铁氧体被磁化了. 此时有

$$\boldsymbol{B}_0 = \mu_0(\boldsymbol{H}_0 + \boldsymbol{M}_0) = \mu_0(1 + \chi_0)\boldsymbol{H}_0 = \mu_0\mu_r\boldsymbol{H}_0, \quad (4\text{-}79)$$

其中 $\chi_0 = M_0/H_0$ 为恒定磁场磁化率, $\mu_r = 1 + \chi_0$ 为恒定磁场相对磁导率. 由于 $\boldsymbol{H}_0$ 与 $\boldsymbol{M}_0$ 的方向相同, 所以 χ_0 和 μ_r 均为标量. 这说明在恒定磁场单独作用下, 铁氧体不呈现各向异性, 只是相对磁导率 μ_r 较大而已.

4.8.3　铁氧体中的张量磁导率

如果外加磁场有交变分量 $\boldsymbol{h}(t)$, 则磁化强度也将含有交变分量 $\boldsymbol{m}(t)$, 则有

$$\boldsymbol{H} = \boldsymbol{H}_0 + \boldsymbol{h}(t), \quad (4\text{-}80)$$

$$\boldsymbol{M} = \boldsymbol{M}_0 + \boldsymbol{m}(t). \quad (4\text{-}81)$$

将式(4-80)式(4-81)代入式(4-74c), 因为 $\boldsymbol{H}_0 \times \boldsymbol{M}_0 = 0$, $\dfrac{\mathrm{d}\boldsymbol{M}_0}{\mathrm{d}t} = 0$, 则有

$$\frac{\mathrm{d}\boldsymbol{m}(t)}{\mathrm{d}t} = -\gamma[\boldsymbol{m}(t) \times \boldsymbol{H}_0 + \boldsymbol{M}_0 \times \boldsymbol{h}(t) + \boldsymbol{m}(t) \times \boldsymbol{h}(t)]$$

$$+ \omega_r\{\chi_0[\boldsymbol{H}_0 + \boldsymbol{h}(t)] - \boldsymbol{M}_0 - \boldsymbol{m}(t)\}. \quad (4\text{-}82\text{a})$$

通常铁氧体是工作在小信号状态下, 即 $\boldsymbol{m}(t) \ll \boldsymbol{M}_0, \boldsymbol{h}(t) \ll \boldsymbol{H}_0$, 在小信号近似下式(4-82a)可简化为

$$\frac{\mathrm{d}\boldsymbol{m}(t)}{\mathrm{d}t} = -\gamma[\boldsymbol{m}(t) \times \boldsymbol{H}_0 + \boldsymbol{M}_0 \times \boldsymbol{h}(t)]$$
$$+ \omega_\mathrm{r}\{\chi_0[\boldsymbol{H}_0 + \boldsymbol{h}(t)] - \boldsymbol{M}_0 - \boldsymbol{m}(t)\}. \tag{4-82b}$$

小信号近似下，铁氧体是线性材料，所以磁场的交变分量 $\boldsymbol{h}(t)$ 以及磁化强度的交变分量 $\boldsymbol{m}(t)$ 可以用简谐场表示：

$$\boldsymbol{h}(t) = (\boldsymbol{i}_x h_x + \boldsymbol{i}_y h_y + \boldsymbol{i}_z h_z)\mathrm{e}^{\mathrm{j}\omega t}, \tag{4-83a}$$

$$\boldsymbol{m}(t) = (\boldsymbol{i}_x m_x + \boldsymbol{i}_y m_y + \boldsymbol{i}_z m_z)\mathrm{e}^{\mathrm{j}\omega t}. \tag{4-83b}$$

将式（4-80）和式（4-83）代入式（4-82b），考虑到 $\boldsymbol{H} = \boldsymbol{H}_0 = \boldsymbol{i}_z H_0$，$\boldsymbol{M} = \boldsymbol{M}_0 = \boldsymbol{i}_z M_0$，则

$$\frac{\mathrm{d}\boldsymbol{m}(t)}{\mathrm{d}t} = -\gamma[(\boldsymbol{i}_x m_x + \boldsymbol{i}_y m_y + \boldsymbol{i}_z m_z)\mathrm{e}^{\mathrm{j}\omega t} \times \boldsymbol{i}_z H_0]$$
$$- \gamma[\boldsymbol{i}_z M_0 \times (\boldsymbol{i}_x h_x + \boldsymbol{i}_y h_y + \boldsymbol{i}_z h_z)\mathrm{e}^{\mathrm{j}\omega t}]$$
$$+ \omega_\mathrm{r}\{\chi_0[\boldsymbol{i}_z H_0 + (\boldsymbol{i}_x h_x + \boldsymbol{i}_y h_y + \boldsymbol{i}_z h_z)\mathrm{e}^{\mathrm{j}\omega t}]$$
$$- \boldsymbol{i}_z M_0 - (\boldsymbol{i}_x m_x + \boldsymbol{i}_y m_y + \boldsymbol{i}_z m_z)\mathrm{e}^{\mathrm{j}\omega t}\}. \tag{4-84}$$

完成对时间的微分和矢量运算后，可得到

$$(\mathrm{j}\omega + \omega_\mathrm{r})m_x + \omega_0 m_y = \omega_\mathrm{r}\chi_0 h_x + \gamma M_0 h_y, \tag{4-85a}$$

$$-\omega_0 m_x + (\mathrm{j}\omega + \omega_\mathrm{r})m_y = -\gamma M_0 h_x + \omega_\mathrm{r}\chi_0 h_y, \tag{4-85b}$$

$$(\mathrm{j}\omega + \omega_\mathrm{r})m_z = \omega_\mathrm{r}\chi_0 h_z, \tag{4-85c}$$

其中 ω 是交变磁场的角频率，$\omega_0 = \gamma H_0$ 是旋磁共振角频率，γ 是电子的旋磁比. 将磁场的交变分量 $\boldsymbol{h}(t)$ 视为已知量，解联立方程（4-85），可得

$$m_x = \chi_0 \frac{\omega_0'^2 + \mathrm{j}\omega\omega_\mathrm{r}}{\omega_0'^2 - \omega^2 + \mathrm{j}2\omega\omega_\mathrm{r}}h_x + \mathrm{j}\chi_0 \frac{\omega\omega_0}{\omega_0'^2 - \omega^2 + \mathrm{j}2\omega\omega_\mathrm{r}}h_y = \chi h_x + \mathrm{j}\chi_\mathrm{a}h_y,$$
$$\tag{4-86a}$$

$$m_y = -\mathrm{j}\chi_0 \frac{\omega\omega_0}{\omega_0'^2 - \omega^2 + \mathrm{j}2\omega\omega_\mathrm{r}}h_x + \chi_0 \frac{\omega_0'^2 + \mathrm{j}\omega\omega_\mathrm{r}}{\omega_0'^2 - \omega^2 + \mathrm{j}2\omega\omega_\mathrm{r}}h_y = -\mathrm{j}\chi_\mathrm{a}h_x + \chi h_y,$$
$$\tag{4-86b}$$

$$m_z = \chi_0 \frac{\omega_\mathrm{r}}{\omega_\mathrm{r} + \mathrm{j}\omega}h_z = \chi_\parallel h_z, \tag{4-86c}$$

其中 $\chi_0 = M_0/H_0$ 是恒定磁场的磁化率，$\chi_\mathrm{a} = \chi_0 \dfrac{\omega\omega_0}{\omega_0'^2 - \omega^2 - \mathrm{j}2\omega\omega_\mathrm{r}}$，$\omega_0' = \sqrt{\omega_0^2 + \omega_\mathrm{r}^2}$.

式（4-86）的矩阵形式为

$$\begin{bmatrix} m_x \\ m_y \\ m_z \end{bmatrix} = \begin{bmatrix} \chi & \mathrm{j}\chi_\mathrm{a} & 0 \\ -\mathrm{j}\chi_\mathrm{a} & \chi & 0 \\ 0 & 0 & \chi_\parallel \end{bmatrix}\begin{bmatrix} h_x \\ h_y \\ h_z \end{bmatrix}, \tag{4-87}$$

则磁化率张量 $\boldsymbol{\chi}$ 为

$$\boldsymbol{\chi} = \begin{bmatrix} \chi & \mathrm{j}\chi_\mathrm{a} & 0 \\ -\mathrm{j}\chi_\mathrm{a} & \chi & 0 \\ 0 & 0 & \chi_{/\!/} \end{bmatrix}, \tag{4-88}$$

磁导率张量为

$$\boldsymbol{\mu}_\mathrm{r} = \boldsymbol{I} + \boldsymbol{\chi} = \begin{bmatrix} 1+\chi & \mathrm{j}\chi_\mathrm{a} & 0 \\ -\mathrm{j}\chi_\mathrm{a} & 1+\chi & 0 \\ 0 & 0 & 1+\chi_{/\!/} \end{bmatrix} = \begin{bmatrix} \mu & \mathrm{j}\mu_\mathrm{a} & 0 \\ -\mathrm{j}\mu_\mathrm{a} & \mu & 0 \\ 0 & 0 & \mu_{/\!/} \end{bmatrix}, \tag{4-89}$$

其中

$$\chi = \chi' - \mathrm{j}\chi'' = \chi_0 \frac{\omega_0'^2 + \mathrm{j}\omega\omega_\mathrm{r}}{\omega_0'^2 - \omega^2 + \mathrm{j}2\omega\omega_\mathrm{r}}$$

$$= \chi_0 \frac{\omega_0'^2(\omega_0'^2 - \omega^2) + 2\omega^2\omega_\mathrm{r}^2}{(\omega_0'^2 - \omega^2)^2 + 4\omega^2\omega_\mathrm{r}^2} - \mathrm{j}\chi_0 \frac{\omega\omega_\mathrm{r}(\omega_0'^2 + \omega^2)}{(\omega_0'^2 - \omega^2)^2 + 4\omega^2\omega_\mathrm{r}^2}, \tag{4-90a}$$

$$\chi_\mathrm{a} = \chi_\mathrm{a}' - \mathrm{j}\chi_\mathrm{a}'' = \chi_0 \frac{\omega\omega_0}{\omega_0'^2 - \omega^2 + \mathrm{j}2\omega\omega_\mathrm{r}}$$

$$= \chi_0 \frac{\omega\omega_0(\omega_0'^2 - \omega^2)}{(\omega_0'^2 - \omega^2)^2 + 4\omega^2\omega_\mathrm{r}^2} - \mathrm{j}\chi_0 \frac{2\omega^2\omega_0\omega_\mathrm{r}}{(\omega_0'^2 - \omega^2)^2 + 4\omega^2\omega_\mathrm{r}^2}, \tag{4-90b}$$

$$\chi_{/\!/} = \chi_{/\!/}' - \mathrm{j}\chi_{/\!/}'' = \chi_0 \frac{\omega_\mathrm{r}^2}{\omega^2 + \omega_\mathrm{r}^2} - \mathrm{j}\chi_0 \frac{\omega\omega_\mathrm{r}}{\omega^2 + \omega_\mathrm{r}^2}. \tag{4-90c}$$

根据式(4-89)和式(4-90)，磁导率张量为

$$\mu' = 1 + \chi_0 \frac{\omega_0'^2(\omega_0'^2 - \omega^2) + 2\omega^2\omega_\mathrm{r}^2}{(\omega_0'^2 - \omega^2)^2 + 4\omega^2\omega_\mathrm{r}^2}, \tag{4-91a}$$

$$\mu'' = \chi_0 \frac{\omega\omega_\mathrm{r}(\omega_0'^2 + \omega^2)}{(\omega_0'^2 - \omega^2)^2 + 4\omega^2\omega_\mathrm{r}^2}, \tag{4-91b}$$

$$\mu_\mathrm{a}' = \chi_0 \frac{\omega\omega_0(\omega_0'^2 - \omega^2)}{(\omega_0'^2 - \omega^2)^2 + 4\omega^2\omega_\mathrm{r}^2}, \tag{4-92a}$$

$$\mu_\mathrm{a}'' = \chi_0 \frac{2\omega^2\omega_0\omega_\mathrm{r}}{(\omega_0'^2 - \omega^2)^2 + 4\omega^2\omega_\mathrm{r}^2}, \tag{4-92b}$$

$$\mu_{/\!/}' = 1 + \chi_0 \frac{\omega_\mathrm{r}^2}{\omega^2 + \omega_\mathrm{r}^2}, \tag{4-93a}$$

$$\mu_{/\!/}'' = \chi_0 \frac{\omega\omega_\mathrm{r}}{\omega^2 + \omega_\mathrm{r}^2}. \tag{4-93b}$$

以上 $\mu',\mu_{\mathrm{a}}',\mu_{/\!/}'$ 和 $\mu'',\mu_{\mathrm{a}}'',\mu_{/\!/}''$ 分别表示 $\mu,\mu_{\mathrm{a}},\mu_{/\!/}$ 的实部和虚部.

磁导率张量 $\boldsymbol{\mu}_{\mathrm{r}}$ 的各实部分量 $\mu',\mu_{\mathrm{a}}',\mu_{/\!/}'$ 与常规磁导率的物理意义相同,而各虚部分量 $\mu'',\mu_{\mathrm{a}}'',\mu_{/\!/}''$ 则描述了进动阻尼带来的磁损耗. 图 4.32 是根据式 (4-91)和式(4-92)画出的铁氧体的磁导率与外加恒定磁场的关系. 由图 4.32 可见,由铁氧体中的旋磁共振效应所产生的磁导率急剧变化,其中 μ'' 和 μ_{a}'' 均在 $H_0 \approx \omega/\gamma$ 处出现共振吸收峰,此时磁损耗最大,可以证明共振吸收峰的半宽为

$$\Delta H_0 \approx \frac{\omega_{\mathrm{r}}}{\gamma}, \tag{4-94}$$

即损耗越小(ω_{r} 越小),共振吸收峰越尖.

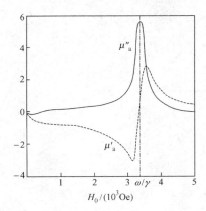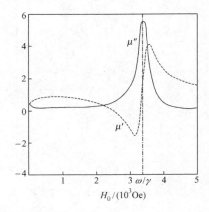

图 4.32　铁氧体的 μ_{a}'' 和 μ'' 与恒定偏置磁场 H_0 的关系曲线

4.8.4　铁氧体的张量磁导率对左、右旋磁场的响应

铁氧体的一个重要特性是其张量磁导率与磁场的左旋、右旋方向有关. 首先讨论线极化与圆极化的关系,设磁场矢量的瞬时值为

$$\boldsymbol{h}(t) = \boldsymbol{i}_x 2h \cos(\omega t), \tag{4-95a}$$

显然磁场矢量 $\boldsymbol{h}(t)$ 的大小与时间有关,但其方向始终与 x 轴重合,这种矢量场被称为线极化场. 式(4-95a)还可以改写为

$$\begin{aligned}
\boldsymbol{h}(t) &= \boldsymbol{h}^+(t) + \boldsymbol{h}^-(t) \\
&= h[\boldsymbol{i}_x \cos(\omega t) + \boldsymbol{i}_y \sin(\omega t)] + h[\boldsymbol{i}_x \cos(\omega t) - \boldsymbol{i}_y \sin(\omega t)] \\
&= (\boldsymbol{i}_x h_x^+ + \boldsymbol{i}_y h_y^+) + (\boldsymbol{i}_x h_x^+ + \boldsymbol{i}_y h_y^-).
\end{aligned} \tag{4-95b}$$

显然,矢量 $\boldsymbol{h}^+(t)$ 和 $\boldsymbol{h}^-(t)$ 的模是常量,因为

$$|\boldsymbol{h}^{\pm}(t)| = \{[h\cos(\omega t)]^2 + [h\sin(\omega t)]^2\}^{1/2} = h. \tag{4-96a}$$

但是,矢量 $\boldsymbol{h}^+(t)$ 和 $\boldsymbol{h}^-(t)$ 的方向都在旋转,而且旋转方向相反,它们与 x 轴的夹角为 $\theta^{\pm}$,

$$\tan\theta^{\pm}=\frac{h_y^{\pm}}{h_x^{\pm}}=\pm\frac{h\sin(\omega t)}{h\cos(\omega t)}=\pm\tan(\omega t),$$

$$\theta^{\pm}=\pm\omega t. \tag{4-96b}$$

由式(4-96b)可见,矢量 $\boldsymbol{h}^{+}(t)$ 和 $\boldsymbol{h}^{-}(t)$ 的模恒定不变,并分别以角频率 $\pm\omega$ 绕 z 轴旋转,这种旋转的场称为圆极化场,如图 4.33 所示. 我们规定:如果圆极化场的旋转方向与恒定偏置磁场 $\boldsymbol{H}_0$ 符合右手螺旋规则,则该圆极化场为右旋圆极化场;如果圆极化场的旋转方向与恒定偏置磁场 $\boldsymbol{H}_0$ 符合左手螺旋规则,则该圆极化场为左旋圆极化场.

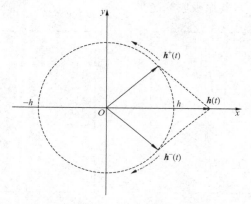

图 4.33　左、右旋圆极化场及其合成的线极化场(恒定偏置磁场 $\boldsymbol{H}_0$ 在 z 方向)

式(4-95b)描述的磁场矢量 $\boldsymbol{h}(t)$ 可以分为左旋和右旋圆极化场并可采用矩阵表示:

$$\boldsymbol{h}^{\pm}(t)=\mathrm{Re}\begin{bmatrix} h \\ \mp\mathrm{j}h \\ 0 \end{bmatrix}\mathrm{e}^{\mathrm{j}\omega t}, \tag{4-97a}$$

其中

$$\boldsymbol{h}^{\pm}=\begin{bmatrix} h \\ \mp\mathrm{j}h \\ 0 \end{bmatrix}. \tag{4-97b}$$

由此可得左旋和右旋圆磁感应强度用复数表达的单列矩阵

$$\boldsymbol{b}^{\pm}=\mu_0\,\boldsymbol{\mu}_{\mathrm{r}}\boldsymbol{h}^{\pm}$$

$$=\mu_0\begin{bmatrix} \mu & \mathrm{j}\mu_{\mathrm{a}} & 0 \\ -\mathrm{j}\mu_{\mathrm{a}} & \mu & 0 \\ 0 & 0 & \mu_{/\!/} \end{bmatrix}\begin{bmatrix} h \\ \mp\mathrm{j}h \\ 0 \end{bmatrix}=\mu_0\begin{bmatrix} (\mu\pm\mu_{\mathrm{a}})h \\ \mp\mathrm{j}(\mu\pm\mu_{\mathrm{a}})h \\ 0 \end{bmatrix}$$

$$= \mu_0(\mu \pm \mu_a) \begin{bmatrix} h \\ \mp jh \\ 0 \end{bmatrix} = \mu_0(\mu \pm \mu_a)\boldsymbol{h}^{\pm}. \tag{4-98}$$

式(4-98)表明,将磁场分为左旋和右旋圆极化场后张量磁导率退化为标量. 故可以分别定义右旋和左旋圆极化场的相对磁导率为

$$\mu_{\pm} = (\mu \pm \mu_a). \tag{4-99}$$

上述讨论表明,先将线极化场分解为左旋和右旋圆极化场,然后分别讨论左旋和右旋圆极化场对铁氧体的作用,就可以避免引入张量磁导率 μ_r,从而使分析和讨论过程得到简化.

将式(4-91)和式(4-92)代入式(4-99)可得

$$\mu_{\pm} = (\mu'_{\pm} - j\mu''_{\pm}), \tag{4-100a}$$

$$\mu'_{\pm} = 1 + \chi_0 \frac{(\omega_0'^2 - \omega^2)(\omega_0'^2 \pm \omega\omega_0) + 2\omega^2\omega_r^2}{(\omega_0'^2 - \omega^2)^2 + 4\omega^2\omega_r^2}, \tag{4-100b}$$

$$\mu''_{\pm} = \chi_0 \frac{\omega\omega_r[(\omega_0 \pm \omega)^2 + \omega_r^2]}{(\omega_0'^2 - \omega^2)^2 + 4\omega^2\omega_r^2}, \tag{4-100c}$$

其中 $\mu'_{\pm}$ 与常规意义的磁导率相同, $\mu''_{\pm}$ 对应于铁氧体的损耗. 如果不计铁氧体的损耗,则 $\omega_r = 0$, $\omega_0' = \omega_0$. $\mu'_{\pm}$ 和 $\mu''_{\pm}$ 与恒定偏置磁场 H_0 的关系曲线如图 4.34 所示.

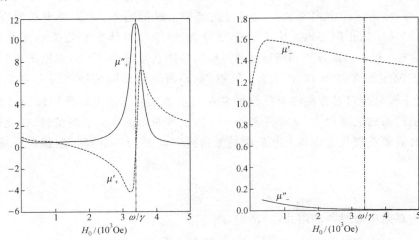

图 4.34　铁氧体的 $\mu'_{\pm}$ 和 $\mu''_{\pm}$ 与恒定偏置磁场 H_0 的关系曲线

由图 4.34 可见,铁氧体对左旋和右旋圆极化场的响应完全不同. 右旋圆极化场有明显的旋磁共振效应,在 $H_0 = \omega/\gamma$ 附近, μ'_+ 急剧变化, μ''_+ 有共振吸收峰;左旋圆极化场则不然, μ'_- 和 μ''_- 随 H_0 的变化都十分平缓. 这是因为铁氧体内的电子自旋进动是右旋形式的,因此电子自旋进动可能与右旋圆极化场产生耦合,

从而吸收磁场能量形成旋磁共振吸收峰.

利用铁氧体对左旋和右旋圆极化场的响应不同这一特点,可以制成非互易的微波铁氧体元件.

4.8.5 微波隔离器

隔离器是微波系统中常用的元件,它是采用铁氧体制造的一种非互易衰减元件,其基本特性是:微波正向通过时几乎没有衰减,微波反向通过时衰减很大.常见的微波隔离器有共振吸收式和场移式两种.

共振吸收式隔离器是利用磁化铁氧体对右旋交变磁场的共振吸收效应工作的,其结构如图 4.35(a)所示.在矩形波导中距离窄边为 d,紧贴波导的上下宽边放置两个铁氧体片(有利于散热),铁氧体片的两端为尖劈状(减小反射).在平行于窄边的方向上对铁氧体施加恒定偏置磁场 H_0.根据式(4-95),圆极化磁场与恒定偏置磁场 H_0 相互垂直,并可以分解为两个在相位上相差 90°、在空间上相互正交的交变磁场分量.在图 4.35 所示的隔离器结构中,矩形波导 TE_{10} 模式的磁场有垂直于恒定偏置磁场 H_0 的两个分量 h_x 和 h_z.这两个磁场分量的特点是:彼此正交,在相位上相差 90°,幅度与 d 有关.只要适当选择 d 就可以使 h_x 和 h_z 的幅度相等.这样,矩形波导 TE_{10} 模式的 h_x 和 h_z 分量就构成一个圆极化旋转磁场,该磁场的旋转方向取决于矩形波导 TE_{10} 模式的传播方向.如按照图 4.35(a)所示的方向施加恒定偏置磁场 H_0,根据图 4.33 的说明和规定,图 4.35(b)所示的正向传输波为左旋交变磁场,由于铁氧体对左旋磁场无共振吸收效应(μ''_- 很小),所以正向传输波通过隔离器的衰减很小.然而,根据图 4.35(a)所示的恒定偏置磁场 H_0 的方向,图 4.35(c)所示的反向传输波为右旋交变磁场,由于铁氧体对右旋磁场有强烈的共振吸收效应(μ''_+ 很大),所以反向传输波通过隔离器的衰减很大.这样隔离器就可以实现所谓的单向衰减特性.在设计隔离器时需要根据其工作频率和旋磁共振角频率 $\omega_0 = \gamma H_0$ 选择恒定偏置磁场 H_0 的值,即

$$H_0 = \frac{2\pi}{\gamma} f. \tag{4-101a}$$

若采用高斯单位制并利用式(4-73b),则

$$H_0 = \frac{f}{2.8}, \tag{4-101b}$$

其中 f 是电磁波的频率,单位为 MHz,H_0 的单位为 Oe. 实际的隔离器都有一定的工作频段,这可通过将恒定偏置磁场 H_0 的值设计成沿波导的传输方向成梯度变化即可.

隔离器是一种理想的低功率去耦合元件,在微波信号源的输出端接入隔离

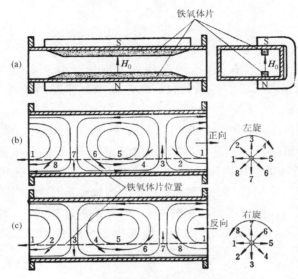

图 4.35 共振吸收式隔离器及其工作原理

器可以构成匹配微波源,这样不但有利于系统的匹配,也有利于微波信号源的稳定工作.由于隔离器的功率容量有限,因此一般不适用于大功率微波系统.

4.8.6 微波环行器

环行器是一种非互易的多分支传输元件,Y 型环行器是最常用的一种,其结构如图 4.36(a)所示. Y 型环行器由三个以 120° 夹角对称配置的分支线构成,其

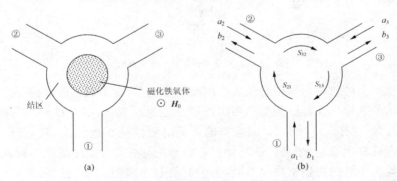

图 4.36 Y 型环行器示意图及其等效网络

中心结区放置一个圆形磁化铁氧体,恒定偏置磁场 H_0 方向与圆形磁化铁氧体的轴线平行. 环行器的功能是使微波功率单向循环传输,如从端口①输入的微波功率将全部从端口②输出,即①→②,同样有②→③和③→①;而相反的方向是隔离的. Y 型环行器是三端口网络,其 S 参量为

$$S = \mathrm{e}^{\mathrm{j}\alpha} \begin{bmatrix} 0 & 0 & 1 \\ 1 & 0 & 0 \\ 0 & 1 & 0 \end{bmatrix},$$ (4-102)

其中 α 与参考面的位置有关,适当选择参考面的位置可以使 $\alpha = 0$. 根据式 (4-102),可得理想环行器的传输特性:在各端口都匹配的条件下,$b_1 = a_3 \mathrm{e}^{\mathrm{j}\alpha}$, $b_2 = a_1 \mathrm{e}^{\mathrm{j}\alpha}$, $b_3 = a_2 \mathrm{e}^{\mathrm{j}\alpha}$.

Y 型环行器的工作原理可以用图 4.37 定性说明. 如果从①端口输入矩形波导的 TE_{10} 模,则相对于 Y 型环行器的几何对称面 TE_{10} 模的磁场是奇对称的,因此将在 Y 型环行器的结区内激励起如图 4.37 所示的奇对称磁场. 当铁氧体未被磁化时,由于②,③端口存在对称性,如果①端口没有反射波,则②,③端口的出波功率必分别为①端口入波功率的一半. 如果铁氧体被磁化,则②,③端口的对称性可能被破坏,从而造成②,③端口出波功率的重新分配.

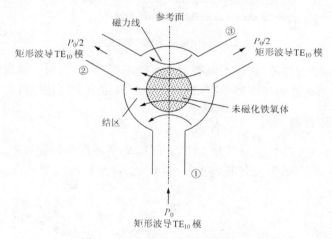

图 4.37 Y 型环行器工作原理示意图

根据前面的讨论可知磁化铁氧体的磁导率对左、右旋磁场的响应不同,其中右旋磁场的磁导率在旋磁共振频率附近可发生急剧变化,而左旋磁场的磁导率基本为常数. 由图 4.37 可见,①端口输入的电磁波是线极化波,它可以分解为右旋和左旋极化波. 由于磁化铁氧体对右旋和左旋极化波的磁导率不同,所以右旋和左旋极化波的传播常数也不同,假设右旋和左旋极化波到达③端口时的附加相位差为 2θ,则有

$$\begin{aligned} \boldsymbol{h}(t) &= \boldsymbol{h}^+(t) + \boldsymbol{h}^-(t) \\ &= h[\boldsymbol{i}_x \cos(\omega t + \theta) + \boldsymbol{i}_y \sin(\omega t + \theta)] \\ &\quad + h[\boldsymbol{i}_x \cos(\omega t - \theta) - \boldsymbol{i}_y \sin(\omega t - \theta)] \\ &= 2h(\boldsymbol{i}_x \cos\theta + \boldsymbol{i}_y \sin\theta)\cos(\omega t). \end{aligned}$$ (4-103)

根据式(4-103)和图 4.37 可见,在磁化铁氧体的作用下,从①端口输入的线极化波到达③端口时其极化方向将转动 θ 角. 如果 $\theta=30°$,则该线极化波相对于③端口的几何对称面为偶对称模式. 由于③端口矩形波导中 TE_{10} 模的磁场是奇对称的,根据奇偶禁戒规则,③端口没有出波,①端口的输入能量都将从②端口输出. 设计 Y 型环行器的基本要求是:在尽可能宽的频带内使入射波的右旋、左旋极化波到达隔离端口时的附加相位差为 $\theta=30°$. 通过适当调整磁化铁氧体和腔体的设计参数就可以实现这一点.

环行器与隔离器的一个重要区别是其插入损耗应当很小,这要求适当选择环行器中的恒定磁场 H_0,使得 $\mu''_+\approx 0, \mu''_-\approx 0$,同时 $\mu'_-\gg\mu'_+$. 根据图 4.34 可知 $H_0\ll\omega/\gamma=2\pi f/\gamma$.

4.8.7　YIG 频率调谐

钇铁石榴石(yttrium iron garnet,简称 YIG)是一种常用的铁氧体材料,根据式(4-101),可知铁氧体材料的旋磁共振角频率与恒定偏置磁场 H_0 呈线性关系,因此 YIG 可以用于微波元件、器件的线性频率调谐. 表面很光滑的 YIG 单晶小球是良好的微波谐振器,它不但具有很高的固有品质因数 Q_0,而且其谐振频率可由外加恒定磁场 H_0 调谐. YIG 单晶小球的固有品质因数为

$$Q_0=\frac{H_0-\frac{4\pi}{3}M_s}{\Delta H}, \tag{4-104}$$

其中 ΔH 是 YIG 材料的谐振线宽,在室温下, $f=4\,\mathrm{GHz}$ 时 $\Delta H\approx 0.22\,\mathrm{Oe}, f=10\,\mathrm{GHz}$ 时 $\Delta H\approx 0.6\,\mathrm{Oe}; M_s$ 是 YIG 材料的饱和磁化强度,对于纯 YIG 材料 $M_s=139.3\,\mathrm{Gs}$. 由式(4-101b)和式(4-104)可得,在 $f=4\,\mathrm{GHz}$ 时 $Q_0\approx 3842$,在 $f=10\,\mathrm{GHz}$ 时 $Q_0\approx 4980$,可见 YIG 单晶小球不但固有品质因数很高,而且随工作频率的上升而增大.

YIG 微波磁调滤波器的工作原理可用图 4.38 定性说明,图中的输入耦合环与输出耦合环的法线相互正交,因此输入、输出耦合环彼此没有能量耦合. 如果在输入、输出耦合环的中心处放置一个 YIG 单晶小球,通过调整外加恒定磁场 H_0 可使 YIG 单晶小球与输入信号频率产生共振,则可在输入、输出耦合环之间产生耦合从而形成输出信号,这样就可以构成一个可宽带线性调谐的带通滤波器.

如果将上述带通滤波器作为微波振荡器的正反馈选频回路,则可构成微波系统中最重要的一种信号源——YIG 扫频信号源. 根据式(4-104)和式(4-101)可知,YIG 扫频信号源的选频回路具有极高的品质因数且其中心工作频率与外加磁场的线性度很好,因此 YIG 扫频信号源不但工作频带很宽,而且具有良好

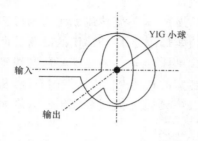

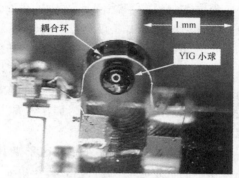

(a) YIG 微波磁调滤波器工作原理示意图   (b) YIG 微波振荡器选频电路结构图

图 4.38　YIG 微波磁调滤波器工作原理示意图

的频谱和调谐线性度. YIG 频率调谐技术的主要缺陷在于调谐速度较慢,这是因为外加恒定磁场 H_0 不能快速变化,另外,产生外加恒定磁场 H_0 的系统功耗也较大,特别是当工作频率较高时.

§4.9　功率分配器

功率分配器是三端口微波元件,其特性是能够将一路输入微波信号平均分为两路输出信号. 功率分配器是耗能元件,具有较宽的工作频带,其工作原理电路图如图 4.39 所示,其中图 4.39(a) 形式的功率分配器的三个端口都是匹配的,通常称为 Power Divider,图 4.39(b) 形式的功率分配器只有作为输入端口的①端口是匹配的,通常称为 Power Splitter. 两种功率分配器的单路插入损耗理论值均为 6 dB,而实际功率分配器的单路插入损耗一般约为 7 dB.

(1) 对图 4.39(a) 形式的功率分配器——Power Divider,当负载端口匹配时,根据输入端口匹配的要求,并考虑到网络结构的对称性,可得

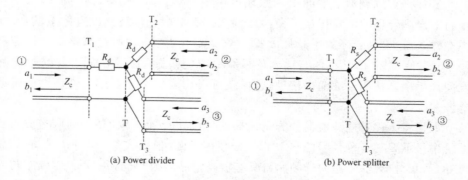

(a) Power divider   (b) Power splitter

图 4.39　功率分配器的工作原理电路图

$$\frac{1}{2}(Z_\mathrm{c} + R_\mathrm{d}) + R_\mathrm{d} = Z_\mathrm{c}, \tag{4-105a}$$

所以

$$R_\mathrm{d} = \frac{1}{3} Z_\mathrm{c}. \tag{4-105b}$$

Power Divider 是三端口网络,其 S 参量的一般形式为

$$S = \begin{bmatrix} S_{11} & S_{12} & S_{13} \\ S_{21} & S_{22} & S_{23} \\ S_{31} & S_{32} & S_{33} \end{bmatrix}. \tag{4-106}$$

由于该网络的各输入端口都是匹配的,即有 $S_{11} = S_{22} = S_{33} = 0$. 考虑到网络结构的对称性,即有 $S_{12} = S_{13} = S_{21} = S_{23} = S_{31} = S_{32} = S$. 如果从①端口输入信号,②和③端口处于匹配状态,则 Power Divider 的 S 参量可以写为

$$\begin{bmatrix} 0 \\ b_2 \\ b_3 \end{bmatrix} = \begin{bmatrix} 0 & S & S \\ S & 0 & S \\ S & S & 0 \end{bmatrix} \begin{bmatrix} a_1 \\ 0 \\ 0 \end{bmatrix}, \tag{4-107}$$

其中 $b_2 = b_3$.

根据图 4.39(a)和电路理论知识可知,T_2 参考面和 T_1 参考面上的电压比为

$$\frac{V_{T_2}}{V_{T_1}} = \frac{Z_\mathrm{c}}{3R_\mathrm{d} + Z_\mathrm{c}}. \tag{4-108}$$

代入式(4-105b),则

$$\frac{V_{T_2}}{V_{T_1}} = \frac{1}{2}. \tag{4-109}$$

由于 $V_{T_1} = \sqrt{Z_\mathrm{c}}\, a_1$,$V_{T_2} = \sqrt{Z_\mathrm{c}}\, b_2$,所以 $S = \frac{1}{2}$. 那么 Power Divider 的 S 参量为

$$S = \frac{1}{2} \begin{bmatrix} 0 & 1 & 1 \\ 1 & 0 & 1 \\ 1 & 1 & 0 \end{bmatrix}. \tag{4-110}$$

显然,Power Divider 的单路插入损耗理论值为 6 dB.

(2)对于图 4.39(b)形式的功率分配器——Power Splitter,当负载端口匹配时,根据输入端口(①端口)匹配的要求,可得

$$R_\mathrm{s} = Z_\mathrm{c}. \tag{4-111}$$

根据 Power Splitter 的网络结构特征和输入端口匹配的条件,其 S 参量为

$$S = \begin{bmatrix} 0 & S_{12} & S_{12} \\ S_{21} & S_{22} & S_{23} \\ S_{21} & S_{23} & S_{22} \end{bmatrix}. \tag{4-112}$$

如果从①端口输入信号,其他端口匹配,则有

$$\begin{bmatrix} 0 \\ b_2 \\ b_3 \end{bmatrix} = \begin{bmatrix} 0 & S_{12} & S_{12} \\ S_{21} & S_{22} & S_{23} \\ S_{21} & S_{23} & S_{22} \end{bmatrix} \begin{bmatrix} a_1 \\ 0 \\ 0 \end{bmatrix}, \tag{4-113}$$

其中 $b_2 = b_3$.

根据图 4.39(b)和式(4-111)及电路理论知识可知,T_2 参考面和 T_1 参考面上的电压比为 $V_{T_1} = 2V_{T_2}$,$V_{T_1} = \sqrt{Z_c} a_1$,$V_{T_2} = \sqrt{Z_c} b_2$,所以可得

$$S_{21} = \frac{1}{2}.$$

如果从②端口输入信号,其他端口匹配,则有

$$\begin{bmatrix} b_1 \\ b_2 \\ b_3 \end{bmatrix} = \begin{bmatrix} 0 & S_{12} & S_{12} \\ S_{21} & S_{22} & S_{23} \\ S_{21} & S_{23} & S_{22} \end{bmatrix} \begin{bmatrix} 0 \\ a_2 \\ 0 \end{bmatrix}. \tag{4-114}$$

根据图 4.39(b)和式(4-111)及电路理论知识可得各参考面上的电压关系为

$$V_T = \frac{\dfrac{Z_c(Z_c + R_s)}{2Z_c + R_s}}{\dfrac{Z_c(Z_c + R_s)}{2Z_c + R_s} + R_s} V_{T_2} = \frac{2}{5} V_{T_2}, \tag{4-115a}$$

$$V_{T_1} = V_T, \tag{4-115b}$$

$$V_{T_3} = \frac{Z_c}{Z_c + R_s} V_T = \frac{1}{2} V_T. \tag{4-115c}$$

由式(4-114)和式(4-115),以及

$$V_{T_1} = \sqrt{Z_c} b_1,$$

$$V_{T_2} = \sqrt{Z_c}(a_2 + b_2) = \sqrt{Z_c}(1 + S_{22}) a_2 = \sqrt{Z_c}\left(1 + \frac{1}{4}\right) a_2,$$

$$V_{T_3} = \sqrt{Z_c} b_3,$$

其中 $S_{22} = \dfrac{\dfrac{Z_c(Z_c + R_s)}{2Z_c + R_s} + R_s - Z_c}{\dfrac{Z_c(Z_c + R_s)}{2Z_c + R_s} + R_s + Z_c} = \dfrac{1}{4}$,可得 $S_{12} = \dfrac{1}{2}$,$S_{23} = S_{32} = \dfrac{1}{4}$,所以 Power Splitter 的 $\boldsymbol{S}$ 参量为

$$\boldsymbol{S} = \frac{1}{2} \begin{bmatrix} 0 & 1 & 1 \\ 1 & 1/2 & 1/2 \\ 1 & 1/2 & 1/2 \end{bmatrix}. \tag{4-116}$$

$\boldsymbol{S}$ 参量表明,从①端口输入信号时,Power Splitter 的单路插入损耗理论值也是 6 dB. 显然,如果从图 4.39(b)所示功率分配器的②端口或③端口输入信

号,由于 T_2,T_3 参考面不匹配,因此会产生反射波.那么,当从①端口输入信号时而且②,③端口没有良好匹配时,Power Splitter 可以减小负载端口(②,③端口)的反射信号对输入端口(①端口)的干扰.

§4.10　偏置网络(Bias Network/Bias Tee)

偏置网络是特殊的三端口微波元件,其特性是能在微波信号附加反射/泄漏很小的情况下,对微波器件或电路施加直流偏置电压或电流.T 型偏置网络的原理电路如图 4.40 所示,实际上,只要 W 在微波系统的工作频段内的阻抗远远大于 Z_c,T 型偏置网络就能正常工作.对于微波信号而言,该 T 型偏置网络也可以视为一个二端口网络.当 W 采用不同元件时,网络具有不同的性能和用途.

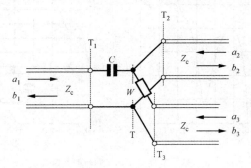

图 4.40　T 型偏置网络等效电路

(1) 若 W 为电感元件,则 T 型偏置网络为宽带元件,典型参数如表 4.2 所示.其中器件耐压取决于电容耐压,器件最大工作电流取决于电感线圈的导线材料和截面积.需要注意的是:1) 电感的串联电阻越小,对降低偏置网络的功耗越有利.2) 低频铁心材料对提高电感在微波频段的电感量毫无作用.图 4.41 是宽带 T 型偏置网络(HP11612A)的实测 S_{11},S_{21} 参数.

表　4.2

工作频段	$C/\mu F$	L/nH	备　　注
20 kHz—45 GHz	0.6	400	K 型接头;16 伏;400 毫安
30 kHz—65 GHz	0.2	400	V 型接头;16 伏;400 毫安

(2) 若 W 为电感/电容并联谐振回路,则 T 型偏置网络为窄带元件.图 4.42 所示为一工作频段为 $10\sim12.5\,GHz$ 的 T 型偏置网络的 LC 元件值和实测 S_{11},S_{21} 参数.其中器件耐压取决于电容耐压,器件最大工作电流取决于电感.

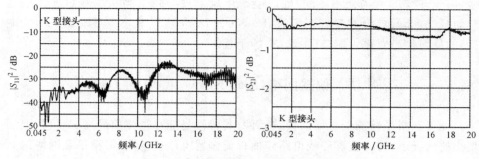

图 4.41   宽带 T 型偏置网络(HP11612A)的 S 参量

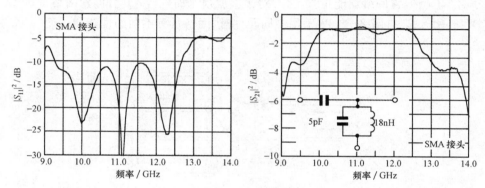

图 4.42   窄带 T 型偏置网络的 S 参量

（3）若 W 为远大于 Z_c 的电阻元件，则该 T 型网络为宽带元件. 由于 W 有明显的分压作用，该 T 型网络通常作为采样/监测网络使用，只有在直流偏置电流很小的情况下，才能作为偏置网络使用.

若图 4.40 中的 T 型偏置网络的元件 W 是阻值为 $x\,\Omega$ 的电阻，并短接电容，则其 S 参量为

$$S = \begin{bmatrix} \dfrac{-Z_c}{2x+3Z_c} & 1-\dfrac{Z_c}{2x+3Z_c} & \dfrac{Z_c}{x+Z_c} \\[3mm] 1-\dfrac{Z_c}{2x+3Z_c} & \dfrac{-Z_c}{2x+3Z_c} & \dfrac{Z_c}{x+Z_c} \\[3mm] \dfrac{Z_c}{x+Z_c} & \dfrac{Z_c}{x+Z_c} & \dfrac{2x-Z_c}{2x+3Z_c} \end{bmatrix}. \qquad (4\text{-}117)$$

根据式(4-117)，若 $x=450\ \Omega, Z_c=50\ \Omega$，则①端口电压反射系数的理论值为 $-13.2\,\mathrm{dB}$；①—②端口的功率传输损耗的理论值为 $0.42\,\mathrm{dB}$；①—③端口的功率传输损耗的理论值为 $20\,\mathrm{dB}$.

第五章 谐 振 腔

§5.1 简 介

谐振腔是微波系统中的重要元件. 有源微波部件往往都需要用微波谐振腔实现能量交换. 此外, 微波谐振腔在其他领域中也有广泛的用途. 例如, 电子直线加速器的主体是工作在 TM_{010} 模式的圆柱谐振腔, 微波炉是一个工作在多模状态的矩形谐振腔, 等等.

微波谐振腔能够将特定频率的电磁波限制在一定的几何空间内. 也就是说, 谐振腔具有存储电磁能量和实现频率选择的能力. 凡是具有这两个特征的元件都可称作微波谐振腔. 一般说来, 用导体构成的空腔或低损耗介质块都可以作为微波谐振腔.

微波频段常用的谐振腔按几何形状分类, 有矩形谐振腔、圆柱谐振腔、同轴谐振腔、开放式谐振腔等; 按所用材料分类, 有金属谐振腔、介质谐振腔以及复合型谐振腔等.

在研究谐振腔时, 我们关心的主要参数有: (1) 谐振频率 f_0, 谐振腔只能储存与其谐振频率相同的电磁波能量. (2) 固有品质因数 Q_0, 它描述了谐振腔储能和谐振腔本身耗能的情况. (3) 有载品质因数 Q_L, 它描述了谐振腔储能和谐振腔及其耦合装置的耗能情况. (4) 特性阻抗 ξ_0, 这个参数描述了谐振腔耦合口上的电场强度.

微波谐振腔在几何结构上与微波传输线类似, 在储能和选频功能方面与低频 LC 电路类似.

微波谐振腔与微波传输线的相同之处是: 它们都具有相同类型的横向边界条件, 因而具有相同类型的横向电磁场分布, 各工作模式只有在与激励源之间满足奇偶禁戒规则的条件下才能被激励. 微波谐振腔与微波传输线的区别是: 对于传输线而言, 只要它的某个模式与激励源之间满足奇偶禁戒规则, 该模式就能被激励. 当激励源的频率高于该模式的截止频率时, 该模式就成为传输模式. 当激励源的频率低于该模式的截止频率时, 该模式就成为截止模式. 对于微波谐振腔而言, 由于它比传输线多了纵向边界条件, 要想在微波谐振腔中激励起某个模式, 激励源不但要与该模式满足奇偶禁戒规则, 而且激励源的频率必须等于该模式的谐振频率.

微波谐振腔与 LC 谐振回路的相同之处是两者都具有储能和选频的功能. 它们的不同之处是：LC 谐振回路只有一个谐振频率，一个工作模式（TEM 模）；而微波谐振腔具有无限多个谐振频率，无限多个工作模式.

本章将主要介绍矩形谐振腔、圆柱谐振腔和同轴谐振腔的谐振频率、品质因数和模式特征.

§5.2 矩形谐振腔

矩形谐振腔具有与矩形波导完全相同的横向边界条件，它们的区别仅在于矩形谐振腔在 z 方向上也存在短路边界条件. 因此，求解矩形谐振腔谐振频率和工作模式的方法与求解矩形波导截止频率和工作模式的方法基本相同.

仍然由麦克斯韦方程组的微分形式（2-1）式入手求解问题. 考虑到电磁场矢量有 x,y,z 三个方向分量，每个分量的自变量均为 x,y,z,t. 求解问题的基本思路是：将矢量方程化为标量方程；将偏微分方程化为常微分方程（分离变量法）. 求解矩形谐振腔中的电磁场共分 7 个步骤，其中前 6 个步骤和结果与第二章中求解矩形波导中导行电磁波的步骤和结果完全相同. 这是因为矩形谐振腔中的电磁场所满足的微分方程和横向边界条件与矩形波导中的电磁场完全相同，因此，矩形谐振腔中电磁场的通解形式和横向本征值与矩形波导中的电磁场完全相同. 不同之处在于矩形谐振腔在 z 方向上也有齐次边界条件.

无论是在谐振腔中还是在波导中，本征方程 $k_x^2+k_y^2+\beta^2=\omega^2\mu\varepsilon$ 都必须成立，否则波动方程（2-6）没有非零解. 在波导中 k_x 和 k_y 是由边界条件确定的，因此对于任意工作频率总存在对应的传播常数，总存在相应的本征解（也就是说电磁场总能在波导中存在），虽然这个解可能处于传输状态也可能处于截止状态.

在矩形波导相距为 l 的两处用理想导体短路，就构成了矩形谐振腔. 由于理想导体表面电场的切向分量为零（$E_t=0$），磁场的法线分量为零（$H_n=0$），所以只需将其中一个条件代入矩形波导的电磁场表达式（2-34）或式（2-36）中，解出相应的传播常数 β，就可以得到谐振频率和谐振腔中电磁场的表达式.

5.2.1 矩形谐振腔中电磁场的解

1. 矩形谐振腔中 TE 模的解

根据 §2.3，已知矩形金属波导中 TE 模的解和相应的本征值 k_c 由式（2-34）和式（2-35a）确定，将导体表面边界条件 $E_t(z=0,z=l)=0$ 或 $H_n(z=0,z=l)=0$ 代入式（2-34）中的 E_x,E_y 或 H_z 的表达式中，就可以导出谐振腔中电磁场 TE 模的解.

如果采用 E_x 的表达式，则 $n\neq0$；如果采用 E_y 的表达式，则 $m\neq0$；如果采用

H_z 的表达式，则 m, n 不同时为零. 所以，利用电场边界条件需要讨论 E_x, E_y 两个分量的情况，利用磁场只需讨论一个分量的情况.

已知谐振腔中必然存在正、反两个方向的电磁波，将正、反两个方向的电磁波叠加就可以得到矩形谐振腔中 x 方向电场的一般形式：

$$E_x(x, y, z, t) = D^+ \, \omega\mu \left(\frac{n\pi}{b}\right) \cos\left(\frac{m\pi}{a}x\right) \sin\left(\frac{n\pi}{b}y\right) \sin(\omega t - \beta z)$$

$$+ D^- \, \omega\mu \left(\frac{n\pi}{b}\right) \cos\left(\frac{m\pi}{a}x\right) \sin\left(\frac{n\pi}{b}y\right) \sin(\omega t + \beta z). \quad (5\text{-}1)$$

由边界条件 $E_x(x, y, z=0, t) = 0$ 可得

$$D^+ = -D^- = D, \quad (5\text{-}2)$$

由边界条件 $E_x(x, y, z=l, t) = 0$ 可得

$$\beta = \frac{p\pi}{l} \quad (p = 1, 2, 3, \cdots), \quad (5\text{-}3)$$

同理，由 E_y 也可以得到式(5-2)和式(5-3)，所以式(5-2)式(5-3)适用于 m, n 不同时为零的情况.

已知

$$\sin(\alpha \pm \beta) = \sin\alpha \cos\beta \pm \cos\alpha \sin\beta. \quad (5\text{-}4)$$

将式(5-2)、式(5-3)、式(5-4)代入到式(2-34)的正、反向电磁波叠加式中，就可以得到矩形谐振腔 TE 模的完整场解：

$$H_x = D\left(\frac{p\pi}{l}\right)\left(\frac{m\pi}{a}\right) \sin\left(\frac{m\pi}{a}x\right) \cos\left(\frac{n\pi}{b}y\right) \cos\left(\frac{p\pi}{l}z\right) \sin(\omega t), \quad (5\text{-}5a)$$

$$H_y = D\left(\frac{p\pi}{l}\right)\left(\frac{n\pi}{b}\right) \cos\left(\frac{m\pi}{a}x\right) \sin\left(\frac{n\pi}{b}y\right) \cos\left(\frac{p\pi}{l}z\right) \sin(\omega t), \quad (5\text{-}5b)$$

$$H_z = -D\left[\left(\frac{m\pi}{a}\right)^2 + \left(\frac{n\pi}{b}\right)^2\right] \cos\left(\frac{m\pi}{a}x\right) \cos\left(\frac{n\pi}{b}y\right) \sin\left(\frac{p\pi}{l}z\right) \sin(\omega t),$$

$$(5\text{-}5c)$$

$$E_x = -D\omega\mu\left(\frac{n\pi}{b}\right) \cos\left(\frac{m\pi}{a}x\right) \sin\left(\frac{n\pi}{b}y\right) \sin\left(\frac{p\pi}{l}z\right) \cos(\omega t), \quad (5\text{-}5d)$$

$$E_y = D\omega\mu\left(\frac{m\pi}{a}\right) \sin\left(\frac{m\pi}{a}x\right) \cos\left(\frac{n\pi}{b}y\right) \sin\left(\frac{p\pi}{l}z\right) \cos(\omega t), \quad (5\text{-}5e)$$

$$E_z = 0, \quad (5\text{-}5f)$$

其中常数 D 还未确定，它可根据腔体内的总储能来确定. 在大多数情况下，讨论谐振腔问题时并不需要确定参数 D 的具体数值.

由本征值方程 $k_x^2 + k_y^2 + \beta^2 = \omega^2 \mu\varepsilon$，可以求出矩形谐振腔 TE 模的谐振频率：

$$f_{0\text{TE}} = \frac{1}{2\pi \sqrt{\mu\varepsilon}} \sqrt{k_x^2 + k_y^2 + \beta^2} = \frac{1}{2\sqrt{\mu\varepsilon}} \sqrt{\left(\frac{m}{a}\right)^2 + \left(\frac{n}{b}\right)^2 + \left(\frac{p}{l}\right)^2},$$

$$(5\text{-}6)$$

其中 $m,n=0,1,2,3,\cdots,$ m,n 不同时为零；$p=1,2,3,\cdots.$ m,n,p 是否可以取零，需要考察电磁场纵向分量的数学形式，以保证电磁场的纵向分量不全为零.

2. 矩形谐振腔中 TM 模的解

根据 §2.3，已知矩形金属波导中 TM 模的解和相应的本征值 k_c 由式 (2-36)和式(2-35b)确定，将导体表面边界条件 $E_t(z=0,z=l)=0$ 或 $H_n(z=0,z=l)=0$ 代入式(2-36)中的 E_x,E_y,E_z 的表达式中，就可以导出谐振腔中电磁场 TM 模的解. 与 TE 模的情况类似，如果采用 E_x 的表达式，则 $n\neq0$；如果采用 E_y 的表达式，则 $m\neq0$. 所以利用电场的横向分量需要讨论 E_x,E_y 两个分量的情况.

已知谐振腔中必然存在正、反两个方向的电磁波，将正、反两个方向的电磁波叠加就可以得到矩形谐振腔中 x 方向电场的一般形式：

$$E_x(x,y,z,t)=D^+\beta\left(\frac{m\pi}{a}\right)\cos\left(\frac{m\pi}{a}x\right)\sin\left(\frac{n\pi}{b}y\right)\sin(\omega t-\beta z)$$
$$-D^-\beta\left(\frac{m\pi}{a}\right)\cos\left(\frac{m\pi}{a}x\right)\sin\left(\frac{n\pi}{b}y\right)\sin(\omega t+\beta z). \quad (5\text{-}7)$$

由边界条件 $E_x(x,y,z=0,t)=0$ 可得

$$D^+=D^-=D, \quad (5\text{-}8)$$

由边界条件 $E_x(x,y,z=l,t)=0$ 可得

$$\beta=\frac{p\pi}{l} \quad (p=0,1,2,\cdots). \quad (5\text{-}9)$$

同理，由 E_y 也可以得到式(5-2)和式(5-3)适用于 m,n 不同时为零的情况.

将式(5-4)、式(5-8)、式(5-9)代入到式(2-36)的正、反向电磁波叠加式中，就可以得到矩形谐振腔 TM 模的完整场解：

$$H_x=-D\omega\varepsilon\left(\frac{n\pi}{b}\right)\sin\left(\frac{m\pi}{a}x\right)\cos\left(\frac{n\pi}{b}y\right)\cos\left(\frac{p\pi}{l}z\right)\sin(\omega t), \quad (5\text{-}10\text{a})$$

$$H_y=D\omega\varepsilon\left(\frac{m\pi}{a}\right)\cos\left(\frac{m\pi}{a}x\right)\sin\left(\frac{n\pi}{b}y\right)\cos\left(\frac{p\pi}{l}z\right)\sin(\omega t), \quad (5\text{-}10\text{b})$$

$$E_z=D\left[\left(\frac{m\pi}{a}\right)^2+\left(\frac{n\pi}{b}\right)^2\right]\sin\left(\frac{m\pi}{a}x\right)\sin\left(\frac{n\pi}{b}y\right)\cos\left(\frac{p\pi}{l}z\right)\cos(\omega t), \quad (5\text{-}10\text{c})$$

$$E_x=-D\left(\frac{m\pi}{a}\right)\left(\frac{p\pi}{l}\right)\cos\left(\frac{m\pi}{a}x\right)\sin\left(\frac{n\pi}{b}y\right)\sin\left(\frac{p\pi}{l}z\right)\cos(\omega t), \quad (5\text{-}10\text{d})$$

$$E_y=-D\left(\frac{n\pi}{b}\right)\left(\frac{p\pi}{l}\right)\sin\left(\frac{m\pi}{a}x\right)\cos\left(\frac{n\pi}{b}y\right)\sin\left(\frac{p\pi}{l}z\right)\cos(\omega t), \quad (5\text{-}10\text{e})$$

$$H_z=0. \quad (5\text{-}10\text{f})$$

由本征值方程 $k_x^2+k_y^2+\beta^2=\omega^2\mu\varepsilon$，可以求出矩形谐振腔 TM 模的谐振频率：

$$f_{0\text{TM}}=\frac{1}{2\pi\sqrt{\mu\varepsilon}}\sqrt{k_x^2+k_y^2+\beta^2}=\frac{1}{2\sqrt{\mu\varepsilon}}\sqrt{\left(\frac{m}{a}\right)^2+\left(\frac{n}{b}\right)^2+\left(\frac{p}{l}\right)^2},$$

$$(5\text{-}11)$$

其中 $m, n = 1, 2, 3, \cdots, p = 0, 1, 2, 3, \cdots$. m, n, p 是否可以取零,需要考察电磁场纵向分量的数学形式,以保证电磁场的纵向分量不全为零.

5.2.2 矩形谐振腔的模式简并和模式激励

谐振频率是谐振腔的主要参数之一,矩形谐振腔中 TE,TM 模式的谐振频率具有相同的数学表达式.谐振频率对应于波动方程在特定边界条件下的本征值.谐振腔的谐振频率表达式与波导截止频率的表达式很相像,但是,它们具有截然不同的物理意义.在波导中,不管微波源的频率与波导的截止频率关系如何,波动方程总是有解的,只不过这个解可能是截止状态也可能是传输状态.在谐振腔中,如果微波源的频率不等于谐振腔的谐振频率,波动方程就没有非零解.产生这一区别的根本原因是纵向边界条件.

谐振腔有无穷多个谐振频率,每个谐振频率对应一个或多个模式.如果不同的模式(模式名称 H,E 或脚标 m, n, p 中任一个或多个参数不同,则电磁场的空间分布就不同)具有相同的谐振频率,这些模式就称为简并模式.谐振腔中具体哪些模式简并,与腔体的几何尺寸有关.例如,对于矩形谐振腔,若 $a = b = l$,则 TE_{101},TE_{011},TM_{110} 是简并模式;若 $a \neq b \neq l$,则 TE_{101},TE_{011},TM_{110} 不是简并模式.

简并模式的特点是它们具有相同的谐振频率和不同的电磁场空间分布.在一般情况下,我们不希望微波谐振腔工作在简并模式.但在某些特殊场合,可以利用简并模式的特点达到特殊的目的.

例如,当 $a \neq b = l$ 时,TE_{101} 与 TM_{110} 是简并模式,它们具有相同的谐振频率和不同的电磁场空间分布.根据式(5-5),TE_{101} 模式的电磁场结构为

$$H_x = D \left(\frac{\pi}{l} \right) \left(\frac{\pi}{a} \right) \sin \left(\frac{\pi}{a} x \right) \cos \left(\frac{\pi}{l} z \right) \sin(\omega t),$$

$$H_z = - D \left(\frac{\pi}{a} \right)^2 \cos \left(\frac{\pi}{a} x \right) \sin \left(\frac{\pi}{l} z \right) \sin(\omega t),$$

$$E_y = D \omega \mu \left(\frac{\pi}{a} \right) \sin \left(\frac{\pi}{a} x \right) \sin \left(\frac{p \pi}{l} z \right) \cos(\omega t),$$

$$E_x = E_z = H_y = 0,$$

其电场只有 E_y 分量,电场分布的特征像一个立在 x-z 平面上的山峰,见图 5.1(a).根据式(5-10),TM_{110} 模式的电磁场结构为

$$H_x = - D \omega \varepsilon \left(\frac{\pi}{b} \right) \sin \left(\frac{\pi}{a} x \right) \cos \left(\frac{\pi}{b} y \right) \sin(\omega t),$$

$$H_y = D \omega \varepsilon \left(\frac{\pi}{a} \right) \cos \left(\frac{\pi}{a} x \right) \sin \left(\frac{\pi}{b} y \right) \sin(\omega t),$$

$$E_z = D \left[\left(\frac{\pi}{a} \right)^2 + \left(\frac{\pi}{b} \right)^2 \right] \sin \left(\frac{\pi}{a} x \right) \sin \left(\frac{\pi}{b} y \right) \cos(\omega t),$$

$$E_x = E_y = H_z = 0,$$

其电场只有 E_z 分量,电场分布的特征像一个立在 x-y 平面上的山峰,见图 5.1(a).

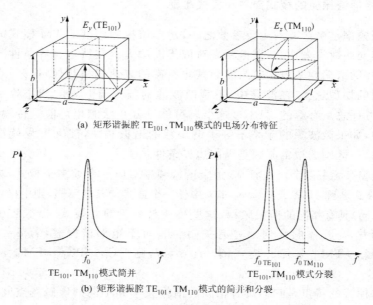

(a) 矩形谐振腔 TE_{101}, TM_{110} 模式的电场分布特征

TE$_{101}$, TM$_{110}$模式简并   TE$_{101}$, TM$_{110}$模式分裂

(b) 矩形谐振腔 TE_{101}, TM_{110} 模式的简并和分裂

图 5.1 微波谐振腔的模式

TE$_{101}$ 和 TM$_{110}$ 的电场在腔体内是正交的. 如果在腔体中间垂直于 x-z 平面且 $z = l/2$ 处放入一个介质材料薄片,由于介质薄片与 TE$_{101}$ 模的电场平行而与 TM$_{110}$ 模的电场垂直,因此介质薄片对这两个模式谐振频率的影响就不相同. 根据式(5-6)和式(5-11),两个谐振频率相同的模式就分裂成两个谐振频率不同的模式,通过测量 TE$_{101}$, TM$_{110}$ 模式分裂后的频率差 Δf 可以了解介质材料的特性. 图 5.1(b) 为 TE$_{101}$, TM$_{110}$ 模式在简并状态下及模式分裂后的功率-频谱示意图.

虽然图 5.1 所示的微波谐振腔中的 TE$_{101}$ 模式和 TM$_{110}$ 模式是简并的,仍可以利用激励的奇偶禁戒规则或其他方法选择该谐振腔内的工作模式,抑制不需要的模式,实现单模工作. 假设该腔体的激励源是矩形波导的 TE$_{10}$ 模,则:

(1) 如果希望该腔体工作在双模状态. 可在腔体的 x-z 壁上,x 方向中心处,z 方向非中心处开小孔,将矩形波导的横截面中心对准小孔,而且波导宽边平行于 x 轴,如图 5.2(a)所示. 此时,矩形波导的 TE$_{10}$ 模、矩形谐振腔的 TE$_{101}$, TM$_{110}$ 模相对于耦合系统边界的唯一几何对称面 $x = a/2$ 都是偶模式. 因此,根据激励的奇偶禁戒规则,矩形谐振腔的 TE$_{101}$, TM$_{110}$ 模都可以被激励.

(2) 如果希望该腔体工作在 TM$_{110}$ 模状态. 可在腔体的 x-z 壁上,x 方向非

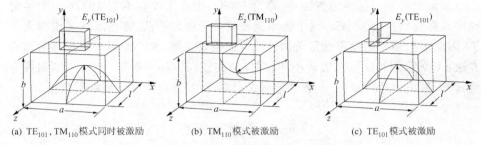

(a) TE$_{101}$，TM$_{110}$模式同时被激励　　　(b) TM$_{110}$模式被激励　　　(c) TE$_{101}$模式被激励

图 5.2　利用奇偶禁戒规则进行模式选择

中心处，z 方向中心处开小孔，将矩形波导的横截面中心对准小孔，而且波导宽边平行于 x 轴，如图 5.2(b) 所示. 此时，矩形波导的 TE$_{10}$ 模、矩形谐振腔的 TM$_{110}$ 模相对于耦合系统边界的唯一几何对称面 $z=l/2$ 都是奇模式，而矩形谐振腔的 TE$_{101}$ 模相对于平面 $z=l/2$ 是偶模式. 因此，根据激励的奇偶禁戒规则，只有矩形谐振腔的 TM$_{110}$ 可以被激励.

（3）如果希望该腔体工作在 TE$_{101}$ 模状态. 可在腔体的 x-z 壁上，x 方向非中心处，z 方向中心处开小孔，将矩形波导的横截面中心对准小孔，而且波导宽边平行于 z 轴，如图 5.2(c) 所示. 此时，矩形波导的 TE$_{10}$ 模、矩形谐振腔的 TE$_{101}$ 模相对于耦合系统边界的唯一几何对称面 $z=l/2$ 都是偶模式，而矩形谐振腔的 TM$_{110}$ 模相对于平面 $z=l/2$ 是奇模式. 因此，根据激励的奇偶禁戒规则，只有矩形谐振腔的 TE$_{101}$ 模式可以被激励.

由矩形谐振腔的谐振频率表达式(5-6)和式(5-11)可见，谐振频率 f_0 是腔体几何尺寸的函数. 由于金属腔体的几何尺寸会随环境温度变化而改变，而且由于微波、毫米波的中心工作频率很高，所以环境温度的变化将会导致谐振频率绝对值的较大变化.

例 5-1　设谐振腔腔体材料的线膨胀系数为 α，环境温度变化幅度为 Δt℃，求矩形谐振腔谐振的绝对频率偏移.

解　几种常用微波谐振腔腔体材料的线膨胀系数 α：铟钢：$\alpha=1.6\times10^{-6}$/℃；黄铜：$\alpha=1.9\times10^{-5}$/℃，介质：$\alpha=(0.1\sim4)\times10^{-6}$/℃.

由 $f_0=\dfrac{1}{2\sqrt{\mu\varepsilon}}\sqrt{\left(\dfrac{m}{a}\right)^2+\left(\dfrac{n}{b}\right)^2+\left(\dfrac{p}{l}\right)^2}$ 得

$$f=\frac{1}{2\sqrt{\mu\varepsilon}}\sqrt{\left[\frac{m}{a(1+\alpha\Delta t)}\right]^2+\left[\frac{n}{b(1+\alpha\Delta t)}\right]^2+\left[\frac{p}{l(1+\alpha\Delta t)}\right]^2}$$

$$=\frac{1}{1+\alpha\Delta t}f_0\approx(1-\alpha\Delta t)f_0,$$

$$\Delta f=f-f_0\approx-\alpha\Delta t f_0.$$

如果谐振腔的材料为黄铜,温差为 100℃,中心工作频率为 10 GHz,则绝对频率偏移为 $\Delta f \approx 19$ MHz.这个频率偏移量对于微波通信、雷达系统来说都太大了,因此谐振频率的稳定性是谐振腔设计的重要课题.减小绝对频率偏移常用的方法:(1) 采用线膨胀系数较小的材料,如陶瓷、石英、宝石等.如采用铟钢或介质材料,频率偏移可降低 1~2 个数量级.(2) 在腔体设计上采用补偿技术.

§5.3   圆柱谐振腔

圆柱谐振腔是最常用的微波谐振腔,因为它品质因数较高,也比较容易加工.圆柱谐振腔内电磁场的求解方法、步骤与矩形谐振腔内电磁场的求解方法、步骤基本相同,区别仅在于横向边界条件和采用的坐标系.

§2.4 已经导出了圆柱波导中 TM 模和 TE 模的完整数学表达式.在圆柱波导上 $z=0$ 和 $z=l$ 处分别用理想导体将其短路,就构成了圆柱谐振腔.

5.3.1   圆柱谐振腔中电磁场的解

1. 圆柱金属谐振腔中 TM 模的解

根据 §2.4,已知圆柱金属波导中 TM 模的解和相应的本征值 k_c 由式 (2-47)和式(2-46a)确定.已知理想导体的边界条件:$H_n=0,E_t=0$.因为 E_r 和 E_φ 分量都是电场在两个短路面上的切向分量,但是 E_φ 分量不能适用于 $n=0$ 的情况,因此将电场的边界条件代入到圆柱谐振腔电场的 E_r 分量表达式(2-47a)中,就可以求出圆柱谐振腔中电磁场的数学表达式和谐振频率.仿照 §5.2 的方法,可以写出圆柱谐振腔内 TM 模电场 E_r 分量的数学表达式

$$E_r(r,\varphi,z,t) = D^+ \beta\left(\frac{u_{ni}}{a}\right)J_n'\left(\frac{u_{ni}}{a}r\right)\cos(n\varphi-\varphi_0)\sin(\omega t-\beta z)$$

$$- D^- \beta\left(\frac{u_{ni}}{a}\right)J_n'\left(\frac{u_{ni}}{a}r\right)\cos(n\varphi-\varphi_0)\sin(\omega t+\beta z)$$

$$= \beta\left(\frac{u_{ni}}{a}\right)J_n'\left(\frac{u_{ni}}{a}r\right)\cos(n\varphi-\varphi_0)$$

$$\cdot\left[D^+\sin(\omega t-\beta z)-D^-\sin(\omega t+\beta z)\right]. \tag{5-12}$$

由边界条件 $E_r(r,\varphi,z=0,t)=0$,可得

$$D^+ = D^- = D, \tag{5-13}$$

由边界条件 $E_r(r,\varphi,z=l,t)=0$,可得

$$\beta = \frac{p\pi}{l} \quad (p=0,1,2,\cdots). \tag{5-14}$$

将式(5-4),(5-13),(5-14)代入式(2-47)的正、反向电磁波叠加式中,就可

以得到圆柱谐振腔中 TM 模电磁场的完整数学表达式：

$$E_r(r,\varphi,z,t) = -D\left(\frac{p\pi}{l}\right)\left(\frac{u_{ni}}{a}\right)J_n'\left(\frac{u_{ni}}{a}r\right)\cos(n\varphi - \varphi_0)\sin\left(\frac{p\pi}{l}z\right)\cos(\omega t),$$

$$(5\text{-}15\text{a})$$

$$E_\varphi(r,\varphi,z,t) = D\left(\frac{p\pi}{l}\right)\left(\frac{n}{r}\right)J_n\left(\frac{u_{ni}}{a}r\right)\sin(n\varphi - \varphi_0)\sin\left(\frac{p\pi}{l}z\right)\cos(\omega t),$$

$$(5\text{-}15\text{b})$$

$$E_z(r,\varphi,z,t) = D\left(\frac{u_{ni}}{a}\right)^2 J_n\left(\frac{u_{ni}}{a}r\right)\cos(n\varphi - \varphi_0)\cos\left(\frac{p\pi}{l}z\right)\cos(\omega t), \quad (5\text{-}15\text{c})$$

$$H_r(r,\varphi,z,t) = D\omega\varepsilon\left(\frac{n}{r}\right)J_n\left(\frac{u_{ni}}{a}r\right)\sin(n\varphi - \varphi_0)\cos\left(\frac{p\pi}{l}z\right)\sin(\omega t), \quad (5\text{-}15\text{d})$$

$$H_\varphi(r,\varphi,z,t) = D\omega\varepsilon\left(\frac{u_{ni}}{a}\right)J_n'\left(\frac{u_{ni}}{a}r\right)\cos(n\varphi - \varphi_0)\cos\left(\frac{p\pi}{l}z\right)\sin(\omega t), \quad (5\text{-}15\text{e})$$

$$H_z(r,\varphi,z,t) = 0. \quad (5\text{-}15\text{f})$$

根据本征方程 $\omega^2\mu\varepsilon = k_c^2 + \beta^2 = \left(\frac{u_{ni}}{a}\right)^2 + \left(\frac{p\pi}{l}\right)^2$，可以求出圆柱谐振腔 TM 模的谐振频率为

$$f_{0\text{TM}} = \frac{1}{2\pi\sqrt{\mu\varepsilon}}\sqrt{\left(\frac{u_{ni}}{a}\right)^2 + \left(\frac{p\pi}{l}\right)^2}, \quad (5\text{-}16)$$

其中 u_{ni} 是 n 阶贝塞尔函数的第 i 个零点，$n = 0,1,2,\cdots$，$i = 1,2,3,\cdots$，$p = 0,1,2,\cdots$. p 是否可以取零，需要看电磁场纵向分量的数学形式，即必须保证电磁场的纵向分量不全为零.

2. 圆柱金属谐振腔中 TE 模的解

根据 § 2.4，已知圆柱金属波导中 TE 模的解和相应的本征值由式(2-49)和式(2-48a)确定；已知理想导体的边界条件：$H_n = 0$，$E_t = 0$. 因为 E_r 和 E_φ 分量都是电场在两个短路面上的切向分量，但是 E_r 分量不能适用于 $n = 0$ 的情况. 依照 § 5.2 的方法，写出圆柱谐振腔内 TE 模电场 E_φ 分量的数学表达式：

$$E_\varphi(r,\varphi,z,t) = D^+\omega\mu\left(\frac{v_{ni}}{a}\right)J_n'\left(\frac{v_{ni}}{a}r\right)\cos(n\varphi - \varphi_0)\sin(\omega t - \beta z)$$

$$+ D^-\omega\mu\left(\frac{v_{ni}}{a}\right)J_n'\left(\frac{v_{ni}}{a}r\right)\cos(n\varphi - \varphi_0)\sin(\omega t + \beta z)$$

$$= \omega\mu\left(\frac{v_{ni}}{a}\right)J_n'\left(\frac{v_{ni}}{a}r\right)\cos(n\varphi - \varphi_0) \cdot [D^+\sin(\omega t - \beta z) + D^-\sin(\omega t + \beta z)].$$

$$(5\text{-}17)$$

由边界条件 $E_\varphi(r,\varphi,z=0,t) = 0$，可得

$$D^+ = -D^- = D, \quad (5\text{-}18)$$

由边界条件 $E_\varphi(r,\varphi,z=l,t) = 0$，可得

$$\beta = \frac{p\pi}{l} \quad (p = 1, 2, 3, \cdots). \tag{5-19}$$

将式(5-4),(5-18),(5-19)代入式(2-49)的正、反向电磁波叠加式中,就可以得到圆柱谐振腔中 TE 模电磁场的完整数学表达式:

$$H_r(r, \varphi, z, t) = D\left(\frac{p\pi}{l}\right)\left(\frac{v_{ni}}{a}\right)J_n'\left(\frac{v_{ni}}{a}r\right)\cos(n\varphi - \varphi_0)\cos\left(\frac{p\pi}{l}z\right)\sin(\omega t),$$
$$\tag{5-20a}$$

$$H_\varphi(r, \varphi, z, t) = -D\left(\frac{p\pi}{l}\right)\left(\frac{n}{r}\right)J_n\left(\frac{v_{ni}}{a}r\right)\sin(n\varphi - \varphi_0)\cos\left(\frac{p\pi}{l}z\right)\sin(\omega t),$$
$$\tag{5-20b}$$

$$H_z(r, \varphi, z, t) = D\left(\frac{v_{ni}}{a}\right)^2 J_n\left(\frac{v_{ni}}{a}r\right)\cos(n\varphi - \varphi_0)\sin\left(\frac{p\pi}{l}z\right)\sin(\omega t), \tag{5-20c}$$

$$E_r(r, \varphi, z, t) = D\omega\mu\left(\frac{n}{r}\right)J_n\left(\frac{v_{ni}}{a}r\right)\sin(n\varphi - \varphi_0)\sin\left(\frac{p\pi}{l}z\right)\cos(\omega t), \tag{5-20d}$$

$$E_\varphi(r, \varphi, z, t) = D\omega\mu\left(\frac{v_{ni}}{a}\right)J_n'\left(\frac{v_{ni}}{a}r\right)\cos(n\varphi - \varphi_0)\sin\left(\frac{p\pi}{l}z\right)\cos(\omega t), \tag{5-20e}$$

$$E_z(r, \varphi, z, t) = 0. \tag{5-20f}$$

根据本征方程 $\omega^2\mu\varepsilon = k_c^2 + \beta^2 = \left(\frac{v_{ni}}{a}\right)^2 + \left(\frac{p\pi}{l}\right)^2$,可以求出圆柱谐振腔 TE 模的谐振频率为

$$f_{0TE} = \frac{1}{2\pi\sqrt{\mu\varepsilon}}\sqrt{\left(\frac{v_{ni}}{a}\right)^2 + \left(\frac{p\pi}{l}\right)^2}, \tag{5-21}$$

其中 v_{ni} 是 n 阶贝塞尔导函数的第 i 个零点,$n = 0, 1, 2, \cdots$,$i = 1, 2, 3, \cdots$,$p = 1, 2, 3, \cdots$. p 是否可以取零,需要考察电磁场纵向分量的数学形式,即保证电磁场的纵向分量不全为零.

5.3.2 圆柱谐振腔的模式图及其构成

谐振腔的主要功能是频率测量、频率选择和能量交换. 前两个功能都与腔体的谐振频率有关. 当一个谐振腔处于单模工作状态时,腔体内电磁场的频率与腔体的几何尺寸存在单一的对应关系. 可以根据这个特性来测量微波源的工作频率,也可以利用这个特性从频谱较宽的微波信号中滤出所需的特定频率. 但是,如果谐振腔处于多模工作状态,就不能完成上述两种功能. 为了保证谐振腔处于单模工作状态,在设计和使用谐振腔时需要利用模式图. 模式图是谐振频率 f_0 与腔体几何尺寸之间关系的图解表达方式. 下面以圆柱谐振腔为例,说明模式图的构成及应用.

已知圆柱谐振腔 TE 模及 TM 模的谐振频率分别由式(5-21)和式(5-16)确

定,设谐振腔内部为空气填充,$\dfrac{1}{\mu_0\varepsilon_0} = c^2$. 令 $2a = D$ 后,代入式(5-16)和式(5-21)可得

$$\left(\frac{f_{0\text{TE}}D}{c}\right)^2 = \left(\frac{p}{2}\right)^2\left(\frac{D}{l}\right)^2 + \left(\frac{v_{ni}}{\pi}\right)^2, \tag{5-22a}$$

$$\left(\frac{f_{0\text{TM}}D}{c}\right)^2 = \left(\frac{p}{2}\right)^2\left(\frac{D}{l}\right)^2 + \left(\frac{u_{ni}}{\pi}\right)^2. \tag{5-22b}$$

当给定 n, i, p 后,以 $\left(\dfrac{f_0 D}{c}\right)^2$ 为纵坐标,以 $\left(\dfrac{D}{l}\right)^2$ 为横坐标,可以画出模式图.如图 5.3 所示,各模式的曲线都是以 $\left(\dfrac{p}{2}\right)^2$ 为斜率,以 $\left(\dfrac{v_{ni}}{\pi}\right)^2$ 或 $\left(\dfrac{u_{ni}}{\pi}\right)^2$ 为截距的直线.

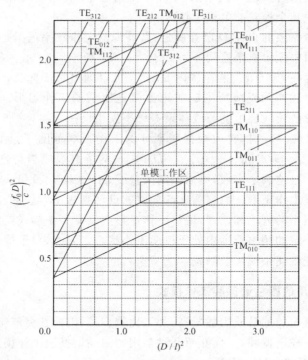

图 5.3 圆柱谐振腔的模式图

5.3.3 圆柱谐振腔模式图的应用

(1) 当微波信号频率 f_0、腔体直径 D 以及腔体长度 l 都确定后,从模式图中可以查出该微波信号频率 f_0 能否与腔体发生谐振,并可以确定相应的谐振模

式.如果腔体模式图中某个模式所对应的直线正好经过 $y = \left(\dfrac{f_0 D}{c}\right)^2$ 和 $x =$
$\left(\dfrac{D}{l}\right)^2$ 两直线的交点,则该模式就是腔体的谐振模式.

（2）当微波信号频率 f_0 以及腔体直径 D 确定后,从模式图中可以查出,当腔体长度 l 改变时,腔体内可能出现的谐振模式.

（3）当腔体直径 D 以及腔体长度 l 都确定后,从模式图中可以查出当微波信号频率在一定范围内变动时或者微波信号的频带较宽时,腔体内可能出现的谐振模式.

（4）微波频率计的主体是一个圆柱谐振腔,它利用谐振腔腔体长度与谐振频率的对应关系来确定微波源的工作频率.要使谐振腔的腔体长度与谐振频率存在单一对应关系,谐振腔就必须工作在单模状态下.利用模式图,可以很方便地找到谐振腔中某个模式的单模工作区.

假设圆柱谐振腔的直径 D 已经确定,微波源的工作频率范围是 $f_{\min}$ 至 $f_{\max}$,则可以在模式图中画出两条直线 $y_1 = (f_{\min} \times D/c)$ 和 $y_2 = (f_{\max} \times D/c)$,如果谐振腔的腔体长度在 $l_{\min}$ 至 $l_{\max}$ 的范围内变动,又可以画出两条直线 $x_1 = (D/l_1)$ 和 $x_2 = (D/l_2)$.上述四条直线所围成的矩形就是所谓的工作矩形.凡是模式曲线穿过工作矩形的模式都可能与腔体谐振频率发生谐振.

在设计微波频率计时,首先根据频率计的工作频率范围 $f_{\min}$ 和 $f_{\max}$ 画出两条直线 $y_1 = (f_{\min} \times D/c)$ 和 $y_2 = (f_{\max} \times D/c)$,这两条直线应当与选定的工作模式曲线有交点.过这两个交点,可以做两条直线 $x_1 = (D/l_{\min})$ 和 $x_2 = (D/l_{\max})$,这样就可以构成工作矩形.调整圆柱谐振腔的设计参数 $D, l_{\min}, l_{\max}$ 可以改变工作矩形在模式图中的大小和位置,使得工作矩形内只有一条模式曲线.这时,谐振腔就可以在一定的频率范围内处于单模工作状态.当然,对于简并模式,应当利用奇偶禁戒规则使杂模不被激励.

5.3.4　几种常用的圆柱谐振腔工作模式

由于圆柱谐振腔的品质因数较高,加工比较容易,因此在微波工程中最常用的谐振腔就是圆柱谐振腔,下面介绍几种常用的圆柱谐振腔工作模式.

1. 圆柱谐振腔 TM_{010} 模式

在圆柱谐振腔 TM 模式的数学表达式（5-15）中代入 $n=0, i=1, p=0$,就得到圆柱谐振腔 TM_{010} 模式的数学表达式:

$$E_z(r, \varphi, z, t) = D\left(\frac{u_{01}}{a}\right)^2 \mathrm{J}_0\left(\frac{u_{01}}{a} r\right)\cos(\omega t), \qquad (5\text{-}23\mathrm{a})$$

$$H_\varphi(r, \varphi, z, t) = D\omega\varepsilon\left(\frac{u_{01}}{a}\right)\mathrm{J}_0'\left(\frac{u_{01}}{a} r\right)\sin(\omega t)$$

$$=-D\omega\varepsilon\left(\frac{u_{01}}{a}\right)J_1\left(\frac{u_{01}}{a}r\right)\sin(\omega t),\quad J_0'(x)=-J_1(x),\quad(5\text{-}23b)$$

$$E_r(r,\varphi,z,t)=E_\varphi(r,\varphi,z,t)=H_z(r,\varphi,z,t)=H_r(r,\varphi,z,t)=0,$$
$$(5\text{-}23c)$$

$$f_0=\frac{1}{2\pi\sqrt{\mu\varepsilon}}\left(\frac{u_{01}}{a}\right)\quad(u_{01}=2.405).\qquad(5\text{-}24)$$

圆柱谐振腔 TM_{010} 模式的电磁场结构如图 5.4 所示.

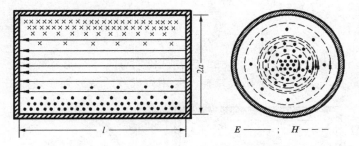

图 5.4 圆柱谐振腔 TM_{010} 模式的电磁场结构

圆柱谐振腔 TM_{010} 模式的特点:

(1) 根据圆柱谐振腔的模式图(见图 5.3)或式(5-24),TM_{010} 模式的谐振频率仅由腔体的直径决定而与腔体的长度无关.

(2) TM_{010} 模式的电磁场结构非常简单,只有 H_φ 和 E_z 分量.电磁场与纵坐标 z 无关,因此 TM_{010} 模式的电磁场沿 z 方向是均匀分布的.

(3) TM_{010} 模式在腔体的轴心处有很强的纵向电场.

(4) TM_{010} 模式存在纵向壁电流.因为 $\boldsymbol{J}=\boldsymbol{n}\times\boldsymbol{H}$,另外由于腔内电场只有 E_z 分量,则必有沿 z 方向的位移电流.根据电流连续的原则,腔体的短路面上必有径向电流,腔体的波导壁上必有纵向电流.因此,纵向短路面必须与波导壁电接触良好,一般不宜做成活塞结构.

根据 TM_{010} 模式的上述特点,可以做一个很长的圆柱谐振腔,利用 TM_{010} 模式的强纵向电场对电子进行直线加速.腔体的长度、直径、微波源的功率以及微波源的工作频率必须配合适当,以保证电子能在微波振荡的半个周期内穿过腔体的长度 l.也就是说,电子在腔中的渡越时间应小于微波振荡的半周期.

2. 圆柱谐振腔 TE_{011} 模式

在圆柱谐振腔 TE 模式的数学表达式(5-20)中代入 $n=0,i=1,p=1$,就得到圆柱谐振腔 TE_{011} 模式的数学表达式:

$$E_\varphi(r,\varphi,z,t)=D\omega\mu\left(\frac{v_{01}}{a}\right)J_0'\left(\frac{v_{01}}{a}r\right)\sin\left(\frac{\pi}{l}z\right)\cos(\omega t)$$

$$=-D\omega\mu\left(\frac{v_{01}}{a}\right)J_1\left(\frac{v_{01}}{a}r\right)\sin\left(\frac{\pi}{l}z\right)\cos(\omega t),$$

$$J_0'(x) = -J_1(x), \tag{5-25a}$$

$$H_r(r,\varphi,z,t) = D\left(\frac{\pi}{l}\right)\left(\frac{v_{01}}{a}\right)J_0'\left(\frac{v_{01}}{a}r\right)\cos\left(\frac{\pi}{l}z\right)\sin(\omega t)$$

$$= -D\frac{\pi}{l}\left(\frac{v_{01}}{a}\right)J_1\left(\frac{v_{01}}{a}r\right)\cos\left(\frac{\pi}{l}z\right)\sin(\omega t), \tag{5-25b}$$

$$H_z(r,\varphi,z,t) = D\left(\frac{v_{01}}{a}\right)^2 J_0\left(\frac{v_{01}}{a}r\right)\sin\left(\frac{\pi}{l}z\right)\sin(\omega t), \tag{5-25c}$$

$$E_r(r,\varphi,z,t) = E_z(r,\varphi,z,t) = H_\varphi(r,\varphi,z,t) = 0, \tag{5-25d}$$

$$f_0 = \frac{1}{2\pi\sqrt{\mu\varepsilon}}\sqrt{\left(\frac{v_{01}}{a}\right)^2 + \left(\frac{\pi}{l}\right)^2}$$

$$(v_{01} = u_{11} = 3.832, \text{因此 TE}_{011} \text{ 与 TM}_{111} \text{ 简并}). \tag{5-26}$$

圆柱谐振腔 TE_{011} 模式的电磁场结构及采用该模式的微波频率计如图 5.5 所示.

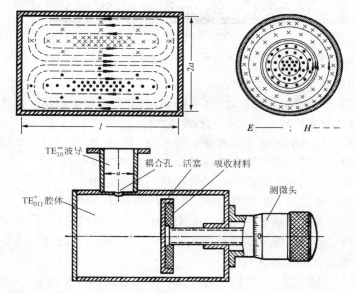

图 5.5　圆柱谐振腔 TE_{011} 模式的电磁场结构及 TE_{011} 模式的微波频率计

圆柱谐振腔 TE_{011} 模式的特点:

(1) TE_{011} 模式的腔壁上只有圆周方向的电流(因为 $\boldsymbol{J} = \boldsymbol{n} \times \boldsymbol{H}$),另外由于腔内电场没有 E_z 分量,则不存在沿 z 方向的位移电流. 根据电流连续的原则,腔体的短路面上没有径向电流,腔体的波导壁上没有纵向电流. 因此,TE_{011} 模谐振腔的纵向短路面不必与波导壁紧密接触. 也就是说,该短路面可以是非接触式的短路活塞. 这对调整腔体的谐振频率非常有利. 因此,微波工程中使用的高精度频率计、稳频腔等常采用圆柱谐振腔的 TE_{011} 模式作为工作模式.

(2) TE_{011} 模与 TM_{111} 模是简并的,必须利用激励的奇偶禁戒规则或强辐射

缝抑制 TM_{111} 模式.

（3）TE_{011} 模在腔体中心有较强的磁场,在腔体内总电磁能量一定的条件下,腔体壁附近的磁场必然较弱. 由于腔体壁上的电流密度与切向磁场的强度有关,电流密度越低,则腔体的损耗越小. 因此,TE_{011} 模式的品质因数较高.

3. 圆柱谐振腔 TE_{111} 模式

在圆柱谐振腔 TE 模式的数学表达式(5-20)中代入 $n=1, i=1, p=1$,就得到圆柱谐振腔 TE_{111} 模式的数学表达式:

$$H_r(r,\varphi,z,t) = D\left(\frac{\pi}{l}\right)\left(\frac{v_{11}}{a}\right)J_1'\left(\frac{v_{11}}{a}r\right)\cos\varphi\cos\left(\frac{\pi}{l}z\right)\sin(\omega t), \quad (5\text{-}27a)$$

$$H_\varphi(r,\varphi,z,t) = -D\left(\frac{\pi}{l}\right)\left(\frac{1}{r}\right)J_1\left(\frac{v_{11}}{a}r\right)\sin\varphi\cos\left(\frac{\pi}{l}z\right)\sin(\omega t), \quad (5\text{-}27b)$$

$$H_z(r,\varphi,z,t) = D\left(\frac{v_{11}}{a}\right)^2 J_1\left(\frac{v_{11}}{a}r\right)\cos\varphi\sin\left(\frac{\pi}{l}z\right)\sin(\omega t), \quad (5\text{-}27c)$$

$$E_r(r,\varphi,z,t) = D\omega\mu\left(\frac{1}{r}\right)J_1\left(\frac{v_{11}}{a}r\right)\sin\varphi\sin\left(\frac{\pi}{l}z\right)\cos(\omega t), \quad (5\text{-}27d)$$

$$E_\varphi(r,\varphi,z,t) = D\omega\mu\left(\frac{v_{11}}{a}\right)J_1'\left(\frac{v_{11}}{a}r\right)\cos\varphi\sin\left(\frac{\pi}{l}z\right)\cos(\omega t), \quad (5\text{-}27e)$$

$$E_z(r,\varphi,z,t) = 0, \quad (5\text{-}27f)$$

$$f_0 = \frac{1}{2\pi\sqrt{\mu\varepsilon}}\sqrt{\left(\frac{v_{11}}{a}\right)^2 + \left(\frac{\pi}{l}\right)^2} \quad (v_{11}=1.84). \quad (5\text{-}28)$$

圆柱谐振腔 TE_{111} 模式的电磁场结构及采用该模式的微波频率计如图 5.6 所示.

圆柱谐振腔 TE_{111} 模式的特点:

（1）谐振频率与圆柱谐振腔的长度有关,在谐振频率与腔长有关的所有模式中,TE_{111} 是最低模式,而且单模工作频带较宽.

（2）不存在 $H\text{-}E$ 简并,存在极化简并,容易被激励,容易实现单模工作.

（3）腔体内侧壁有较强的磁场,因而腔体内表面上有较强的感应电流. 此感应电流越大,则腔体损耗越大,所以 TE_{111} 模式的品质因数比 TE_{011} 模式的低.

（4）腔体内存在由侧壁流向两短路面的感应电流,因此腔体侧壁与两短路面之间必须有良好的电接触.

4. 圆柱谐振腔 TM_{111} 模式

在圆柱谐振腔 TM 模式的数学表达式(5-15)中代入 $n=1, i=1, p=1$,就得到圆柱谐振腔 TM_{111} 模式的数学表达式:

$$E_r(r,\varphi,z,t) = -D\left(\frac{\pi}{l}\right)\left(\frac{u_{11}}{a}\right)J_1'\left(\frac{u_{11}}{a}r\right)\cos(n\varphi-\varphi_0)\sin\left(\frac{\pi}{l}z\right)\cos(\omega t),$$

$$(5\text{-}29a)$$

$$E_\varphi(r,\varphi,z,t) = D\left(\frac{\pi}{l}\right)\left(\frac{1}{r}\right)J_1\left(\frac{u_{11}}{a}r\right)\sin(n\varphi-\varphi_0)\sin\left(\frac{\pi}{l}z\right)\cos(\omega t), \quad (5\text{-}29b)$$

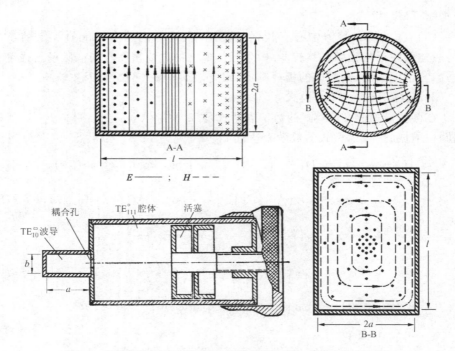

图 5.6 圆柱谐振腔 TE_{111} 模式的电磁场结构及 TE_{111} 模式的微波频率计

$$E_z(r,\varphi,z,t) = D\left(\frac{u_{11}}{a}\right)^2 J_1\left(\frac{u_{11}}{a}r\right)\cos(n\varphi-\varphi_0)\cos\left(\frac{\pi}{l}z\right)\cos(\omega t), \quad (5\text{-}29c)$$

$$H_r(r,\varphi,z,t) = D\omega\varepsilon\left(\frac{1}{r}\right)J_1\left(\frac{u_{11}}{a}r\right)\sin(n\varphi-\varphi_0)\cos\left(\frac{\pi}{l}z\right)\sin(\omega t), \quad (5\text{-}29d)$$

$$H_\varphi(r,\varphi,z,t) = D\omega\varepsilon\left(\frac{u_{11}}{a}\right)J_1'\left(\frac{u_{11}}{a}r\right)\cos(n\varphi-\varphi_0)\cos\left(\frac{\pi}{l}z\right)\sin(\omega t), \quad (5\text{-}29e)$$

$$H_z(r,\varphi,z,t) = 0. \quad (5\text{-}29f)$$

根据本征值方程 $\omega^2\mu\varepsilon = k_c^2 + \beta^2 = \left(\dfrac{u_{11}}{a}\right)^2 + \left(\dfrac{\pi}{l}\right)^2$，可以求出圆柱谐振腔 TM_{111} 模的谐振频率为

$$f_0 = \frac{1}{2\pi\sqrt{\mu\varepsilon}}\sqrt{\left(\frac{u_{11}}{a}\right)^2 + \left(\frac{\pi}{l}\right)^2} \quad (u_{11} = 3.832). \quad (5\text{-}30)$$

图 5.7 是圆柱谐振腔 TM_{111} 模式的电磁场结构，由图 5.7 可见，圆柱谐振腔 TM_{111} 模式是极化简并模式. 圆柱谐振腔 TM_{111} 模式在微波工程中并没有实际用途，由于它与圆柱谐振腔的 TE_{011} 模式是简并的，当采用 TE_{011} 模式作为工作模式时必须设法抑制它，因此需要了解这个模式的电磁场结构.

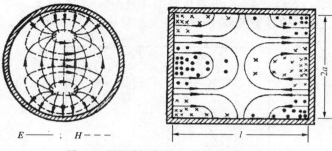

图 5.7　圆柱谐振腔 TM_{111} 模的电磁场结构

§ 5.4　同轴谐振腔

在同轴线的纵向适当位置上用金属短路,就可以形成同轴谐振腔. 同轴线的主模是 TEM 模式,次低模式是 TE_{11}. TE_{11} 模式的截止波长为 $\lambda_c \approx \pi(a+b)$. 同轴线的单模传输条件一般定为 $\lambda > 3.46(a+b)$. 由于同轴谐振腔通常都是工作在 TEM 模状态下,一般不考虑高次模式. 因此,由同轴线 TEM 模的电磁场解就可以求出同轴谐振腔的 TEM 模场解. 根据 § 2.5 的讨论,同轴谐振腔中 TEM 模电磁场可以表示为

$$E(r,\varphi,z,t) = \mathrm{Im}\left[\sqrt{\frac{\mu}{\varepsilon}}\,\frac{1}{2\pi r}\boldsymbol{i}_r(I^+\,\mathrm{e}^{+\mathrm{j}\beta z} + I^-\,\mathrm{e}^{-\mathrm{j}\beta z})\mathrm{e}^{\mathrm{j}\omega t}\right], \quad (5\text{-}31\mathrm{a})$$

$$H(r,\varphi,z,t) = \mathrm{Im}\left[\frac{1}{2\pi r}\boldsymbol{i}_\varphi(I^+\,\mathrm{e}^{+\mathrm{j}\beta z} + I^-\,\mathrm{e}^{-\mathrm{j}\beta z})\mathrm{e}^{\mathrm{j}\omega t}\right]. \quad (5\text{-}31\mathrm{b})$$

在同轴谐振腔的纵向短路面上,电场只有切向分量,根据电场在导体表面的切向分量为零的条件

$$E(r,\varphi,z=0,t) = 0, \quad E(r,\varphi,z=l,t) = 0,$$

可得 $I = I^+ = -I^-$, $\beta = \dfrac{n\pi}{l}$ ($n=1,2,3,\cdots$),所以同轴谐振腔 TEM 模的谐振频率为

$$f_0 = \frac{1}{2\pi\sqrt{\mu\varepsilon}}\sqrt{k_c^2+\beta^2} = \frac{\beta}{2\pi\sqrt{\mu\varepsilon}} = \frac{1}{2\sqrt{\mu\varepsilon}}\frac{n}{l}\ (\text{TEM 模式的 } k_c = 0).$$

$$(5\text{-}32)$$

根据式(5-32),仿照 5.3.2 小节的方法,也可以画出同轴谐振腔 TEM 模的模式图,如图 5.8 所示. 由同轴谐振腔 TEM 模的模式图可以看出,不论微波源的频率范围取多大(在满足 $\lambda > 3.46(a+b)$ 的前提下),从理论上讲,同轴谐振腔总存在 $n=1$ 这个模式的单模工作区. 也就是说,只要将模式图中的工作矩形向右平移,总能使工作矩形中只有 $n=1$ 这一条模式线. 对于矩形谐振腔和圆柱谐振腔这都是不可能的,因为有些模式线的斜率是相同的. 因此,一般说来,同轴谐

振腔的工作频带较宽.但是,同轴谐振腔的品质因数较低,其主要原因是同轴谐振腔内导体表面上的磁场很强,因此电流密度很大,欧姆损耗较大.

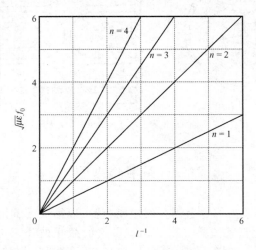

图 5.8   同轴谐振腔 TEM 模的模式图

§5.5   谐振腔的激励与工作模式选择

微波谐振腔在使用中必须与波源、负载相耦合,实现这种能量耦合的系统被称为谐振腔的耦合装置.常用的耦合装置包括耦合环、激励棒、耦合孔以及耦合缝等.微波谐振腔的激励原则包括奇偶禁戒规则和频率谐振,在这两个条件都满足的条件下微波谐振腔内才有可能建立起稳定的振荡模式.

正如在 5.2.2 小节中曾经讨论过的问题一样,适当选择微波谐振腔的耦合装置,可以利用奇偶禁戒规则来抑制杂模,实现工作模式的优先激励.

通过对圆柱谐振腔模式图的讨论可知,利用模式图可以寻找谐振腔工作模式的单模工作区,从而实现非简并模式的单模工作.然而,对于简并模式,还必须采用其他方法实现其单模工作.例如,对于圆柱谐振腔的 TE_{011} 和 TM_{111} 模式,可以利用奇偶禁戒规则或强辐射的方法抑制非工作模式 TM_{111}.

在如图 5.5 所示的 TE_{011} 模式微波频率计中,由于短路活塞与圆柱谐振腔之间的缝隙对 TE_{011} 模式是无辐射缝,而对 TM_{111} 模式是强辐射缝,所以该圆柱谐振腔中只有 TE_{011} 模式能形成稳定的振荡模式.

在如图 5.9 所示的耦合系统中,奇偶禁戒规则将抑制非工作模式 TM_{111},从而实现 TE_{011} 模式的单模工作.根据图 5.7 可知,圆柱谐振腔 TM_{111} 模式是极化简并模式,所以该模式的电场存在水平极化和垂直极化两种方式.TM_{111} 模式水平极化方式的电场相对于图 5.9 中耦合系统的 A 参考面是奇对称的,而相对于

B 参考面是偶对称的；TM$_{111}$ 模式垂直极化方式的电场相对于图 5.9 中耦合系统的 A 参考面是偶对称的，相对于 B 参考面是奇对称. 这说明，圆柱谐振腔 TM$_{111}$ 模式的电场对于图 5.9 中耦合系统的两个参考面有不同的奇偶对称性. 然而根据图 5.5 可知，圆柱谐振腔中 TE$_{011}$ 模式的电场相对于图 5.9 中耦合系统的两个参考面都是奇对称的. 通过对圆柱谐振腔 TE$_{011}$ 和 TM$_{111}$ 模式场结构的分析可知，如果能使矩形波导 TE$_{10}$ 模式的电场相对于上述耦合系统的两个参考面都是奇对称的，则 TM$_{111}$ 模式将被禁戒，从而可实现 TE$_{011}$ 模式的单模工作. 此处要特别注意 §2.6 奇偶禁戒规则中的第 4 点.

根据图 2.6 可知，在如图 5.9 所示的耦合系统中，矩形波导 TE$_{10}$ 模式的电场相对于 B 参考面显然是奇对称的；由于两个耦合小孔的间距为 $\lambda_g/2$，根据图 2.6 可知，矩形波导 TE$_{10}$ 模式的电场在两个耦合小孔上是等幅反向的，所以矩形波导 TE$_{10}$ 模式的电场相对于 A 参考面也是奇对称的. 由于圆柱谐振腔 TM$_{111}$ 模式的电场不可能对 A,B 两个参考面同时呈现奇对称性，所以该模式将被禁戒. 需要注意的是，该种方法只能在较窄的频率范围内有效.

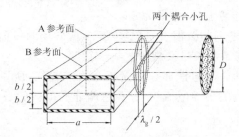

图 5.9　采用矩形波导 TE$_{10}$ 模式激励圆柱谐振腔 TE$_{011}$ 模式的一种耦合方案

总之，谐振腔的激励与工作模式选择是一个非常重要的问题，关于这个问题，只要掌握了谐振腔和传输系统中各模式的电磁场空间分布规律，利用奇偶禁戒规则以及强辐射、损耗等概念就可以实现谐振腔的工作模式选择.

§5.6　谐振腔的品质因数

品质因数是谐振腔最重要的技术参数，按照定义，它是谐振腔储能和耗能之比. 在微波工程应用中，品质因数越高则谐振腔的储能和选频能力越强. 谐振腔的品质因数与其工作模式有关，这一点与谐振腔的谐振频率相同，谐振腔的每个工作模式都有其特定的品质因数.

5.6.1　谐振腔的固有品质因数 Q_0

谐振腔的固有品质因数是腔体品质因数的理论值，它描述的是理想的、孤立

的谐振腔所具有的储能和选频能力. 定义固有品质因数

$$Q_0 = 2\pi \left. \frac{\text{腔体内储存的总电磁能量}}{\text{一个周期中腔体内损耗的总电磁能量}} \right|_{\text{谐振状态下}}$$

$$= 2\pi \frac{W_0}{P_0 T_0} = 2\pi f_0 \frac{W_0}{P_0}, \tag{5-33}$$

其中 W_0 为腔体总储能, P_0 为腔体单位时间内的耗能. 当腔体谐振时, 腔体内电磁场的总储能为

$$W_0 = W_e(t) + W_m(t) = W_e(t)\mid_{\max} + 0 = 0 + W_m(t)\mid_{\max}$$

$$= \frac{\varepsilon}{2}\int_V (\boldsymbol{E}\cdot\boldsymbol{E}^*)_{\max}\mathrm{d}V = \frac{\mu}{2}\int_V (\boldsymbol{H}\cdot\boldsymbol{H}^*)_{\max}\mathrm{d}V. \tag{5-34}$$

其中 $W_e(t)$ 为腔体内储存的电场能量的瞬时值, $W_m(t)$ 为腔体内储存的磁场能量的瞬时值, V 为腔体的体积.

根据谐振腔内电磁场的解以及麦克斯韦方程组中的两个旋度方程 (式 (2-5)) 可知

(1) 在时间上, 电场和磁场的最大值之间的相位差为四分之一周期. 电场最强时, 磁场为零; 磁场最强时, 电场为零.

(2) 在空间上, 电场的极值点是磁场的零点, 磁场的极值点是电场的零点.

(3) 电场与磁场满足矢量叉乘为零——正交.

微波谐振腔内的介质通常都是低损耗介质或空气, 所以腔体内的损耗主要来源于腔体内表面上的传导电流损耗. 在忽略介质损耗的条件下, 腔体内损耗的总能量为

$$P_0 = \frac{R_s}{2}\oiint_S \boldsymbol{H}_t \cdot \boldsymbol{H}_t^* \, \mathrm{d}S, \tag{5-35a}$$

其中 S 为腔体的内表面面积, $R_s = \sqrt{\dfrac{\omega\mu_0}{2\sigma}}$ 是对高频电流而言的单位面积上的表面电阻, R_s 是导体表面绝对光滑条件下的理论值. 当导体表面光洁度较差而电磁波的趋肤厚度较小时, R_s 就很大. 由此可以得到固有品质因数的另一种表达方式:

$$Q_0 = \sqrt{2\sigma\omega_0\mu_0} \, \frac{\iiint_V [\boldsymbol{H}\cdot\boldsymbol{H}^*]_{\max}\mathrm{d}V}{\oiint_S \boldsymbol{H}_t \cdot \boldsymbol{H}_t^* \, \mathrm{d}S}. \tag{5-35b}$$

其中, V 为腔体体积, S 为腔体内表面面积. 由表达式 (5-35b) 可知, 微波谐振腔固有品质因数 Q_0 的几个基本特点:

(1) 在工作模式确定的情况下, $\boldsymbol{H}$ 和 $\boldsymbol{H}_t$ 就确定了. 因此, 腔体体积与腔体内表面积之比越大, 则腔体的固有品质因数 Q_0 越高.

（2）由于不同工作模式的 H_t 一般不相同，因此腔体内表面 H_t 较小的模式具有较高的固有品质因数 Q_0. 例如，TM_{010} 模式的 Q_0 小于 TE_{011} 模式的 Q_0.

（3）固有品质因数 Q_0 的理论值与实际测量值的差别非常大，约为 $30\%\sim60\%$，其主要原因是理论值没有考虑导体表面的光洁度. 当导体表面光洁度下降时，腔体内导体的等效表面积会由于高频电磁波的趋肤效应而急剧增大.

（4）在工作频率一定的情况下，高次模式的固有品质因数较高.

矩形谐振腔的固有品质因数可表示为

$$Q_0 \propto f_0 \frac{V}{S} = f_0 \frac{a \times b \times l}{3(ab + al + bl)} = f_0 \frac{1}{3\left(\dfrac{1}{a} + \dfrac{1}{b} + \dfrac{1}{l}\right)}, \quad (5\text{-}36a)$$

圆柱谐振腔的固有品质因数可表示为

$$Q_0 \propto f_0 \frac{V}{S} = f_0 \frac{\pi a^2 l}{2(\pi a l + \pi a^2)} = f_0 \frac{1}{2\left(\dfrac{1}{a} + \dfrac{1}{l}\right)}. \quad (5\text{-}36b)$$

由式（5-36a），（5-36b）可见，腔体的尺度越大，或腔体的工作频率越高，其固有品质因数越高（假设腔体内表面绝对光滑）.

矩形谐振腔的谐振频率由式（5-5）和式（5-9）确定，圆柱谐振腔的谐振频率由式（5-13）和式（5-17）确定，所以在谐振频率不变的条件下，增大腔体尺寸就意味着腔体将工作在高次模式状态，在腔体尺寸不变的条件下，提高腔体的工作频率同样意味着腔体将工作在高次模式状态. 由此可知，一般情况下，高次模式具有较高的固有品质因数. 虽然高次模式具有品质因数高的优点，但由模式图可知谐振腔工作在高次模式时各模式的频率间隔较小，模式频谱密集，这将造成振荡模式不稳定，甚至可能发生跳模现象. 为了解决这个问题，可以采用开放式谐振腔或分布反馈式谐振腔. 这两类谐振腔的共同特点是：没有封闭的腔体结构，因此存在着电磁波向自由空间的辐射损耗. 在封闭式谐振腔中可能被激励的许多模式，由于辐射损耗的存在，将不能在开放式谐振腔中建立起稳定的振荡，从而退出了模式竞争. 因此，开放式谐振腔中各模式的频率间隔较大，模式频谱密集度较低，从而可以保证高次振荡模式在较宽的频带内单模稳定工作. 开放式谐振腔和分布反馈式谐振腔在毫米波和光波频段都有广泛的应用. 半导体激光器是人类在 20 世纪最重大的发明之一，其主要部件就是一个开放式谐振腔或分布反馈式谐振腔.

5.6.2　谐振腔的有载品质因数 Q_L

实际的微波谐振腔总是要与负载相连接的，对这样的系统而言，不但腔体本身有损耗，腔体的耦合系统也将带来损耗. 由于固有品质因数 Q_0 没有考虑耦合系统的损耗，因而在微波工程应用中的实际意义不大. 在考虑耦合系统的损耗后，可以定义有载品质因数

$$Q_{\mathrm{L}} = 2\pi \frac{\text{腔体内储存的总电磁能量}}{\text{一个周期中腔体和耦合系统损耗的总能量}}\Big|_{\text{谐振状态下}}$$

$$= 2\pi \frac{W_0}{(P_0 + P_e)T_0} = 2\pi f_0 \frac{W_0}{(P_0 + P_e)} = 2\pi f_0 \frac{W_0}{P_0} \frac{1}{1 + \dfrac{P_e}{P_0}} = Q_0 \frac{1}{1 + \eta}.$$

$$(5\text{-}37)$$

其中 W_0 为腔体总储能, P_0 为腔体单位时间内的耗能, P_e 为耦合系统单位时间内的耗能, η 为腔体的耦合系数, 它是耦合系统耗能与腔体耗能之比.

由于固有品质因数 Q_0 的理论值与实际情况相差较大, 微波工程中常用的品质因数是有载品质因数 Q_{L}. 有载品质因数 Q_{L} 可以通过在频域上测量功率 3 dB 带宽而得到.

例 5-2 求有载品质因数 Q_{L} 与功率 3 dB 带宽的关系.

解 已知在 dt 时间内, 腔体及耦合系统的总耗能应等于腔体系统总能量的减少量:

$$(P_0 + P_e)\mathrm{d}t = -\,\mathrm{d}W\,\big|_{\text{谐振状态下}}.$$

根据有载品质因数 Q_{L} 的定义, 有

$$Q_{\mathrm{L}} = 2\pi f_0 \frac{W_0}{(P_0 + P_e)} = -\,\omega_0 \frac{W}{\mathrm{d}W}\mathrm{d}t,$$

则有 $\dfrac{\mathrm{d}W}{\mathrm{d}t} = -\,\omega_0 \dfrac{W}{Q_{\mathrm{L}}}$. 由微分方程可以解出

$$W = W_0\, \mathrm{e}^{-(\omega_0/Q_{\mathrm{L}})t}.$$

因为谐振腔内的储能与电场振幅的平方成正比, 即 $E_{\max}^2 \propto W$, 所以

$$E(t) = E_0\, \mathrm{e}^{-(\omega_0/2Q_{\mathrm{L}})t}\, \mathrm{e}^{\mathrm{j}\omega_0 t}.$$

对 $E(t)$ 做傅里叶变换, 有

$$E(t) = \frac{1}{\sqrt{2\pi}} \int_0^\infty E(\omega)\, \mathrm{e}^{\mathrm{j}\omega t}\, \mathrm{d}\omega,$$

$$E(\omega) = \frac{1}{\sqrt{2\pi}} \int_0^\infty E(t)\, \mathrm{e}^{-\mathrm{j}\omega t}\, \mathrm{d}t,$$

$$= \frac{1}{\sqrt{2\pi}} \int_0^\infty E_0\, \mathrm{e}^{\mathrm{j}\omega_0 t - (\omega_0/2Q_{\mathrm{L}})t}\, \mathrm{e}^{-\mathrm{j}\omega t}\, \mathrm{d}t$$

$$= \frac{E_0}{\sqrt{2\pi}} \frac{1}{\mathrm{j}(\omega - \omega_0) + \dfrac{\omega_0}{2Q_{\mathrm{L}}}} \int_0^\infty \mathrm{e}^{-x}\, \mathrm{d}x \quad (x = [\mathrm{j}(\omega - \omega_0) + \omega_0/2Q_{\mathrm{L}}]t)$$

$$= \frac{E_0}{\sqrt{2\pi}} \frac{1}{\mathrm{j}(\omega - \omega_0) + \dfrac{\omega_0}{2Q_{\mathrm{L}}}}, \tag{5-38}$$

$$W \propto |E(\omega)|^2 = \frac{2}{\pi}\left(\frac{E_0 Q_{\mathrm{L}}}{\omega_0}\right)^2 \frac{1}{1 + \left[\dfrac{2Q_{\mathrm{L}}}{\omega_0}(\omega - \omega_0)\right]^2}. \tag{5-39}$$

由表达式(5-39)可知, 在谐振条件下(即 $\omega = \omega_0$), 腔体内储存的微波能量有最大值, 其值为

$$W_{\max} \propto \frac{2}{\pi}\left(\frac{E_0 Q_{\mathrm{L}}}{\omega_0}\right)^2. \tag{5-40}$$

当 $\omega \neq \omega_0$ 时,腔体内储存的微波能量将下降.腔体内储存的微波能量下降为 $W_{\max}$ 的一半时所对应的上下频偏之差就称为谐振腔的 3 dB 功率带宽.谐振腔的 3 dB 功率带宽如图 5.10 所示.

令 $\dfrac{2Q_{\mathrm{L}}}{\omega_0}(\omega-\omega_0)=\pm 1$,可得

$$\frac{2Q_{\mathrm{L}}}{2\pi f_0}(2\pi f_1-2\pi f_0)=1,\qquad \frac{2Q_{\mathrm{L}}}{2\pi f_0}(2\pi f_2-2\pi f_0)=-1.$$

两式相减可得 $\dfrac{Q_{\mathrm{L}}}{f_0}(f_1-f_2)=1$,所以

$$Q_{\mathrm{L}}=\frac{f_0}{\Delta f}. \tag{5-41}$$

用微波扫频测量法可以测出谐振腔的中心谐振频率和 3 dB 功率点所对应的频率.根据式(5-41),就可以算出谐振腔的有载品质因数 Q_{L}.在微波频段,$Q_{\mathrm{L}} \approx 1000 \sim 6000$ 的谐振腔就有实用价值.一般来说,品质因数越高越好.

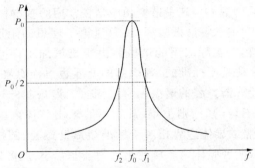

图 5.10　谐振腔的 3 dB 功率带宽(f_1-f_2)

测量谐振腔的 3 dB 功率带宽并不是直接测量谐振腔内的电磁能量,而是测量传输线中的电磁能量,按照谐振腔与传输线的连接方式,实际的测量曲线有两种形式.

（1）通过式接法.在通过式接法中,谐振腔的功能类似于带通滤波器,即与谐振腔谐振频率相同频率的电磁波可以通过.通过式接法的功率谱测量曲线和等效电路分别如图 5.10 和图 5.11 所示.

图 5.11　通过式接法谐振腔的等效电路

（2）吸收式接法.在吸收式接法中,谐振腔的功能类似于带阻滤波器,即频率与谐振腔谐振频率不相同的电磁波可以通过.吸收式接法的功率谱测量曲线和等效电路如图 5.12 所示.

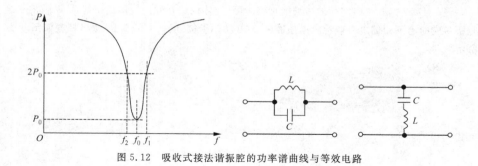

图 5.12　吸收式接法谐振腔的功率谱曲线与等效电路

§5.7　谐振腔的频率微扰理论

在前几个小节中,已经讨论了谐振腔的电磁场结构、谐振频率、固有品质因数 Q_0 以及有载品质因数 Q_L,其中谐振频率是较常用的基本物理量,可以精确测量.在 §5.2 和 §5.3 中求解谐振频率时,只讨论了理想的矩形谐振腔和圆柱谐振腔.然而,微波工程中实际应用的谐振腔由于机械加工误差或某些特殊的需要,谐振腔的边界往往是不标准的,其内部的介质也可能存在不均匀性.在这种情况下,必须重新计算谐振腔的谐振频率.但是,当谐振腔的边界不规则或腔体内的介质特性分布不均匀时,则很难、甚至不能求出腔体内电磁场分布的解析解.然而,如果谐振腔的导体边界相对于标准矩形谐振腔、圆柱谐振腔的导体边界只有微小的不同,或者腔体内介质的不均匀区非常小,就可以将这种边界条件的微小变化视为微量的扰动.显然,经微扰后的腔体谐振频率应当与标准谐振腔的谐振频率相差不大.只要能设法求出这个微小的量,就可以得到非标准谐振腔的谐振频率.这就是谐振腔频率微扰理论的基本思路和用途.

5.7.1　谐振腔的频率微扰公式

在图 5.13 中,谐振腔体积 V 内的电磁场满足麦克斯韦方程.设

（1）在未加微扰时谐振腔的谐振频率为 $f_0\left(f_0=\dfrac{\omega_0}{2\pi}\right)$,则有

$$\nabla\times\boldsymbol{E}_0(x,y,z)=-\mathrm{j}\omega_0\mu_0\boldsymbol{H}_0(x,y,z),\quad(5\text{-}42\mathrm{a})$$

$$\nabla\times\boldsymbol{H}_0(x,y,z)=\mathrm{j}\omega_0\varepsilon_0\boldsymbol{E}_0(x,y,z).\quad(5\text{-}42\mathrm{b})$$

（2）在加了微扰后谐振腔的谐振频率为 f,微扰源的体积为 V_1,同样有

$$\nabla\times\boldsymbol{E}(x,y,z)=-\mathrm{j}\omega\mu_0\mu_\mathrm{r}(x,y,z)\boldsymbol{H}(x,y,z),$$

$$(5\text{-}43\mathrm{a})$$

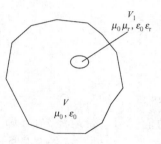

图 5.13　谐振腔内微扰示意图

$$\nabla \times \boldsymbol{H}(x,y,z) = \mathrm{j}\omega\varepsilon_0\varepsilon_\mathrm{r}(x,y,z)\boldsymbol{E}(x,y,z), \tag{5-43b}$$

其中

$$\mu_\mathrm{r}(x,y,z) = \begin{cases} \mu_\mathrm{r}, & \text{在 } V_1 \text{ 内}, \\ 1, & \text{在 } V_1 \text{ 外}, \end{cases} \quad \varepsilon_\mathrm{r}(x,y,z) = \begin{cases} \varepsilon_\mathrm{r}, & \text{在 } V_1 \text{ 内}, \\ 1, & \text{在 } V_1 \text{ 外}. \end{cases}$$

对于标准矩形谐振腔和圆柱谐振腔，式(5-42)中的谐振频率 f_0 可由 §5.2 和 §5.3 介绍的方法求出，式(5-43)中的谐振频率 f 将由式(5-42)和式(5-43) 经过以下运算用 f_0 以及微扰源的参数 $\mu_\mathrm{r}(x,y,z)$，$\varepsilon_\mathrm{r}(x,y,z)$，体积 V_1 表示. 由以下运算：

① $\boldsymbol{H} \cdot \nabla \times \boldsymbol{E}_0^* = \mathrm{j}\omega_0\mu_0\boldsymbol{H} \cdot \boldsymbol{H}_0^*$；

② $-\boldsymbol{E} \cdot \nabla \times \boldsymbol{H}_0^* = \mathrm{j}\omega_0\varepsilon_0\boldsymbol{E} \cdot \boldsymbol{E}_0^*$；

③ $\boldsymbol{H}_0^* \cdot \nabla \times \boldsymbol{E} = -\mathrm{j}\omega\mu_0\mu_\mathrm{r}(x,y,z)\boldsymbol{H}_0^* \cdot \boldsymbol{H}$；

④ $-\boldsymbol{E}_0^* \cdot \nabla \times \boldsymbol{H} = \mathrm{j}\omega\varepsilon_0\varepsilon_\mathrm{r}(x,y,z)(-\boldsymbol{E}_0^*) \cdot \boldsymbol{E}$.

可得

$$\boldsymbol{H} \cdot \nabla \times \boldsymbol{E}_0^* = \mathrm{j}\omega_0\mu_0\boldsymbol{H} \cdot \boldsymbol{H}_0^*, \tag{5-44a}$$

$$-\boldsymbol{E} \cdot \nabla \times \boldsymbol{H}_0^* = \mathrm{j}\omega_0\varepsilon_0\boldsymbol{E} \cdot \boldsymbol{E}_0^*, \tag{5-44b}$$

$$\boldsymbol{H}_0^* \cdot \nabla \times \boldsymbol{E} = -\mathrm{j}\omega\mu_0\mu_\mathrm{r}(x,y,z)\boldsymbol{H}_0^* \cdot \boldsymbol{H}, \tag{5-44c}$$

$$-\boldsymbol{E}_0^* \cdot \nabla \times \boldsymbol{H} = -\mathrm{j}\omega\varepsilon_0\varepsilon_\mathrm{r}(x,y,z)\boldsymbol{E}_0^* \cdot \boldsymbol{E}. \tag{5-44d}$$

根据式(5-44a)＋式(5-44d)、式(5-44b)＋式(5-44c)，以及散度的性质

$$\nabla \cdot (\boldsymbol{a} \times \boldsymbol{b}) = \boldsymbol{b} \cdot (\nabla \times \boldsymbol{a}) - \boldsymbol{a} \cdot \nabla \times \boldsymbol{b},$$

可得

$$\nabla \cdot (\boldsymbol{E}_0^* \times \boldsymbol{H}) = \mathrm{j}\omega_0\mu_0\boldsymbol{H} \cdot \boldsymbol{H}_0^* - \mathrm{j}\omega\varepsilon_0\varepsilon_\mathrm{r}(x,y,z)\boldsymbol{E}_0^* \cdot \boldsymbol{E}, \tag{5-45a}$$

$$\nabla \cdot (\boldsymbol{E} \times \boldsymbol{H}_0^*) = \mathrm{j}\omega_0\varepsilon_0\boldsymbol{E} \cdot \boldsymbol{E}_0^* - \mathrm{j}\omega\mu_0\mu_\mathrm{r}(x,y,z)\boldsymbol{H}_0^* \cdot \boldsymbol{H}. \tag{5-45b}$$

式(5-45a)与式(5-45b)相加并在腔体体积 V 上积分，可得

$$\iiint\limits_V [\nabla \cdot (\boldsymbol{E}_0^* \times \boldsymbol{H}) + \nabla \cdot (\boldsymbol{E} \times \boldsymbol{H}_0^*)]\mathrm{d}V$$

$$= \iiint\limits_V [\mathrm{j}\omega_0\mu_0\boldsymbol{H} \cdot \boldsymbol{H}_0^* - \mathrm{j}\omega\varepsilon_0\varepsilon_\mathrm{r}(x,y,z)\boldsymbol{E}_0^* \cdot \boldsymbol{E}$$

$$+ \mathrm{j}\omega_0\varepsilon_0\boldsymbol{E} \cdot \boldsymbol{E}_0^* - \mathrm{j}\omega\mu_0\mu_\mathrm{r}(x,y,z)\boldsymbol{H}_0^* \cdot \boldsymbol{H}]\mathrm{d}V. \tag{5-46a}$$

根据高斯公式 $\iiint\limits_V \nabla \cdot \boldsymbol{R}\mathrm{d}V = \iint\limits_S \boldsymbol{R} \cdot \boldsymbol{n}\mathrm{d}S$，(5-46a)等式左边

$$\iiint\limits_V [\nabla \cdot (\boldsymbol{E}_0^* \times \boldsymbol{H}) + \nabla \cdot (\boldsymbol{E} \times \boldsymbol{H}_0^*)]\mathrm{d}V = \iint\limits_S [\boldsymbol{E}_0^* \times \boldsymbol{H} \cdot \boldsymbol{n} + \boldsymbol{E} \times \boldsymbol{H}_0^* \cdot \boldsymbol{n}]\mathrm{d}S$$

$$= \iint\limits_S [\boldsymbol{n} \times \boldsymbol{E}_0^* \cdot \boldsymbol{H} + \boldsymbol{n} \times \boldsymbol{E} \cdot \boldsymbol{H}_0^*]\mathrm{d}S = 0.$$

其中引入了电场在良导体表面的边界条件，即切向分量 $\boldsymbol{E}_\mathrm{t}=\boldsymbol{n}\times\boldsymbol{E}$ 恒为零，所以积分恒为零. 在此，由于引入了良导体表面的边界条件，所以由此导出的结论只能适用于具有良导体表面的微波谐振腔.

由(5-46a)等式的右边整理可得

$$\iiint_V (\omega_0\varepsilon_0\boldsymbol{E}\cdot\boldsymbol{E}_0^* + \omega_0\mu_0\boldsymbol{H}\cdot\boldsymbol{H}_0^*)\mathrm{d}V$$

$$= \iiint_V [\omega\mu_0\mu_\mathrm{r}(x,y,z)\boldsymbol{H}_0^*\cdot\boldsymbol{H} + \omega\varepsilon_0\varepsilon_\mathrm{r}(x,y,z)\boldsymbol{E}_0^*\cdot\boldsymbol{E}]\mathrm{d}V. \quad (5\text{-}46\mathrm{b})$$

等式(5-46b)右边第一项

$$\iiint_V \omega\mu_0\mu_\mathrm{r}(x,y,z)\boldsymbol{H}_0^*\cdot\boldsymbol{H}\mathrm{d}V$$

$$= \iiint_{V-V_1} \omega\mu_0\boldsymbol{H}_0^*\cdot\boldsymbol{H}\mathrm{d}V + \iiint_{V_1} \omega\mu_0\mu_\mathrm{r}\boldsymbol{H}_0^*\cdot\boldsymbol{H}\mathrm{d}V$$

$$= \iiint_V \omega\mu_0\boldsymbol{H}_0^*\cdot\boldsymbol{H}\mathrm{d}V - \iiint_{V_1} \omega\mu_0\boldsymbol{H}_0^*\cdot\boldsymbol{H}\mathrm{d}V + \iiint_{V_1} \omega\mu_0\mu_\mathrm{r}\boldsymbol{H}_0^*\cdot\boldsymbol{H}\mathrm{d}V$$

$$= \iiint_V \omega\mu_0\boldsymbol{H}_0^*\cdot\boldsymbol{H}\mathrm{d}V + \iiint_{V_1} \omega\mu_0(\mu_\mathrm{r}-1)\boldsymbol{H}_0^*\cdot\boldsymbol{H}\mathrm{d}V, \quad (5\text{-}47\mathrm{a})$$

等式(5-46b)右边第二项

$$\iiint_V \omega\varepsilon_0\varepsilon_\mathrm{r}(x,y,z)\boldsymbol{E}_0^*\cdot\boldsymbol{E}\mathrm{d}V$$

$$= \iiint_{V-V_1} \omega\varepsilon_0\boldsymbol{E}_0^*\cdot\boldsymbol{E}\mathrm{d}V + \iiint_{V_1} \omega\varepsilon_0\varepsilon_\mathrm{r}\boldsymbol{E}_0^*\cdot\boldsymbol{E}\mathrm{d}V$$

$$= \iiint_V \omega\varepsilon_0\boldsymbol{E}_0^*\cdot\boldsymbol{E}\mathrm{d}V - \iiint_{V_1} \omega\varepsilon_0\boldsymbol{E}_0^*\cdot\boldsymbol{E}\mathrm{d}V + \iiint_{V_1} \omega\varepsilon_0\varepsilon_\mathrm{r}\boldsymbol{E}_0^*\cdot\boldsymbol{E}\mathrm{d}V$$

$$= \iiint_V \omega\varepsilon_0\boldsymbol{E}_0^*\cdot\boldsymbol{E}\mathrm{d}V + \iiint_{V_1} \omega\varepsilon_0(\varepsilon_\mathrm{r}-1)\boldsymbol{E}_0^*\cdot\boldsymbol{E}\mathrm{d}V. \quad (5\text{-}47\mathrm{b})$$

利用式(5-47)和式(5-46b)可以得到

$$\frac{f_0-f}{f} = \frac{\iiint_{V_1} [\varepsilon_0(\varepsilon_\mathrm{r}-1)\boldsymbol{E}_0^*\cdot\boldsymbol{E} + \mu_0(\mu_\mathrm{r}-1)\boldsymbol{H}_0^*\cdot\boldsymbol{H}]\mathrm{d}V}{\iiint_V (\varepsilon_0\boldsymbol{E}\cdot\boldsymbol{E}_0^* + \mu_0\boldsymbol{H}\cdot\boldsymbol{H}_0^*)\mathrm{d}V}. \quad (5\text{-}48\mathrm{a})$$

这就是标准形状的谐振腔经扰动后求解谐振频率的公式. 此公式是严格的，未做任何近似，可以适用于各种扰动情况. 需要强调的是，由于应用了电场在良导体表面的边界条件,所以式(5-48a)只能适用于具有良导体表面的微波谐振腔.

根据谐振腔中扰动的具体情况求出电场 $E(x,y,z)$ 和 $H(x,y,z)$,就可以利用式(5-48a)求出谐振腔经扰动后的谐振频率 f.

如果谐振腔中的扰动是小范围的微扰,则对于整个腔体 V 来说,腔体中绝大部分区域中的电磁场仍然为 E_0,H_0.因此对式(5-48a)的分母来说,有

$$\iiint_V (\varepsilon_0 E \cdot E_0^* + \mu_0 H \cdot H_0^*)\mathrm{d}V \approx \iiint_V (\varepsilon_0 E_0 \cdot E_0^* + \mu_0 H_0 \cdot H_0^*)\mathrm{d}V.$$

由于腔体内是微小的扰动,即应有 $f_0 \approx f$,或 $(f_0 - f)/f \approx (f_0 - f)/f_0$,所以谐振腔的频率扰动公式(5-48a)就可以改写为谐振腔的频率微扰公式

$$\frac{f_0 - f}{f_0} \approx \frac{\iiint_{V_1}[\varepsilon_0(\varepsilon_r - 1)E_0^* \cdot E + \mu_0(\mu_r - 1)H_0^* \cdot H]\mathrm{d}V}{\iiint_V[\varepsilon_0 E_0^* \cdot E_0 + \mu_0 H_0^* \cdot H_0]\mathrm{d}V}. \quad (5\text{-}48\mathrm{b})$$

式(5-48b)就是微波工程中实用的谐振腔频率微扰公式.由于(5-48b)式右侧除电磁场表达式 E 和 H 外,其他物理量均为已知.因此,应用此公式的关键问题是设法求出 V_1 体积内的电磁场表达式 E 和 H.

5.7.2 谐振腔频率微扰公式的应用

在微波工程的实际应用中,可以在填充空气的金属谐振腔中放入小块介质或金属(满足条件 $V \gg V_1$),根据频率微扰公式(5-48b)可以计算出谐振腔经微扰后的新谐振频率与介质材料特性参量之间的关系.根据这一关系可以测量介质的特性参数,也可以微调谐振腔的工作频率.

需要说明的是,实用的频率微扰公式(5-48b)是近似公式,在实际工作中使用它时必须进行校准和误差分析,特别是在精度要求较高的测量工作中.

例 5-3 如图 5.14 所示,设实验样品为细长介质棒,谐振腔为矩形谐振腔(满足条件 $V \gg V_1$),工作模式为 TE_{101}.利用频率微扰公式求介质的相对介电系数与谐振腔微扰前后的谐振频率之间的关系.

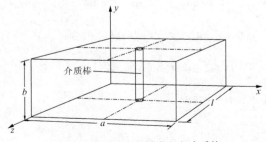

介质棒

图 5.14 矩形谐振腔内的细长介质棒

解 （1）矩形谐振腔 TE_{101} 模式的谐振频率和电磁场表达式分别为

$$f_0 = \frac{1}{2\sqrt{\mu_0\varepsilon_0}}\sqrt{\left(\frac{1}{a}\right)^2 + \left(\frac{1}{l}\right)^2},$$

$$H_z(x,y,z,t) = -D\left(\frac{\pi}{a}\right)^2\cos\left(\frac{\pi}{a}x\right)\sin\left(\frac{\pi}{l}z\right)\sin(\omega_0 t),$$

$$H_x(x,y,z,t) = D\left(\frac{\pi}{l}\right)\left(\frac{\pi}{a}\right)\sin\left(\frac{\pi}{a}x\right)\cos\left(\frac{\pi}{l}z\right)\sin(\omega_0 t),$$

$$E_y(x,y,z,t) = D\omega_0\mu_0\left(\frac{\pi}{a}\right)\sin\left(\frac{\pi}{a}x\right)\sin\left(\frac{\pi}{l}z\right)\cos(\omega_0 t),$$

$$H_y(x,y,z,t) = E_x(x,y,z,t) = E_z(x,y,z,t) = 0.$$

（2）求介质棒内的电场和磁场.

将介质棒放在矩形谐振腔中心，如图 5.14 所示，此处电场的空间变化率最小，磁场趋于零，即 $\boldsymbol{H}\approx 0$. 这样，频率微扰公式的分子中就只有电场项对积分有贡献，即

$$\iiint\limits_{V_1}\varepsilon_0(\varepsilon_r - 1)\boldsymbol{E}_0^*\cdot\boldsymbol{E}\mathrm{d}V + \iiint\limits_{V_1}\mu_0(\mu_r - 1)\boldsymbol{H}_0^*\cdot\boldsymbol{H}\mathrm{d}V \approx \iiint\limits_{V_1}\varepsilon_0(\varepsilon_r - 1)\boldsymbol{E}_0^*\cdot\boldsymbol{E}\mathrm{d}V. \quad (5-49)$$

已知 TE_{101} 模式的电场分量只有 E_y 分量，由于介质棒很细，它对介质棒外的电场强度影响很小，可以近似认为介质棒外的电场仍然为未微扰前的电场，那么介质棒外侧的电场可以表示为

$$E_y\left(x\approx\frac{a}{2},y,z\approx\frac{l}{2},t\right) \approx E_m\sin\left(\frac{\pi}{2}\right)\sin\left(\frac{\pi}{2}\right)\cos(\omega_0 t) = E_m\cos(\omega_0 t).$$

其中 $E_m = D\omega_0\mu_0\left(\frac{\pi}{a}\right)$. 由于介质棒很细，而且在谐振腔的中心处电场的空间变化率最小，可以近似认为介质棒内部的电场是均匀的. 已知介质表面电场的切向分量是连续的，所以介质棒内的电场可以近似表示为

$$E \approx E_0 \approx E_m\cos(\omega_0 t). \quad (5-50)$$

（3）求频率微扰公式的分母.

已知谐振腔的储能为 $W(t) = W_e(t) + W_m(t)$，则频率微扰公式的分母恰好等于谐振腔总储能的二倍. 其中

$$W_{eTE_{101}}(t) = \iiint\limits_V\varepsilon_0\boldsymbol{E}^*\cdot\boldsymbol{E}\mathrm{d}V$$

$$= \varepsilon_0\int_0^a\int_0^b\int_0^l\left[D\omega_0\mu_0\left(\frac{\pi}{a}\right)\sin\left(\frac{\pi}{a}x\right)\sin\left(\frac{\pi}{l}z\right)\right]^2\cos^2(\omega_0 t)\mathrm{d}x\mathrm{d}y\mathrm{d}z$$

$$= \mu_0 D^2(\omega_0^2\mu_0\varepsilon_0)\left(\frac{\pi}{a}\right)^2\left(\frac{a}{2}\right)b\left(\frac{l}{2}\right)\cos^2(\omega_0 t)$$

$$= \frac{\mu_0}{4}VD^2(\omega_0^2\mu_0\varepsilon_0)\left(\frac{\pi}{a}\right)^2\cos^2(\omega_0 t),$$

$$W_{mTE_{101}}(t) = \iiint\limits_V\mu_0\boldsymbol{H}^*\cdot\boldsymbol{H}\mathrm{d}V$$

$$= \mu_0\int_0^a\int_0^b\int_0^l\left\{\left[D\left(\frac{\pi}{a}\right)^2\cos\left(\frac{\pi}{a}x\right)\sin\left(\frac{\pi}{l}z\right)\right]^2\right.$$

$$+\left[D\left(\frac{\pi}{l}\right)\left(\frac{\pi}{a}\right)\sin\left(\frac{\pi}{a}x\right)\cos\left(\frac{\pi}{l}z\right)\right]^2\right\}\sin^2(\omega_0 t)\mathrm{d}x\mathrm{d}y\mathrm{d}z$$

$$=\mu_0 D^2\left(\frac{\pi}{a}\right)^2\left(\frac{1}{2}a\right)b\left(\frac{1}{2}l\right)\left[\left(\frac{\pi}{a}\right)^2+\left(\frac{\pi}{l}\right)^2\right]\sin^2(\omega_0 t)$$

$$=\frac{\mu_0}{4}VD^2\left(\frac{\pi}{a}\right)^2\left[\left(\frac{\pi}{a}\right)^2+\left(\frac{\pi}{l}\right)^2\right]\sin^2(\omega_0 t).$$

已知 $\omega_0^2\mu_0\varepsilon_0=\left(\frac{m\pi}{a}\right)^2+\left(\frac{n\pi}{b}\right)^2+\left(\frac{p\pi}{l}\right)^2$,而且 $m=1,n=0,p=1$,所以

$$W_{\mathrm{mTE}_{101}}(t)=\frac{\mu_0}{4}VD^2(\omega_0^2\mu_0\varepsilon_0)\left(\frac{\pi}{a}\right)^2\sin^2(\omega_0 t).$$

因 $E_{\mathrm{m}}=D\omega_0\mu_0\left(\frac{\pi}{a}\right)$,则有

$$W(t)=W_{\mathrm{e}}(t)+W_{\mathrm{m}}(t)=\frac{1}{4}D^2 V\left(\frac{\pi}{a}\right)^2\omega_0^2\mu_0^2\varepsilon_0=\frac{1}{4}\varepsilon_0 E_{\mathrm{m}}^2 V$$

$$=W_{\mathrm{e}}(t)\mid_{\max}=W_{\mathrm{m}}(t)\mid_{\max}. \tag{5-51}$$

显然,谐振腔的总储能确实是一个与时间无关的常数.

将式(5-49)、式(5-50)和式(5-51)代入频率微扰公式(5-48b),并在一个周期上对分子、分母积分,就可以得到介质棒的相对介电系数与谐振腔微扰后谐振频率之间的关系:

$$\frac{f_0-f}{f_0}\approx\frac{\iiint\limits_{V_1}[\varepsilon_0(\varepsilon_{\mathrm{r}}-1)E_{\mathrm{m}}^2]\mathrm{d}V\int_0^T\cos^2(\omega_0 t)\mathrm{d}t}{\iiint\limits_{V}(\varepsilon_0\boldsymbol{E}_0^*\cdot\boldsymbol{E}_0+\mu_0\boldsymbol{H}_0^*\cdot\boldsymbol{H}_0)\mathrm{d}V\int_0^T\mathrm{d}t}$$

$$\approx\frac{\varepsilon_0(\varepsilon_{\mathrm{r}}-1)E_{\mathrm{m}}^2 V_1\dfrac{T}{2}}{\dfrac{T}{4}\varepsilon_0 E_{\mathrm{m}}^2 V}=2(\varepsilon_{\mathrm{r}}-1)\frac{V_1}{V}. \tag{5-52}$$

显然,谐振腔中放入介质棒后,其谐振频率将降低.根据这个公式,如果已知 ε_{r} 就可以求出谐振频率的偏移;反之,通过测量谐振频率的改变量,也可以算出介质棒的相对介电系数 ε_{r}.

同理,如果将介质棒放在 $E_0\approx 0$ 的区域内,还可以推导出介质材料的相对磁导率和谐振频率变化量之间的关系.

例 5-4 如果实验样品为介质薄片,谐振腔仍为矩形谐振腔,工作模式仍为 TE_{101}.利用频率微扰公式,求介质的相对介电系数与谐振频率改变量之间的关系.

解 (1)求矩形谐振腔 TE_{101} 模式的谐振频率和电磁场表达式,同例 5-3.

(2)求介质薄片内的电场和磁场.

将介质薄片放在矩形谐振腔中心,见图 5.15,此处电场的空间变化率最小,磁场趋于零,即 $\boldsymbol{H}\approx 0$.这样,频率微扰公式的分子中就只有电场项对积分有贡献.

$$\iiint\limits_{V_1}\varepsilon_0(\varepsilon_{\mathrm{r}}-1)\boldsymbol{E}_0^*\cdot\boldsymbol{E}\mathrm{d}V+\iiint\limits_{V_1}\mu_0(\mu_{\mathrm{r}}-1)\boldsymbol{H}_0^*\cdot\boldsymbol{H}\mathrm{d}V\approx\iiint\limits_{V_1}\varepsilon_0(\varepsilon_{\mathrm{r}}-1)\boldsymbol{E}_0^*\cdot\boldsymbol{E}\mathrm{d}V. \tag{5-53}$$

已知 TE_{101} 模式的电场分量只有 E_y 分量,由于介质片的体积远远小于谐振腔的体积,因此它对介质片外的电场影响很小,可以近似认为介质薄片外的电场仍然为未微扰前的电场.那么

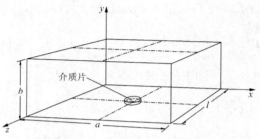

图 5.15 矩形谐振腔内的薄介质片

介质薄片端面外侧的电场可以近似表示为

$$E_0 = E_y\left(x \approx \frac{a}{2}, y \approx 0, z \approx \frac{l}{2}, t\right)$$

$$\approx E_m \sin\left(\frac{\pi}{2}\right)\sin\left(\frac{\pi}{2}\right)\cos(\omega_0 t) = E_m \cos(\omega_0 t). \tag{5-54}$$

其中 $E_m = D\omega_0 \mu_0 \left(\dfrac{\pi}{a}\right)$.

由于介质薄片很薄,其侧面积远远小于其端面积,相对于介质片的端面而言,腔体内的电场是其法线分量.已知介质表面电位移的法线分量是连续的,所以介质薄片内的电位移可以近似表示为

$$D \approx D_0, \quad \varepsilon_0 \varepsilon_r E \approx \varepsilon_0 E_0.$$

由此可得介质片内的电场为

$$E \approx \frac{1}{\varepsilon_r} E_m \cos(\omega_0 t). \tag{5-55}$$

将式(5-53)—式(5-55)以及例 5-3 求出的腔体内总储能代入频率微扰公式(5-48b),并在一个周期上对分子积分,就可以得到介质薄片的相对介电系数与谐振频率偏移之间的关系:

$$\frac{f_0 - f}{f_0} \approx \frac{\displaystyle\iiint_{V_1}\left[\frac{\varepsilon_0}{\varepsilon_r}(\varepsilon_r - 1)E_m^2\right]\mathrm{d}V\int_0^T \cos^2(\omega_0 t)\,\mathrm{d}t}{\displaystyle\iiint_V (\varepsilon_0 \boldsymbol{E}_0^* \cdot \boldsymbol{E}_0 + \mu_0 \boldsymbol{H}_0^* \cdot \boldsymbol{H}_0)\,\mathrm{d}V\int_0^T \mathrm{d}t}$$

$$\approx \frac{\varepsilon_0 \dfrac{(\varepsilon_r - 1)}{\varepsilon_r} E_m^2 V_1 \dfrac{T}{2}}{\dfrac{T}{4}\varepsilon_0 E_m^2 V} = 2\frac{\varepsilon_r - 1}{\varepsilon_r}\frac{V_1}{V}. \tag{5-56}$$

这就是介质薄片的相对介电系数与谐振腔谐振频率之间的关系.可以看出,放入介质薄片后,谐振腔的谐振频率将下降.根据这个公式,如果已知 ε_r,可以求出谐振频率的改变量;反之,通过测量谐振频率的改变量,也可以算出介质样品的相对介电系数 ε_r.

同理,如果将介质样品放在 $E_0 \approx 0$ 的区域内,还可以推导出相对磁导率和谐振频率偏移的关系.

当介质圆片为有耗介质时,$\varepsilon_r = \varepsilon_r' - \mathrm{j}\dfrac{\sigma}{\omega_0 \varepsilon_0}$,其中 σ 是电导率.当小圆片是纯

导体或良导体时，$\varepsilon_r \to -j\dfrac{\sigma}{\omega_0\varepsilon_0}$，而且 $\left| -j\dfrac{\sigma}{\omega_0\varepsilon_0} \right| \gg 1$. 这时，式(5-56)简化为

$\dfrac{f_0-f}{f_0} \approx 2\dfrac{V_1}{V}$. 这表明，谐振腔的谐振频率改变量与腔体内放置的良导体小圆片的体积成正比. 在微波工程中，如果谐振腔的频率需要微调，可以在谐振腔的强电场区上装一个金属棒或螺钉，通过改变其在谐振腔内的长度（体积）就可以向低频微调谐振腔的谐振频率. 但是这种方法不宜于大幅度调整谐振腔的谐振频率，因为这样做会降低谐振腔的品质因数，甚至可能使谐振腔完全失谐停振.

第六章 微带电路

　　微带电路是近几十年发展起来的新型微波系统,它使微波系统的体积、重量、生产成本等大幅度降低,使微波个人通信产品的迅速普及成为现实.微带电路主要由微波单片集成电路(Monolithic Microwave Integrated Circuit,简称 MMIC)、微带传输线以及微带元件构成.微带电路是近几十年发展起来的新型微波系统,它使微波系统的体积、重量、生产成本等大幅度降低,使微波个人通信产品的迅速普及成为现实.微带电路主要由微波单片集成电路(Monolithic Microwave Integrated Circuit,简称 MMIC)、微带传输线以及微带元件构成.本章主要讨论微带传输线、微带电路元件以及可以采用微带电路实现的小信号微波晶体管放大器和微波滤波器.

§6.1　微带传输系统

6.1.1　微带传输线的结构和特性

　　如图 6.1(a)所示,微带传输线是由介质基片一边的导体接地板和介质基片

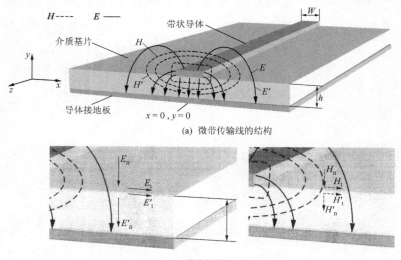

(a) 微带传输线的结构

(b) 微带传输线结构局部放大

图　6.1

另一边的带状导体构成.微带传输线可以视为沿中心线剖开并展平的同轴线.同轴线内一般只有金属-介质界面,微带传输线内既有金属-介质界面,也有介质-空气界面.正是这一差别造成了微带传输线的传输特性不同于同轴线.

由微带传输线构成的微波电路具有以下特点:

(1) 体积小,重量轻,加工成本低,加工重复性好,材料成本低,可以构成薄膜或厚膜微波集成电路.

(2) 损耗较大,功率容量小,电路参数调整困难,工作频率较低.

(3) 微带传输线是双导体传输系统,但是却不能传输 TEM 模.

由 § 2.5 可知,双导体传输系统都能传输 TEM 模,但前提是传输系统中的介质是均匀的.微带传输系统中存在两种边界,一种是金属和介质间的边界,一种是介质和空气间的边界.由于微带传输线内的介质是非均匀的,所以微带传输线中的工作模式与同轴线中的工作模式不同.可以证明微带传输线不能传输TEM 模.

在图 6.1 所示的坐标系下,E_x,E_z 属于 E_t,H_x,H_z 属于 H_t,$E_y=E_n$,$H_y=H_n$,且用带撇和不带撇区分介质中的和空气中的电场、磁场,则介质内的电磁场为 $\boldsymbol{E}'$ 和 $\boldsymbol{H}'$,空气中的电磁场为 $\boldsymbol{E}$ 和 $\boldsymbol{H}$.根据电磁场的边界条件,见图 6.1(b),在介质和空气的分界面上应有

$$\boldsymbol{E}_t = \boldsymbol{E}'_t, \quad \boldsymbol{D}_n = \boldsymbol{D}'_n, \quad \boldsymbol{H}_t = \boldsymbol{H}'_t, \quad \boldsymbol{B}_n = \boldsymbol{B}'_n,$$

即

$$E_z = E'_z, \quad E_x = E'_x, \quad E_y = \varepsilon_r E'_y,$$

$$H_z = H'_z, \quad H_x = H'_x, \quad H_y = \mu_r H'_y.$$

根据麦克斯韦方程组中的旋度关系,有

$$\nabla \times \boldsymbol{E} = \begin{bmatrix} \boldsymbol{i}_x & \boldsymbol{i}_y & \boldsymbol{i}_z \\ \dfrac{\partial}{\partial x} & \dfrac{\partial}{\partial y} & \dfrac{\partial}{\partial z} \\ E_x & E_y & E_z \end{bmatrix} = -\,\mathrm{j}\omega\mu_0 \boldsymbol{H},$$

$$\nabla \times \boldsymbol{H} = \begin{bmatrix} \boldsymbol{i}_x & \boldsymbol{i}_y & \boldsymbol{i}_z \\ \dfrac{\partial}{\partial x} & \dfrac{\partial}{\partial y} & \dfrac{\partial}{\partial z} \\ H_x & H_y & H_z \end{bmatrix} = \mathrm{j}\omega\varepsilon_0 \boldsymbol{E}.$$

取 $\boldsymbol{i}_z$ 分量,在介质之外可得

$$\frac{\partial}{\partial x}E_y - \frac{\partial}{\partial y}E_x = -\,\mathrm{j}\omega\mu_0 H_z, \tag{6-1a}$$

$$\frac{\partial}{\partial x}H_y - \frac{\partial}{\partial y}H_x = \mathrm{j}\omega\varepsilon_0 E_z; \tag{6-1b}$$

在介质内可得

$$\frac{\partial}{\partial x}E'_y - \frac{\partial}{\partial y}E'_x = -j\omega\mu_0\mu_r H'_z,\qquad(6\text{-}2a)$$

$$\frac{\partial}{\partial x}H'_y - \frac{\partial}{\partial y}H'_x = j\omega\varepsilon_0\varepsilon_r E'_z.\qquad(6\text{-}2b)$$

在(6-2)式中代入边界条件:

$$E'_x = E_x,\quad E'_z = E_z,\quad \varepsilon_r E'_y = E_y,$$

$$H'_x = H_x,\quad H'_z = H_z,\quad \mu_r H'_y = H_y,$$

则(6-2a)式可化为

$$\frac{\partial}{\partial x}\Big(\frac{1}{\varepsilon_r}E_y\Big) - \frac{\partial}{\partial y}E_x = -j\omega\mu_0\mu_r H_z,\qquad(6\text{-}2c)$$

(6-2b)式可化为

$$\frac{\partial}{\partial x}\Big(\frac{1}{\mu_r}H_y\Big) - \frac{\partial}{\partial y}H_x = j\omega\varepsilon_0\varepsilon_r E_z.\qquad(6\text{-}2d)$$

由式(6-1a)—式(6-2c),式(6-1b)—式(6-2d)可得微带传输线介质表面上电磁场的关系式:

$$\Big(1-\frac{1}{\varepsilon_r}\Big)\frac{\partial}{\partial x}E_y = j\omega\mu_0(\mu_r-1)H_z,\qquad(6\text{-}3a)$$

$$\Big(1-\frac{1}{\mu_r}\Big)\frac{\partial}{\partial x}H_y = j\omega\varepsilon_0(1-\varepsilon_r)E_z.\qquad(6\text{-}3b)$$

根据图 6.1(b)可见,E_y,E'_y,H_y,H'_y 在介质的表面上均不为零,因为有磁力线、电力线穿过分界面;也不是常数,即与 x 坐标有关,因为电磁场在 $x=0$ 附近不为零,而在 x 趋于无穷大处为零.因此,在 $\varepsilon_r\neq1,\mu_r\neq1$ 的前提下,E_z,H_z 在介质表面附近都不能为零.这就证明了微带传输线中一定存在电磁场的纵向分量,也就是说微带传输线不能传输 TEM 模.显然,当 $\varepsilon_r=1,\mu_r=1$ 时,E_z,H_z 就可以为零了.由此可见,介质的分界面或者说介质的不均匀性是造成微带传输线不能传输 TEM 模的关键.

6.1.2 微带传输线的工作模式——准 TEM 模

前一小节已经证明微带传输线中不存在 TEM 模,也就是说,微带传输线只能传输色散模式.由于在实用中微带传输线通常工作在低频弱色散区,这时其工作模式称为准 TEM 模.准 TEM 模与 TEM 模非常接近,作为一级近似,可以当作 TEM 模来分析、研究,这种近似分析方法称为准静态分析法.

在麦克斯韦方程组的旋度关系中取 i_x 分量,在空气中可得

$$\frac{\partial}{\partial y}E_z - \frac{\partial}{\partial z}E_y = -j\omega\mu_0 H_x,\qquad(6\text{-}4a)$$

$$\frac{\partial}{\partial y}H_z - \frac{\partial}{\partial z}H_y = \mathrm{j}\omega\varepsilon_0 E_x, \tag{6-4b}$$

即

$$\frac{\partial}{\partial y}E_z \pm \mathrm{j}\beta E_y = -\mathrm{j}\omega\mu_0 H_x, \tag{6-4c}$$

$$\frac{\partial}{\partial y}H_z \pm \mathrm{j}\beta H_y = \mathrm{j}\omega\varepsilon_0 E_x. \tag{6-4d}$$

在介质中可得

$$\frac{\partial}{\partial y}E'_z - \frac{\partial}{\partial z}E'_y = -\mathrm{j}\omega\mu_0\mu_\mathrm{r} H'_x, \tag{6-5a}$$

$$\frac{\partial}{\partial y}H'_z - \frac{\partial}{\partial z}H'_y = \mathrm{j}\omega\varepsilon_0\varepsilon_\mathrm{r} E'_x, \tag{6-5b}$$

即

$$\frac{\partial}{\partial y}E'_z \pm \mathrm{j}\beta E'_y = -\mathrm{j}\omega\mu_0\mu_\mathrm{r} H'_x, \tag{6-5c}$$

$$\frac{\partial}{\partial y}H'_z \pm \mathrm{j}\beta H'_y = \mathrm{j}\omega\varepsilon_0\varepsilon_\mathrm{r} E'_x. \tag{6-5d}$$

代入边界条件:

$$E'_x = E_x, \quad E'_z = E_z, \quad \varepsilon_\mathrm{r}E'_y = E_y,$$
$$H'_x = H_x, \quad H'_z = H_z, \quad \mu_\mathrm{r}H'_y = H_y,$$

可得

$$\frac{\partial}{\partial y}\frac{1}{\mu_\mathrm{r}}E_z \pm \mathrm{j}\beta'\frac{1}{\mu_\mathrm{r}\varepsilon_\mathrm{r}}E_y = -\mathrm{j}\omega\mu_0 H_x, \tag{6-5e}$$

$$\frac{\partial}{\partial y}\frac{1}{\varepsilon_\mathrm{r}}H_z \pm \mathrm{j}\beta'\frac{1}{\mu_\mathrm{r}\varepsilon_\mathrm{r}}H_y = \mathrm{j}\omega\varepsilon_0 E_x. \tag{6-5f}$$

由式(6-4c)−式(6-5e)和式(6-4d)−式(6-5f),可得

$$\left(1 - \frac{1}{\mu_\mathrm{r}}\right)\frac{\partial}{\partial y}E_z \pm \mathrm{j}\beta\left(1 - \frac{1}{\sqrt{\mu_\mathrm{r}\varepsilon_\mathrm{r}}}\right)E_y = 0, \tag{6-6a}$$

$$\left(1 - \frac{1}{\varepsilon_\mathrm{r}}\right)\frac{\partial}{\partial y}H_z \pm \mathrm{j}\beta\left(1 - \frac{1}{\sqrt{\mu_\mathrm{r}\varepsilon_\mathrm{r}}}\right)H_y = 0. \tag{6-6b}$$

已知 $E_z \neq 0, H_z \neq 0$,而且当 $y \to \infty$ 时,$E_z, H_z \to 0$,所以 E_z, H_z 都是关于 y 的单调函数.由于传播常数 $\beta = \dfrac{2\pi}{\lambda}$,当微带传输线的工作频率趋于零时,式(6-6)中的第二项将趋于零,因此 E_z, H_z 的振幅将趋于零.由此可以肯定,当波源的工作频率足够低时,微带传输线中电磁场纵向分量 E_z, H_z 的振幅都非常小,这时的电磁场模式就称为准 TEM 模.

　　当工作频率较高时,微带传输线中有可能存在各种高次模式(色散模式),

为了保证准 TEM 模单模工作,必须正确选择微带传输线的几何尺寸和介质材料,从而使所有色散模式都截止.

微带传输线中 TE 模的截止条件为

$$f \leqslant \frac{1}{\sqrt{\mu_0 \varepsilon_0}} \frac{1}{2W} \frac{1}{\sqrt{\varepsilon_r}}; \tag{6-7}$$

微带传输线中 TM 模的截止条件为

$$f \leqslant \frac{1}{\sqrt{\mu_0 \varepsilon_0}} \frac{1}{2h} \frac{1}{\sqrt{\varepsilon_r}}; \tag{6-8}$$

微带传输线中 TE 表面波的截止条件为

$$f \leqslant \frac{1}{\sqrt{\mu_0 \varepsilon_0}} \frac{1}{4h} \frac{1}{\sqrt{\varepsilon_r - 1}}; \tag{6-9}$$

表面波与 TEM 模的强耦合频率为

$$f_{TE} \approx \frac{3\sqrt{2}}{8h} \frac{1}{\sqrt{\mu_0 \varepsilon_0 (\varepsilon_r - 1)}}, \tag{6-10a}$$

$$f_{TM} \approx \frac{\sqrt{2}}{4h} \frac{1}{\sqrt{\mu_0 \varepsilon_0 (\varepsilon_r - 1)}}, \tag{6-10b}$$

其中 f 为微带传输线的工作频率,W 为微带传输线导体带的宽度,h 为微带传输线介质层的厚度.

在设计微带电路时,首先应当正确选择 h, W, ε_r,使得微带电路的最高工作频率满足式(6-7)、式(6-8)和式(6-9),并使 f_{TE} 和 f_{TM} 不在微带传输线的工作频带内.

6.1.3 微带传输线的准静态分析法

在微波工程的实际应用中,微带传输线工作在低频弱色散区,其工作模式的传播特性很接近于 TEM 模.对于 TEM 模,传输线的传输特性由以下参数确定:

(1) 特性阻抗 $Z_c = \sqrt{\dfrac{L}{C}}$;

(2) 传播常数 $\beta = \dfrac{2\pi}{\lambda} = \dfrac{\omega}{v_p} = \dfrac{\omega}{v_g}$.

如果能求出微带传输线的特性阻抗 Z_c 和传播常数 β,就可以利用长线理论来分析、设计微带电路了.从微带传输线的结构可知,微带传输线中准 TEM 模的相速度满足以下关系式:

$$\underbrace{\frac{1}{\sqrt{\mu_0 \varepsilon_0}} \frac{1}{\sqrt{\varepsilon_r}}}_{(\text{全填充介质}\varepsilon_r)} \leqslant v_p \approx v_g \leqslant \underbrace{\frac{1}{\sqrt{\mu_0 \varepsilon_0}}}_{(\text{不填充介质}\varepsilon_r)}. \tag{6-11}$$

显然,微带传输线中准 TEM 模的相速度比全填充介质时大,比无介质填充时小.因此,可以设想一种等效的电介质,当用这种电介质全填充微带传输线时,微带传输线的相速度恰好等于实际微带传输线的相速度,此时由于介质分界面没有了,微带传输线的传输模式必然是真正的 TEM 模.这种设想的电介质的介电系数就是等效介电系数 ε_e.引入等效介电系数的概念后,微带传输线的相速度和单位长度上的分布电容就可以表示为

$$v_p = v_g = \frac{1}{\sqrt{\mu_0 \varepsilon_0}} \frac{1}{\sqrt{\varepsilon_e}}, \tag{6-12}$$

$$C = C_0 \varepsilon_e, \tag{6-13}$$

其中 C_0 为无介质填充时微带传输线单位长度的分布电容.

根据长线理论,微带传输线的传输特性可由其传播常数和特性阻抗描述,这两个参数又与微带传输线单位长度的分布电容、分布电感有关.

将传播常数的定义式(2-16)代入式(6-12)可得

$$\beta = \frac{\omega}{v_p} = \omega \sqrt{\mu_0 \varepsilon_0} \sqrt{\varepsilon_e}. \tag{6-14}$$

根据长线理论中的式(3-5)、式(3-6)和式(2-16)可知

$$Z_c = \sqrt{\frac{L}{C}} = \frac{1}{v_p C}. \tag{6-15}$$

将式(6-12)和式(6-13)代入式(6-15),可得

$$Z_c = \frac{\sqrt{\mu_0 \varepsilon_0}}{C_0} \frac{1}{\sqrt{\varepsilon_e}} = Z_{c0} \frac{1}{\sqrt{\varepsilon_e}}, \tag{6-16}$$

其中 Z_{c0} 是微带传输线为空气填充时的特性阻抗.

由式(6-14)和式(6-16)可见,求解传播常数 β 和特性阻抗 Z_c 的关键是求出等效介电系数 ε_e 和电容 C_0.根据式(6-13),这最终又归结为求解全部用介质填充和全部用空气填充两种情况下微带传输线单位长度上的分布电容 C 和 C_0.这种问题是典型的静电场问题,其中分布电容 C 和 C_0 可以利用保角变换等方法求解.

由于边缘电容的存在,不论采用什么方法计算分布电容 C 和 C_0,都只能得到近似解或数值解.微波工程中通常使用的微带传输线在无介质填充情况下的特性阻抗和等效介电系数的近似公式为

$$Z_{c0} \approx 60 \ln\left(\frac{8h}{W} + \frac{W}{4h}\right), \qquad\qquad W \leqslant h, \tag{6-17a}$$

$$Z_{c0} \approx \sqrt{\frac{\mu_0}{\varepsilon_0}} \frac{1}{\frac{W}{h} + 2.42 - 0.44\frac{h}{W} + \left(1 - \frac{h}{W}\right)^6}, \quad W \geqslant h, \tag{6-17b}$$

$$\varepsilon_e = \frac{C}{C_0} \approx \frac{1 + \varepsilon_r}{2} + \frac{\varepsilon_r - 1}{2}\left(1 + 10\frac{h}{W}\right)^{-1/2}, \tag{6-18}$$

其中 h 为微带传输线的介质层厚度,ε_r 为介质材料的相对介电系数,W 为微带传输线导体带的宽度.

根据式(6-17)和式(6-18)，以及式(6-14)和式(6-16)，就可以求出微带传输线的传输特性．在微波频段，一般要求 $Z_c = 50\ \Omega$ 或 $75\ \Omega$．其他参数是：h 约为 $0.25 \sim 2\ \text{mm}$，ε_r 约为 $2 \sim 10$．在微波工程应用中，通常的问题是给定微带传输线的 3 个结构参数 Z_c, h，及 ε_r，求解导体带的宽度 W．用附录 J 中的 FORTRAN 程序可以根据式(6-17)和式(6-18)，在给定 Z_c, h 及 ε_r 的情况下求解微带传输线结构参数 W．

数值计算表明，增大导体带的宽度 W 或介质材料的相对介电系数 ε_r，微带传输线的特性阻抗 Z_c 将降低；而增大介质层的厚度 h，微带传输线的特性阻抗 Z_c 将升高．近似公式(6-17)和式(6-18)在导体带宽度 W 远大于介质层厚度 h 时的精度较高，否则，就需要加以修正．当 W 与 h 相当时，误差约为百分之几到百分之十几．

需要说明的是，实际上微带传输线的特性阻抗 Z_c、传播常数 β 都是工作频率的函数，因此需要注意以下几个问题：

（1）当微带传输线的工作频率升高时，微带传输线的色散将增大，基于准静态分析法的近似公式的精度将变差．因此，在毫米波频段，微带电路的理论计算比较困难．一般认为，$f < 4\ \text{GHz}$ 时可以忽略色散效应．实验表明，工作频率 f 升高，等效介电系数 ε_e 将增大．

（2）当微带传输线的工作频带较宽时，特性阻抗 Z_c、传播常数 β 的频率响应不可忽略．

（3）由于等效介电系数 ε_e 是 W, h 的函数，因此相速度、群速度以及与等效介电系数相对应的等效波长 λ_e 都是微带传输线的结构参数 W, h 的函数．

例 6-1　根据例 4-1 的条件和计算结果，采用微带线电路实现 4 阶切比雪夫阻抗变换器．已知微带线板材介质层厚度 $0.8\ \text{mm}$，介电系数 $\varepsilon_r = 2.7$．

解　根据式(4-19)，阻抗变换器的节长为

$$l = \frac{1}{2\sqrt{\varepsilon_r}} \frac{\lambda_{\max} \cdot \lambda_{\min}}{\lambda_{\max} + \lambda_{\min}} = \frac{c}{2\sqrt{\varepsilon_r}} \frac{1}{f_{\max} + f_{\min}}$$

$$= \frac{3 \times 10^{11}}{2\sqrt{2.7}} \frac{1}{(8+2) \times 10^9} (\text{mm}) = 9.13\ \text{mm}.$$

将例 4-1，$Z_1 = 55.51\ \Omega, Z_2 = 64.15\ \Omega, Z_3 = 77.95\ \Omega, Z_4 = 90.08\ \Omega, Z_0 = 50\ \Omega, Z_L = 100\ \Omega$；代入式(6-17)和式(6-18)可得

$$w_1 = 1.84\ \text{mm}, \quad w_2 = 1.44\ \text{mm}, \quad w_1 = 1.00\ \text{mm},$$

$$w_1 = 0.75\ \text{mm}, \quad w_0 = 2.17\ \text{mm}, \quad w_L = 0.59\ \text{mm},$$

则微带线导带图形如图 6.2 所示．

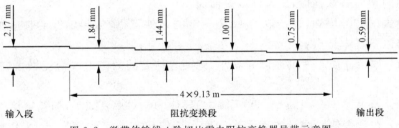

图 6.2 微带传输线 4 阶切比雪夫阻抗变换器导带示意图

6.1.4 微带传输线的损耗

微带传输线损耗的精确计算只能采用数值方法,计算过程相当复杂.微波工程中通常是采用近似公式和经验公式来估计微带传输线的损耗.本小节将对微带传输线的损耗做定性的讨论,以得到概念性的了解.

微带传输线的损耗可以分为三类:导体表面的欧姆损耗、介质损耗和辐射损耗.图 6.3 中的 δ 为平面电磁波的趋肤深度.平面电磁波正入射到导体表面时,将会很快衰减.电磁波振幅衰减为其导体表面值的 $1/\mathrm{e}$ 时所经过的距离就是趋肤深度.可以证明

$$\delta = \frac{1}{\sqrt{\pi f \mu_0 \sigma}}. \tag{6-19}$$

其中 δ 为电磁波在导体表面的趋肤深度,f 为电磁波频率,μ_0 为真空磁导率,σ 为导体的电导率.

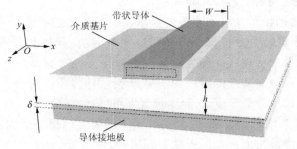

图 6.3 微带传输线的微波趋肤深度示意图

1. 微带传输线导体表面的欧姆损耗

$$P_0 = \frac{R_s}{2} \oiint_s \boldsymbol{H}_t \cdot \boldsymbol{H}_t^* \, \mathrm{d}S = \frac{R_s}{2} \oiint_s |\boldsymbol{H}_t|^2 \, \mathrm{d}S = \frac{1}{2} \sqrt{\frac{\pi f \mu_0}{\sigma}} \oiint_s |\boldsymbol{H}_t|^2 \, \mathrm{d}S,$$

$$\tag{6-20}$$

其中 $R_s = \dfrac{1}{\sigma \delta}$ 是微带传输线导体单位面积的表面电阻,P_0 为损耗功率,$\boldsymbol{H}_t$ 为导

体表面的切向磁场强度,S 为导体表面面积.

由式(6-20)可知,在传输功率 P 一定的条件下,微带传输线导体表面欧姆损耗有以下基本特点:

(1) 如果介质基片的厚度 h 减小,则两导体之间的磁力线密度增大,损耗将增加.

(2) 如果导体表面的光洁度下降,或导体的电导率 σ 减小,损耗将增加.

(3) 在微带传输线导体表面光洁度和工作模式一定的前提下,工作频率升高,微带传输线的损耗将增加.

因此,微带传输线的介质较厚,导体和基片的表面光洁度高,则微带传输线的欧姆损耗较小.

2. 微带传输线的介质损耗

微带传输线的介质损耗来源于复介电系数的虚部,其物理机制是介质中的漏电导、离子与电子在微波激励下的热振动等.在微波工程中实用的电介质材料的介质损耗都相当小.以最普通的微波介质材料氧化铝(Al_2O_3)为例,当其纯度为 96% 时,其介质损耗仅为欧姆损耗的 1/6;当其纯度为 99.5% 时,其介质损耗仅为欧姆损耗的 1/36.因此,在估计微带传输线的损耗时,一般情况下可以不考虑微带传输线的介质损耗.

3. 微带传输线的辐射损耗

根据图 6.1 可知,若微带传输线导体带的宽度 $W \rightarrow \infty$,则电磁波成为两个无限大导体平板间的导行电磁波,这时就没有辐射损耗.显然,导体带的宽度 W 越小,则微带传输线的辐射损耗越大.

微带传输线的设计和应用主要应当从以下几个方面考虑:

(1) 加大介质层厚度 h,减小导体带宽度 W,提高导体和介质基片的表面光洁度,可以减小微带传输线导体表面的欧姆损耗.但是,加大介质层厚度 h、减小导体带宽度 W 将增加微带传输线的辐射损耗.因此,应当综合考虑欧姆损耗和辐射损耗,以便选择介质厚度 h、导体带宽度 W 的最佳值.

(2) 微带传输线几何参数 h,W 的确定不但要考虑损耗的因素,还要考虑到单模传输条件、微波与表面波的强耦合频率、特性阻抗、传播常数等因素.

(3) 由于微带传输线的损耗较大,功率容量较小,因此它通常是用作微波电路内部的传输线,不宜作为微波系统之间的传输线.

§6.2   微带元件

微带电路中常用的元件可以分为两大类,常规集总参数元件和微带元件.本节主要介绍采用微带传输线构成的微带元件.

常规元件包括片式电阻、电容、线绕电感.常规元件与低频电路所用的元件基本相同,只是体积和结构更适合于在微带传输线电路中使用.常规元件一般用于微波的低频频段,其优点是调试更换比较方便,可以构成微波厚膜电路.

微带元件是利用微带传输线的导体带直接构成微带电阻、电容和电感.它的优点是可以采用照相制版、光刻、腐蚀的工艺生产,可以节省贴装常规元件的工艺,大批量生产的成本较低;缺点是元件参数调整较困难.

6.2.1 微带电容和微带电感

利用微带传输线导体带的宽度变化,可以直接在微带电路中形成等效的微带电容或等效的微带电感.

1. 用串联微带传输线构成并联微带电容或串联微带电感

串联微带传输线的导体带结构和等效电路如图 6.4 所示.由导体带的结构可以断定,串联微带传输线只能等效为串联电感或并联电容,因为该导体带结构没有直流接地或隔直流的功能.

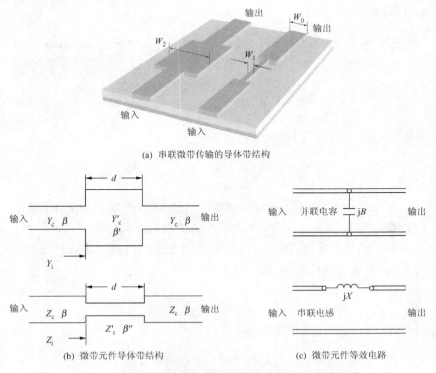

(a) 串联微带传输的导体带结构

(b) 微带元件导体带结构　　(c) 微带元件等效电路

图 6.4　串联微带传输线构成的并联微带电容和串联微带电感

(1) 首先考察图 6.4(a)中一段导体带变宽的情况.设传输线输出端处于匹

配状态($Y_L = Y_c$)，而且插入传输线的长度 d 远远小于工作波长 λ_g. 根据长线理论的终端方程的导纳表达式(3-10b)，输入导纳 Y_i 可表示为

$$
\begin{aligned}
Y_i &= Y_c' \frac{Y_c + jY_c' \tan(\beta'd)}{Y_c' + jY_c \tan(\beta'd)} \\
&\approx Y_c' \frac{Y_c + jY_c'(\beta'd)}{Y_c' + jY_c(\beta'd)} = Y_c' \frac{[Y_c + jY_c'(\beta'd)][Y_c' - jY_c(\beta'd)]}{Y_c'^2 + Y_c^2(\beta'd)^2} \\
&\approx Y_c' \frac{Y_c Y_c'[1 + (\beta'd)^2] + j(\beta'd)(Y_c'^2 - Y_c^2)}{Y_c'^2} \\
&\approx Y_c + jY_c'(\beta'd)\left(1 - \frac{Y_c^2}{Y_c'^2}\right) = Y_c + jB,
\end{aligned}
\tag{6-21a}
$$

其中，以 β 为输入、输出传输线的传播常数，β'，β' 分别为 W_1，W_2 段传输线的传播常数，$\beta'd \ll 1$，$Y_c' > Y_c$.

由输入导纳 Y_i 的表达式(6-21a)可见，在 $Y_c' > Y_c$，$\beta'd \ll 1$ 的条件下，$B > 0$. 即一段串联低阻抗微带传输线可以等效于一个并联电容，其电容量与 d,h,W_0，W_2，ε_r 有关. 因为

$$
B = \omega C \approx Y_c'(\beta'd)\left(1 - \frac{Y_c^2}{Y_c'^2}\right), \quad \beta' = \frac{\omega}{v_p} = \omega \sqrt{\varepsilon_e} \sqrt{\mu_0 \varepsilon_0},
$$

所以

$$
C \approx Y_c' d \sqrt{\varepsilon_e} \sqrt{\mu_0 \varepsilon_0}\left(1 - \frac{Y_c^2}{Y_c'^2}\right).
\tag{6-21b}
$$

若 $Y_c' \gg Y_c$，$\beta'd \ll \frac{\pi}{2}$，可得如下近似表达式：

$$
Y_i = Y_c' \frac{Y_c + jY_c' \tan(\beta'd)}{Y_c' + jY_c \tan(\beta'd)} \approx Y_c + jY_c' \tan(\beta'd).
\tag{6-21c}
$$

式(6-21c)也表明，一段串联的低阻抗微带传输线可以等效为一个并联电容.

(2) 考察图 6.4(a)中一段导体带变窄的情况. 由于式(6-21)不适用于高阻抗串联微带传输线的情况，我们需要根据终端方程的阻抗表达式(3-10a)，导出有关公式. 已知输入阻抗 Z_i 可表示为

$$
Z_i = Z_c' \frac{Z_c + jZ_c' \tan(\beta'd)}{Z_c' + jZ_c \tan(\beta'd)}.
$$

用导出式(6-21a)时的类似近似方法，可得

$$
Z_i \approx Z_c + jZ_c'(\beta'd)\left(1 - \frac{Z_c^2}{Z_c'^2}\right) = Z_c + jX,
\tag{6-22a}
$$

其中 $\beta'd \ll 1$，$Z_c' > Z_c$.

由输入阻抗 Z_i 的表达式(6-22a)可知，在 $Z_c' > Z_c$，$\beta'd \ll 1$ 的条件下，$X > 0$.

即一段串联高阻抗微带传输线可以等效为一个串联电感,其电感量与 d,h,W_0,W_1,ε_r 有关. 因为

$$X = \omega L \approx Z'_c(\beta'd)\left(1 - \frac{Z_c^2}{Z_c'^2}\right), \quad \beta' = \frac{\omega}{v_p} = \omega\sqrt{\varepsilon_e}\sqrt{\mu_0\varepsilon_0},$$

所以

$$L \approx Z'_c d\sqrt{\varepsilon_e}\sqrt{\mu_0\varepsilon_0}\left(1 - \frac{Z_c^2}{Z_c'^2}\right). \tag{6-22b}$$

若 $Z'_c \gg Z_c, \beta'd \ll \dfrac{\pi}{2}$,可得如下近似表达式:

$$Z_i = Z'_c \frac{Z_c + \mathrm{j}Z'_c\tan(\beta'd)}{Z'_c + \mathrm{j}Z_c\tan(\beta'd)} \approx Z_c + \mathrm{j}Z'_c\tan(\beta'd). \tag{6-22c}$$

式(6-22c)也表明,一段串联的高阻抗微带传输线可以等效为一个串联电感.

2. 用并联开路微带传输线构成并联微带电容

并联开路微带传输线的导体带结构和等效电路如图 6.5 所示. 由导体带的结构可以断定,并联开路微带传输线可以等效为并联电容,因为该导体带结构没有直流接地或隔直流的功能.

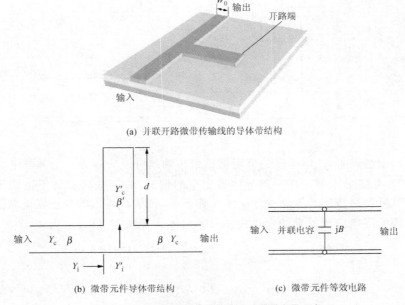

(a) 并联开路微带传输线的导体带结构

(b) 微带元件导体带结构   (c) 微带元件等效电路

图 6.5　并联开路微带传输线构成的并联微带电容

设并联开路短线的长度 d 小于 1/4 工作波长,传输线输出端处于匹配状态. 根据长线理论终端方程的导纳表达式(3-10b),输入导纳 Y_i 可表示为

$$Y_i = Y_c + Y_i' = Y_c + Y_c' \frac{Y_L + jY_c' \tan(\beta'd)}{Y_c' + jY_L \tan(\beta'd)}$$

$$= Y_c + jY_c' \tan(\beta'd) = Y_c + jB, \tag{6-23}$$

其中，Y_c, β 分别为输入、输出传输线的特征导纳和传播常数. Y_c', β' 分别为并联开路传输线的特征导纳和传播常数，$Y_L = 0$.

　　根据式(6-23)，若一段终端开路的并联微带传输线的 $\beta'd < \dfrac{\pi}{2}$，它就可以等效为一个并联电容. 当 $\beta'd$ 为任意值时，一段终端开路的并联微带传输线可以等效为一个并联在主传输线上的串联 LC 谐振回路，它既可以呈现容性，也可以呈现感性. 当然，等效电路也可以采用其他形式，等效的原则是微带传输线结构的交流电抗性质和直流传输特征不变.

3. 用并联短路微带传输线构成并联微带电感

　　若将图 6.5(a)中并联微带线的开路端用金属化小孔与导体接地板相连，则可构成并联短路微带传输线，其导体带结构和等效电路如图 6.6 所示. 由导体带结构可以断定，并联短路微带传输线可以等效为并联电感，因为该导体带结构具有直流接地的特点.

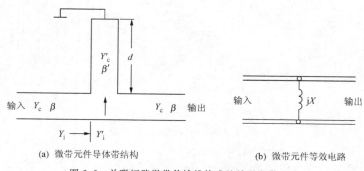

　　(a) 微带元件导体带结构　　　　　　　　　(b) 微带元件等效电路

图 6.6　并联短路微带传输线构成的并联微带电感

　　设并联短路线的长度 d 小于 1/4 工作波长，传输线输出端处于匹配状态. 根据长线理论终端方程的导纳表达式(3-10b)，输入导纳 Y_i 可表示为

$$Y_i = Y_c + Y_i' = Y_c + Y_c' \frac{Y_L + jY_c' \tan(\beta'd)}{Y_c' + jY_L \tan(\beta'd)}$$

$$= Y_c - jY_c' \cot(\beta'd) = Y_c - jB, \tag{6-24}$$

其中 Y_c, β 分别为输入、输出传输线的特征导纳和传播常数. Y_c', β' 分别为并联短路传输线的特征导纳和传播常数. $Y_L \to \infty$.

　　根据式(6-24)，若一段终端短路的并联微带传输线的 $\beta'd < \dfrac{\pi}{2}$，它就可以等

效为一个并联电感.当 $\beta'd$ 为任意值时,一段终端短路的并联微带传输线可以等效为一个并联在主传输线上的并联 LC 谐振回路,它既可以呈现容性,也可以呈现感性.当然,等效电路也可以采用其他形式,等效的原则是微带传输线结构的交流电抗性质和直流传输特征不变.

4. 串联微带电容

串联微带电容是隔直流的耦合电容,常用的结构有间隙结构和叠层结构,如图 6.7 所示.利用平板电容器电容量的计算公式

$$C \approx \varepsilon_0 \varepsilon_r \frac{S}{d} \tag{6-25}$$

可以求得叠层电容量的近似值.其中 C 为平板电容器的电容量,$\varepsilon_0, \varepsilon_r$ 分别为真空中的介电常数和相对介电常数,S 为平板电容的面积,d 为平板间距.由于边缘电容的影响,此近似值的精度随着叠层电容面积 S 的减小而劣化.当电路所需的隔直电容容量较大时,通常需采用多层介质电容(如独石电容等)以增大电容器的面积.当叠层电容的面积趋于零时,叠层电容退化为间隙电容.由于间隙电容的容量非常小,只有在工作频率很高时才能采用.

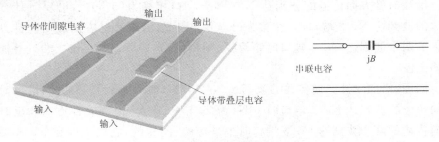

图 6.7 串联微带电容

综上所述,采用不同结构和连接方式的微带传输线可以构成并联电容、并联电感、串联电容和串联电感.由于微带传输线可以近似看做工作在 TEM 模式,根据准静态分析法的假设,则可以采用分析低频电路的方法分析微带传输线,并可利用上述几种微带元件构成 LC 谐振电路、滤波器、阻抗变换器等.§6.5 中将详细介绍采用微带线实现微波滤波器的方法.

6.2.2 微带传输线环形电桥及微带传输线耦合器

1. 微带传输线环形电桥

微带传输线环形电桥的导体带结构如图 6.8 所示,它具有与魔 T 类似的特性和功能.微带传输线环形电桥具有四个分支线,环路总长度为工作波长的 3/2 倍,环路总相移为 3π rad.由于环路的对称性,不论从哪个端口输入微波,微波都将成等幅、同相的两个波分别沿环路的顺时针和反时针方向传输,这两个波将

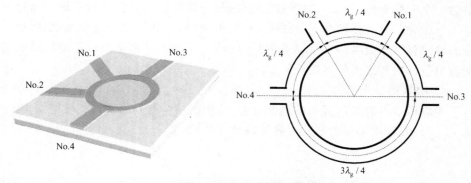

图 6.8　微带传输线环形电桥(180°相移耦合器)

在其他端口叠加产生输出波. 在微带传输线环形电桥各端口都处于匹配状态且忽略传输损耗的前提下,有以下结论:

(1) 假设微波从 No.1 端口输入,由于环形电桥完全对称,因此环形电桥将产生一对幅度相等且传输方向相反的微波.

沿顺时针方向传输的波到达 No.2 端口时,相移为$(5/4)\lambda_g$,沿反时针方向传输的波到达 No.2 端口时,相移为$(1/4)\lambda_g$. 因此,沿顺时针方向和反时针方向传输的两个波到达 No.2 端口时是等幅、同相的,它们可以在 No.2 端口叠加产生输出波.

同理,沿顺时针方向传输的波到达 No.3 端口时,相移为$(1/4)\lambda_g$,沿反时针方向传输的波到达 No.3 端口时,相移为$(5/4)\lambda_g$. 因此,沿顺时针方向和反时针方向传输的两个波到达 No.3 端口时也是等幅、同相的,它们可以在 No.3 端口叠加产生输出波.

然而,沿顺时针方向传输的波到达 No.4 端口时,相移为λ_g,沿反时针方向传输的波到达 No.4 端口时,相移为$(1/2)\lambda_g$. 因此,沿顺时针方向和反时针方向传输的两个波到达 No.4 端口时是等幅、反相的,它们不能在 No.4 端口叠加产生输出波. 因此,环形电桥的 No.1 端口与 No.4 端口是隔离的.

由于环形电桥是完全对称的,如果忽略环形电桥的损耗,则 No.2 端口和 No.3 端口的微波输出功率必然相等,且均为 No.1 端口输入微波功率的 1/2. 根据 No.2 端口和 No.3 端口与 No.1 端口的相对相移,No.2 端口和 No.3 端口的微波相位必然相同.

(2) 假设微波从 No.4 端口输入,由于环形电桥完全对称,因此环形电桥将产生一对幅度相等且传输方向相反的微波.

沿顺时针方向传输的波到达 No.2 端口时,相移为$(1/4)\lambda_g$,沿反时针方向传输的波到达 No.2 端口时,相移为$(5/4)\lambda_g$. 因此,沿顺时针方向和反时针方向传输的两个波到达 No. 2 端口时是等幅、同相的,它们可以在 No. 2 端口叠加产生输出波.

同理,沿顺时针方向传输的波到达 No. 3 端口时,相移为 $(3/4)\lambda_g$,沿反时针方向传输的波到达 No. 3 端口时,相移为 $(3/4)\lambda_g$. 因此,沿顺时针方向和反时针方向传输的两个波到达 No. 3 端口时是等幅、同相的,它们可以在 No. 3 端口叠加产生输出波.

然而,沿顺时针方向传输的波到达 No. 1 端口时,相移为 $(1/2)\lambda_g$,沿反时针方向传输的波到达 No. 4 端口时,相移为 λ_g. 因此,沿顺时针方向和反时针方向传输的两个波到达 No. 4 端口时是等幅、反相的,它们不能在 No. 1 端口叠加产生输出波. 因此,环形电桥的 No. 4 端口与 No. 1 端口也是隔离的.

由于环形电桥是完全对称的,如果忽略环形电桥的损耗,则 No. 2 端口和 No. 3 端口的微波输出功率必然相等,且均为 No. 1 端口输入微波功率的 1/2. 根据 No. 2 端口和 No. 3 端口与 No. 4 端口的相对相移,No. 2 端口和 No. 3 端口的微波相位必然相反.

根据以上分析,可以得到微带传输线环形电桥的基本特性:

① No. 1,No. 4 端口相互隔离;

② No. 1 端口输入时,No. 2,No. 3 端口的电压波等幅同相,且与 No. 1 端口的电压波相位相差 1/4 波长;

③ No. 4 端口输入时,No. 2,No. 3 端口的电压波等幅反相,且 No. 2 端口与 No. 4 端口的电压波相位相差 1/4 波长,No. 3 端口与 No. 4 端口的电压波相位相差 3/4 波长;

④ No. 2,No. 3 端口相互隔离;

⑤ No. 2 端口输入时,No. 1,No. 4 端口的电压波等幅同相,且与 No. 2 端口的电压波相位相差 1/4 波长;

⑥ No. 3 端口输入时,No. 1,No. 4 端口的电压波等幅反相,且 No. 1 端口与 No. 3 端口的电压波相位相差 1/4 波长,No. 4 端口与 No. 3 端口的电压波相位相差 3/4 波长.

微带传输线环形电桥具有广泛的用途,其传输特征和 **S** 参量表达式与魔 T 相同. 微带传输线环形电桥可以作为定向耦合器使用,以 No. 3 和 No. 4 端口为定向耦合器的主臂,No. 2 和 No. 1 端口为副臂,则 No. 4 端口输入时,只有 No. 2,No. 3 端口有输出;No. 3 端口输入时,只有 No. 1,No. 4 端口有输出. 若从 No. 4 或 No. 3 端口输入信号,则相应的两个输出端口信号之间有 180° 的相位差,因此微带传输线环形电桥也被称为 180° 相移耦合器.

微带传输线环形电桥与魔 T 的关键区别在于魔 T 是宽带元件,微带传输线环形电桥是窄带元件.魔 T 可以在 TE_{10} 模式的单模工作频带内工作,微带传输线环形电桥只能在与 $\lambda = \dfrac{3}{2}\lambda_g$ 对应的特定工作频率上工作.

2. 微带传输线型 90° 相移耦合器

在微带电路系统中常用的另一种耦合器是 90° 相移耦合器,其导体带结构和参数如图 6.9 所示. 90° 相移耦合器的 4 个边的长度均为 $\lambda_g/4$,特性阻抗分别为 $Z_0 = 50\ \Omega$ 和 $Z = Z_0/\sqrt{2}$. 微带传输线型 90° 相移耦合器的工作原理和分析方法与 4.7.2 小节中讨论的带状线型定向耦合器基本相同. 可以证明,微带传输线型 90° 相移耦合器的 $\boldsymbol{S}$ 参量为

$$\boldsymbol{S} = \frac{1}{\sqrt{2}}\begin{bmatrix} 0 & j & 1 & 0 \\ j & 0 & 0 & 1 \\ 1 & 0 & 0 & j \\ 0 & 1 & j & 0 \end{bmatrix}. \tag{6-26}$$

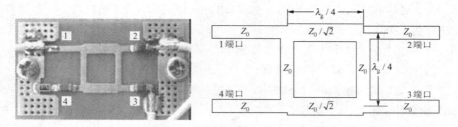

图 6.9　微带传输线型 90° 相移耦合器

图 6.10 是中心频率为 10 GHz 的微带传输线型 90° 相移耦合器的实测 $\boldsymbol{S}$ 参数.

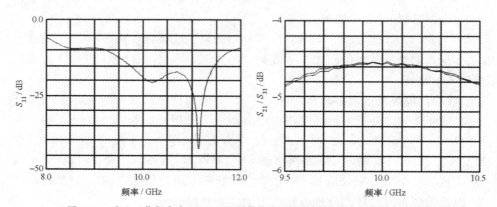

图 6.10　中心工作频率为 10 GHz 的微带传输线型 90° 相移耦合器的实测 $\boldsymbol{S}$ 参数

§6.3 小信号微波晶体管放大器

微波放大器是微波系统中的重要部件,按照放大器采用的有源器件分类,有真空管微波放大器、二极管微波放大器、晶体管微波放大器、参量放大器等;按照放大器的应用特性分类,有微波前置放大器、微波功率放大器、微波限幅放大器、线性模拟信号放大器、数字信号放大器等;按照放大器的分析方法分类,可以分为小信号微波放大器和大信号微波放大器.微波前置放大器、线性模拟信号放大器、参量放大器等可以归于小信号微波放大器.

由于小信号微波放大器有比较完善的理论分析和设计方法,本小节将介绍小信号微波晶体管放大器的有关知识.

6.3.1 微波晶体管

常用在微波频段的晶体管有很多种,按晶体管的工作原理分类,有双极晶体管和场效应晶体管两大类;按晶体管的材料分类,有硅、锗硅、复合多晶硅、砷化镓、磷化铟晶体管等.双极晶体管的电流由两种载流子——电子和空穴构成.场效应晶体管的电流只由多数载流子构成,因此也称为单极晶体管.场效应晶体管的种类很多,如 MESFET,MOSFET,JFET,MNOSFET,MAOSFET 等.MESFET 是金属-半导体场效应晶体管的英文缩写,MESFET 也称作肖特基势垒场效应晶体管.MOSFET 是金属-氧化物-半导体场效应晶体管.JFET 是 pn 结栅型场效应晶体管.MNOSFET 是金属-氮化物-氧化物-半导体场效应晶体管.MAOSFET 是金属-氧化铝-氧化物-半导体场效应晶体管.最常用的微波场效应晶体管是 MESFET 和 MOSFET.

微波双极晶体管的主要特点有:

(1) 生产成本低;

(2) 增益高;

(3) 可靠性高;

(4) 抗静电,耐电压、电流冲击性好.

微波场效应晶体管的主要特点有:

(1) 效率高;

(2) 噪声系数较低;

(3) 工作频率较高;

(4) 输入阻抗高,可达几兆欧姆;

(5) 抗静电、耐电压、电流冲击性能以及增益特性不如微波双极晶体管,在使用、安装、运输、储存时都需要采取防静电措施.

表 6-1 是一种低噪声微波硅双极晶体管的 S 参量,表中的 S 参量表明:

(1) S 参量与晶体管的电路结构、传输线特性阻抗 Z_c 及直流工作点有关;

(2) S 参量与测试(工作)频率有关;

(3) S_{12}(晶体管的反向传输)很小;

(4) S_{21}(晶体管的正向传输)随工作频率的升高单调下降.

表 6-1　HP 公司 AT-41486 低噪声硅双极晶体管的 S 参量

散射参量典型值:共发射极方式,$Z_c = 50\ \Omega$,$V_{CE} = 2.5\ V$,$I_C = 20\ mA$

频率 /GHz	S_{11}		S_{21}			S_{12}		S_{22}	
	幅度	幅角	幅度/dB	幅度	幅角	幅度	幅角	幅度	幅角
0.1	0.74	$-38°$	28.1	25.46	157°	0.011	68°	0.94	$-12°$
1.0	0.56	$-168°$	16.9	6.102	84°	0.041	46°	0.49	$-29°$
2.0	0.62	152°	11.1	3.61	56°	0.058	43°	0.42	$-39°$
3.0	0.64	130°	7.6	2.41	37°	0.078	52°	0.39	$-50°$
4.0	0.71	113°	5.1	1.80	16°	0.106	48°	0.35	$-70°$
5.0	0.77	99°	3.1	1.42	$-4°$	0.139	43°	0.35	$-98°$
6.0	0.81	87°	1.1	1.13	$-22°$	0.170	34°	0.35	$-131°$

6.3.2　小信号微波放大器的等效电路

微波小信号放大器中的晶体管可以视为一个线性网络,并可以采用等效电路法和 S 参量来分析. 如果晶体管工作在大信号状态下,它就是一个非线性网络,也就不能应用 S 参量来分析. 图 6.11 是微波小信号晶体管放大器的等效电路. 晶体管的 S 参量通常由生产厂家提供,也可以用矢量网络分析仪来测量. 图 6.11 中的 Z_s 为输入信号源的内阻,Z_L 为放大器的负载阻抗.

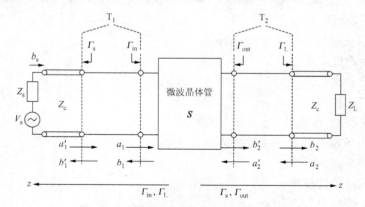

图 6.11　小信号微波晶体管放大器的等效电路

根据图 6.11 中的参考方向和 S 参量的定义,可以写出以晶体管为两端口网络的进波、出波关系以及一些有用的导出关系:

$$b_1 = S_{11}a_1 + S_{12}a_2, \tag{6-27a}$$

$$b_2 = S_{21}a_1 + S_{22}a_2. \tag{6-28a}$$

当自左向右观察,即测试波源在晶体管网络左侧时,

$$a_2 = \Gamma_{\text{L}}b_2, \tag{6-29a}$$

$$b_1 = \Gamma_{\text{in}}a_1. \tag{6-30a}$$

当自右向左观察,即测试波源在晶体管网络右侧时,

$$b'_1 = S_{11}a'_1 + S_{12}a'_2, \tag{6-27b}$$

$$b'_2 = S_{21}a'_1 + S_{22}a'_2, \tag{6-28b}$$

$$a'_1 = \Gamma_{\text{s}}b'_1, \tag{6-29b}$$

$$b'_2 = \Gamma_{\text{out}}a'_2. \tag{6-30b}$$

由式(6-28a)和式(6-29a)消去 b_2 可得

$$\frac{a_2}{a_1} = \frac{S_{21}\Gamma_{\text{L}}}{1 - S_{22}\Gamma_{\text{L}}}, \tag{6-31a}$$

由式(6-27b)和式(6-29b)消去 b'_1 可得

$$\frac{a'_1}{a'_2} = \frac{S_{12}\Gamma_{\text{s}}}{1 - S_{11}\Gamma_{\text{s}}}, \tag{6-31b}$$

由式(6-28a)和式(6-29a)消去 a_2 可得

$$\frac{b_2}{a_1} = \frac{S_{21}}{1 - S_{22}\Gamma_{\text{L}}}, \tag{6-31c}$$

由式(6-27a)、式(6-31a)和式(6-30a)可得

$$\Gamma_{\text{in}} = \frac{b_1}{a_1} = S_{11} + \frac{S_{12}S_{21}\Gamma_{\text{L}}}{1 - S_{22}\Gamma_{\text{L}}}. \tag{6-32a}$$

式(6-32a)表明,T_1 参考面的反射系数 Γ_{in} 与 T_2 参考面上的负载反射系数 Γ_{L} 和晶体管的 *S* 参量有关.如果 T_2 参考面上的负载反射系数 Γ_{L} 为零,则 T_1 参考面的反射系数 Γ_{in} 就等于晶体管的 S_{11}.

由式(6-28b)、式(6-31b)和式(6-30b)可得

$$\Gamma_{\text{out}} = \frac{b'_2}{a'_2} = S_{22} + \frac{S_{12}S_{21}\Gamma_{\text{s}}}{1 - S_{11}\Gamma_{\text{s}}}. \tag{6-32b}$$

式(6-32b)表明,T_2 参考面的反射系数 Γ_{out} 与 T_1 参考面上的波源反射系数 Γ_{s} 和晶体管的 *S* 参量有关.如果 T_1 参考面上的波源反射系数 Γ_{s} 为零,则 T_2 参考面的反射系数 Γ_{out} 就等于晶体管的 S_{22}.

6.3.3 小信号微波晶体管放大器等效电路的信号流图模型

信号流图是系统论和控制论经常用到的,它可以简化射频网络互连关系的分析过程.采用信号流图可以将复杂的网络分解成简单的输入、输出,而且在此

关系中反射系数和传输系数将融为一体.

构成信号流图的主要原则如下:

(1) 当涉及 S 参量时,节点是用来标注网络信号的(如 a_1, b_1, a_2, b_2);

(2) 支路是用来连接网络信号的;

(3) 支路量值的加减与支路的走向有关.

表 6.2 显示了信号流图的结构单元和运算规则.

表 6.2　信号流图的结构单元和运算规则

名　称	图　形　表　示	
节　点	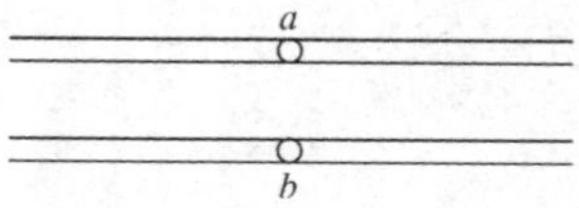 a　　b	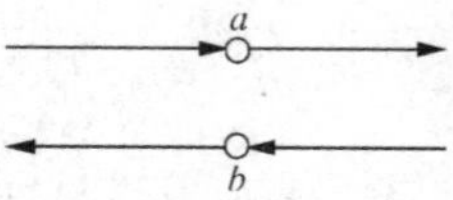 a →　b ←
支　路	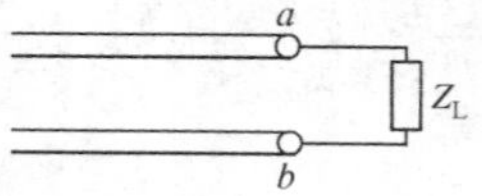 a　b　Z_L	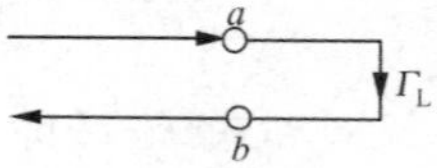 a　b　Γ_L
串联连接	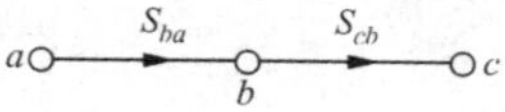 $a \xrightarrow{S_{ba}} b \xrightarrow{S_{cb}} c$	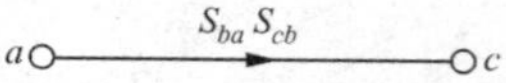 $a \xrightarrow{S_{ba} S_{cb}} c$
并联连接	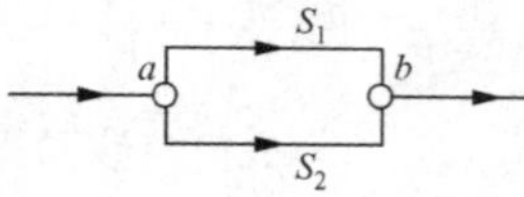 a $\overset{S_1}{\underset{S_2}{\longrightarrow}}$ b	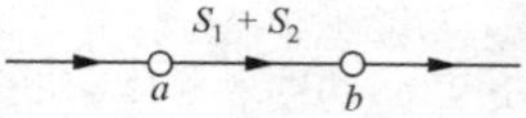 $a \xrightarrow{S_1 + S_2} b$
分　支	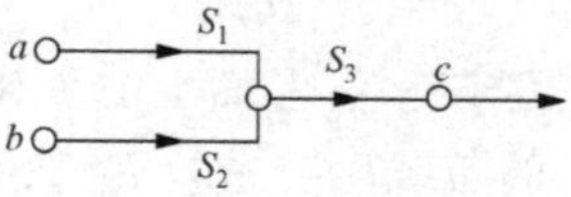 $a \xrightarrow{S_1}$ $b \xrightarrow{S_2}$ $\xrightarrow{S_3} c$	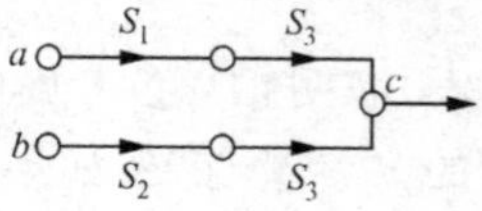 $a \xrightarrow{S_1} \xrightarrow{S_3} c$; $b \xrightarrow{S_2} \xrightarrow{S_3}$
反馈环路	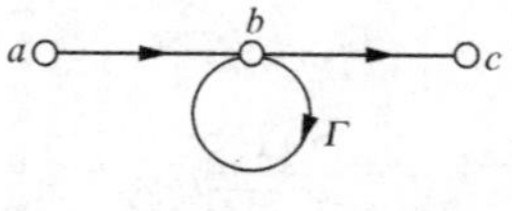 $a \xrightarrow{} b \xrightarrow{} c$, Γ	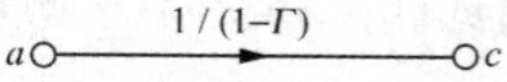 $a \xrightarrow{1/(1-\Gamma)} c$

根据图 6.11 可以得到小信号微波晶体管放大器的信号流图,如图 6.12(a) 所示,其中 b_s 是信号源输出的归一化电压波. 按照信号流图的运算规则,可以分别求得放大器的输入端反射系数 $\Gamma_{in} = b_1/a_1$ 和 a_1,如图 6.12(d) 和图 6.12(f) 所示.

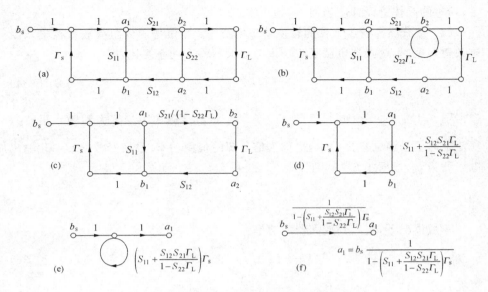

图 6.12　小信号微波晶体管放大器的信号流图和解

6.3.4　微波晶体管放大器的增益和稳定性

1. 微波晶体管放大器的增益

根据微波晶体管放大器输入、输出端口的匹配状况,可以定义几种增益,它们适用于不同的场合.

(1) 微波晶体管放大器的功率增益为放大器负载吸收的功率 P_L 与放大器的输入功率 P_in 之比,即

$$G = \frac{P_\mathrm{L}}{P_\mathrm{in}}. \tag{6-33a}$$

按照功率增益的定义和微波晶体管放大器的等效电路,并代入式(6-31c)可得功率增益

$$G = \frac{P_\mathrm{L}}{P_\mathrm{in}} = \frac{(\mid b_2 \mid^2 - \mid a_2 \mid^2)}{(\mid a_1 \mid^2 - \mid b_1 \mid^2)} = \frac{\mid b_2 \mid^2}{\mid a_1 \mid^2} \cdot \frac{(1 - \mid \Gamma_\mathrm{L} \mid^2)}{(1 - \mid \Gamma_\mathrm{in} \mid^2)}$$

$$= \frac{\mid S_{21} \mid^2}{\mid 1 - S_{22}\Gamma_\mathrm{L} \mid^2} \cdot \frac{1 - \mid \Gamma_\mathrm{L} \mid^2}{1 - \mid \Gamma_\mathrm{in} \mid^2}. \tag{6-33b}$$

将式(6-32a)代入式(6-33b),功率增益又可以表示为

$$G = \frac{\mid S_{21} \mid^2}{\mid 1 - S_{22}\Gamma_\mathrm{L} \mid^2} \cdot \frac{1 - \mid \Gamma_\mathrm{L} \mid^2}{1 - \left| S_{11} + \dfrac{S_{12}S_{21}\Gamma_\mathrm{L}}{1 - S_{22}\Gamma_\mathrm{L}} \right|^2}. \tag{6-33c}$$

(6-33c)式表明,微波晶体管放大器的功率增益只与晶体管的 **S** 参量及负载反射系数 Γ_L 有关.为了提高放大器的增益,理想的放大器设计应当使 Γ_L 趋于

零,理想的晶体管设计应当使 S_{11} 趋于零.

（2）微波晶体管放大器的转换功率增益为：当信号源内阻与放大器输入阻抗共轭匹配时,放大器负载吸收功率与放大器输入功率之比,即

$$G_{\mathrm{T}} = \frac{P_{\mathrm{L}}}{P_{\mathrm{a}}}. \tag{6-34}$$

根据图 6.11, $P_{\mathrm{L}} = \frac{1}{2} |b_2|^2 (1 - |\Gamma_{\mathrm{L}}|^2)$. P_{a} 是信号源内阻与放大器输入阻抗共轭匹配时信号源的输出功率,也称为信号源的资用功率.设信号源的归一化输出电压波为 b_{s},根据图 6.11,则

$$a_1 = b_{\mathrm{s}} + b_1 \Gamma_{\mathrm{s}}, \tag{6-35a}$$
$$b_{\mathrm{s}} = a_1 - b_1 \Gamma_{\mathrm{s}} = a_1 (1 - \Gamma_{\mathrm{in}} \Gamma_{\mathrm{s}}). \tag{6-35b}$$

一般情况下,注入到放大器的功率为

$$P_{\mathrm{in}} = \frac{1}{2} |a_1|^2 (1 - |\Gamma_{\mathrm{in}}|^2) = \frac{1}{2} |b_{\mathrm{s}}|^2 \frac{1 - |\Gamma_{\mathrm{in}}|^2}{|1 - \Gamma_{\mathrm{in}} \Gamma_{\mathrm{s}}|^2}, \tag{6-36}$$

根据式（6-34）、式（6-36）有

$$G_{\mathrm{T}} = \frac{P_{\mathrm{L}}}{P_{\mathrm{a}}} = \frac{\frac{1}{2} |b_2|^2 (1 - |\Gamma_{\mathrm{L}}|^2)}{\frac{1}{2} |b_{\mathrm{s}}|^2 \frac{1 - |\Gamma_{\mathrm{in}}|^2}{|1 - \Gamma_{\mathrm{in}} \Gamma_{\mathrm{s}}|^2}\bigg|_{\Gamma_{\mathrm{in}} = \Gamma_{\mathrm{s}}^*}} = \frac{|b_2|^2}{|b_{\mathrm{s}}|^2} (1 - |\Gamma_{\mathrm{s}}|^2)(1 - |\Gamma_{\mathrm{L}}|^2).$$

代入式（6-35b）,则

$$G_{\mathrm{T}} = \frac{|b_2|^2}{|a_1|^2} \frac{(1 - |\Gamma_{\mathrm{s}}|^2)(1 - |\Gamma_{\mathrm{L}}|^2)}{(1 - \Gamma_{\mathrm{in}} \Gamma_{\mathrm{s}})^2},$$

代入式（6-31c）,则

$$G_{\mathrm{T}} = \left| \frac{S_{21}}{1 - S_{22} \Gamma_{\mathrm{L}}} \right|^2 \frac{(1 - |\Gamma_{\mathrm{s}}|^2)(1 - |\Gamma_{\mathrm{L}}|^2)}{(1 - \Gamma_{\mathrm{in}} \Gamma_{\mathrm{s}})^2}$$
$$= \frac{(1 - |\Gamma_{\mathrm{s}}|^2) |S_{21}|^2 (1 - |\Gamma_{\mathrm{L}}|^2)}{(1 - S_{22} \Gamma_{\mathrm{L}})^2 (1 - \Gamma_{\mathrm{in}} \Gamma_{\mathrm{s}})^2}, \tag{6-37a}$$

代入式（6-32a）,消去 Γ_{in},可得

$$G_{\mathrm{T}} = \frac{(1 - |\Gamma_{\mathrm{s}}|^2) |S_{21}|^2 (1 - |\Gamma_{\mathrm{L}}|^2)}{|(1 - S_{11} \Gamma_{\mathrm{s}})(1 - S_{22} \Gamma_{\mathrm{L}}) - S_{21} S_{12} \Gamma_{\mathrm{L}} \Gamma_{\mathrm{s}}|^2}. \tag{6-37b}$$

将式（6-32b）代入式（6-37b）消去 S_{22},则有

$$G_{\mathrm{T}} = \frac{(1 - |\Gamma_{\mathrm{s}}|^2) |S_{21}|^2 (1 - |\Gamma_{\mathrm{L}}|^2)}{(1 - S_{11} \Gamma_{\mathrm{s}})^2 (1 - \Gamma_{\mathrm{out}} \Gamma_{\mathrm{L}})^2}. \tag{6-37c}$$

式（6-37）为微波晶体管放大器转换功率增益的三种形式,其中式（6-37b）最常用.

（3）微波晶体管放大器的资用功率增益为：当信号源内阻与放大器输入阻

抗共轭匹配,且负载阻抗与放大器输出阻抗也共轭匹配时,放大器负载吸收功率
与放大器输入功率之比,即

$$G_a = \frac{P_L}{P_{in}}\bigg|_{\Gamma_s=\Gamma_{in}^*,\,\Gamma_L=\Gamma_{out}^*} = \frac{P_L}{P_a}\bigg|_{\Gamma_L=\Gamma_{out}^*}. \tag{6-38a}$$

将式(6-37c)代入式(6-38a),可得

$$G_a = \frac{(1-|\Gamma_s|^2)\,|S_{21}|^2(1-|\Gamma_L|^2)}{(1-S_{11}\Gamma_s)^2(1-\Gamma_{out}\Gamma_L)^2}\bigg|_{\Gamma_L=\Gamma_{out}^*} = \frac{(1-|\Gamma_s|^2)\,|S_{21}|^2}{(1-S_{11}\Gamma_s)^2(1-|\Gamma_L|^2)}.$$

$$\tag{6-38b}$$

2. 小信号微波晶体管放大器的稳定性

(1) 稳定性判别条件

对一个网络来说,如果从其任意端口向内部看去的电阻或电导为负值,则这
个网络不但不消耗能量,还会向外输出能量.这时,我们称此网络发生了自激振荡.

从电路结构上看,放大器与振荡器是差别不大的两类两端口网络.如果放大
器在工作中发生自激,就变成了质量不高的振荡器,因此在设计放大器时,首先
要考虑的问题就是放大器的稳定性.由于放大器发生自激的必要条件是其输入
阻抗、导纳或输出阻抗、导纳的实部为负值,因此,我们可以根据这个条件来判断
放大器的稳定性.

① 考虑输入端.在图 6.11 中,从 T_1 参考面向晶体管网络里看,可得网络输
入阻抗 Z_{in}、输入传输线特性阻抗 Z_c 以及网络输入端反射系数 Γ_{in} 之间的关系:

$$\Gamma_{in} = \frac{Z_{in} - Z_c}{Z_{in} + Z_c} = \frac{(R_{in} + jX_{in}) - Z_c}{(R_{in} + jX_{in}) + Z_c}, \tag{6-39}$$

$$|\Gamma_{in}| = \sqrt{\frac{(R_{in} - Z_c)^2 + X_{in}^2}{(R_{in} + Z_c)^2 + X_{in}^2}}. \tag{6-40}$$

因为放大器发生自激时,有 $R_{in} \leqslant 0$. 根据式(6-40),此时必有

$$|\Gamma_{in}| \geqslant 1. \tag{6-41}$$

② 考虑输出端.在图 6.11 中,从 T_2 参考面向网络里看,可得网络输出阻抗
Z_{out}、输出传输线特性阻抗 Z_c 以及网络输出端反射系数 Γ_{out} 之间的关系:

$$\Gamma_{out} = \frac{Z_{out} - Z_c}{Z_{out} + Z_c} = \frac{(R_{out} + jX_{out}) - Z_c}{(R_{out} + jX_{out}) + Z_c}, \tag{6-42}$$

$$|\Gamma_{out}| = \sqrt{\frac{(R_{out} - Z_c)^2 + X_{out}^2}{(R_{out} + Z_c)^2 + X_{out}^2}}. \tag{6-43}$$

因为放大器发生自激时,有 $R_{out} < 0$. 根据式(6-43),此时必有

$$|\Gamma_{out}| \geqslant 1. \tag{6-44}$$

由式(6-41)和式(6-44)可以得到微波放大器的稳定性判别条件:

$$|\varGamma_{\text{in}}| < 1, \tag{6-45}$$

$$|\varGamma_{\text{out}}| < 1. \tag{6-46}$$

当放大器输入端、输出端的反射系数满足式(6-45)和式(6-46)时,放大器必然是稳定的.它们的物理意义也十分明确,当反射波幅度小于入射波幅度时,网络的相应端口是稳定的.

(2) 微波晶体管放大器稳定性的判别

我们已经得到了微波晶体管放大器的稳定性判别条件,下面介绍如何利用这个条件完成以下工作:

① 判断微波晶体管放大器是否能稳定工作;

② 设计能够稳定工作的微波晶体管放大器.

由式(6-32a)可知,放大器输入端口的稳定性与晶体管的 $\boldsymbol{S}$ 参量以及负载反射系数 $\varGamma_{\text{L}}$ 有关.这表明,通过正确选择晶体管和合理设计放大器的负载反射系数 $\varGamma_{\text{L}}$,可以使微波晶体管放大器的输入端口处于稳定工作状态.

已知 $|\varGamma_{\text{in}}|=1$ 是放大器输入端口稳定性条件的临界点,即 $|\varGamma_{\text{in}}|=1$ 的条件会将式(6-32a)右侧复数所在的复平面分为稳定区和非稳定区.令

$$\varGamma_{\text{in}} = \frac{b_1}{a_1} = S_{11} + \frac{S_{12} S_{21} \varGamma_{\text{L}}}{1 - S_{22} \varGamma_{\text{L}}} = e^{j\theta}. \tag{6-47}$$

此式的物理意义是:如果晶体管的 $\boldsymbol{S}$ 参量以及放大器的负载反射系数 $\varGamma_{\text{L}}$ 满足此关系,则放大器的输入端口恰好处于临界稳定状态.然而,我们更关心的是晶体管的 $\boldsymbol{S}$ 参量以及放大器的负载反射系数 $\varGamma_{\text{L}}$ 为何值时放大器的输入端口能真正处于稳定状态.

整理式(6-47),则有

$$\varGamma_{\text{L}} = \frac{S_{11} - e^{j\theta}}{\Delta - S_{22} e^{j\theta}} \ \text{(其中} \Delta = S_{11} S_{22} - S_{12} S_{21}\text{)}$$

$$= \frac{S_{11} - e^{j\theta}}{\Delta - S_{22} e^{j\theta}} \left(\frac{|S_{22}|^2 - |\Delta|^2}{|S_{22}|^2 - |\Delta|^2} \right)$$

$$= \frac{S_{11} |S_{22}|^2 + |\Delta|^2 e^{j\theta} - |S_{22}|^2 e^{j\theta} - S_{11} |\Delta|^2 + (S_{22}^* \Delta - S_{22}^* \Delta + S_{11} S_{22} \Delta e^{j\theta} - S_{11} S_{22} \Delta e^{j\theta})}{(\Delta - S_{22} e^{j\theta})(|S_{22}|^2 - |\Delta|^2)}$$

$$= \frac{(S_{22}^* - S_{11} \Delta^*)(\Delta - S_{22} e^{j\theta}) - S_{22}^* \Delta + S_{11} |S_{22}|^2 - S_{11} S_{22} \Delta^* e^{j\theta} + \Delta \Delta^* e^{j\theta}}{(\Delta - S_{22} e^{j\theta})(|S_{22}|^2 - |\Delta|^2)}$$

$$= \frac{(S_{22}^* - S_{11} \Delta^*)(\Delta - S_{22} e^{j\theta}) + (S_{11} S_{22} - \Delta) S_{22}^* + (\Delta - S_{11} S_{22}) \Delta^* e^{j\theta}}{(\Delta - S_{22} e^{j\theta})(|S_{22}|^2 - |\Delta|^2)}$$

$$= \frac{(S_{22}^* - S_{11} \Delta^*)}{(|S_{22}|^2 - |\Delta|^2)} + \frac{S_{12} S_{21} S_{22}^* - S_{12} S_{21} \Delta^* e^{j\theta}}{(\Delta - S_{22} e^{j\theta})(|S_{22}|^2 - |\Delta|^2)}$$

$$= \frac{(S_{22}^* - S_{11} \Delta^*)}{(|S_{22}|^2 - |\Delta|^2)} + \frac{S_{12} S_{21}}{(|\Delta|^2 - |S_{22}|^2)} \cdot \frac{(\Delta - S_{22} e^{j\theta})^*}{(\Delta - S_{22} e^{j\theta})} e^{j\theta}. \tag{6-48}$$

其中"﹡"表示取复数共轭. 式(6-48)中第一项为一个与输入端反射系数的幅角 θ 无关的矢量,可以表示为 $\rho e^{j\theta_\rho}$;第二项为一个与输入端反射系数幅角 θ 有关的矢量,可以表示为 $re^{j\theta_r}$,其中 r 与 θ 无关,θ_r 与 θ 有关. 即

$$\Gamma_L = \rho e^{j\theta_\rho} + re^{j\theta_r}. \tag{6-49}$$

式(6-49)表明:在放大器输入端反射系数的模 $|\Gamma_{in}| = 1$ 的条件下,放大器负载反射系数 Γ_L 的对应轨迹是复平面上的一个圆,如图 6.13(a)所示. 当负载反射系数 Γ_L 落在此圆上时,放大器的输入端恰好处在稳定态与自激态的临界点上. 此圆圆心在矢量 $\rho e^{j\theta_\rho}$ 的端点上,半径为 r. 这个圆将复平面分成两个区域,稳定区 $|\Gamma_{in}| < 1$ 和非稳定区 $|\Gamma_{in}| > 1$,这个圆就是稳定性判别圆.

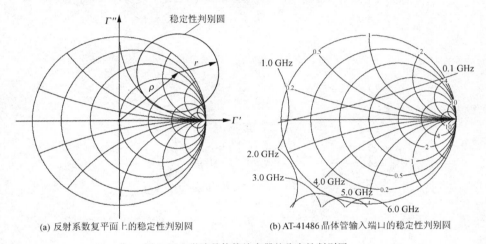

(a) 反射系数复平面上的稳定性判别圆   (b) AT-41486 晶体管输入端口的稳定性判别圆

图 6.13 微波晶体管放大器的稳定性判别圆

　　如果已知某一微波放大器的负载反射系数 Γ_L,根据稳定性判别圆在复平面上的位置,我们就可以判别该放大器的输入端口是否处于稳定状态. 另外,微波放大器的负载反射系数 Γ_L 是一个可以通过设计匹配网络来调整的参量,因此可以有意识地将放大器的负载反射系数 Γ_L 设计在稳定区内.

　　虽然稳定性判别圆将反射系数复平面分成了稳定区和非稳定区,但我们还不能确定哪一部分是稳定区. 根据式(6-47),当 $\Gamma_L = 0$ 时,$|\Gamma_{in}| = |S_{11}|$,因为用于微波晶体管放大器的晶体管的 $|S_{11}|$ 都是小于 1 的,所以当 $\Gamma_L = 0$ 时,放大器必然是稳定的. 又因稳定区应当是连续的,所以若 $\Gamma_L = 0$ 即原点在稳定性判别圆内,则稳定性判别圆内是稳定区;若 $\Gamma_L = 0$ 在稳定性判别圆外,则稳定性判别圆外是稳定区.

　　需要说明的是,稳定性判别圆是从数学的角度画出的,根据负载反射系数 Γ_L 的物理意义,Γ_L 不会落在单位圆外.

　　由表 6-1 可知,AT-41486 晶体管的 S 参量与频率有关,该晶体管输入端口

的稳定性判别圆如图 6.13(b)所示.显然,AT-41486 晶体管输入端口在 2～3 GHz 频率范围内的稳定性较好,在 1 GHz 频率以下的稳定性较差.

对于任意晶体管的 **S** 参量,稳定性判别圆在输出端口反射系数复平面上的六种可能情况如图 6.14 所示.根据以上讨论可以判定:

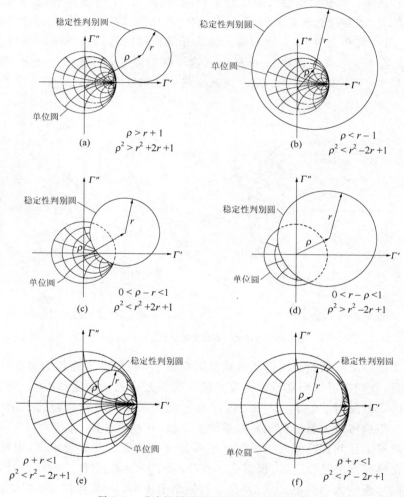

图 6.14 稳定性判别圆在复平面上的六种情况

图 6.14(a)中稳定性判别圆外是稳定区,由于整个单位圆都在稳定性判别圆外,所以不论反射系数 Γ_L 为何值,放大器都是稳定的.也就是说,整个单位圆内都是稳定区.这种情况称为绝对稳定.

图 6.14(b)中稳定性判别圆内是稳定区,由于单位圆在稳定性判别圆内,所以整个单位圆内都是稳定区.这种情况也称为绝对稳定.

图 6.14(c)中稳定性判别圆外是稳定区,由于单位圆的一部分在稳定性判别圆外,所以单位圆内没与稳定性判别圆重叠的区域是稳定区. 这种情况称为有条件稳定.

图 6.14(d)中稳定性判别圆内是稳定区,由于单位圆的一部分在稳定性判别圆内,所以单位圆内与稳定性判别圆重叠的区域才是稳定区. 这种情况也称为有条件稳定.

图 6.14(e)中稳定性判别圆外是稳定区,所以单位圆内没与稳定性判别圆重叠的区域是稳定区. 这种情况也称为有条件稳定.

图 6.14(f)中稳定性判别圆内是稳定区,所以单位圆内与稳定性判别圆重叠的区域是稳定区. 这种情况也称为有条件稳定.

实用微波晶体管放大器的工作频率都具有一定的范围,由于晶体管的 S 参量和放大器负载端口反射系数 Γ_L 都与其工作频率有关,所以稳定性判别圆及放大器负载端反射系数 Γ_L 都会在反射系数复平面上随工作频率的变化而移动. 因此,通常都需要将微波晶体管放大器设计成绝对稳定的放大器,以避免放大器在其工作频段内的某些频率点上发生自激. 这就需要导出绝对稳定放大器的判别条件.

根据以上讨论和图 6.14,可以归纳出放大器负载端口反射系数 Γ_L 为任意可能值时,放大器输入端口绝对稳定的充分条件:

① 不论 $\rho e^{j\theta_\rho}$ 为何值,如果 $r>\rho+1$ 成立,则放大器必然是绝对稳定的;

② 在 $\rho>1$ 时,不论 $\rho e^{j\theta_\rho}$ 为何值,如果 $r<\rho-1$ 成立,则放大器必然是绝对稳定的.

为了导出绝对稳定条件与晶体管 S 参量之间的关系,以便为微波晶体管放大器挑选合适的晶体管,需要首先导出在绝对稳定条件下 ρ 与 r 的关系式. 根据式(6-49)可知

$$\rho=\left|\frac{S_{22}^*-S_{11}\Delta^*}{|S_{22}|^2-|\Delta|^2}\right|, \tag{6-50a}$$

$$r=\left|\frac{S_{12}S_{21}}{|S_{22}|^2-|\Delta|^2}\right|. \tag{6-50b}$$

因为

$$\rho^2=\left|\frac{S_{22}^*-S_{11}\Delta^*}{|S_{22}|^2-|\Delta|^2}\right|^2=\frac{(S_{22}^*-S_{11}\Delta^*)(S_{22}-S_{11}^*\Delta)}{(|S_{22}|^2-|\Delta|^2)^2}$$

$$=\frac{|S_{22}|^2-S_{11}S_{22}\Delta^*-S_{11}^*S_{22}\Delta+|S_{11}|^2|\Delta|^2}{(|S_{22}|^2-|\Delta|^2)^2}$$

$$=\frac{|S_{22}|^2+|S_{11}|^2|\Delta|^2-S_{11}S_{22}(S_{11}^*S_{22}^*-S_{12}^*S_{21}^*)-S_{11}^*S_{22}^*(S_{11}S_{22}-S_{12}S_{21})}{(|S_{22}|^2-|\Delta|^2)^2}$$

$$=\frac{|S_{22}|^2+|S_{11}|^2|\Delta|^2-(S_{11}S_{22}-S_{12}S_{21})(S_{11}^*S_{22}^*-S_{12}^*S_{21}^*)-|S_{11}|^2|S_{22}|^2+|S_{12}S_{21}|^2}{(|S_{22}|^2-|\Delta|^2)^2}$$

$$= \frac{|S_{22}|^2 + |S_{11}|^2 |\Delta|^2 - |\Delta|^2 - |S_{11}|^2 |S_{22}|^2 + |S_{12}S_{21}|^2}{(|S_{22}|^2 - |\Delta|^2)^2}$$

$$= \frac{(|S_{22}|^2 - |\Delta|^2)(1 - |S_{11}|^2) + |S_{12}S_{21}|^2}{(|S_{22}|^2 - |\Delta|^2)^2} = \frac{1 - |S_{11}|^2}{|S_{22}|^2 - |\Delta|^2} + \frac{|S_{12}S_{21}|^2}{(|S_{22}|^2 - |\Delta|^2)^2},$$

所以

$$\rho^2 = \frac{1 - |S_{11}|^2}{|S_{22}|^2 - |\Delta|^2} + r^2. \tag{6-51}$$

由式(6-51)可知,若 $r < \rho$,则 $|S_{22}|^2 - |\Delta|^2 > 0$;若 $r > \rho$,则 $|S_{22}|^2 - |\Delta|^2 < 0$.

① 已知 $r > \rho + 1$ 是绝对稳定的充分条件,可以由此导出晶体管 **S** 参量与放大器稳定性的关系. 根据式(6-51),我们注意到, $r > \rho + 1$ 还隐含着条件

$$|S_{22}|^2 - |\Delta|^2 < 0. \tag{6-52}$$

根据 $r > \rho + 1$,可得

$$\rho^2 < r^2 - 2r + 1,$$

代入式(6-50b),式(6-51)可得

$$\frac{1 - |S_{11}|^2}{|S_{22}|^2 - |\Delta|^2} < -2 \left| \frac{S_{12}S_{21}}{|S_{22}|^2 - |\Delta|^2} \right| + 1.$$

代入式(6-52),可得

$$1 - |S_{11}|^2 - |S_{22}|^2 + |\Delta|^2 > 2 |S_{12}S_{21}|. \tag{6-53a}$$

对于图 6.14(e)和图 6.14(f)两种非绝对稳定情况,有 $r + \rho < 1$,也可以得到 $\rho^2 < r^2 - 2r + 1$. 为了排除这两种情况,可以引入附加条件 $r > 1$.

根据附加条件 $r > 1$ 和式(6-50b)、式(6-52),可知

$$|S_{22}|^2 - |\Delta|^2 > -|S_{12}S_{21}|.$$

将式(6-53a)与上式相加,则附加条件 $r > 1$ 可以表示为

$$1 - |S_{11}|^2 > |S_{12}S_{21}|. \tag{6-53b}$$

式(6-53)就是小信号微波晶体管放大器输入端口稳定性判别的一个充分条件.

② 已知 $\rho > 1$ 时, $r < \rho - 1$ 也是绝对稳定的充分条件,可以由此导出晶体管 **S** 参量与放大器稳定性的另一个关系.

根据式(6-51),我们首先注意到, $r < \rho - 1$ 还隐含着条件

$$|S_{22}|^2 - |\Delta|^2 > 0. \tag{6-54}$$

根据 $r < \rho - 1$,可得

$$\rho^2 > r^2 + 2r + 1,$$

代入式(6-51)和式(6-50b),可得

$$\frac{1 - |S_{11}|^2}{|S_{22}|^2 - |\Delta|^2} > 2 \left| \frac{S_{12}S_{21}}{|S_{22}|^2 - |\Delta|^2} \right| + 1.$$

代入式(6-54),可以得到

$$1 - |S_{11}|^2 - |S_{22}|^2 + |\Delta|^2 > 2 |S_{12}S_{21}|. \tag{6-55}$$

由以上讨论可见,式(6-53)就是微波晶体管放大器输入端口绝对稳定的充分条件.它的物理意义是:只要微波晶体管的 S 参量满足这个条件,则无论将放大器的负载反射系数设计为何值,放大器的输入端口都必然是稳定的.这就给我们设计微波晶体管放大器的匹配网络带来了方便.

按照完全相同的方法和步骤,还可以从 $|\Gamma_{out}|<1$ 的条件导出微波晶体管放大器输出端口绝对稳定条件

$$1-|S_{11}|^2-|S_{22}|^2+|\Delta|^2>2|S_{12}S_{21}|, \tag{6-56a}$$

$$1-|S_{22}|^2>|S_{12}S_{21}|. \tag{6-56b}$$

综合微波晶体管放大器输入端口和输出端口的绝对稳定条件(6-53)式和(6-56)式,微波晶体管放大器的绝对稳定条件可以写为

$$1-|S_{11}|^2-|S_{22}|^2+|\Delta|^2>2|S_{12}S_{21}|, \tag{6-57a}$$

$$1-|S_{11}|^2>|S_{12}S_{21}|, \tag{6-57b}$$

$$1-|S_{22}|^2>|S_{12}S_{21}|. \tag{6-57c}$$

由于微波晶体管的 S_{12} 一般都很小,式(6-57b)和式(6-57c)总能满足,所以有些文献、资料中直接将式(6-57a)作为微波晶体管放大器的稳定性判别条件.

我们知道,一般情况下反射系数是与工作频率有关的物理量.对一个宽频带放大器而言,其输入端、输出端的反射系数都是与频率有关的量.要保证放大器稳定工作,就必须使放大器在整个工作频段内都处于稳定区内.当然,最安全的方案就是挑选在工作频段内 S 参量满足绝对稳定条件的晶体管来构成微波放大器.需要注意的是,微波晶体管的 S 参量是频率的函数,因此微波晶体管的 S 参量在什么频率范围内满足上述绝对稳定条件,则放大器在相应频率范围内具有绝对稳定的输入、输出端口.例如,如果采用图 6.12(b)所示的微波晶体管制作放大器,则该放大器在 $3\sim4\,\mathrm{GHz}$ 频段内是绝对稳定的,在 $0.1\,\mathrm{GHz}$ 附近以及 $5\sim6\,\mathrm{GHz}$ 频段内是有条件稳定的.

如果在实际需要的工作频段内晶体管的 S 参量不满足绝对稳定条件,则必须考察其具体稳定状态,如果需要,还应当采取适当措施使晶体管进入稳定状态.

根据输入、输出端口反射系数表达式(6-40)和式(6-43)可知,稳定放大器的一个方法是在其不稳定的端口增加一个串联或并联的电阻.所以,在放大器的输入、输出端口串联或并联一个电阻可以使放大器的端口反射系数从 $|\Gamma_{out}|>1$ 和 $|\Gamma_{in}|>1$ 变为 $|\Gamma_{out}|<1$ 和 $|\Gamma_{in}|<1$.

由于晶体管输入、输出端口之间的耦合效应,通常只需要稳定一个端口.具体稳定哪个端口完全取决于电路设计者.然而,应当尽量避免在输入端口增加电阻元件,因为电阻产生的附加噪声将使放大器的噪声系数恶化.用增加电

阻的方法实现晶体管稳定要付出的代价包括：阻抗匹配关系可能被破坏、会带来额外的功率损失，以及由于电阻产生的附加热噪声，晶体管的噪声系数通常会恶化.

§6.4　小信号微波晶体管放大器的设计方法

微波晶体管放大器与低频放大器的设计方法有许多明显不同，它需要考虑一些特殊的因素，其中最重要的是输入信号与晶体管良好匹配以及放大器的稳定性分析. 稳定性分析以及增益、噪声系数等都是设计微波放大器电路时必须考虑的基本问题，只有综合考虑了这些问题，才能设计出符合实际应用要求的微波晶体管放大器.

本小节将在小信号、线性工作的前提下，介绍利用 S 参量设计微波晶体管的方法. 对于大功率微波晶体管放大器，由于晶体管工作在非线性状态，则不能采用 S 参量进行设计工作. 目前，大功率微波晶体管放大器还没有完善的理论分析和设计方法.

在设计微波晶体管放大器时通常还需要考虑以下几个指标：

（1）中心工作频率和工作频带；

（2）增益及其在工作频段内的平坦度；

（3）线性度；

（4）噪声系数；

（5）输出功率；

（6）输入、输出驻波比；

（7）稳定性.

设计微波晶体管放大器的最基本内容包括：

（1）选择晶体管和电路结构；

（2）确定晶体管静态工作点；

（3）根据微波晶体管生产厂家提供的资料查出晶体管的 S 参量或实测晶体管的 S 参量；

（4）判断放大器的稳定性；

（5）设计输入、输出网络.

根据式(6-33)、式(6-37)、式(6-38)、式(6-45)和式(6-46)可知，当微波晶体管的 S 参量确定后，

（1）微波晶体管放大器的增益与输入、输出参考面上的反射系数有关；

（2）放大器输入、输出参考面上的反射系数直接反映了放大器的输入、输出驻波比；

（3）如果放大器在非绝对稳定状态工作，则其稳定性也与输入、输出参考面上的反射系数有关.

6.4.1 双共轭匹配设计法和单向化设计法

由于微波晶体管放大器的增益指标和噪声指标都与其输入、输出端口的反射系数有关，因此，设计微波晶体管放大器的关键就是选择微波晶体管的参数以及设计其输入、输出匹配网络. 设计微波晶体管放大器输入、输出匹配网络有两种常用的方法，即双共轭匹配设计法和单向化设计法.

根据图 6.11 可知，设计微波晶体管放大器输入、输出匹配网络，首先需要知道输入、输出端口的反射系数 Γ_{in} 和 Γ_{out}. 如果已知微波晶体管的 $\boldsymbol{S}$ 参量、放大器的负载反射系数 Γ_{L} 以及信号源反射系数 Γ_{s}，可以根据式（6-32）求出 Γ_{in} 和 Γ_{out}. 如果令 $\Gamma_{\text{in}} = \Gamma_{\text{s}}^*$；$\Gamma_{\text{out}} = \Gamma_{\text{L}}^*$，联立式（6-32）和这两个方程，可以求出 Γ_{in} 和 Γ_{out}. 由于后一种方法引入了输入、输出端口的共轭匹配条件，因此被称为微波晶体管放大器的双共轭匹配设计法.

由于实际微波晶体管的 S_{12} 通常都很小，可以近似认为 $S_{12} = 0$，根据式（6-32）可得 $\Gamma_{\text{in}} \approx S_{11}$，$\Gamma_{\text{out}} \approx S_{22}$. 在这个近似条件下设计微波晶体管放大器的方法就是单向化设计法. 单向化设计法的物理意义是：从 T_1 参考面输入信号，有增益；从 T_2 参考面输入信号，无增益.

例 6-1 用单向化设计法设计一个单级微波晶体管放大器，要求工作频带为 $3.7 \sim 4.2\,\text{GHz}$（C 波段通信卫星的下行频率为 $3.7 \sim 4.2\,\text{GHz}$，上行频率为 $5.925 \sim 6.425\,\text{GHz}$），输入、输出阻抗均为 $50\,\Omega$.

解 （1）因为微波晶体管的增益 S_{21} 是随工作频率的升高而单调下降的，因此，对于一般技术要求不高的放大器，只需对工作频率的高端设计输入、输出匹配网络就可以使放大器在增益较平坦的前提下获得较高的增益. 因此，在本例题中可以只对 $4.2\,\text{GHz}$ 这个频率点设计输入、输出匹配网络. 如果放大器的技术要求很高，则必须在整个工作频带内优化输入、输出匹配网络，这就需要采用微波设计 CAD（Computer Aided Design，计算机辅助设计）软件.

（2）根据小信号微波晶体管放大器的等效电路图 6.11 和单向化设计法的近似条件，可以得到

$$\Gamma_{\text{in}} = \frac{b_1}{a_1} = S_{11} + \frac{S_{12} S_{21} \Gamma_{\text{L}}}{1 - S_{22} \Gamma_{\text{L}}} \approx S_{11}, \quad \Gamma_{\text{out}} = \frac{b_2}{a_2} = S_{22} + \frac{S_{12} S_{21} \Gamma_{\text{s}}}{1 - S_{11} \Gamma_{\text{s}}} \approx S_{22}.$$

（3）选定晶体管的 $\boldsymbol{S}$ 参量为

$$S_{11} = 0.3 \angle 50°, \quad S_{22} = 0.4 \angle -170°, \quad S_{21} = 1.45 \angle -15°, \quad S_{12} \approx 0.$$

测试条件：$f = 4.2\,\text{GHz}$，$V_{\text{ce}} = 6\,\text{V}$，$I_{\text{c}} = 5\,\text{mA}$，输入、输出阻抗为 $50\,\Omega$. 参考方向如图 6.15 所示.

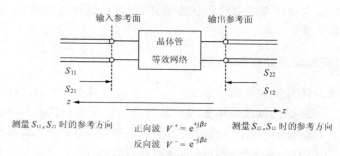

图 6.15　测量晶体管 **S** 参量的等效电路和参考方向

需要注意的是：

① 测量 S_{11} 时，波源在输入参考面的左侧. 因此，当参考面由右向左移动时，是从负载移向波源，长线参量在圆图上顺时针转动，反射系数的幅角减小.

② 测量 S_{22} 时，波源在输出参考面的右侧. 因此，当参考面由左向右移动时，是从负载移向波源，长线参量在圆图上顺时针转动，反射系数的幅角减小.

（4）匹配网络的电路结构和解.

图 6.16 是微波晶体管放大器的一种电路结构，插入输入、输出匹配网络的目的是使参考面 T_1 和 T_5 处得到匹配. 输入、输出匹配网络的拓扑结构不是唯一的，可以根据实际情况选择. 常用的有"串联微带传输线＋并联开路或短路支线"及"串联微带传输线＋1/4 波长阻抗变换器".

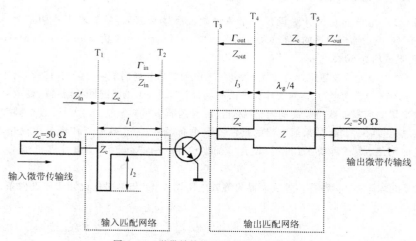

图 6.16　微带结构微波晶体管放大器电路

由匹配的物理意义可知，当参考面两侧的阻抗为复数时，匹配就是共轭匹配；当参考面两侧的阻抗为实数时，匹配就是阻抗相等. 在实现匹配时，可以从 T_2 参考面出发，将晶体管的复数输入阻抗（$\bar{Z}_{in} \leftrightarrow S_{11}$）变换到 T_1 参考面上与 50 Ω 的源阻抗匹配；也可以从 T_1 参考面出发，将 50 Ω 的源阻抗变换到与 T_2 参考面上的晶体管复数输入阻抗（$\bar{Z}_{in} \leftrightarrow S_{11}$）共轭匹配.

① 如图 6.16 所示，输入匹配网络可以由一段特性阻抗为 Z_c 的串联微带传输线和一段

特性阻抗为 Z_c 的并联开路微带传输线构成. 它的功能是将 T_2 参考面上的输入阻抗 Z_{in} 变换到 T_1 参考面上的输入阻抗 Z'_{in}, 并且 $Z'_{in} = Z_c = 50\ \Omega$.

已知 $S_{12} = 0, Z_c = 50\ \Omega$, 根据式(6-32a)可得 $S_{11} \approx \Gamma_{in}$. 根据长线理论, $\Gamma_{in} = \dfrac{\overline{Z}_{in} - 1}{\overline{Z}_{in} + 1}$, 则有 $S_{11} = \dfrac{\overline{Z}_{in} - 1}{\overline{Z}_{in} + 1}$, 由此就可以求出 $\overline{Z}_{in}$.

已知任意参考面上的反射系数和该参考面上的归一化导纳(或阻抗)在圆图上存在对应关系, 又因 $S_{11} \approx \Gamma_{in}$, 所以, 圆图上的 S_{11} 点就是 T_2 参考面上的归一化输入导纳 $\overline{Y}_{in}$ 或归一化输入阻抗 $\overline{Z}_{in}$ 的对应点. 实际上, 我们只需要在圆图上标出 S_{11} 而不必求出 T_2 参考面上的归一化输入导纳 $\overline{Y}_{in}$ 或归一化输入阻抗 $\overline{Z}_{in}$.

因为输入匹配网络有并联支线, 采用导纳圆图较为方便. 如图 6.17(a)所示, 先将 S_{11} 标在导纳圆图上, 再将 S_{11} 点沿等反射系数圆, 向波源方向(幅角减小)移动到 $1 + j\overline{B}$ 点, 移动的电长度乘以工作波长就是 l_1 的长度; 在圆图上查出 $-j\overline{B}$, 将其沿等反射系数圆向负载方向移动到开路点, 移动的电长度乘以工作波长就等于 l_2 的长度. 所以

$$l_1 = 0.218 \times \frac{3 \times 10^8\ \text{m/s}}{4.2 \times 10^9\ \text{Hz}\ \sqrt{\varepsilon_e}} \approx 15.6 \times \frac{1}{\sqrt{\varepsilon_e}}\ \text{mm},$$

$$l_2 = 0.408 \times \frac{3 \times 10^8\ \text{m/s}}{4.2 \times 10^9\ \text{Hz}\ \sqrt{\varepsilon_e}} \approx 29.2 \times \frac{1}{\sqrt{\varepsilon_e}}\ \text{mm}.$$

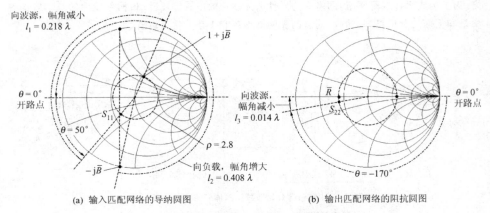

(a) 输入匹配网络的导纳圆图　　　　　(b) 输出匹配网络的阻抗圆图

图 6.17　微带结构输入、输出匹配网络的求解

② 如图 6.16 所示, 输出匹配网络可以由两段特性阻抗分别为 Z_c 和 Z 的串联微带传输线构成. 它们的功能是: 将 T_3 参考面上的输出阻抗 Z_{out} 变换到 T_5 参考面上的输出阻抗 Z'_{out}, 并且 $Z'_{out} = Z_c = 50\ \Omega$. 其中特性阻抗为 Z_c 的传输线将 T_3 参考面上的复数输出阻抗 Z_{out} 变成 T_4 参考面上的实数输出阻抗 R; T_4 参考面上的实数输出阻抗 R 再经特性阻抗为 Z 的 1/4 传输线变换到 T_5 参考面上的 $Z_c = 50\ \Omega$.

因为输出匹配网络是串联网络, 采用阻抗圆图较为方便. 如图 6.17(b)所示, 先将 S_{22} 标在阻抗圆图上, 再将 S_{22} 点沿等反射系数圆向波源方向(幅角减小)移动到 $\overline{R}$ 点, 移动的电长度乘以工作波长就是 l_3 的长度. 所以

$$l_3 = 0.014 \times \frac{3 \times 10^8 \text{ m/s}}{4.2 \times 10^9 \text{ Hz} \sqrt{\varepsilon_e}} \approx 1 \times \frac{1}{\sqrt{\varepsilon_e}} \text{ mm}.$$

由圆图上查出 $\bar{R} = 0.43$. 由于 $\bar{R}$ 是归一化值，所以需先将它还原为正常电阻值，再由 1/4 波长阻抗变换器的阻抗关系可得

$$Z^2 = (\bar{R} \times 50) \times 50, \quad Z = 50 \times (0.43)^{1/2} = 32.8 (\Omega).$$

③ 根据式(6-37b)，放大器的转换功率增益为

$$G_{\mathrm{T}} = \frac{(1 - |\varGamma_s|^2) |S_{21}|^2 (1 - |\varGamma_{\mathrm{L}}|^2)}{|(1 - S_{11}\varGamma_s)(1 - S_{22}\varGamma_{\mathrm{L}}) - S_{21}S_{12}\varGamma_{\mathrm{L}}\varGamma_s|^2}.$$

代入单向化设计法和资用功率增益的条件：$S_{12} \approx 0$，$S_{11} \approx \varGamma_{\mathrm{in}} = \varGamma_s^*$，$S_{22} \approx \varGamma_{\mathrm{out}} = \varGamma_{\mathrm{L}}^*$，可得放大器的单向化资用功率增益

$$G_a = 10 \lg \left(\frac{1}{1 - |S_{11}|^2} |S_{21}|^2 \frac{1}{1 - |S_{22}|^2} \right)$$

$$= 0.41 \text{ dB} + 3.23 \text{ dB} + 0.76 \text{ dB} = 4.4 \text{ dB}.$$

例 6-2　设微波晶体管放大器的工作频率为 1 GHz，输入、输出阻抗均为 50 Ω，微波晶体管的 **S** 参量为：$S_{11} = 0.707 \angle 25°$，$S_{22} = 0.51 \angle 160°$，$S_{21} = 5 \angle -180°$，$S_{12} \approx 0$，测试信号频率为 1 GHz，测试系统输入、输出阻抗均为 50 Ω. 试用单向化设计法和集总参数元件为这个微波晶体管放大器设计输入、输出匹配网络.

解　(1) 首先根据最一般的情况，画出匹配网络的电路结构，如图 6.18 所示的 T 形网络. 为了构成无耗匹配网络，网络中的元件选无损耗的电抗性元件. 根据本题中的晶体管的 **S** 参量和下面的分析可知，输入、输出匹配网络中各有 1 个元件可以省去.

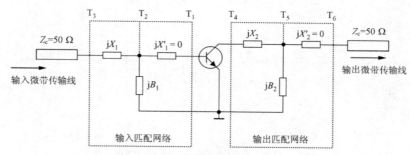

图 6.18　集总参数元件微波晶体管放大器电路结构

(2) 设计输入匹配网络.

由于 T_1 左侧为串联元件，需要将 S_{11} 标在阻抗圆图上，以便做阻抗的串联运算. 由于 S_{11} 落在 $\bar{R} = 1$ 的圆内，因此，不论 X_1' 为何值，它们的串联值既不能落在归一化电阻 $\bar{R} = 1$ 的圆上，也不能落在其反演圆上. 因此这个元件就没有任何作用，所以可以取 $X_1' = 0$.

由于 $X_1' = 0$，则 T_1 左侧为并联元件，所以需要先将 S_{11} 标在导纳圆图上，如图 6.19(a) 所示，以便用 T_1 参考面上的输入导纳与 jB_1 做并联运算. S_{11} 点对应的归一化导纳值为 $\bar{Y}_{\mathrm{in}} = 0.17 - j0.205$. 根据我们对匹配网络的要求，$\bar{Y}_{\mathrm{in}}$ 并联电容 jB_1（不能并联电感，否则晶体管的直流偏置将被短路，但可以接一个大电感与小电容的串联谐振回路）后的阻抗值应当为 $1 + j\bar{X}$. 这样我们才能利用串联电感消去电抗分量. 这就要求 $\bar{Y}_{\mathrm{in}}$ 并联电容 jB_1 后的导纳点必须落在

$\overline{G}=1$ 的反演圆上. 由于 $\overline{Y}_{in}$ 并联电容 jB_1 后其实部不变, 所以 $\overline{Y}_{in}$ 的等电导圆与 $\overline{G}=1$ 的反演圆的交点就是求解的第一个点.

归纳起来, 放大器输入匹配网络可以分为三个步骤完成:

① 首先将 S_{11} 标在导纳圆图上, 其对应点的归一化导纳值为 $0.17-j0.205$. 并联一个归一化电纳值为 $j0.57$ 的电容, 将导纳点 $0.17-j0.205$ 移动到 $0.17+j0.366$(此点在归一化导纳为 1 的圆的反演圆上). 由此可得

$$B_1 = \omega C_1 = 0.57/50, \quad C_1 = 0.57/(100\pi \times f_0) = 1.81(\text{pF}).$$

② 将导纳点 $0.17+j0.366$ 换算为阻抗, 相应的阻抗点为 $1-j2.25$.

③ 再串联一个归一化电抗值为 $j2.25$ 的电感, 则阻抗点 $1-j2.25$ 将移动到匹配点. 由此可得

$$X_1 = \omega L_1 = 2.25 \times 50, \quad L_1 = 50 \times 2.25/(2\pi \times f_0) = 18.0(\text{nH}).$$

(3) 设计输出匹配网络.

如图 6.19(b)所示, 将 S_{22} 标在阻抗圆图上, 由于 S_{22} 落在 $\overline{R}=1$ 的圆外, 因此, 串联 X_2 后, 它们的串联等效值不能落在归一化电阻 $\overline{R}=1$ 的圆上, 但可以落在其反演圆上. 因此, X_2 这个元件有用.

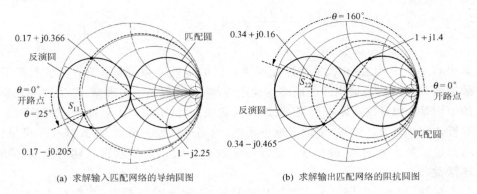

(a) 求解输入匹配网络的导纳圆图　　(b) 求解输出匹配网络的阻抗圆图

图 6.19　集总参数元件输入、输出匹配网络的求解

归纳起来, 放大器输出匹配网络可以分为以下三个步骤完成:

① 首先将 S_{22} 标在阻抗圆图上, 其对应点的归一化导纳值为 $0.34+j0.16$. 再串联一个归一化电抗值为 $-j0.625$ 的电容, 则阻抗点 $0.34+j0.16$ 将移动到 $0.34-j0.465$. 此点在归一化导纳为 1 的圆的反演圆上. 由此可得

$$jX_2 = 1/(j\omega C_2) = (-j0.625)\times 50, \quad C_2 = 1/(50 \times 0.625 \times 2\pi \times f_0) = 5.1(\text{pF}).$$

② 将阻抗点 $0.34-j0.465$ 换算为导纳, 相应的导纳点为 $1+j1.4$.

③ 并联一个归一化电纳值为 $-j1.4$ 的电感, 则导纳点 $1+j1.4$ 将移动到匹配点. 由此可得

$$jB_2 = 1/(j\omega L_2) = -j1.4/50, \quad L_2 = 50/(1.4 \times 2\pi \times f_0) = 5.7(\text{nH}).$$

由于使用两个元件可以实现匹配, 所以取 $X_2' = 0$.

（4）根据式（6-37b），放大器的转换功率增益为

$$G_T = \frac{(1-|\Gamma_s|^2)|S_{21}|^2(1-|\Gamma_L|^2)}{|(1-S_{11}\Gamma_s)(1-S_{22}\Gamma_L)-S_{21}S_{12}\Gamma_L\Gamma_s|^2}.$$

代入单向化设计法和资用功率增益的条件：$S_{12}\approx 0$，$S_{11}\approx\Gamma_{in}=\Gamma_s^*$，$S_{22}\approx\Gamma_{out}=\Gamma_L^*$，可得放大器的单向化资用功率增益

$$G_a = 10\lg\left(\frac{1}{1-|S_{11}|^2}|S_{21}|^2\frac{1}{1-|S_{22}|^2}\right)$$

$$= 3\,\text{dB} + 14\,\text{dB} + 1.31\,\text{dB} = 18.31\,\text{dB}.$$

6.4.2　增益恒定设计法

除了放大器的稳定性外，获得预期的功率增益也是放大器设计任务的一个重要内容. 如果忽略晶体管自身反馈的影响（$S_{12}\approx 0$），则可以由式（6-37b）得到单向化转换功率增益

$$G_{TU} = 10\lg\left(\frac{(1-|\Gamma_s|^2)|S_{21}|^2(1-|\Gamma_L|^2)}{|(1-S_{11}\Gamma_s)(1-S_{22}\Gamma_L)|^2}\right)$$

$$\approx 10\lg\left[\frac{1-|\Gamma_s|^2}{(1-S_{11}\Gamma_s)^2}\cdot|S_{21}|^2\cdot\frac{1-|\Gamma_L|^2}{(1-S_{22}\Gamma_L)^2}\right]$$

$$= G_s(\text{dB}) + G_0(\text{dB}) + G_L(\text{dB}),\tag{6-58}$$

其中 G_s，G_L 分别为输入、输出匹配网络提供的等效增益分量，G_0 为晶体管提供的增益分量. 输入、输出匹配网络可能产生增益，这似乎不可理解. 产生这种现象的原因是：如果没有匹配网络，在放大器的输入、输出端口上可能会有明显的反射性功率损耗，G_s 和 G_L 降低了这种损耗，因而可等效为增益. 由式（6-58）可见，通过设计放大器输入、输出端口的反射系数 Γ_s 和 Γ_L，可以获得预期的放大器功率增益.

显然，如果 $|S_{11}|$ 和 $|S_{22}|$ 都小于 1，且输入、输出端口都匹配（即有 $\Gamma_s=S_{11}^*$，$\Gamma_L=S_{22}^*$），则放大器有最大单向化资用功率增益 $G_{a\,max}$. 此时可得

$$G_{s\,max} = \frac{1}{1-|S_{11}|^2},\tag{6-59a}$$

$$G_{L\,max} = \frac{1}{1-|S_{22}|^2}.\tag{6-59b}$$

G_s 和 G_L 的贡献可以用它们的最大值来归一化，即

$$g_s = \frac{G_s}{G_{s\,max}} = \frac{1-|\Gamma_s|^2}{|1-S_{11}\Gamma_s|^2}(1-|S_{11}|^2),\tag{6-60a}$$

$$g_L = \frac{G_L}{G_{L\,max}} = \frac{1-|\Gamma_L|^2}{|1-S_{22}\Gamma_L|^2}(1-|S_{22}|^2).\tag{6-60b}$$

这两种归一化转换功率增益具有相同的形式，且都符合 $0\leqslant g_i\leqslant 1$，其中 $i=\text{s},\text{L}$. 它们的一般形式为

$$g_i = \frac{G_i}{G_{i\,\max}} = \frac{1-|\varGamma_i|^2}{|1-S_{ii}\varGamma_i|^2}(1-|S_{ii}|^2). \tag{6-61a}$$

根据式(6-61a),若已知 S_{ii} 和 g_i,就可以求出相应端口的反射系数 $\varGamma_i$.

先将式(6-61a)展开为

$$g_i(1+|S_{ii}\varGamma_i|^2 - S_{ii}^*\varGamma_i^* - S_{ii}\varGamma_i) = 1-|S_{ii}|^2 - |\varGamma_i|^2 + |S_{ii}|^2|\varGamma_i|^2, \tag{6-61b}$$

然后以 $\varGamma_i$ 为变量整理为

$$|\varGamma_i|^2[1-|S_{ii}|^2(1-g_i)] - g_iS_{ii}\varGamma_i - g_iS_{ii}^*\varGamma_i^* = 1-g_i - |S_{ii}|^2. \tag{6-61c}$$

在等式两边同时加上 $\dfrac{g_i^2|S_{ii}|^2}{1-S_{ii}S_{ii}^*(1-g_i)}$,整理后可得

$$|\varGamma_i|^2 - \frac{g_iS_{ii}}{1-|S_{ii}|^2(1-g_i)}\varGamma_i - \frac{g_iS_{ii}^*}{1-|S_{ii}|^2(1-g_i)}\varGamma_i^* + \frac{g_i^2|S_{ii}|^2}{[1-|S_{ii}|^2(1-g_i)]^2}$$
$$= \frac{(1-g_i)(1-|S_{ii}|^2)^2}{[1-|S_{ii}|^2(1-g_i)]^2}. \tag{6-61d}$$

令

$$d_{g_i} = \frac{g_iS_{ii}^*}{1-|S_{ii}|^2(1-g_i)}, \tag{6-62a}$$

$$r_{g_i} = \frac{(1-g_i)^{1/2}(1-|S_{ii}|^2)}{1-|S_{ii}|^2(1-g_i)}, \tag{6-62b}$$

则有

$$(\varGamma_i - d_{g_i})(\varGamma_i^* - d_{g_i}^*) = r_{g_i}^2. \tag{6-63}$$

式(6-63)中变量 $\varGamma_i$,d_{g_i},r_{g_i} 的对应关系如图 6.20 所示.式(6-62)和式(6-63)表明,当给定 S_{ii} 和 g_i 时,反射系数 $\varGamma_i$ 的解将落在圆图内的一个圆上,这个圆就是等增益圆.等增益圆的圆心和半径分别由式(6-62a)和式(6-62b)确定.等增益圆有以下特点:

(1) 在 $\varGamma_i = S_{ii}^*$ 条件下,归一化增益 $g_i = 1$,等增益圆退化为一点 S_{ii}^*,匹配网络有最大增益

$$G_{i\,\max} = 1/(1-|S_{ii}|^2).$$

(2) 所有等增益圆的圆心都落在原点到 S_{ii}^* 的连线上.增益值越小,则圆心 d_{g_i} 越靠近原点,同时半径 r_{g_i} 越大.

(3) 对于 $\varGamma_i = 0$ 的特殊情况,归一化增益变为 $g_i = 1-|S_{ii}|^2$,而且 d_{g_i} 和 r_{g_i} 的模值相同,均为

$$|S_{ii}|/(1+|S_{ii}|^2).$$

这表明 $G_i = 1$(即 0 dB)的圆总是与 $\varGamma_i$ 平面的原点相切.

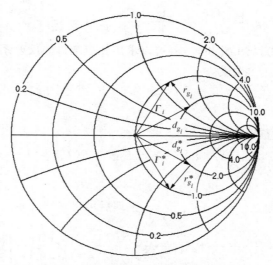

图 6.20   放大器输入、输出端口的等增益圆

例 6-3   已知条件与例 6-2 相同. 试用单向化设计法和集总参数元件为放大器设计输入、输出匹配网络, 要求放大器的增益为 18.0 dB.

解   (1) 根据例 6-2 的讨论, 在图 6.21 所示的匹配网络中, 若采用

$$C_1 = 0.57/(100\pi \times f_0) = 1.81 \text{(pF)}, \quad L_1 = 50 \times 2.25/(2\pi \times f_0) = 18.0 \text{(nH)},$$

$$C_2 = 1/(50 \times 0.625 \times 2\pi \times f_0) = 5.1 \text{(pF)}, \quad L_2 = 50/(1.4 \times 2\pi \times f_0) = 5.7 \text{(nH)},$$

则放大器的单向化资用功率增益为

$$G_a = 10 \lg\left(\frac{1}{1-|S_{11}|^2} |S_{21}|^2 \frac{1}{1-|S_{22}|^2}\right)$$

$$= 3 \text{ dB} + 14 \text{ dB} + 1.31 \text{ dB} = 18.31 \text{ dB},$$

其中 $G_s = 3$ dB, $G_L = 1.31$ dB, $G_0 = 14$ dB. 显然, 对于本例题, 只需将输出匹配网络的增益调为 1.0 dB 即可满足设计要求. 从原则上讲, 调整输入或输出匹配网络都可以达到调整放大器增益的目的, 但应当尽量避免调整输入匹配网络, 因为输入端口不匹配会给放大器带来额外的噪声.

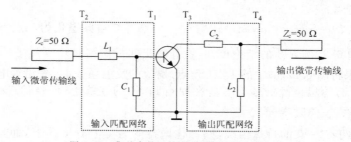

图 6.21   集总参数元件微波晶体管放大器电路

(2) 保持输入匹配网络的设计参数, 按照 $G_L = 1.0$ dB 的要求重新设计输出匹配网络. 首先根据式 (6-60b) 和式 (6-62) 求出 $G_L = 1.0$ dB 的等增益圆的圆心和半径: $d_{g_i} = 0.42\angle 200°$;

$r_{g_i} = 0.386.$

根据图 6.21,在分析 T_3 到 T_4 参考面的阻抗变换时,可以将在 T_3 参考面上测得的 S_{22} 变换到 T_4 参考面与 50 Ω 负载匹配;也可以将在 T_4 参考面上的 50 Ω 负载变换到 T_3 参考面与 S_{22}^* 匹配.这两种方式完全是等价的.需要注意的是,从 T_4 参考面向 T_3 参考面变换时,导纳将先从实数 50 Ω(图 6.22(b)中的原点)沿等电导圆变为电感性导纳(图 6.22(b)中的 4 点),再从图 6.22(b)中的 4 点沿等电阻圆变到 S_{22}^*(图 6.22(b)中的 1 点).

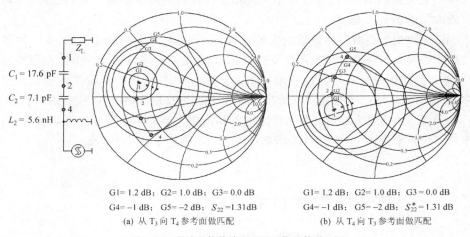

G1= 1.2 dB；G2= 1.0 dB；G3= 0.0 dB
G4=−1 dB；G5=−2 dB；S_{22}=1.31 dB
(a) 从 T_3 向 T_4 参考面做匹配

G1= 1.2 dB；G2= 1.0 dB；G3= 0.0 dB
G4=−1 dB；G5=−2 dB；S_{22}^*=1.31 dB
(b) 从 T_4 向 T_3 参考面做匹配

图 6.22　微波晶体管输出匹配网络的等增益圆

采用输出匹配网络调整放大器增益的物理意义是:如果将 T_4 参考面上的 50 Ω 负载变换到 S_{22}^*,则可得到输出匹配网络的最大增益;如果将 T_4 参考面上的 50 Ω 负载变换到某一个等增益圆上,则可得到特定的 G_L,如图 6.22(b)所示.

对比图 6.19(b)和图 6.22(a)可见,取

$$C_2 = 1/[50 \times (0.625 - 0.182) \times 2\pi \times f_0] = 7.1(\text{pF}),$$
$$L_2 = 50/(1.4 \times 2\pi \times f_0) = 5.6(\text{nH}),$$

则放大器的单向化资用功率增益为

$$G_a = 10 \lg \left(\frac{1}{1-|S_{11}|^2} |S_{21}|^2 \frac{1-|\Gamma_L|^2}{|1-S_{22}\Gamma_L|^2} \right) = 3\,\text{dB} + 14\,\text{dB} + 1.00\,\text{dB} = 18.0\,\text{dB}.$$

对比例 6-2、例 6-3 的结论可知,设计输出匹配网络时,

① 如果将图 6.22(a)中的 1 点(S_{22} 点)对应的反射系数 Γ_{out} 先沿等电阻圆移动到 4 点,再从 4 点沿等电导圆移动到匹配点,则放大器的单向化资用功率增益 $G_a =$ 18.3 dB;如果将图 6.22(a)中的 2 点对应的反射系数 Γ_{out} 先沿等电阻圆移动到 4 点,再从 4 点沿等电导圆移动到匹配点,则放大器的单向化资用功率增益 $G_a = 18.0$ dB;如果将图 6.22(a)中的 3 点对应的反射系数 Γ_{out} 先沿等电阻圆移动到 4 点,再从 4 点沿等电导圆移动到匹配点,则放大器的单向化资用功率增益 $G_a = 17.0$ dB.

② 如图 6.22(b)所示,先将匹配点对应的反射系数 Γ_L 沿等电导圆移动到 4

点,然后如果将 4 点沿等电阻圆移动到 3 点,则放大器的单向化资用功率增益 $G_a=17.0\,\text{dB}$;如果将 4 点沿等电阻圆移动到 2 点,则放大器的单向化资用功率增益 $G_a=18.0\,\text{dB}$;如果将 4 点沿等电阻圆移动到 1 点(S_{22}^* 点),则放大器的单向化资用功率增益 $G_a=18.31\,\text{dB}$.

通过对例 6-2、例 6-3 的讨论可知,改变输入、输出匹配网络的元件参数可以调整放大器的增益.这种方法不但可用于设计特定增益的放大器,也有利于调整放大器的增益平坦度.

以上讨论的是微波晶体管放大器输入、输出匹配网络的设计方法,实际的微波晶体管放大器还需要配置直流偏置网络.就直流偏置网络的设计方法和原则而言,微波晶体管放大器与低频晶体管放大器基本相同,然而在微波晶体管放大器中,直流偏置网络必须根据实际情况与输入、输出匹配网络融合在一起.图 6.23 是一个微波晶体管放大器的完整电路原理图和该放大器的增益及噪声系数曲线,其中心工作频率为 $1.8\sim1.9\,\text{GHz}$,增益约为 18 dB,噪声系数约为 1.8 dB.

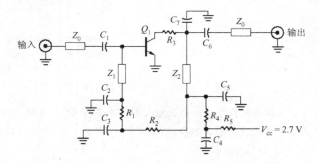

C_1	2.7—5 pF	C_7	0.3 pF	R_2	6.7—22 kW
C_2,C_5	10 pF	R_1,R_4	50 Ω	Z_0	50 Ω 微带线
C_3,C_4	1 nF	R_3	13 Ω	Z_1,Z_2	微带线
C_6	0.8—2 pF	R_5	75 Ω($V_{cc}=2.7$ V)	Q_1	HBFP-0405/20

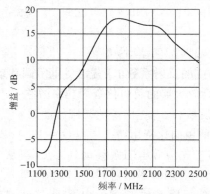
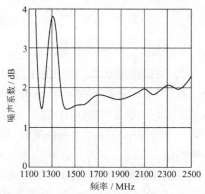

图 6.23   微波晶体管放大器的电路原理图及该放大器的增益和噪声系数曲线

对于微波晶体管前置放大器,噪声指标是至关重要的,因此设计具有低噪声特性的微波晶体管放大器也是微波工程中经常遇到的问题.然而,微波晶体管放大器的低噪声特性与其稳定性和高增益往往相互冲突,因此必须根据具体情况选择折中设计方案.通常的方法是:将采用导纳定义的放大器输入、输出端口等噪声系数圆与该放大器的等增益圆和稳定性判别圆一同标在圆图上,通过观察、比较选择折中的设计方案.具体做法请参见参考文献[6]的9.5和9.6节.

§6.5 微波滤波器

滤波器是微波系统中的重要单元,按照传输特性,滤波器可以分为低通滤波器、高通滤波器、带通滤波器和带阻滤波器;按照设计方法,滤波器可以分为巴特沃斯滤波器、切比雪夫滤波器、椭圆函数滤波器等.归一化低通滤波器是滤波器设计的基本单元,低通滤波器、高通滤波器、带通滤波器和带阻滤波器都可以由它导出.

图 6.24 是几种低通滤波器的插入损耗与归一化频率 Ω 的关系.其中归一化频率 $\Omega = \dfrac{\omega}{\omega_c} = \dfrac{f}{f_c}$,对于低通和高通滤波器,$f_c$ 是截止频率,对于带通和带阻滤波器,f_c 是中心频率,通常记为 f_0.引入归一化频率的目的是为了计算出一套归一化原型滤波器的设计参数,从而简化实际滤波器的工程设计.

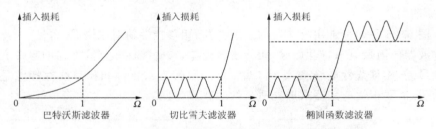

图 6.24 低通滤波器的插入损耗与归一化频率的关系

6.5.1 滤波器的技术参数

(1)波纹系数.以 dB 表示的信号幅度响应的最大值与最小值之差.波纹系数用于衡量滤波器通带内信号幅度响应的平坦度.

(2)带宽.通带内对应于信号幅度响应下降 3 dB 的上边频和下边频的频率差,即

$$\mathrm{BW}^{3\,\mathrm{dB}} = f_U^{3\,\mathrm{dB}} - f_L^{3\,\mathrm{dB}}.$$

(3)矩形系数.通带内对应于信号幅度响应下降 60 dB 和下降 3 dB 的带宽的比值.矩形系数反映了滤波器在截止频率附近信号幅度响应相对于频率的变

化速率.

（4）阻带抑制.实际应用中,通常以 60 dB 作为滤波器阻带抑制的设计指标.

（5）有载品质因数. $Q_{\mathrm{LD}} = f_0/\mathrm{BW}^{3\,\mathrm{dB}}$,有载品质因数反映了带通、带阻滤波器的频率选择特性.

（6）传输相移线性度.滤波器输入、输出信号的相位差与频率的关系.

图 6.25 为带通滤波器的典型响应及技术参数.

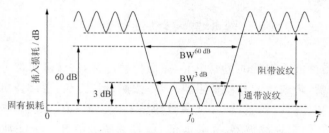

图 6.25　带通滤波器的典型响应及滤波器的技术参数

6.5.2　归一化切比雪夫低通原型滤波器的设计

滤波器设计的基本方法是,采用恰当的已知函数近似描述滤波器的频率响应,然后设法求解滤波器的元件参数.常用的函数包括,二项式、切比雪夫函数、贝塞尔函数、椭圆函数,等等.一般说来,求解滤波器元件参数的过程是相当复杂、烦琐的.

图 6.26 是四种常用滤波器的衰减特性、相移特性的对比情况.可见,切比雪夫滤波器的阻带衰减特性最好,相移线性最差;二阶线性相移滤波器的阻带衰减特性最差,相移线性最好.这表明,滤波器的阻带衰减特性和相移线性特性是一对矛盾,需要根据应用要求选择适当的滤波器类型.

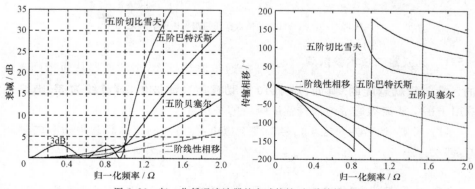

图 6.26　归一化低通滤波器的衰减特性、相移特性对比

本小节将以切比雪夫滤波器为例，介绍滤波器设计的基本方法和步骤．首先研究归一化低通切比雪夫滤波器的设计，然后利用频率变换求解高通、带通、带阻切比雪夫滤波器的设计参数．

切比雪夫滤波器和切比雪夫阻抗变换器的设计思路完全相同，此处采用切比雪夫多项式 $T_n(\Omega)$ 来描述滤波器的插入损耗：

$$IL = 10\lg L = 10\lg[1 + a^2 T_n^2(\Omega)], \tag{6-64a}$$

其中 IL 是 Insertion Loss 的简称，中文为插入损耗，a 是用来调整带内波纹的常数因子．在 $-1 \leqslant \Omega \leqslant 1$ 的频率范围内，如果忽略滤波器的固有损耗，则滤波器的通带内最小插入损耗是 $IL_{min} = 0$ dB，最大插入损耗是 $IL_{max} = 10\lg(1 + a^2)$，$IL_{max}$(dB)就是带内波纹的峰值，由此可得

$$a = [10^{IL_{max}(dB)/10} - 1]^{1/2}.$$

由于切比雪夫滤波器和切比雪夫阻抗变换器的设计方法完全相同，这里不再详细推导其设计方法，而是借助有关滤波器设计的文献资料中已有的图表和数表来介绍切比雪夫滤波器的具体设计步骤．

由图 6.27 可见，切比雪夫滤波器的节数 N 越大，则滤波器的阻带插入损耗特性越好．在设计滤波器时，首先要根据滤波器的通带波纹、阻带插入损耗要求在下述图表中选择合适的滤波器节数 N．

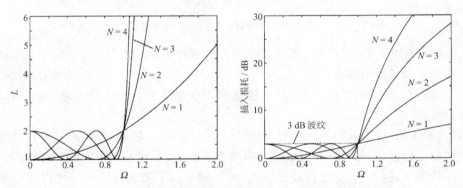

图 6.27 切比雪夫滤波器的损耗因子 L 和插入损耗与归一化频率 Ω 的关系

由图 6.28 可见，切比雪夫滤波器的通带波纹越大，则滤波器从通带到阻带的过渡曲线就越陡峭．例如，对于 10 阶切比雪夫滤波器，若波纹为 3 dB，则当 $\Omega = 1.2$ 时插入损耗为 48 dB；若波纹为 0.5 dB，则当 $\Omega = 1.2$ 时插入损耗仅为 39 dB．这一规律同样适用于其他频率点或其他阶数的切比雪夫滤波器．作为一个典型的例子，对于 $\Omega = 5$ 时的 4 阶切比雪夫滤波器，若通带波纹为 0.5 dB，则插入损耗为 64 dB；若通带波纹为 3 dB，则插入损耗大约为 73 dB．

归一化低通滤波器的两种结构如图 6.29 所示，其中 $R_G = 1, G_G = 1$，这种电

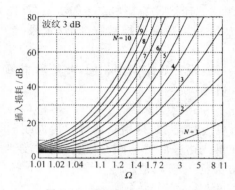
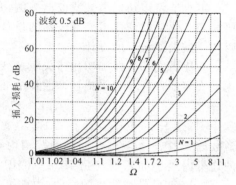

图 6.28 波纹为 $3\,dB$ 和 $0.5\,dB$ 的切比雪夫滤波器的插入损耗与归一化频率 Ω 的关系

路模型被称为归一化低通滤波器原型. 在图 6.29 中,电路元件值的编号是从信号源端的 g_0 一直到负载端的 g_{N+1}. 电路中串联电感与并联电容存在对换关系. 各个元件值由以下方式确定:

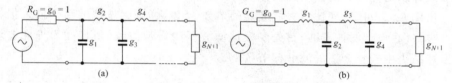

图 6.29 用归一化元件表示的两种 N 节原型低通滤波器的等效电路

（1）在图 6.29(a) 中,g_0 是电路中波源的源电阻 R_G;在图 6.29(b) 中,g_0 是电路中波源的源电导 G_G.

（2）g_m 是串联电感的归一化电感量或并联电容的归一化电容量($m=1,2,\cdots,N$).

（3）g_{N+1} 是负载的归一化值. 当最后一个元件是并联电容时,g_{N+1} 是负载电阻的归一化值;当最后一个元件是串联电感时,g_{N+1} 是负载电导的归一化值.

按照上述归一化低通滤波器模型,可以利用以下公式计算归一化低通切比雪夫滤波器元件参数值:

$$g_{N,k=1} = \frac{2\sin\left(\dfrac{\pi}{2N}\right)}{\mathrm{sh}\left[\dfrac{\ln\left[\mathrm{cth}\left(\dfrac{A}{17.37}\right)\right]}{2N}\right]},$$

$$g_{N,k} = 4\frac{\sin\left[\dfrac{(2k-3)\pi}{2N}\right]\cdot\sin\left[\dfrac{(2k-1)\pi}{2N}\right]}{\left\{\mathrm{sh}^2\left[\dfrac{\ln\left[\mathrm{cth}\left(\dfrac{A}{17.37}\right)\right]}{2N}\right]+\sin^2\left(\dfrac{k\pi}{N}\right)\right\}\cdot g_{N,k-1}},\quad 2\leqslant k\leqslant N,$$

$$g_{N,k=N+1} = 1, \quad N \text{ 为奇数},$$

$$g_{N,k=N+1} = \operatorname{cth}^2\left(\frac{1}{4}\ln\left[\operatorname{cth}\left(\frac{A}{17.37}\right)\right]\right), \quad N \text{ 为偶数}, \tag{6-64b}$$

其中：N 是切比雪夫低通滤波器的阶数，k 是图 6.29 所示的元件编号，A 是以 dB 为单位的滤波器通带波纹. 根据公式(6-64)可求出切比雪夫低通滤波器的插入损耗和归一化元件数值表如图 6.28,表 6.3,表 6.4 和附件 I 所示,再根据这些图表就可进行切比雪夫低通滤波器的设计了.

所有 g 值都可以在有关滤波器设计的文献资料中查到. 3 dB 波纹和 0.5 dB 波纹的切比雪夫低通滤波器的归一化元件值分别如表 6.3 和表 6.4 所示.

表 6.3 归一化切比雪夫低通滤波器的元件参数（3 dB 波纹，$N=1\sim10$）

N	g_1	g_2	g_3	g_4	g_5	g_6	g_7	g_8	g_9	g_{10}	g_{11}
1	1.9953	1.0000									
2	3.1013	0.5339	5.8095								
3	3.3487	0.7117	3.3487	1.0000							
4	3.4389	0.7483	4.3471	0.5920	5.8095						
5	3.4817	0.7618	4.5381	0.7618	3.4817	1.0000					
6	3.5045	0.7685	4.6061	0.7929	4.4641	0.6033	5.8095				
7	3.5182	0.7723	4.6386	0.8039	4.6386	0.7723	3.5182	1.0000			
8	3.5277	0.7745	4.6575	0.8089	4.6990	0.8018	4.4990	0.6073	5.8095		
9	3.5340	0.7760	4.6692	0.8118	4.7272	0.8118	4.6692	0.7760	3.5340	1.0000	
10	3.5384	0.7771	4.6769	0.8136	4.7425	0.8164	4.7260	0.8051	4.5142	0.6091	5.8095

表 6.4 归一化切比雪夫低通滤波器的元件参数（0.5 dB 波纹，$N=1\sim10$）

N	g_1	g_2	g_3	g_4	g_5	g_6	g_7	g_8	g_9	g_{10}	g_{11}
1	0.6986	1.0000									
2	1.4029	0.7071	1.9841								
3	1.5963	1.0967	1.5963	1.0000							
4	1.6703	1.1926	2.3661	0.8419	1.9841						
5	1.7058	1.2296	2.5408	1.2296	1.7058	1.0000					
6	1.7254	1.2479	2.6064	1.3137	2.4758	0.8696	1.9841				
7	1.7372	1.2583	2.6381	1.3444	2.6381	1.2583	1.7372	1.0000			
8	1.7451	1.2647	2.6564	1.3590	2.6964	1.3389	2.5093	0.8796	1.9841		
9	1.7504	1.2690	2.6678	1.3673	2.7939	1.3673	2.6978	1.2690	1.7504	1.0000	
10	1.7543	1.2721	2.6754	1.3725	2.7392	1.3806	2.7231	1.3485	2.5239	0.8842	1.9841

例 6-4 设计一个通带波纹为 3 dB 的归一化切比雪夫原型低通滤波器,已知 $R_G=1\,\Omega$, $R_L=1\,\Omega$. 要求归一化频率 $\Omega=1.2$ 时,滤波器的阻带插入损耗大于 10 dB.

解 根据图 6.28,$\Omega=1.2$ 的滤波器的阻带插入损耗大于 10 dB,则 $N\geqslant3$.

(1) 如果选取滤波器的第一个元件为与信号源串联的电感,则三阶滤波器的电路拓扑结构如图 6.30(a)所示.

查表 6.3 可得 $L_1=L_2=3.3487\,\mathrm{H}$,$C_1=0.7117\,\mathrm{F}$.

（2）如果选取滤波器的第一个元件为与信号源并联的电容,则三阶滤波器的电路拓扑结构如图 6.30(b)所示.

查表 6.3 可得 $C_1 = C_2 = 3.3487$ F,$L_1 = 0.7117$ H.

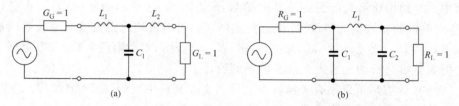

图 6.30　用归一化元件表示的两种三阶原型低通滤波器的等效电路

微波工程技术资料中只给出了归一化原型滤波器的设计参数,因此在设计滤波器时必须先设计归一化原型滤波器.但是,从其元件参数可以看出归一化滤波器是不可实现的,因此还需要将它转换为实际滤波器.

6.5.3　归一化原型滤波器的反归一化

从例 6-4 的设计结果可以看出,归一化切比雪夫原型滤波器的电感、电容分别为亨利和法拉量级,并不能在实际工程中实现.首先,滤波器的工作频率并没有确定;其次,电阻、电容元件参数大得无法实现;另外,信号源内阻以及负载阻抗也不一定符合实际要求.因此,为了得到符合实际要求的切比雪夫滤波器,必须对例 6-4 求出的设计参数进行反归一化.

元件参数的反归一化包括阻抗变换和频率变换两个步骤.阻抗变换就是将标准信号源阻抗 g_0 和负载阻抗 g_{N+1} 变换为实际的源阻抗 R_G 和负载阻抗 R_L.另外,根据例 6-4 求出的归一化低通切比雪夫滤波器的元件参数,通过适当的变换还可以得到低通、高通、带通和带阻切比雪夫滤波器的元件参数.这种变换就是频率变换,它将归一化频率 Ω 变换为实际频率 f.这一步骤实际上是按比例调整标准电感参数和标准电容参数.

1. 阻抗变换

图 6.29 所示的归一化低通原型滤波器的源电阻为 1,如果实际滤波器的源电阻不为 1,就必须对所有元件参数做阻抗变换.对元件参数做阻抗变换的方法是:将所有元件的阻抗表达式用实际源电阻 R_G 倍乘,经过阻抗变换后,低通原型滤波器的元件参数为

$$R_G = 1 \times R_G, \tag{6-65a}$$

$$\overline{L} = \overline{\overline{L}} \times R_G, \tag{6-65b}$$

$$\overline{C} = \overline{\overline{C}}/R_G, \tag{6-65c}$$

$$R_L = \overline{R}_L \times R_G, \tag{6-65d}$$

其中 $\overline{\overline{L}}, \overline{\overline{C}}, \overline{R}_L$ 是归一化低通原型滤波器的元件参数,$R_G, \overline{L}, \overline{C}, R_L$ 是经过阻抗变

换的归一化低通原型滤波器的元件参数.

2. 频率变换

图 6.31(a) 是被称为标准低通滤波器原型的频率响应,它是采用四阶切比雪夫多项式构成的函数 $IL = 10\lg[1+T_4^2(\Omega)]$ 的图形,采用适当的频率变换可以将该函数图形变换为四阶切比雪夫低通、高通、带通或带阻滤波器的频率响应.

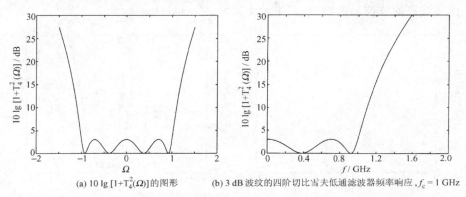

(a) $10\lg[1+T_4^2(\Omega)]$ 的图形   (b) 3 dB 波纹的四阶切比雪夫低通滤波器频率响应,$f_c = 1$ GHz

图 6.31   函数 $10\lg[1+T_4^2(\Omega)]$ 的图形及 3 dB 波纹的四阶切比雪夫低通滤波器响应

(1) 低通变换

对于低通滤波器,只需用截止频率 f_c 乘以归一化频率 Ω 即可完成频率变换,即

$$f = \Omega f_c. \tag{6-66a}$$

设截止频率 $f_c = 1$ GHz,采用低通变换可以将图 6.31(a) 变换为图 6.31(b) 所示的低通滤波器响应.在滤波器的插入损耗表达式(6-64)中,用 ω/ω_c 替换 Ω (或用 f/f_c 替换 Ω)即可.采用频率变换前的归一化元件参数 $\overline{L},\overline{C}$ 与实际元件参数 L,C 的关系为

$$jX_L = j\Omega\overline{L} = j\omega L, \tag{6-66b}$$

$$jB_C = j\Omega\overline{C} = j\omega C. \tag{6-66c}$$

这表明,不论采用归一化参数还是实际参数,电路的串联电抗以及并联电纳都是不变的.将式(6-66a)代入式(6-66b)和式(6-66c),可得

$$L = \frac{\overline{L}}{\omega_c}, \tag{6-67a}$$

$$C = \frac{\overline{C}}{\omega_c}. \tag{6-67b}$$

实际低通滤波器与图 6.28 所示的原型低通滤波器的电路拓扑结构完全相同,其中电感、电容由式(6-67)确定.

(2) 高通变换

对于高通滤波器,需要将图 6.31(a) 变换为图 6.32(a) 所示的高通滤波器响

应.高通变换的频率关系为

$$-\frac{1}{\Omega} = \frac{f}{f_c}. \tag{6-68a}$$

该变换将图 6.31(a)沿 $\Omega=0$ 一分为二,并将 $\Omega=0$ 左边的图形映射到 $f=0$ 的右边,将 $\Omega=0$ 右边的图形映射到 $f=0$ 的左边.图 6.32(a)是波纹为 3 dB 的四阶切比雪夫高通滤波器的响应,其中截止频率 $f_c=1$ GHz.

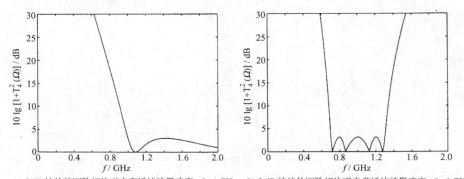

(a) 3 dB 波纹的四阶切比雪夫高通滤波器响应,$f_c=1$ GHz　(b) 3 dB 波纹的四阶切比雪夫带通滤波器响应,$f_0=1$ GHz

图 6.32　波纹为 3 dB 的四阶切比雪夫高通、带通滤波器响应

根据低通到高通变换的物理意义,显然,串联电感应变为串联电容,而并联电容应变为并联电感,同时,电路的串联电抗以及并联电纳都应保持不变.所以,归一化元件参数与实际元件参数的关系为

$$jX_L = j\Omega\bar{L} = \frac{1}{j\omega C}, \tag{6-68b}$$

$$jB_C = j\Omega\bar{C} = \frac{1}{j\omega L}. \tag{6-68c}$$

将式(6-68a)代入式(6-68b)和式(6-68c),可得

$$L = \frac{1}{\omega_c C}, \tag{6-69a}$$

$$C = \frac{1}{\omega_c L}. \tag{6-69b}$$

实际高通滤波器与图 6.29 所示的原型低通滤波器的电路拓扑结构基本相同,但归一化电容换为电感,归一化电感换为电容,电感值和电容值由式(6-69)确定.

（3）带通变换

带通变换比较复杂,除了比例变换外,还需要平移标准低通滤波器的响应.实现低通到带通的比例变换和平移变换的函数关系是

$$\Omega = \frac{f_c}{f_U - f_L}\left(\frac{f}{f_c} - \frac{f_c}{f}\right) = \frac{f_0}{f_U - f_L}\left(\frac{f}{f_0} - \frac{f_0}{f}\right), \tag{6-70a}$$

其中 $f_0 = f_c$ 是带通滤波器的中心工作频率，f_U 和 f_L 分别是带通滤波器的上边截止频率和下边截止频率，而且

$$f_0^2 = f_U f_L. \tag{6-70b}$$

显然，当 $\Omega = 1$ 时，$f = f_U$；当 $\Omega = -1$ 时，$f = f_L$；当 $\Omega = 0$，则有 $f = f_0$.

设 $f_0 = 1\,\mathrm{GHz}$，利用式(6-70a)可由图 6.31(a)得到如图 6.32(b)所示的 3 dB 波纹四阶切比雪夫带通滤波器响应. 式(6-70a)将图 6-31(a)中 $\Omega = 0$ 左边的图形映射到了图 6-32(b)中 $f = 1\,\mathrm{GHz}$ 的左侧；将图 6-31(a)中 $\Omega = 0$ 右侧的图形映射到了图 6-32(b)中 $f = 1\,\mathrm{GHz}$ 的右侧. 该滤波器的下边频 $f_L \approx 0.7\,\mathrm{GHz}$，上边频 $f_U \approx 1.3\,\mathrm{GHz}$，通带中心频率 $f_0 = 1\,\mathrm{GHz}$，通带波纹 3 dB.

根据低通到带通变换的物理意义，显然，串联电感应变为串联 LC 谐振电路，而并联电容应变为并联 LC 谐振电路，同时，电路的串联电抗以及并联电纳都应保持不变. 所以，归一化元件参数与实际元件参数的关系为

$$jX_L = j\Omega \overline{L} = j\omega L_s + \frac{1}{j\omega C_s}, \tag{6-70c}$$

$$jB_C = j\Omega \overline{C} = j\omega C_p + \frac{1}{j\omega L_p}. \tag{6-70d}$$

其中 L_s, C_s 分别为串联谐振电路中的电感和电容，L_p, C_p 分别为并联谐振电路中的电感和电容. 将式(6-70a)代入式(6-70c)和式(6-70d)，可得

$$\frac{f}{f_U - f_L}\overline{L} - \frac{1}{f_U - f_L}\frac{f_0^2}{f}\overline{L} = 2\pi f L_s - \frac{1}{2\pi f C_s}, \tag{6-71a}$$

$$\frac{f}{f_U - f_L}\overline{C} - \frac{1}{f_U - f_L}\frac{f_0^2}{f}\overline{C} = 2\pi f C_p + \frac{1}{2\pi f L_p}. \tag{6-71b}$$

根据式(6-71a)在任意频率 f 下都必须成立的条件，可得串联 LC 谐振电路的实际元件为

$$L_s = \frac{\overline{L}}{\omega_U - \omega_L}, \tag{6-72a}$$

$$C_s = \frac{\omega_U - \omega_L}{\omega_0^2 \overline{L}}. \tag{6-72b}$$

根据式(6-71b)在任意频率 f 下都必须成立的条件，可得并联 LC 谐振电路的实际元件为

$$C_p = \frac{\overline{C}}{\omega_U - \omega_L}, \tag{6-72c}$$

$$L_p = \frac{\omega_U - \omega_L}{\omega_0^2 \overline{C}}. \tag{6-72d}$$

将图 6.29 所示的原型低通滤波器电路中的归一化电感换为串联 LC 谐振电路,归一化电容换为并联 LC 谐振电路,电感值和电容值由式(6-72)确定. 就得到了实际带通滤波器的电路拓扑和元件参数.

(4) 带阻变换

根据带通滤波器和带阻滤波器传输特性的基本特点,将带通变换的函数关系式(6-70a)再做一次高通变换,就可以得到带阻变换的函数表达式:

$$-\frac{1}{\Omega} = \frac{f_0}{f_U - f_L}\left(\frac{f}{f_0} - \frac{f_0}{f}\right). \tag{6-73a}$$

该变换将图 6.31(a) 沿 $\Omega = 0$ 一分为二,并将 $\Omega = 0$ 左边的图形映射到 $f = f_0$ 的右边,将 $\Omega = 0$ 右边的图形映射到 $f = f_0$ 的左边. 波纹为 3 dB 的四阶切比雪夫带阻滤波器响应如图 6.33 所示,其中阻带中心频率 $f_0 = 1 \text{ GHz}$.

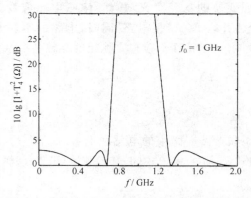

图 6.33 波纹为 3 dB 的四阶切比雪夫带阻滤波器响应

根据低通到带阻变换的物理意义,显然,串联电感应变为并联谐振电路,而并联电容应变为串联谐振电路,同时,电路的串联电抗以及并联电纳都应保持不变. 所以,归一化元件参数与实际元件参数的关系为

$$jX_L = j\Omega\bar{L} = 1\bigg/\left(j\omega C_\mathrm{p} + \frac{1}{j\omega L_\mathrm{p}}\right), \tag{6-73b}$$

$$jB_C = j\Omega\bar{C} = 1\bigg/\left(j\omega L_\mathrm{s} + \frac{1}{j\omega C_\mathrm{s}}\right). \tag{6-73c}$$

将式(6-73a)代入式(6-73b)和式(6-73c),可得

$$\frac{f}{(f_U - f_L)\bar{L}} - \frac{1}{f_U - f_L}\frac{f_0^2}{fL} \doteq 2\pi f C_\mathrm{p} - \frac{1}{2\pi f L_\mathrm{p}}, \tag{6-74a}$$

$$\frac{f}{(f_U - f_L)\bar{C}} - \frac{1}{f_U - f_L}\frac{f_0^2}{f\bar{C}} = 2\pi f L_\mathrm{s} - \frac{1}{2\pi f C_\mathrm{s}}. \tag{6-74b}$$

根据式(6-74a)在任意频率 f 下都必须成立的条件,可得并联谐振电路的实际

元件为

$$C_{\mathrm{p}} = \frac{1}{(\omega_{\mathrm{U}} - \omega_{\mathrm{L}})\overline{L}}, \tag{6-75a}$$

$$L_{\mathrm{p}} = \frac{\omega_{\mathrm{U}} - \omega_{\mathrm{L}}}{\omega_0^2}\overline{L}. \tag{6-75b}$$

根据式(6-74b)在任意频率 f 下都必须成立的条件,可得并联谐振电路的实际元件为

$$L_{\mathrm{s}} = \frac{1}{(\omega_{\mathrm{U}} - \omega_{\mathrm{L}})\overline{C}}, \tag{6-75c}$$

$$C_{\mathrm{s}} = \frac{\omega_{\mathrm{U}} - \omega_{\mathrm{L}}}{\omega_0^2}\overline{C}. \tag{6-75d}$$

将图 6.29 所示的原型低通滤波器电路中的归一化电感换为并联 LC 谐振电路,归一化电容换为串联 LC 谐振电路,电感值和电容值由式(6-75)确定,则得到实际带阻滤波器的电路拓扑和元件参数.

应用频率变换后,归一化原型低通滤波器元件与四种实际滤波器元件的关系如表 6.5 所示.

表 6.5　归一化原型低通滤波器元件与四种实际滤波器元件的变换关系(BW=$\omega_{\mathrm{U}} - \omega_{\mathrm{L}}$)

归一化低通原型滤波器	低通滤波器	高通滤波器	带通滤波器	带阻滤波器
$L = g_m$	L / ω_c	$1/(\omega_c L)$	L / BW　$\mathrm{BW}/(\omega_0^2 L)$	$\mathrm{BW}\,L / \omega_0^2$　$1/(\mathrm{BW}L)$
$C = g_m$	C / ω_c	$1/(\omega_c C)$	C / BW　$\mathrm{BW}/(\omega_0^2 C)$	$\mathrm{BW}\,C / \omega_0^2$　$1/(\mathrm{BW}C)$

例 6-5　请为通信链路设计一个切比雪夫带通滤波器.要求:滤波器节数 $N=3$,带内波纹为 3 dB,通带中心频率为 2.4 GHz,通带宽度为 20%,输入、输出阻抗为 50 Ω,求感性和容性元件的参数值.

解　根据表 6.3,可查出通带波纹为 3 dB 的归一化三阶切比雪夫低通滤波器元件参数 $g_0 = g_4 = 1$,$g_1 = g_3 = 3.3487$,$g_2 = 0.7117$,其中源阻抗和负载阻抗都为 1.由于实际滤波器的输入、输出阻抗为 50 Ω,首先必须进行阻抗变换,阻抗变换前后的滤波器电路如图 6.34 所示.

经过阻抗变换后的滤波器仍然是低通滤波器,还需要采用带通变换将其变为带通滤波器.已知

$$\frac{f_{\mathrm{U}} - f_{\mathrm{L}}}{f_0} = \frac{\omega_{\mathrm{U}} - \omega_{\mathrm{L}}}{\omega_0} = 0.2, \quad \omega_{\mathrm{U}}\omega_{\mathrm{L}} = \omega_0^2, \quad f_0 = 2.4\ \mathrm{GHz},$$

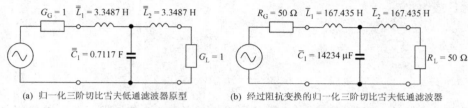

(a) 归一化三阶切比雪夫低通滤波器原型   (b) 经过阻抗变换的归一化三阶切比雪夫低通滤波器

图 6.34   阻抗变换前后的三阶切比雪夫低通滤波器电路图

所以

$$\omega_U = 1.1 \times 2\pi \times 2.4 \text{ GHz}, \quad \omega_L = 0.9 \times 2\pi \times 2.4 \text{ GHz}, \quad \omega_0 = 2\pi \times 2.4 \text{ GHz}.$$

将 $\omega_U, \omega_L, \omega_0, \overline{L}_1, \overline{L}_2, \overline{C}_1$ 代入式 (6-72) 可得

$$L_{s1} = L_{s2} = \frac{\overline{L}_1}{\omega_U - \omega_L} = 55.5 \text{ nH}, \quad C_{s1} = C_{s2} = \frac{\omega_U - \omega_L}{\omega_0^2 \overline{L}_1} = 0.08 \text{ pF},$$

$$C_{p1} = \frac{\overline{C}_1}{\omega_U - \omega_L} = 4.7 \text{ pF}, \quad L_{p1} = \frac{\omega_U - \omega_L}{\omega_0^2 \overline{C}_1} = 0.94 \text{ nH}.$$

经过带通变换后的带通滤波器电路图及频率响应如图 6.35 所示.

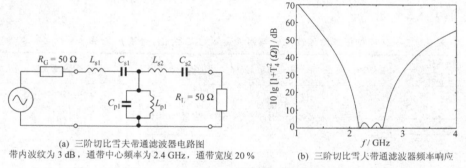

(a) 三阶切比雪夫带通滤波器电路图
带内波纹为 3 dB, 通带中心频率为 2.4 GHz, 通带宽度 20 %

(b) 三阶切比雪夫大带通滤波器频率响应

图 6.35   波纹为 3 dB 的三阶切比雪夫带通滤波器电路图和频率响应

6.5.4   微波滤波器的微带电路实现

从原则上讲, 例 6-5 设计的滤波器可以采用分立电感、电容元件实现. 但是, 由于该滤波器的中心工作频率较高, 工作波长与滤波器元件的物理尺度相当, 因此, 滤波器的特性将会严重恶化. 一般来说, 工作频率超过 500 MHz 以后, 就不宜采用分立电感、电容元件, 而必须采用分布参数元件来实现滤波器设计.

要将集总参数元件变换为分布参数元件并采用微带传输线来实现, 需要引入一些新的概念和方法, 它们是理查森变换、单位元件概念和 Kuroda 规则.

1.   理查森变换

为了实现电路设计从集总参数到分布参数的变换, 理查森提出了一种独特的变换方法, 这种变换可以将一段开路或短路传输线等效为具有分布参量的电感或电容元件.

根据(3-10)式可知,一段特性阻抗为 Z_c 的终端短路传输线具有纯电抗性输入阻抗:

$$Z_{\text{in}}(l) = Z_c \frac{Z_L + jZ_c \tan(\beta l)}{Z_c + jZ_L \tan(\beta l)} = jZ_c \tan(\beta l), \tag{6-76a}$$

而一段特性阻抗为 Z_c 的终端开路传输线具有纯电纳性输入导纳:

$$Y_{\text{in}}(l) = Y_c \frac{Y_L + jY_c \tan(\beta l)}{Y_c + jY_L \tan(\beta l)} = jY_c \tan(\beta l). \tag{6-76b}$$

如果传输线的长度为 1/8 工作波长,即 $l = \lambda_0/8$,则式(6-76)可以改写为

$$jX_L = j\omega L \equiv jZ_c \tan(\beta l) = jZ_c \tan\left(\frac{2\pi}{\lambda} \cdot \frac{\lambda_0}{8}\right) = jZ_c \tan\left(\frac{\pi}{4} \cdot \frac{f}{f_0}\right)$$

$$= jZ_c \tan\left(\frac{\pi}{4} \cdot \Omega\right) = SZ_c, \tag{6-77a}$$

$$jB_C = j\omega C \equiv jY_c \tan(\beta l) = jY_c \tan\left(\frac{\pi}{4} \cdot \Omega\right) = SY_c, \tag{6-77b}$$

其中 $S = j\tan\left(\frac{\pi}{4} \cdot \Omega\right)$ 就是理查森变换.理查森变换可将集总参数元件在 $0 \leqslant f \leqslant \infty$ 区间的频率响应映射到 $0 \leqslant f \leqslant 4f_0$ 区间.如果要得到电感性响应,频率必须限制在 $0 \leqslant f \leqslant 2f_0$ 区间.理查森变换的实质是低通频率变换,所以

$$jX_L = j\omega L = j\Omega\overline{L} \equiv jZ_c \tan\left(\frac{\pi}{4} \cdot \Omega\right) \equiv jZ_c \tan\left(\frac{\pi}{4} \cdot \frac{f}{f_c}\right) = SZ_c, \tag{6-77c}$$

$$jB_C = j\omega C = j\Omega\overline{C} \equiv jY_c \tan\left(\frac{\pi}{4} \cdot \Omega\right) \equiv jY_c \tan\left(\frac{\pi}{4} \cdot \frac{f}{f_c}\right) = SY_c. \tag{6-77d}$$

由此可见,若取 $\Omega = \tan\left(\frac{\pi}{4} \cdot \frac{f}{f_c}\right)$ 作为低通频率变换关系,则理查森变换使得可以用特性阻抗 $Z_c = \overline{L}$ 的一段终端短路的串联传输线替代串联集总参数电感 $\overline{L}$,也可以用特性导纳 $Y_c = \overline{C}$ 的一段终端开路的并联传输线替代并联集总参数电容 $\overline{C}$.

需要说明的是,传输线的长度并不一定要选 $\lambda_0/8$,也可以选用 $\lambda_0/4$ 作为传输线的基本长度.不过,选 $l = \lambda_0/8$ 得到的实际电路尺寸较小.另外,标准低通滤波器的截止频率点没有发生变化(即对于 $f = f_0 = f_c$,有 $\Omega = 1$ 和 $S = j1$).但是,确实有一些滤波器,它们的衰减特性需要用 $l = \lambda_0/4$ 的传输线来实现.

2. 单位元件

采用理查森变换把集总参数元件变换为分布参数元件(即传输线段)后,如果采用微带传输线实现,还需要将终端短路的串联微带传输线段转换为终端开路的并联微带传输线段.因为此处的"短路"是指交流接地短路,而其直流对地应当是开路的,所以这种终端"交流"短路的串联微带传输线段是不能用微带传输线电路结构实现的.在将终端短路的串联微带传输线段转换为终端开路的并联

微带传输线段时,需要插入单位元件.单位元件是一段串联微带传输线,其电长度为 $l = \dfrac{\pi}{4} \cdot \dfrac{f}{f_0}$,特性阻抗为 Z_{UE}(可根据需要选取).单位元件可以视为一个两端口网络,根据表 3.1 中一段均匀传输线的 A 参量表达式,可知单位元件的 A 参量为

$$A = \begin{bmatrix} \cos(\beta l) & \mathrm{j} Z_c \sin(\beta l) \\ \dfrac{\mathrm{j}}{Z_c} \sin(\beta l) & \cos(\beta l) \end{bmatrix} = \frac{1}{\sqrt{1-S^2}} \begin{bmatrix} 1 & S Z_{UE} \\ \dfrac{S}{Z_{UE}} & 1 \end{bmatrix}, \qquad (6\text{-}78)$$

其中 S 是理查森变换,其定义由式(6-77)给出.我们将在后面的例题中详细讨论单位元件的应用.

3. Kuroda 规则

应用理查森变换后,集总参数元件就可以变换为分布参数元件.但是,由此得到的分布参数元件也许在工程上并不容易实现.例如,在实现等效的串联感抗时,采用终端短路的串联传输线段比采用终端开路的并联传输线段更困难.为了将难于实现的滤波器设计变换成容易实现的形式,Kuroda 提出了如表 6.6 所示的四个规则.需要注意的是,表 6.6 中所有电感和电容都是用理查森变换表述的.Kuroda 规则可以用 A 参量来证明,证明方法见例 6-6.

表 6.6　Kuroda 规则(Z_c 和 Z_{UE} 分别是原始电路中微带传输线和单位元件的特性阻抗)

例 6-6　利用表 3.1 所列两端口网络的 A 参量,证明表 6.6 中第二和第四个 Kuroda 规则.

解　(1) 根据表 3.1 和公式(6-78)及表 6.6 第二行原始电路的 A 参量表达式为

$$A_{\text{L2}} = \begin{bmatrix} 1 & SZ_c \\ 0 & 1 \end{bmatrix} \frac{1}{\sqrt{1-S^2}} \begin{bmatrix} 1 & SZ_{\text{UE}} \\ \dfrac{S}{Z_{\text{UE}}} & 1 \end{bmatrix}$$

$$= \frac{1}{\sqrt{1-S^2}} \begin{bmatrix} 1+S^2\dfrac{Z_c}{Z_{\text{UE}}} & S(Z_c+Z_{\text{UE}}) \\ \dfrac{S}{Z_{\text{UE}}} & 1 \end{bmatrix};$$

第二行 Kuroda 规则的 **A** 参量表达式为

$$A_{\text{K2}} = \frac{1}{\sqrt{1-S^2}} \begin{bmatrix} 1 & SNZ_c \\ \dfrac{S}{NZ_c} & 1 \end{bmatrix} \begin{bmatrix} 1 & 0 \\ \dfrac{S}{NZ_{\text{UE}}} & 1 \end{bmatrix}$$

$$= \frac{1}{\sqrt{1-S^2}} \begin{bmatrix} 1+S^2\dfrac{Z_c}{Z_{\text{UE}}} & SNZ_c \\ \dfrac{S}{N}\left(\dfrac{1}{Z_c}+\dfrac{1}{Z_{\text{UE}}}\right) & 1 \end{bmatrix};$$

将 $N=1+Z_{\text{UE}}/Z_c$ 代入 A_{K2} 表达式中，则

$$A_{\text{K2}} = \frac{1}{\sqrt{1-S^2}} \begin{bmatrix} 1+S^2\dfrac{Z_c}{Z_{\text{UE}}} & \left(1+\dfrac{Z_{\text{UE}}}{Z_c}\right)SZ_c \\ \dfrac{SZ_c}{Z_c+Z_{\text{UE}}}\left(\dfrac{1}{Z_c}+\dfrac{1}{Z_{\text{UE}}}\right) & 1 \end{bmatrix} = A_{\text{L2}}.$$

（2）根据表 3.1 和公式（6-78）及表 6.6 第四行原始电路的 **A** 参量表达式为

$$A_{\text{L4}} = \begin{bmatrix} 1 & 0 \\ \dfrac{1}{SZ_c} & 1 \end{bmatrix} \frac{1}{\sqrt{1-S^2}} \begin{bmatrix} 1 & SZ_{\text{UE}} \\ \dfrac{S}{Z_{\text{UE}}} & 1 \end{bmatrix}$$

$$= \frac{1}{\sqrt{1-S^2}} \begin{bmatrix} 1 & SZ_{\text{UE}} \\ \dfrac{1}{SZ_c}+\dfrac{S}{Z_{\text{UE}}} & 1+\dfrac{Z_{\text{UE}}}{Z_c} \end{bmatrix};$$

第四行 Kuroda 规则的 **A** 参量表达式为

$$A_{\text{K4}} = \frac{1}{\sqrt{1-S^2}} \begin{bmatrix} 1 & \dfrac{SZ_{\text{UE}}}{N} \\ \dfrac{SN}{Z_{\text{UE}}} & 1 \end{bmatrix} \underbrace{\begin{bmatrix} 1 & 0 \\ \dfrac{N}{SZ_c} & 1 \end{bmatrix}}_{\text{电感}} \underbrace{\begin{bmatrix} \dfrac{1}{N} & 0 \\ 0 & N \end{bmatrix}}_{\text{变压器}}$$

$$= \frac{1}{\sqrt{1-S^2}} \begin{bmatrix} \left(1+\dfrac{Z_{\text{UE}}}{Z_c}\right)\dfrac{1}{N} & SZ_{\text{UE}} \\ \dfrac{1}{SZ_c}+\dfrac{S}{Z_{\text{UE}}} & N \end{bmatrix};$$

将 $N=1+Z_{\text{UE}}/Z_c$ 代入 A_{K4} 表达式中，则

$$A_{\text{K4}} = \frac{1}{\sqrt{1-S^2}} \begin{bmatrix} 1 & SZ_{\text{UE}} \\ \dfrac{1}{SZ_c}+\dfrac{S}{Z_{\text{UE}}} & 1+\dfrac{Z_{\text{UE}}}{Z_c} \end{bmatrix} = A_{\text{L4}}.$$

例 6-7 采用微带传输线电路结构设计一个切比雪夫低通滤波器，其技术要求为：截止

频率为 3 GHz；波纹 0.5 dB；$f=6$ GHz 时，衰减大于 40 dB，输入、输出阻抗为 50 Ω。假设电磁波在微带传输线介质中的速度为真空中光速的 60%。

解 微带传输线电路结构滤波器的设计可分为以下四个步骤：

(1) 根据滤波器的技术要求选择归一化低通滤波器的元件参数；

(2) 根据理查森变换，用长度为 $\lambda_0/8$ 的微带传输线替换电感元件和电容元件；

(3) 根据 Kuroda 规则将串联微带传输线段变换为并联微带传输线段；

(4) 对元件参数反归一化，并确定等效微带传输线结构参数（长度、宽度以及介电系数）。

其中特别需要注意的是集总参数元件到分布参数元件的变换。下面将按照这四个步骤设计该滤波器。

步骤(1)：根据图 6.28，波纹 = 0.5 dB，$\Omega=2$ 时，衰减大于 40 dB，则滤波器的阶数应为 $N=5$，其他参数为：$g_1=g_5=1.7058$，$g_2=g_4=1.2296$，$g_3=2.5408$，$g_6=1.0$。归一化低通滤波器电路如图 6.36(a)所示。

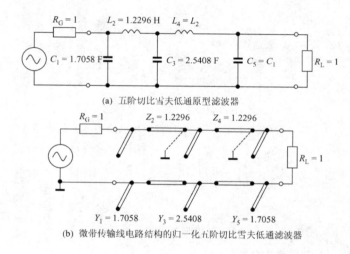

(a) 五阶切比雪夫低通原型滤波器

(b) 微带传输线电路结构的归一化五阶切比雪夫低通滤波器

图 6.36

步骤(2)：将图 6.36(a)中的电容用并联开路微带传输线实现，电感用串联短路微带传输线实现，则可得该滤波器的微带传输线电路结构，如图 6.36(b)所示。

步骤(3)：为了使滤波器容易实现，需要引入单位元件，以便能够应用第 1、第 2 个 Kuroda 规则（见表 6.6）将所有串联的终端短路传输线段变为并联的终端开路的传输线段。由于这是一个五阶滤波器，我们必须配置四个单位元件才能将所有串联短路线段变换成并联开路线段。为了使整个过程更加清楚，我们将这一步骤再分为几步。

首先，在滤波器的输入、输出端口各引入一个单位元件（见图 6.37），考虑到信号和负载端口必须匹配，选取 $Z_{UE1}=Z_{UE2}=1$。

然后，对图 6.37 中的单位元件 Z_{UE1} 和并联开路微带传输线段 Y_1，单位元件 Z_{UE2} 和并联开路微带传输线段 Y_5 应用表 6.6 中第 1 个 Kuroda 规则就可得到图 6.38 所示的电路。在应

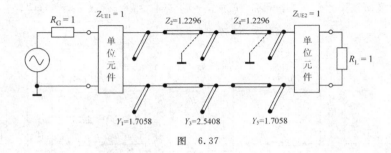

图 6.37

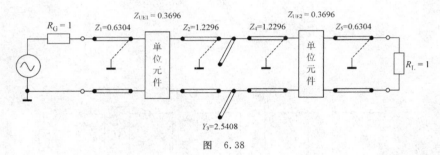

图 6.38

用表 6.6 中第 1 个 Kuroda 规则时，$Z_{UE} = Z_{UE1} = Z_{UE2} = 1$，$Z_c = \dfrac{1}{Y_1} = \dfrac{1}{Y_5} = \dfrac{1}{1.7058}$，即有

$$N = 1 + \frac{Z_c}{Z_{UE}} = 1 + \frac{1}{1.7058}.$$

再对图 6.38 电路中的单位元件 Z_{UE1} 和串联短路微带传输线段 Z_2，单位元件 Z_{UE2} 和串联短路微带传输线段 Z_4 应用表 6.6 中第 2 个 Kuroda 规则，则可得到图 6.39 所示的电路. 在应用表 6.6 中第 2 个 Kuroda 规则时，$Z_c = Z_2 = Z_4 = 1.2296$，$Z_{UE} = Z_{UE1} = Z_{UE2} = 0.3696$，即

$$N = 1 + \frac{Z_{UE}}{Z_c} = 1 + \frac{0.3696}{1.2296}.$$

图 6.39 中还有两段串联短路微带传输线，因此还需引入两个单位元件，如图 6.40 所示. 然后，对图 6.40 中的单位元件 Z_{UE3} 和串联短路微带传输线段 Z_1，单位元件 Z_{UE4} 和串联短路微带传输线段 Z_5 应用表 6.6 中的第 2 个 Kuroda 规则就可得到图 6.41 所示的电路. 在应用

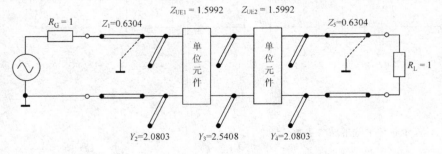

图 6.39

表 6.6 中第 2 个 Kuroda 规则时，$Z_c = Z_1 = Z_5 = 0.6304$，$Z_{UE} = Z_{UE3} = Z_{UE4} = 1$，即有

$$N = 1 + \frac{Z_{UE}}{Z_c} = 1 + \frac{1}{0.6304}.$$

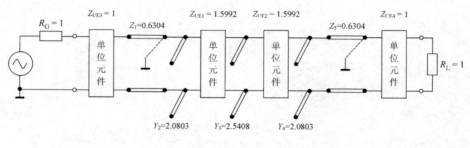

图 6.40

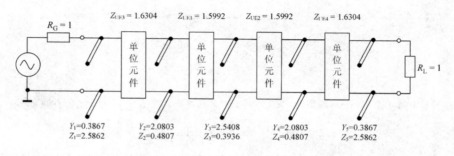

图 6.41

步骤(4)：反归一化微带传输线的阻抗，即用 $50\,\Omega$ 乘以图 6.41 中的所有阻抗参数可得图 6.42.

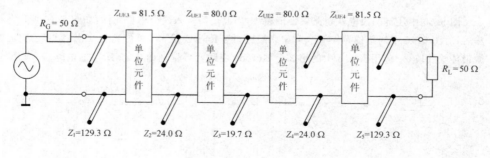

图 6.42

计算微带传输线的结构参数. 已知

$$v = 0.6 \times \frac{1}{\sqrt{\varepsilon_0 \mu_0}} = \frac{1}{\sqrt{\varepsilon_r}} \frac{1}{\sqrt{\varepsilon_0 \mu_0}}, \quad 即 \quad \varepsilon_r \approx 2.78.$$

单位元件和并联短线的长度

$$l = \frac{\lambda_0}{8} = \frac{v}{8 f_0} = \frac{0.6 \times 3 \times 10^8}{8 \times 3 \times 10^9} \text{ m} = 7.5 \text{ mm.}$$

假设微带传输线的介质层厚度 $h = 0.5$ mm，则可以根据式(6-17)和式(6-18)求得单位元件和并联短线的宽度．微带传输线低通滤波器的导体带结构和频率响应如图 6.43 所示．

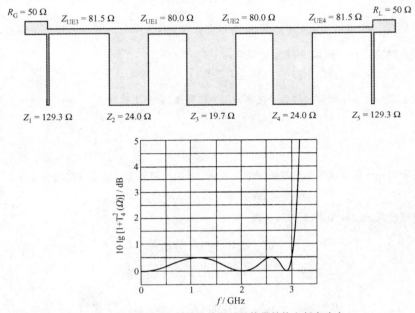

图 6.43 微带传输线低通滤波器的导体带结构和频率响应

例 6-8 采用微带传输线电路结构设计一个五阶切比雪夫带阻滤波器，其技术要求为：中心频率 3 GHz，波纹 0.5 dB，相对带宽 50%，输入、输出阻抗为 50 Ω．假设电磁波在微带传输线介质中的速度为真空中光速的 60%．

分析 微带传输线电路结构滤波器的设计可分为以下四个步骤，其中除了第二个步骤外，其他步骤与例 6-7 完全相同．

（1）根据滤波器的技术要求选择归一化低通滤波器的元件参数；

（2）根据理查森变换，用特定长度的微带传输线替换电感元件和电容元件，同时将归一化低通滤波器的元件参数换算为归一化带阻滤波器的微带传输线参数；

（3）根据 Kuroda 规则将串联微带传输线段变换为并联微带传输线段；

（4）对元件参数反归一化，并确定等效微带传输线结构参数（长度、宽度以及介电系数）．

解 （1）首先选定归一化低通滤波器的元件参数，如图 6.36(a) 所示．

（2）在将归一化低通滤波器的元件参数换算为归一化带阻滤波器的元件参数时，需要考虑以下问题：

若采用理查森变换 $S = \mathrm{j} \tan\left(\frac{\pi}{4} \cdot \Omega\right)$，则当 $\Omega = \dfrac{f}{f_0} = 1$ 时，阻抗和导纳不是最大值，不能满足带阻滤波器的基本特征．因此必须采用

$$S = \text{j} \tan\left(\frac{\pi}{2} \cdot \Omega\right)$$

的理查森变换. 这表明, 带阻滤波器的微带传输线长度应为 $l = \lambda_0/4$.

为了将归一化低通滤波器的截止频率 $\Omega = \pm 1$ 变换为带阻滤波器的下边频和上边频, 需要引入带宽系数

$$\text{BF} = \cot\left(\frac{\pi}{2} \frac{\omega_L}{\omega_0}\right), \tag{6-79}$$

其中 $\omega_0 = (\omega_U + \omega_L)/2$ 是阻带中心频率. 若用理查森变换 $S = \text{j}\tan\left(\frac{\pi}{2} \cdot \Omega\right)$ 与 BF 相乘, 则可见该乘积的模等于 1. 例如, 对于下边频点 ω_L, 有

$$\text{BF}\left(\frac{S}{\text{j}}\right)\Big|_{\omega = \omega_L} = \cot\left(\frac{\pi}{2}\frac{\omega_L}{\omega_0}\right) \times \tan\left(\frac{\pi}{2} \cdot \frac{\omega_L}{\omega_0}\right) = 1, \tag{6-80a}$$

这相应于归一化低通滤波器的截止频率点 $\Omega = 1$. 同理, 对于上边频点 ω_U, 有

$$\text{BF}\left(\frac{S}{\text{j}}\right)\Big|_{\omega = \omega_U} = \cot\left(\frac{\pi}{2}\frac{\omega_L}{\omega_0}\right) \times \tan\left(\frac{\pi}{2} \cdot \frac{\omega_U}{\omega_0}\right)$$

$$= \cot\left(\frac{\pi}{2}\frac{\omega_L}{\omega_0}\right) \times \tan\left(\frac{\pi}{2} \cdot \frac{2\omega_0 - \omega_L}{\omega_0}\right) = -1. \tag{6-80b}$$

这相应于归一化低通滤波器的截止频率点 $\Omega = -1$. 由此得到带阻滤波器的理查森变换

$$\text{BFS} = \text{j}\tan\left(\frac{\pi}{2} \cdot \Omega\right) \times \cot\left(\frac{\pi}{2}\frac{\omega_L}{\omega_0}\right). \tag{6-81}$$

根据公式 (6-76) 和式 (6-77), 可得

$$\text{j}X_L = \text{j}\omega L = \text{j}\Omega\overline{L} \equiv \text{j}Z_c\tan(\beta l) = \text{j}Z_c\tan\left(\frac{2\pi}{\lambda} \cdot \frac{\lambda_0}{4}\right)$$

$$= \text{j}Z_c\tan\left(\frac{\pi}{2} \cdot \frac{f}{f_0}\right)\tan\left(\frac{\pi}{2}\frac{\omega_L}{\omega_0}\right)\cot\left(\frac{\pi}{2}\frac{\omega_L}{\omega_0}\right), \tag{6-82a}$$

$$\text{j}B_C = \text{j}\omega C = \text{j}\Omega\overline{C} \equiv \text{j}Y_c\tan(\beta l) = \text{j}Z_c\tan\left(\frac{2\pi}{\lambda} \cdot \frac{\lambda_0}{4}\right)$$

$$= \text{j}Y_c\tan\left(\frac{\pi}{2} \cdot \frac{f}{f_0}\right)\tan\left(\frac{\pi}{2}\frac{\omega_L}{\omega_0}\right)\cot\left(\frac{\pi}{2}\frac{\omega_L}{\omega_0}\right). \tag{6-82b}$$

若取 $\Omega = \tan\left(\frac{\pi}{2} \cdot \frac{f}{f_0}\right)\cot\left(\frac{\pi}{2}\frac{\omega_L}{\omega_0}\right)$ 作为带阻频率变换关系, 则有

$$\overline{L} = Z_c\tan\left(\frac{\pi}{2}\frac{\omega_L}{\omega_0}\right) = \frac{Z_c}{bf}, \tag{6-83a}$$

$$\overline{C} = Y_c\tan\left(\frac{\pi}{2}\frac{\omega_L}{\omega_0}\right) = \frac{Y_c}{bf}, \tag{6-83b}$$

即带阻滤波器微带传输线的特征阻抗和特征导纳等于带宽系数 bf 与归一化元件参数的乘积. 已知 $\frac{\omega_U - \omega_L}{\omega_0} = 0.5, \frac{\omega_U + \omega_L}{2} = \omega_0$, 所以

$$bf = \cot\left(\frac{\pi}{2} \times \frac{3}{4}\right) = 0.4142.$$

根据图 6.36 和以上讨论, 可得微带传输线结构的归一化五阶切比雪夫带阻滤波器, 如图 6.44 所示.

求解步骤 (3), (4) 与例 6-7 完全相同, 读者可以自行求解. 本例题求出的五阶切比雪夫带阻滤波器电路参数以及滤波器的导体带结构分别如图 6.45、图 6.46 所示.

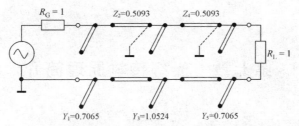

图 6.44 微带传输线结构的归一化五阶切比雪夫带阻滤波器

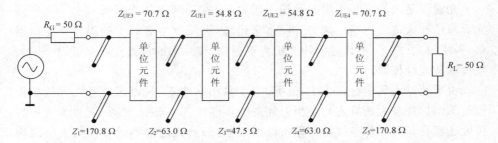

图 6.45 微带传输线五阶切比雪夫带阻滤波器电路图

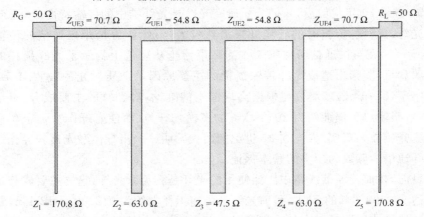

图 6.46 微带传输线五阶切比雪夫带阻滤波器的导体带结构图

第七章　光纤传输原理简介

§7.1　光纤通信技术简介

光通信是人类最早使用的通信手段之一. 按所利用的光源可以分为：自然光源通信和人造光源通信两类. 例如，采用烽火台、旗语等属于利用自然光源通信；采用灯光、火光、激光是利用人造光源通信. 按采用的传光介质又可以分为大气传输和光纤传输.

由于地球大气中存在尘埃、云雾、烟尘和小水珠等，所以光信号在大气中传输时不但损耗较大而且容易受到天气条件和自然条件限制. 此外，光在大气中的传输还容易受到地理条件和气象条件的限制，因此光通信不适合作为大气层内长距离无线通信手段，但作为太空中星际无线通信则具有良好的应用前景.

20 世纪 50 年代前后，人们开始研究光在导光纤维中的传输特性. 1951 年医用导光纤维问世，但当时的导光纤维损耗极大，不能作为长距离通信的传输介质. 1966 年，在英国通信研究所工作的高琨博士从理论上揭示了光纤损耗的主要来源和机理，指出造成光纤传输损耗的主要原因是杂质对光的吸收. 1970 年美国康宁(Corning)玻璃公司根据高琨博士的理论，对光纤的主要成分 SiO_2 进行提纯，研制出了损耗约为 20 dB/km 的多模光纤，从而使光纤作为长距离通信的传输介质成为现实. 人类在 20 世纪的两大发明——半导体激光器和导光纤维是光纤通信能够成为现实的基本保证.

目前，在商业通信线路中广泛使用的光纤是石英系光纤，它的主要成分是纯度高达 99.99999% 的 SiO_2. 目前光纤的传输损耗大约为 0.2～0.4 dB/km，是人类已知的导波传输系统中传输损耗最小的一种. 光纤作为通信传输介质有许多优点：

（1）通信容量极大. 从理论上讲，石英系光纤在 1.3 μm 和 1.5 μm 两个低损耗窗口都可以用于通信，其总带宽资源约为 2.5×10^{13} Hz，通信容量十分巨大. 目前人们已经利用的光纤带宽资源还不到其全部资源的 1%，尽管这样，人们已经可以在一对光纤上传输上百万甚至上千万路双向数字电话. 因此可以肯定，光纤的通信容量是目前已知的其他任何传输介质都无法比拟的.

例如，微波中继通信最大系统的通信容量是几千至一两万路数字电话. 目前，商用微波通信系统的传输容量基本上已经达到了理论极限.

在近二十年来,商用光纤通信系统的传输速率从 45 Mbit/s 增加到 $N \times$ 10 Gbit/s(N 为 8,16,32),提高了许多倍,比同期微电子技术集成度的发展速度还快.

（2）损耗小,中继距离长. 表 7.1 列出了部分常用电磁波传输介质的传输损耗,其中光纤的传输损耗非常小. 微波金属波导的传输损耗太大,显然不能作为长距离传输介质. 微波的大气传输损耗看起来并不太大,可以作为传输介质,但是,由于微波天线的方向性系数是有限的,所以微波大气传输存在较大的辐射损耗. 另外,由于微波在水中的传输损耗很大,因此,大气中的小水珠会使频率较高的微波信号产生很大的衰减. 一般来说,频率高于 18 GHz 的微波信号就不能在雨天或雾天长距离传输. 由于地球表面曲率的限制,微波中继通信的中继距离也不可能很长. 就目前情况来说,微波中继通信的工作频率在厘米波频段,中继距离约为 50 km.

目前商用光纤通信系统的中继距离为 50～100 km,如果采用光纤放大器和孤子技术,则可以使光纤通信的无再生中继距离达到几百甚至几千公里.

表 7.1　几种电磁波传输介质的传输损耗

传输介质	工作频率/GHz	传输损耗/(dB·km^{-1})	备注
微波的大气传输损耗（海平面）	10	0.02	不包括辐射损耗
	40	0.10	
	100	0.40	
	250	6.00	
微波波导的传输损耗	18	310～440	BJ-220[①]
	40	500～730	BJ-320
	100	235～334	BJ-900
光纤的传输损耗	$(2～2.31) \times 10^5$	20	1970 年
		2	1973 年
		0.20～0.5	1990 年

① 波导型号 BJ-xxx 见表 2.1.

（3）光纤通信的抗干扰性和保密性极好. 光纤是一种特殊的导波传输介质,其所传输的信号是严格限制在光纤内部传输的,外界电磁波信号和光信号几乎不能对光纤内部的信号造成干扰,这就使光纤传输系统具有良好的抗干扰性和保密性.

（4）光纤中的背景噪声极小. 作为光通信传输介质应用时,光纤是一种几乎没有背景噪声的传输介质,因此光信号经光纤传输后光信噪比基本保持不变.

（5）重量轻,成本低,资源丰富. 除去保护层外,光纤的直径仅有 125 μm,因而重量极轻,便于储存、运输和架设. 光纤的主要成分是高纯度的 SiO_2,SiO_2 是地球上资源最丰富的化合物,它占地壳物质的 59%,占已知岩石主要成分的 95% 以上,是人类取之不尽、用之不竭的资源.

在这本《微波技术基础》中增加光纤传输原理的章节,主要是考虑到以下两个原因.

首先,光纤、微波同轴线、金属波导、微带线等微波传输系统都是导行电磁波传输系统,本质上并没有根本区别.波动方程的求解方法、模式、截止、截止波长、色散、相速度、群速度等重要概念对于光纤和微波传输系统都是适用的.

光纤与微波传输系统的相同之处:它们都是导行电磁波传输系统,求解的理论依据都是麦克斯韦方程组和波动方程.光纤与微波传输系统的区别在于:① 它们分别工作在电磁波频谱的不同波段;② 求解波动方程时的边界条件不同.对于大多数微波传输系统,都存在金属边界,在金属边界上,电场的切向分量为零.这就使我们可以在求解波动方程时利用这个齐次边界条件来简化方程的求解过程.由于光纤系统中没有齐次边界,所以光纤中电磁场的求解过程就变得相当复杂.

当我们掌握了微波传输系统的基本概念之后,再学习光纤传输原理就变得非常容易理解和掌握,可以得到事半功倍的效果.

其次,光纤传输系统的信息容量极大,在近 40 年来,商用光纤通信系统的传输速率从 45 Mb/s 增加到 Tb/s 量级,提高了数万倍,比同期微电子技术集成度的发展速度还快(摩尔定律).目前,光纤传输系统的基带调制速率已经进入毫米波频段.所以,光纤传输系统与微波技术的关系已经密不可分.

§7.2　光纤和光缆

光纤是一种介质波导,它的传输特性和分析方法与金属圆波导有相似之处.光纤的主要技术特性包括:

(1) 光学特性,包括几何结构特性、剖面折射率分布(剖面指数)、数值孔径.

(2) 传输特性,包括模式、截止频率、色散、归一化频率等.

光纤的光学特性可以用几何光学法来分析.由于光是电磁波,因此光在光纤中的传输特性也可以用电磁场理论的方法来分析.两种方法各有其优点和局限性,几何光学法简明扼要,但只能给出光纤的光学特性(适用于分析多模光纤);电磁场理论的方法比较繁琐,但可以给出光纤的传输特性和工作模式.

光纤的构造如图 7.1 所示,它是由纤芯、包层、涂敷层及套塑四部分组成.纤芯位于光纤的中心,主要成分是二氧化硅(SiO_2,又称石英),其纯度高达99.99999%.其余成分为掺杂剂.光纤纤芯的直径一般为 $5\sim50\,\mu m$,其折射率略大于包层的折射率,通常是在纤芯中掺入五氧化二磷(P_2O_5)或二氧化锗(GeO_2)以提高纤芯的折射率.包层在纤芯外围,其主要成分也是二氧化硅,直径一般为$125\,\mu m$,可以在包层中掺入氟或硼以降低包层的折射率.在光纤中掺杂可以改变光纤的传输特性.例如,在光纤中掺杂可以调整光纤的色散特性;在光纤中掺入铒或氟可以制成光纤放大器,等等.包层的外面是一层很薄的涂敷层,其作用是提高光纤的机械强度.涂敷材料可用环氧树脂、硅橡胶等.涂敷层外还可以加玻璃纤维和套塑,以便增加光纤的机械强度.

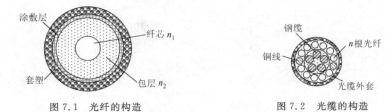

图 7.1　光纤的构造　　　　图 7.2　光缆的构造

　　光缆的构造如图 7.2 所示,光缆通常由几对、几十对甚至上百对光纤组成.光缆的中心还可加入钢缆以提高光缆的强度,并可加入金属导线用于输送电源或某些控制信号.

　　光纤的制造工艺如图 7.3 所示.首先制造光纤预制棒,如图 7.3 所示,其主要工艺需分两步:(1)制造一个化学纯度很高的石英玻璃管.(2)采用化学气相沉积法或其他方法,在石英玻璃管内形成高纯度并有特定掺杂的 SiO_2 沉积层.光纤预制棒的长度一般为 $60\sim120$ cm,直径一般为 $10\sim25$ cm.光纤则由图 7.4 中被称为光纤拉丝塔的设备拉制而成,根据设备和工艺的条件,一般光纤的长度为 $1\sim100$ km.

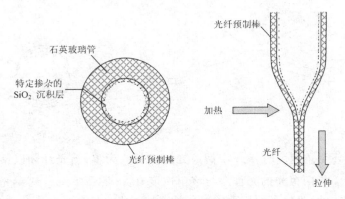

图 7.3　光纤制造工艺示意图

　　虽然光纤的主要用途是作为光通信系统的传输介质,它在其他技术领域内也具有十分广泛的用途,其中最重要的是具有测量精度高、可靠性好的光纤传感器.光纤传感器自 20 世纪 70 年代问世以来发展十分迅速,目前已经可以用于测量位移、振动、转动、压力、弯曲、速度、加速度、电流、电场、电压、温度、浓度、pH值等 70 多种物理量和化学量.

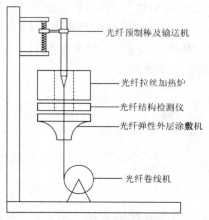

光纤预制棒及输送机

光纤拉丝加热炉

光纤结构检测仪

光纤弹性外层涂敷机

光纤卷线机

图 7.4　光纤拉丝塔示意图

　　光纤陀螺是一种特别重要的光纤传感器,目前已经广泛应用在航天、航空、航海以及汽车导航系统中.光纤陀螺的工作原理是萨格纳克(G. Sagnac)于1913年发现的所谓萨格纳克效应,这种效应使无运动部件的光学系统可以检测相对于惯性空间的旋转运动.图 7.5 是光纤陀螺的原理图.激光器发出的光经过两个 3 dB 耦合器分成强度相等的两束相干光 a_1 和 a_2,将这两束相干光分别从一个多圈单模光纤环的两个端口注入,此多圈单模光纤环两个端口的两束输出光经两个 3 dB 耦合器相干合束后送到光探测器.

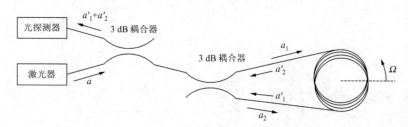

图 7.5　光纤陀螺原理图

　　当光纤环无角速度时,a_1',a_2' 两束光的光程差为零;当光纤环以某一角速度 Ω 转动时,a_1',a_2' 两束光的光程差与该角速度有关.测量 a_1',a_2' 两束光在光探测器处的相位差(即两束光的相干情况),就可以测得光纤环的转动角速度.

　　光纤陀螺与其他陀螺相比有许多优点,如灵敏度高、启动快、无机械转动部件、稳定性好、寿命长、体积小、重量轻等.自 1976 年第一个光纤陀螺实验模型问世以来,光纤陀螺技术已经取得了长足的发展.目前,干涉型光纤陀螺的性能价格比已经完全超过了常规的机械陀螺.

§7.3　传输光纤的种类

按照光纤纤芯和包层内的折射率分布情况,光纤可分为阶跃型光纤(Step Index Fiber,简称 SI)和渐变型光纤(Graded Index Fiber,简称 GI)两大类,如图 7.6 所示.

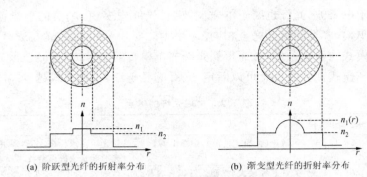

(a) 阶跃型光纤的折射率分布　　　　(b) 渐变型光纤的折射率分布

图 7.6　光纤截面的折射率分布

光纤截面的折射率分布可表示为

$$n(r) = \begin{cases} n_1 \sqrt{1 - 2\Delta \left(\dfrac{r}{a} \right)^{\alpha}}, & r \leqslant a, \\ n_2, & r > a. \end{cases} \tag{7-1}$$

a 为光纤的纤芯半径,$\Delta = \dfrac{n_1 - n_2}{n_1}$ 为光纤的相对折射率差,α 为光纤的剖面指数.

剖面指数 α 是光纤的一个重要结构参数,当 $\alpha \to \infty$ 时,光纤为阶跃型光纤;当 $\alpha = 2$ 时,光纤为抛物线型光纤;当 α 的取值约等于 2 时,光纤即为梯度型或渐变型光纤(n_1,$n_2 \approx 1.52$).

阶跃型光纤的生产工艺简单,生产成本低.目前商用光通信系统中采用的主要都是阶跃型单模光纤.渐变型光纤的信号失真比阶跃型光纤的信号失真小,因而其通信容量较大,中继距离较长.由于制作工艺的问题,目前只有多模光纤才能做成渐变型截面折射率分布.

按照光纤中传输模式的多少,光纤又可分为多模光纤(Multi Mode Fiber,简称 MM)和单模光纤(Single Mode Fiber,简称 SM).

(1) 多模光纤截面折射率分布有阶跃型和渐变型两类,其中传输模式的数量为

$$N = a^2 k^2 n_1^2 \Delta \left(\frac{\alpha}{\alpha + 2} \right), \tag{7-2}$$

其中 k 为波数. a,Δ,α,n_1 统称为光纤的结构参数.

　　当光源的工作频率一定时,光纤的结构参数越大,光纤中存在的模式数量就越多.

　　(2) 单模光纤中只传输最低模式的光波.对于目前光通信系统中的光源而言,实现单模光信号传输的条件是要求光纤的芯径 $2a$ 为 $5\sim10\,\mu m$ 之间.由于单模光纤太细,目前的工艺水平还不能将其制成渐变型光纤,因此,单模光纤的折射率分布只有阶跃型一种.

　　光属于电磁波,光纤也属于电磁波波导.光纤中多模、单模的概念与微波波导理论中单模、多模的概念完全相同.采用第二章中介绍的场解方法,可以推出光纤中各模式的截止条件,从而得到光纤的单模传输条件.根据微波波导理论中模式数目和模式截止的概念可以断定,光纤芯径越细,工作模式越少.

表 7.2　常规光纤的特点

光纤类别	光纤芯径	优　　点	缺　　点
单模光纤	$5\sim10\,\mu m$	色散小(无模式色散),中继距离长	对光源要求较高,必须采用激光器,光源能量入纤耦合技术要求高
多模光纤	$50/62.5\,\mu m$	光纤芯径较大,光源入纤耦合容易.可采用发光二极管作光源,成本较低	色散较大,不适于长距离通信

§7.4　光纤的传光特性

7.4.1　光的反射、折射、全反射

　　光学中著名的斯涅耳(Snell)定律描述了光波在介质表面上的反射、折射规律.斯涅耳定律是从实验现象中归纳、总结得到的.我们也可以根据电磁波在介质表面的边界条件推导出斯涅耳定律.

　　一束光波可以视为一束平面电磁波.假设电磁波斜入射到两介质的分界面上,如图 7.7(a)所示.先以 z 坐标轴为轴做坐标旋转,使入射平面与 $x\text{-}z$ 平面重

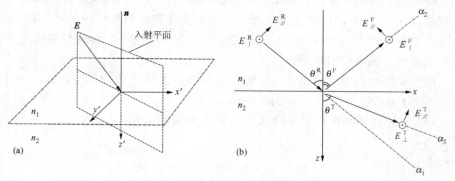

图 7.7　光波的入射、反射和折射

合,如图 7.7(b)所示.不论电磁波的极化方向如何,总可以将它分解为相对于入射面的垂直极化波 $E_\perp$ 和水平极化波 $E_{/\!/}$.根据电场在介质分界面上的边界条件和线性叠加原理,在介质分界面两侧,电场的垂直极化波 $E_\perp$ 和水平极化波 $E_{/\!/}$ 在介质分界面上的投影正交,因而必然分别相等.

根据图 7.7,以入射平面为参考面,设:$E_\perp^R$,$E_{/\!/}^R$ 分别为入射电磁波电场分量的垂直分量和平行分量;$E_\perp^F$,$E_{/\!/}^F$ 分别为反射电磁波电场分量的垂直分量和平行分量;$E_\perp^T$,$E_{/\!/}^T$ 分别为透射电磁波电场分量的垂直分量和平行分量,考察电场的垂直极化分量:

$$E_\perp^R = E_y^R = E_{ym}^R e^{-jk_1 \alpha_1} e^{j\omega_1 t}, \tag{7-3a}$$

$$E_\perp^F = E_y^F = E_{ym}^F e^{-jk_1 \alpha_2} e^{j\omega_2 t}, \tag{7-3b}$$

$$E_\perp^T = E_y^T = E_{ym}^T e^{-jk_2 \alpha_3} e^{j\omega_3 t}, \tag{7-3c}$$

其中 k_1,k_2 分别是电磁波在介质 1 和介质 2 中传播常数,α_1,α_2,α_3 分别是入射波、反射波和透射波的方向因子.若介质是线性介质,则有

$$\omega_1 = \omega_2 = \omega_3 = \omega.$$

由图 7.7(b)可得

$$x = \alpha_1 \sin \theta^R, \quad z = \alpha_1 \cos \theta^R,$$

则有

$$\alpha_1 = x \sin \theta^R + z \cos \theta^R, \tag{7-4a}$$

同理

$$\alpha_2 = x \sin \theta^F - z \cos \theta^F, \tag{7-4b}$$

$$\alpha_3 = x \sin \theta^T + z \cos \theta^T. \tag{7-4c}$$

将式(7-4)代入式(7-3)可得

$$E_\perp^R = E_{ym}^R e^{-jk_1(x \sin \theta^R + z \cos \theta^R)} e^{j\omega t}, \tag{7-5a}$$

$$E_\perp^F = E_{ym}^F e^{-jk_1(x \sin \theta^F - z \cos \theta^F)} e^{j\omega t}, \tag{7-5b}$$

$$E_\perp^T = E_{ym}^T e^{-jk_2(x \sin \theta^T + z \cos \theta^T)} e^{j\omega t}. \tag{7-5c}$$

根据电场的边界条件,介质分界面两侧($z=0$)电场的切向分量应当相等,即

$$E_\perp^R + E_\perp^F = E_\perp^T \quad (z = 0), \tag{7-6a}$$

$$E_{ym}^R e^{-jk_1(x \sin \theta^R)} + E_{ym}^F e^{-jk_1(x \sin \theta^F)} = E_{ym}^T e^{-jk_2(x \sin \theta^T)}. \tag{7-6b}$$

式(7-6)在 x 为任意值条件下都成立的必要条件是

$$k_1(\sin \theta^R) = k_1(\sin \theta^F) = k_2(\sin \theta^T). \tag{7-7a}$$

已知 $k = 2\pi/\lambda = \omega/v = \omega(\mu_0 \varepsilon)^{1/2}$,$k$ 为电磁波的传播常数,λ 为电磁波波长,v 为电磁波波速,θ^R,θ^F,θ^T 分别为入射角、反射角、透射角,所以

$$\sqrt{\mu_0 \varepsilon_1} \sin \theta^R = \sqrt{\mu_0 \varepsilon_1} \sin \theta^F = \sqrt{\mu_0 \varepsilon_2} \sin \theta^T. \tag{7-7b}$$

由式(7-7)可以得到光的反射定律和折射定律

$$\theta^{R} = \theta^{F}, \tag{7-8a}$$

$$\frac{\sin \theta^{R}}{\sin \theta^{T}} = \sqrt{\frac{\varepsilon_2}{\varepsilon_1}} = \frac{n_2}{n_1}. \tag{7-7b}$$

当入射光波的入射角大于临界角时,光波将会在介质分界面上发生全反射. 如果光波在光纤纤芯和包层的分界面上发生全反射,就在光纤中形成了导行光波. 因此,光波的全反射条件就是光纤中光波的传输条件.

7.4.2　光在光纤中的传播

当一束光在光纤中满足全反射定律时,就能在光纤中有效地传播. 在几何光学中光波被视为光线,而能在光纤中传输的光线可分为两大类:子午光线和斜射线. 子午光线的入射平面与光纤的轴线相重合. 子午光线每反射一次都将与光纤轴线相交一次. 由此可以看出,子午光线在光纤中传播时始终保持在一个平面上,见图7.8. 光纤中传输的其他射线都是斜射线. 斜射线的特点是其在光纤中的传输路线呈螺旋型. 由于斜射线的情况比较复杂,用几何光学的方法研究光纤的光学特性时,通常只考虑子午光线,因此采用几何光学的方法分析、研究光纤传输特性就存在一定的局限性.

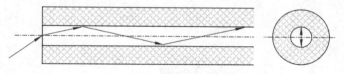

图 7.8　光纤中子午光线传播示意图

7.4.3　光纤的数值孔径

在实际应用中,光纤必须与光源相耦合. 光纤对光能量的接收能力是我们非常关心的问题. 假设一束平行光束经透镜聚焦后注入光纤,如图7.9所示,由于

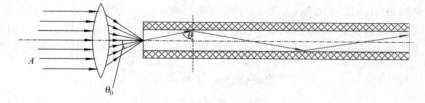

图 7.9　光纤与光源的耦合

各光线的入射角不同,并非所有的光线都能在光纤中满足全反射条件,而只有那些满足全反射条件的光线才能在光纤中有效传输. 显然,能够满足全反射条件的

光线,在空间形成了一个立体角,光纤的数值孔径(Numerical Aperture,简称NA)直接反映了这个立体角的大小,从而描述了光纤接收光的能力. 数值孔径是光纤的两个主要光学特性参数之一.

设入射光 A 满足传输条件,应有 $\sin\theta \geqslant \dfrac{n_2}{n_1}$,$\theta$ 的最小值为

$$\theta_c = \arcsin\left(\frac{n_2}{n_1}\right). \tag{7-9}$$

其中,n_1 为光纤纤芯材料的折射率,n_2 为光纤包层材料的折射率. 根据折射定律,在光纤的入射端面上,

$$\frac{\sin\theta_0}{\sin\left(\dfrac{\pi}{2} - \theta\right)} = \frac{n_1}{n_0}, \tag{7-10a}$$

其中 $n_0 = 1$ 为真空中的折射率,则

$$\sin\theta_0 = n_1 \cos\theta. \tag{7-10b}$$

由图 7.9 可见,θ_0 的最大值反映了光纤对光能量的接收能力,令 θ_a 为 θ_0 的最大值,则

$$\sin\theta_a = \sin\theta_{0\,\max} = n_1 \cos\theta_c = n_1 \frac{\sqrt{n_1^2 - n_2^2}}{n_1} = \sqrt{n_1^2 - n_2^2}. \tag{7-11a}$$

θ_a 和 $\theta_{0\,\max}$ 反映了光纤接收光的能力的大小. 从几何光学的角度看,并不是所有入射到光纤断面的光线都能在光纤中满足全反射条件. 只有那些与光纤轴线夹角小于 θ_a 的入射光,才能在光纤中形成传导模式而长距离传输. $\sin\theta_a$ 称为光纤的数值孔径 NA.

$$\mathrm{NA} = \sin\theta_a = \sqrt{n_1^2(r) - n_2^2} \approx n(r)\,\sqrt{2\Delta}. \tag{7-11b}$$

对于阶跃型光纤,上式可写为

$$\mathrm{NA} = \sin\theta_a = \sqrt{n_1^2 - n_2^2} \approx n_1\,\sqrt{2\Delta}. \tag{7-11c}$$

显然,光纤的数值孔径 NA 与其相对折射率差 Δ 有关. Δ 越大,NA 越大,光纤接收光线(聚光)的能力就越强. 从光源与光纤耦合的角度看,Δ 越大越好,因为这有利于提高光源与光纤的耦合效率. 一根没有外包层的玻璃纤维,不但聚光能力较强,也确实可以传输光波,但是,由于它的色散特性极差,所以不能用它来长距离传输高速率的光信号. 因此作为传输高速率光信号的光纤,不能无限制地增大 Δ 值.

图 7.10 定性地说明了在光纤中传输的光线由于经过路径不同(即模式不同),它们沿光纤轴向的群速度也不同. 因为

$$v_{g1} = c,$$

$$v_{g2} = c\sin\theta_c = c\,\frac{n_2}{n_1} = c(1 - \Delta), \tag{7-12}$$

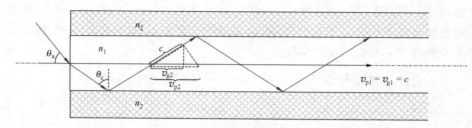

图 7.10 光纤色散的定性说明

所以光纤的相对折射率差越大,则各光线(各模式)的群速度差就越大.根据色散的物理意义可知,v_{g1} 与 v_{g2} 的差值越大,则色散越严重.也就是说,增大 Δ 会使光纤的色散指标和带宽指标恶化.实用光纤的相对折射率差 $\Delta<1\%$,通常称为弱导光纤.实用的常规石英系光纤的 $\Delta\approx0.3\%$.

国际电信联盟(The International Telecommunication Union-Tele-communication Standardization Sector,简称 ITU-T)规定:光纤的数值孔径 NA 的取值范围是 $0.15\sim0.24$,允许误差为 ±0.02.

§7.5 光纤的损耗及工作窗口

7.5.1 光纤损耗的原因和分类

在光纤的传输特性指标中,损耗是最主要的特性参数之一.光纤的损耗通常由光功率的衰减量来衡量,单位是 dB/km.光纤损耗的大小标志了光纤制造工艺水平的高低,也直接影响光纤通信系统的中继距离.

引起光纤损耗的因素较多,主要可以归结为两大类:材料的吸收损耗和散射损耗,如表 7.3 所示.

表 7.3 光纤的传输损耗

吸 收 损 耗			散 射 损 耗		
材料本征吸收	原子缺陷吸收	杂质吸收	线性散射	结构缺陷散射	非线性散射
紫外吸收和红外吸收	材料受光、热辐射造成的吸收	OH⁻ 吸收,过渡金属离子吸收	瑞利散射	光纤几何尺寸或结构不均匀造成的散射	受激拉曼散射和受激布里渊散射

1. 吸收损耗

产生吸收损耗的原因主要来自三个方面,材料的本征吸收、杂质吸收和原子缺陷吸收.

(1)材料的本征吸收损耗包括:

① Si-O 键的红外吸收损耗.光纤的基础材料是石英(SiO_2),它的 Si-O 键在

波长为 $9.1\ \mu m, 12.5\ \mu m$ 和 $21\ \mu m$ 处有振动吸收现象,峰值可达 10^{10} dB/km. 由于振动吸收了能量,从而造成光功率的损耗. 目前光通信系统的工作波长在 $0.85\ \mu m, 1.3\ \mu m$ 和 $1.5\ \mu m$ 附近,远离 Si-O 键的红外吸收波长. 在光波长为 $1.5\ \mu m$ 处,红外吸收损耗小于 0.01 dB/km,因此 Si-O 键的红外吸收对光纤通信的影响不大.

② 电子跃迁的紫外吸收损耗. 在组成光纤材料的原子系统中,一些低能态的电子会吸收光能量而跃迁到高能态. 这个过程也将造成光功率的损耗,损耗的中心波长在 $0.16\ \mu m$ 的紫外光区. 当光波长为 $0.6\ \mu m$ 时,紫外吸收损耗约为 1 dB/km;当光波长为 $1.3\sim1.5\ \mu m$ 时,紫外吸收损耗约为 0.05 dB/km. 因此,紫外吸收损耗对波长为 $0.85\ \mu m$ 的短波长光纤通信系统有一定的影响.

光纤中材料本征吸收是 SiO_2 的固有特性,无法减小,只能尽量避开其峰值. 例如,在 $1.5\ \mu m$ 波长附近,石英系光纤的材料本征吸收有最小值,该值约为 0.06 dB/km. 因此长距离光纤通信系统的工作波长应当选在 $1.5\ \mu m$ 波段.

(2) 杂质吸收损耗包括:

① 金属离子的吸收损耗. 光纤中可能存在的主要金属离子有 Fe,Cu,V,Cr,Mn,Ni,Co 等. 由于现代光纤制造工艺已经可以将金属杂质的相对浓度降到 10^{-9} 以下,因此金属离子的吸收损耗对光纤损耗的影响已经不大显著.

② OH^- 的吸收损耗. 光纤材料中氢氧根离子的振动吸收损耗是造成光纤在其通信波长范围内损耗的主要根源,这是由高琨博士首先发现的. 正是由于这个发现,才使得光纤通信成为现实. OH^- 的振动吸收峰波长为 $2.73\ \mu m, 1.39\ \mu m$, $1.24\ \mu m$ 和 $0.95\ \mu m$. 降低光纤中的 OH^- 不但要在光纤的制造过程中采取严格的措施,在光纤的使用过程中也必须防止 OH^- 向光纤中渗透和扩散.

(3) 原子缺陷吸收损耗. 光纤材料由于热辐射或光辐射的作用可能产生原子缺陷,从而造成原子缺陷吸收,其吸收损耗幅度可达 $10^2\sim10^4$ dB/km. 由于石英系光纤材料对热辐射或光辐射不敏感,所以石英系光纤的原子缺陷吸收损耗非常小. 在光纤通信系统中作为传输介质的光纤一般都是石英系光纤.

2. 散射损耗

(1) 瑞利散射损耗是一种本征散射损耗. 它是由于光纤材料(石英玻璃)的微观密度不均匀以及微观折射率不均匀造成的. 瑞利散射是一种弹性散射,散射光中没有新的频率分量. 瑞利散射损耗的大小与光波波长的四次方成反比,对于波长为 $0.85\ \mu m$ 的短波长光波影响较大,但当光波波长大于 $1.3\ \mu m$ 时瑞利散射损耗的影响较小.

(2) 结构缺陷散射损耗,也称为波导散射损耗,它是由于光纤几何尺寸或结构不均匀造成的. 例如,当光纤纤芯和包层分界面上不平整时,将会激励起高阶传输模式和泄漏模式,这些模式都不符合传输条件,因此必然进入光纤的包层从而造成散射损耗.

（3）非线性散射损耗,主要是由于受激拉曼散射和受激布里渊散射引起的. 受激拉曼散射和受激布里渊散射都是非弹性散射,散射光中有新的频率分量. 在受激拉曼散射过程中,光子、散射中心以及与介质光学特性有关的、频率较高的"光学声子"构成一个能量守恒系统. 入射光波的一个光子被散射中心散射变为另一个频率较低的光子并产生一个光学声子,光学声子的频率在光波频段,其数值为入射光子与散射光子的频率之差. 在受激布里渊散射过程中,光子、散射中心以及与介质宏观弹性特性有关的、频率较低的"声学声子"构成一个能量守恒系统. 入射光波的一个光子被散射中心散射变为另一个频率略低的光子并产生一个声学声子,声学声子的频率在声波频段,其数值为入射光子与散射光子的频率之差. 这类损耗只有在入射光较强（数百毫瓦以上）时才能表现出来. 一般情况下,光纤通信线路中的光功率为毫瓦量级,因此这类散射损耗的影响极小.

如图 7.11 所示,就光纤损耗的频谱特性而言,在波长 $0.8\,\mu\mathrm{m}$ 至 $1.6\,\mu\mathrm{m}$ 的波段内,光纤的传输损耗都很小,可以用于光纤通信. 但是由于光电子器件等方面的原因,目前的光通信系统大都工作在 $0.8\sim0.9\,\mu\mathrm{m}$, $1.2\,\mu\mathrm{m}\sim1.3\,\mu\mathrm{m}$ 和 $1.5\,\mu\mathrm{m}$ 附近的波段内,这些常用的波段被称为光纤的工作窗口.

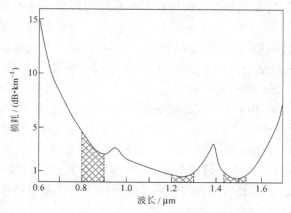

图 7.11　石英系光纤的传输损耗及其工作窗口

7.5.2　减小光纤损耗的方法

损耗是光纤传输特性的主要指标,它直接影响光通信系统无中继通信的距离,光纤通信技术就是从研究如何减少光纤的传输损耗开始的. 根据对光纤损耗原因的研究,减小光纤损耗的主要途径和方法可以归结为:

（1）提高光纤材料的化学纯度,减少金属杂质;

（2）减少光纤材料中 OH^- 的浓度;

（3）改进光纤的拉制工艺，提高光纤材料的微观均匀性及光纤几何尺寸的宏观均匀性.

目前，商用石英系通信光缆的损耗指标为：$1.3\,\mu m$ 波段，$0.5\,dB/km$；$1.5\,\mu m$ 波段，$0.18\sim0.20\,dB/km$. 其中石英系光纤在 $1.5\,\mu m$ 波段的损耗值已经接近其理论值 $0.10\,dB/km$.

氟化物光纤是人们普遍关注的一种新型光纤，理论分析表明，此类光纤在 $2.5\,\mu m$ 波段的理论损耗值为 $0.001\,dB/km$. 如果此类光纤以及相应的激光源、光检测器件研制成功，则光通信系统的中继距离可以在现有基础上再增加 100 倍.

§7.6 光纤的色散特性

光纤的色散也是光纤传输特性的主要指标.目前，色散是高速率光纤通信系统长距离传输信号的主要障碍之一.研究光纤色散的原因，减小色散的影响，对于提高光纤通信系统的容量、增加中继距离具有重要意义.

根据波导理论中部分波的概念可知，除了 TEM 模式以外，波导中的所有模式必须依赖于波导壁的反射才能长距离传输.根据图 7.8，在光纤中传输的光波依赖于光纤纤芯和光纤包层间界面的全反射现象，而且按不同的全反射角传输的光线具有不同的轴向群速度，这说明在光纤中传输的光波都是色散波.色散波的一个特点是其群速度与工作频率有关，也就是说不同频率的光波具有不同的群速度.当利用光波传输信号时，必然要对光波进行调制，调制后的光波必然具有一定的频谱宽度.按照调制信号的傅里叶展开式可知，调制后的光波信号中包含一系列的频率分量.由于不同频率的分量具有不同的群速度，那么，从发射端出发的信号到达接收端时将产生波形失真.当传输的信号码率较高时，相邻的码可能由于波形失真而发生重叠，这样就会形成接收系统的判决错误，形成误码.

图 7.12 定性地描述了色散使得信号脉冲被展宽的现象，以及脉冲展宽后可能造成误码的原因.为了防止色散效应造成系统误码，（1）可以加大相邻脉冲的间隔，但这将降低光纤通信系统的传输码率，即降低了光纤通信系统的传输容量；（2）也可以减小中继距离，也就是在信号脉冲还未被展宽到可能造成误码之前，将信号重新整形后再发送出去.

光纤的色散是目前制约光纤通信系统中继距离和通信容量的主要因素之一，对光纤通信系统总体指标的提高十分有害.光纤的色散特性与波导基本相同，根据式（2-14a）、式（2-17a）和式（2-18），光纤的色散可以分为四类：模式色散，材料色散，波导色散和频率色散.另外，当光纤通信系统的单通道传输码率超过 10 Gbit/s 后，偏振模色散的影响也必须加以考虑.

光波是电磁波，因此光纤中模式色散的概念与波导中模式色散的概念完全

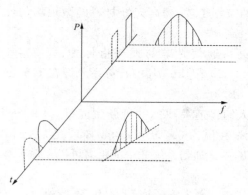

图 7.12　色散造成误码的定性说明

相同. 减小模式色散的方法就是在光纤中实现单模传输. 要实现光纤的单模传输, 必须知道光纤中各模式的截止频率, 必须求出单模传输条件. 这个问题只有采用场解法才能解决.

材料色散是由于纤芯材料对不同的光波波长具有不同的折射率而造成的. 光在光纤中的传播速度为 $v = \dfrac{c}{n_1(\lambda)}$, 所以不同波长的光波具有不同的群速度.

波导色散的形成与色散波的传播常数 β 有关. 因为色散波的传播常数 β 与工作波长和波导几何结构参数有关, 所以光纤中不同频率分量的光信号的群速度差(即色散)就与光纤的几何结构以及相对折射率差 Δ 有关. 就当前多模光纤的制造工艺而言, 波导色散相对于材料色散已经很小, 因此对于多模光纤可以忽略波导色散.

值得注意的是, 模式色散在原则上可以通过实现单模传输来避免, 而频率色散和材料色散对于调制信号是无法避免的. 由于单模光纤的总色散为波导色散、频率色散和材料色散的综合效果, 而且合理设计单模光纤的几何结构以及相对折射率差 Δ 可以调整单模光纤的波导色散, 所以有可能使波导色散与频率色散和材料色散相互抵消, 形成总色散符合各种特殊要求的光纤, 如零色散位移光纤、非零色散位移光纤和色散补偿光纤(Dispersion Compensating Fiber, 简称DCF)等.

减小光纤通信系统色散的主要措施有：采用单模传输光纤, 提高光源的频谱纯度, 改善光纤的拉制工艺, 采用色散补偿、色散管理技术, 等等.

§7.7　光纤的本征值方程和单模工作条件

根据第二章中的讨论, 一般情况下, 电磁波传输系统应当工作在单模传输状态.在§7.6 中又提到实现单模传输可以降低光纤传输系统的色散,从而可以提高光纤通信系统的传输容量和无再生中继距离.要实现光纤传输系统的单模传输状态,必须知道光纤中各传输模式的截止频率.由于光纤也是电磁波波导,因此,可以根据§2.4 的方法、结论以及光纤的边界条件,求出光纤中导行电磁波的场解、导行波的本征值方程以及光纤的单模传输条件.

7.7.1　光纤中的电磁场解

光纤实际上是介质圆柱波导,它与金属圆柱波导的不同仅仅在于径向边界条件.因此根据 2.4.1 小节的讨论可以得到光纤中电磁场的通解.

在讨论金属圆波导的场解时,曾得到结论:对于金属圆波导中的导行波而言,必有 $k_c^2 > 0$,即有 $\omega^2 \mu\varepsilon - \beta^2 > 0$.因为光纤纤芯中传输的是导行电磁波,所以光纤纤芯中的电磁场应当用贝塞尔函数来描述.又因光纤中心 $r=0$ 处的电磁场必须是有限值,所以必有 $B_2 = 0$.

由于光纤包层中的电磁场应当随 r 的增大而递减并最终趋于零,而贝塞尔函数不具有这种特征.因此光纤包层中电磁场的解必然是变态贝塞尔函数,而且还应有 $B_1' = 0$.这同时表明,在光纤的包层中 k_c^2 为负数,即 $\omega^2 \mu\varepsilon - \beta^2 < 0$.

由此可得光纤中 z 分量电场解柱坐标下的一般形式为

$$E_z(r,\varphi) = \begin{cases} A_m \cos(m\varphi - \varphi_0) \mathrm{J}_m\left(r\sqrt{k_0^2 n_1^2 - \beta^2}\right), & r \leqslant a, & \text{(7-13a)} \\ B_m \cos(m\varphi - \varphi_1) \mathrm{K}_m\left(r\sqrt{\beta^2 - k_0^2 n_2^2}\right), & r > a. & \text{(7-13b)} \end{cases}$$

其中,A_m, B_m 为振幅常数.φ_0, φ_1 分别为纤芯中和包层中电场的初始幅角,k_0 为电磁波在空气中的传播常数,n_1 为光纤纤芯材料折射率,n_2 为光纤包层材料折射率,β 为电磁波在光纤中的传播常数,a 为光纤纤芯半径.

由于导行电磁波在光纤纤芯中必须满足 $\omega^2 \mu\varepsilon - \beta^2 > 0$,在光纤包层中必须满足 $\omega^2 \mu\varepsilon - \beta^2 < 0$,由此可得到光纤中传输模式的传播常数应满足的条件

$$k_0 n_1 > \beta > k_0 n_2, \quad \text{(7-13c)}$$

$$k_0 = \omega\sqrt{\mu_0 \varepsilon_0} = \frac{2\pi}{\lambda_0}.$$

同理,可以求出光纤中磁场的 z 分量为

$$H_z(r,\varphi) = \begin{cases} C_m \cos(m\varphi - \varphi_0') \mathrm{J}_m\left(r\sqrt{k_0^2 n_1^2 - \beta^2}\right), & r \leqslant a, & \text{(7-14a)} \\ D_m \cos(m\varphi - \varphi_1') \mathrm{K}_m\left(r\sqrt{\beta^2 - k_0^2 n_2^2}\right), & r > a. & \text{(7-14b)} \end{cases}$$

其中 C_m, D_m 为振幅常数,φ_0', φ_1' 分别为纤芯中和包层中电磁场初始幅角.

根据电场、磁场在空间的正交性,可知 $\varphi_0 - \varphi_0' = 90°$.选 $\varphi_0 = 0°$ 或选 $\varphi_0' = 0°$ 可以得到两组解,当 $m=0$ 时,它们分别对应于 TE 和 TM 模式.

有了 $E_z(r,\varphi)$，$H_z(r,\varphi)$ 的表达式，利用麦克斯韦方程组中的两个旋度方程，即可求出光纤中电磁场的其他四个场分量.

7.7.2   光纤中导行光波的截止

要在金属波导中维持导行电磁波，只需电磁波的传播常数 β 为虚数即可. 然而要在光纤中维持导行光波，不但要在光纤纤芯中保证电磁波的传播常数 β 为虚数，还要保证光纤的包层中没有辐射场. 也就是说，如果条件 $k_0 n_1 > \beta > k_0 n_2$ 不能得到满足，则光纤必然处于截止状态. 由此可以看出，光纤的截止状态与金属波导的截止状态既有相同之处，也有区别. 如果金属波导处于截止状态，则电磁波能量将被反射回电磁波源处；如果光纤处于截止状态，则电磁波能量可能被反射回电磁波源，也可能会辐射到自由空间中.

对于实际的光纤而言，$k_0 n_1 > \beta$ 通常都能得到满足. 然而，如果 $k_0 n_2 \geq \beta$，则光纤包层中的电磁场必然具有贝塞尔函数的形式. 这就说明电磁场沿 r 方向不再是单调衰减的形式，而呈现辐射的形态，即形成了所谓的漏模. 因此，当 $\beta = k_0 n_2$ 时，光纤不能有效地传输电磁波能量，按照截止状态的定义，此时光纤也是处于截止状态.

对于光纤通信系统中常用的半导体激光器和常用的光纤而言，$k_0 n_1 > \beta$ 总是能够得到满足的. 为了便于求出光纤的截止波长，可以把 $\beta = k_0 n_2$ 作为判断光纤是否截止的条件（这与金属波导中截止的定义有所不同）.

为了数学处理上的方便，定义

$$U = a\sqrt{k_0^2 n_1^2 - \beta^2}, \quad W = a\sqrt{\beta^2 - k_0^2 n_2^2},$$

$$V = \sqrt{W^2 + U^2} = ak_0\sqrt{n_2^2 - n_1^2} = an_1 k_0\sqrt{\frac{n_2^2 - n_1^2}{n_1^2}}$$

$$\approx an_1 k_0\sqrt{\frac{2n_1(n_2 - n_1)}{n_1^2}} = an_1 k_0\sqrt{2\Delta} = \sqrt{2\Delta}n_1\frac{2\pi}{\lambda}a. \tag{7-15}$$

由此定义的 V 通常称为光纤的归一化频率或光纤的结构参数. 根据对光纤中导行光波截止的讨论可知，当 $\beta = k_0 n_2$ 时光纤中的导行光波就不存在了. 由此可知，光纤中导行光波的临界截止条件为

$$W = 0,$$

由此可以导出截止时的归一化频率为

$$V_c = V\Big|_{W=0} = U\Big|_{W=0} = U_c = \sqrt{2\Delta}n_1\frac{2\pi}{\lambda_c}a. \tag{7-16}$$

式(7-16)表明，只要能在 $W=0$ 的前提下，求出各模式的 U 值（即 U_c），就可以求出各模式的截止波长 λ_c，从而求出主模及其单模传输的条件.

7.7.3 光纤中导行波的特征方程

特征方程就是波动方程的本征值方程,它是在特定边界条件下采用分离变量法求解波动方程的必然结果.对光纤而言,特征方程就是 W,U 和 β 之间关系的数学表达.在特征方程中引入截止条件 $W=0$,就可以解出 U_c,从而求解出光纤中各模式的截止波长 λ_c 和单模传输条件.

特征方程是由光纤纤芯与光纤包层分界面上电磁场的边界条件导出的,将式(7-13)和式(7-14)代入麦克斯韦方程组中的两个旋度方程中可得 E_θ 和 H_θ,然后利用边界,即利用

$$E_{\theta 1}\Big|_{r=a} = E_{\theta 2}\Big|_{r=a}, \quad H_{\theta 1}\Big|_{r=a} = H_{\theta 2}\Big|_{r=a},$$

就可以导出光纤的特征方程

$$\left[\frac{1}{U}\frac{J'_m(U)}{J_m(U)} + \frac{1}{W}\frac{K'_m(W)}{K_m(W)}\right]\left[\frac{n_1^2}{n_2^2}\frac{1}{U}\frac{J'_m(U)}{J_m(U)} + \frac{1}{W}\frac{K'_m(W)}{K_m(W)}\right]$$

$$= m^2\left(\frac{1}{U^2} + \frac{1}{W^2}\right)\left(\frac{n_1^2}{n_2^2}\frac{1}{U^2} + \frac{1}{W^2}\right). \tag{7-17}$$

这个方程是一个超越方程,不可能得到精确的解析解.考虑到通信用光纤为弱导光纤,其相对折射率差 $\Delta \approx 0.01$,可近似认为 $\frac{n_1^2}{n_2^2} \approx 1$.则光纤的特征方程可以简化为

$$\frac{1}{U}\frac{J'_m(U)}{J_m(U)} + \frac{1}{W}\frac{K'_m(W)}{K_m(W)} = \pm m\left(\frac{1}{U^2} + \frac{1}{W^2}\right). \tag{7-18}$$

在导出式(7-13)和式(7-14)式时曾指出,根据电场、磁场在空间的正交性,可知 $\varphi_0 - \varphi'_0 = 90°$.当我们分别选 $\varphi_0 = 0°$ 或选 $\varphi'_0 = 0°$ 可以得到两组解,它们都是光纤中电磁场的解.

1. 光纤中的 TE 模式和 TM 模式

当 $m=0$ 时,$\varphi_0 = 0°$ 或 $\varphi'_0 = 0°$ 这两组解分别对应于 TE 模式和 TM 模式.也就是说,在特征方程(7-18)中,令 $m=0$,则可以得到光纤中 TE 模式和 TM 模式的特征方程

$$\frac{1}{U}\frac{J'_m(U)}{J_m(U)} + \frac{1}{W}\frac{K'_m(W)}{K_m(W)} = 0,$$

利用贝塞尔函数的递推公式

$$J'_0(x) = -J_1(x), \quad K'_0(x) = -K_1(x). \tag{7-19a}$$

可得光纤中 TE 模式和 TM 模式的特征方程

$$\frac{1}{U}\frac{J_1(U)}{J_0(U)} + \frac{1}{W}\frac{K_1(W)}{K_0(W)} = 0. \tag{7-19b}$$

已知在临界截止条件下，$W \to 0$. 此时，贝塞尔函数的渐近表达式为

$$J_m(x)\big|_{x \to 0} \approx \frac{x^m}{2^m(1+m)!},$$

$$K_0(x)\big|_{x \to 0} \approx \ln\left(\frac{2}{x}\right) \to 0,$$

$$K_m(x)\big|_{x \to 0} \approx \frac{2^{m-1}(m-1)!}{x^m} \to +\infty.$$

将这几个条件代入(7-19b)式，可得

$$-\frac{1}{U_c}\frac{J_1(U_c)}{J_0(U_c)} = \frac{1}{W}\frac{K_1(W)}{K_0(W)}\bigg|_{W \to 0} \to +\infty. \tag{7-19c}$$

根据贝塞尔函数的渐近表达式，当 $U_c = 0$ 时，上式左边将趋于有限值，等式不成立，所以 U_c 不能为零. 要使式(7-19c)成立，必须有

$$J_0(U_c) = 0. \tag{7-20}$$

这表明，TE 模式、TM 模式的截止波长与零阶贝塞尔函数的根有关. 表 7.4 列出了光纤中 TE_{mn} 模式和 TM_{mn} 模式的截止参数与零阶贝塞尔函数的部分根.

表 7.4 光纤中 TE_{0n} 和 TM_{0n} 模式的截止参数与零阶贝塞尔函数的第 n 个根

模 式	$\text{TE}_{01}, \text{TM}_{01}$	$\text{TE}_{02}, \text{TM}_{02}$	$\text{TE}_{03}, \text{TM}_{03}$	...
m	0	0	0	...
n	1	2	3	...
$V_c = U_c$	2.40483	5.52008	8.65373	...

2. 光纤中的 EH 模式和 HE 模式

当 $m \neq 0$ 时，由特征方程(7-18)可得到两组解，它们分别对应于 EH 模式和 HE 模式的特征方程，这两种模式都被称为混合模式. 特征方程(7-18)右边取正号对应于 EH 模式；特征方程(7-18)右边取负号对应于 HE 模式. EH 模式的纵向电场幅度大于其纵向磁场幅度；HE 模式的纵向磁场幅度大于其纵向电场幅度.

利用贝塞尔函数的递推公式

$$J'_m(x) = \frac{m}{U}J_m(x) - J_{m+1}(x) = -\frac{m}{U}J_m(x) + J_{m-1}(x),$$

$$K'_0(x) = \frac{m}{W}K_m(x) - K_{m+1}(x) = -\frac{m}{W}K_m(x) - K_{m-1}(x),$$

由特征方程(7-18)可得 EH 模式和 HE 模式的特征方程：

EH 模式：

$$\frac{1}{U}\frac{J_{m+1}(U)}{J_m(U)} = \frac{1}{W}\frac{K_{m+1}(W)}{K_m(W)}, \tag{7-21a}$$

HE 模式：

$$\frac{1}{U}\frac{J_{m-1}(U)}{J_m(U)} = \frac{1}{W}\frac{K_{m-1}(W)}{K_m(W)}. \tag{7-21b}$$

（1）在 EH 模式特征方程（7-21a）中代入临界截止条件和贝塞尔函数的渐近表达式，可以得到

$$-\frac{1}{U_c}\frac{\mathrm{J}_{m+1}(U_c)}{\mathrm{J}_m(U_c)} \to \infty, \qquad (7\text{-}22)$$

同样，根据贝塞尔函数的渐近表达式，$U_c=0$ 时，上式左边将趋于有限值，所以 U_c 不能为零，即有

$$\mathrm{J}_m(U_c) = 0.$$

这表明，EH 模式的截止波长与 m 阶贝塞尔函数的根有关（见表 7.5）.

表 7.5　光纤中 EH_{mn} 模式的截止参数与 m 阶贝塞尔函数的第 n 个根

模　式	EH_{11}	EH_{12}	EH_{13}	…
m	1	1	1	…
n	1	2	3	…
$V_c=U_c$	3.83171	7.01557	10.17347	…
模　式	EH_{21}	EH_{22}	EH_{23}	…
m	2	2	2	…
n	1	2	3	…
$V_c=U_c$	5.13562	8.41724	11.61984	…

（2）在 HE 模式特征方程（7-21b）中代入临界截止条件和贝塞尔函数的渐近表达式，可以得到

$$-\frac{1}{U_c}\frac{\mathrm{J}_{m-1}(U_c)}{\mathrm{J}_m(U_c)} = \frac{1}{2(m-1)}. \qquad (7\text{-}23)$$

① 当 $m=1$ 时，特征方程（7-23）变为

$$-\frac{1}{U_c}\frac{\mathrm{J}_{m-1}(U_c)}{\mathrm{J}_m(U_c)} \to \infty.$$

由于 $\mathrm{J}_1(0)=0,\mathrm{J}_2(0)=0$，所以特征方程的解为

$$U_c = 0, \quad \mathrm{J}_1(U_c) = 0. \qquad (7\text{-}24\mathrm{a})$$

这表明，当 $m=1$ 时，HE 模式的截止波长与 1 阶贝塞尔函数的根有关（见表 7.6），而且存在一个截止波长为无穷大的模式 HE_{11} 模. HE_{11} 模就是光纤中的主模，也就是可以实现单模传输的模式.

表 7.6　光纤中 HE_{mn} 模式的截止参数与 1 阶贝塞尔函数的第 n 个根

模　式	HE_{11}	HE_{12}	HE_{13}	…
m	1	1	1	…
n	0	1	2	…
$V_c=U_c$	0	3.83171	7.01559	…

② 当 $m>1$ 时，特征方程（7-23）变为

$$2(m-1)\mathrm{J}_{m-1}(U_c) = U_c\mathrm{J}_{m-1}(U_c),$$

利用贝塞尔函数的递推公式可以得到特征方程的解

$$J_{m-2}(U_c) = 0. \tag{7-24b}$$

这表明,当 $m>1$ 时,EH 模式的截止波长与 $m-2$ 阶贝塞尔函数的根有关(见表 7.7).

表 7.7   光纤中 HE_{mn} 模式的截止参数与 $m-2$ 阶贝塞尔函数的第 n 个根

模 式	HE_{21}	HE_{22}	HE_{23}	⋯
m	2	2	2	⋯
n	1	2	3	⋯
$V_c = U_c$	2.40483	5.52008	8.65373	⋯
模 式	HE_{31}	HE_{32}	HE_{33}	⋯
m	3	3	3	⋯
n	1	2	3	⋯
$V_c = U_c$	3.83171	7.01557	10.17347	⋯

7.7.4   光纤的单模传输条件

求出了光纤中各模式的截止参数后,就可以讨论光纤的单模传输条件了.由表 7.8 可见:截止频率最低的模式是 HE_{11} 模,它的截止频率为 0(其实这是不可能的,产生这样的结果是因为我们做了近似.但可以肯定 HE_{11} 模式是主模.);次低模式有 TE_{01},TM_{01} 和 HE_{21},它们的截止频率都是 2.40483,因此是简并模式.阶跃型弱导光纤中 HE_{11},TE_{01},TM_{01} 以及 HE_{21} 模式的横向电场在纤芯中的分布如图 7.13 所示.

表 7.8   弱导光纤中各模式的截止参数

光纤中的模式	HE_{11}	TE_{01}	TM_{01}	HE_{21}	EH_{11}	HE_{12}	HE_{31}	EH_{21}	HE_{41}	⋯
截止频率 V_c	0		2.40483			3.83171			5.13562	⋯

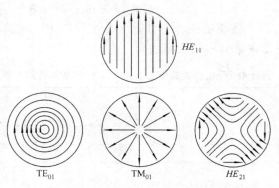

图 7.13   阶跃型弱导光纤的横向电场在纤芯中的分布

由表 7.8 可以确定光纤中次低模式的截止频率和截止波长为

$$V_c = 2.40483,$$

$$\lambda_c = \sqrt{2\Delta}n_1 \frac{2\pi}{2.40483}a. \tag{7-25}$$

如果次低模式都截止，则只有主模 HE_{11} 模式处于传输状态. 因此，次低模式的截止条件就是 HE_{11} 模式的单模传输条件. 式(7-25)表明了光纤中次低模式的截止波长与光纤纤芯半径的关系. 在已知光纤芯径 a 的情况下，如果光源的波长大于式(7-25)的计算值时，光纤中将只存在 HE_{11} 模式. 如果已知光源的波长，可以根据式(7-25)算出光纤实现单模传输的光纤纤芯半径 a.

目前，单模光纤通信系统中使用的光源波长为 $\lambda \approx 1.3 \sim 1.55~\mu m$，相对折射率差为 $\Delta \approx 0.2\% \sim 0.5\%$，光纤纤芯折射率 $n_1 \approx 1.51$. 从理论上讲，如果要求光纤中除 HE_{11} 模式外的所有模式都截止，则需要 $2a \approx 6.6 \sim 12.4~\mu m$. 实际光纤通信系统中的单模光纤芯径 $2a \approx 4 \sim 10~\mu m$.

由于单模光纤芯径很小，给加工、连接和与光源的耦合带来了一些困难. 尽管这些困难并没有阻碍光纤通信事业的发展，但却不利于降低光纤通信系统的生产成本和维护成本. 解决问题的途径之一是增大激光源的工作波长和光纤的工作窗口波长. 因此，氟化物光纤和长波长激光源的研究将会给光通信技术带来新的变革.

7.7.5　弱导光纤的线偏振模

表 7.8 是根据经典电磁场理论分类和命名的弱导光纤工作模式，1971 年 Gloge 针对弱导光纤的特点将表 7.8 中的模式按照特定的规律重新分类和命名，提出了所谓的线偏振（Linear Polarization，简称 LP）模式.

若干低阶 LP 模式与经典电磁场理论模式的关系如表 7.9 所示. 其中 LP_{01} 模式是极化简并模式，其电磁场分布和光斑如图 7.14 所示. LP_{11} 模式有 4 种可能的形式，其中两种电磁场分布和光斑形式如图 7.15 所示. LP 模式的最主要特点是其在光纤横截面上的电场和磁场都只有一个分量.

表 7.9　弱导光纤 LP 模式与经典电磁场理论模式的关系

LP 模式标记	经典电磁场理论模式	简并模式数目
LP_{01}	HE_{11} 水平极化，HE_{11} 垂直极化	2
LP_{11}	TE_{01}，TM_{01}，HE_{21} 水平极化，HE_{21} 45°极化	4
LP_{21}	EH_{11}，HE_{31} 各有两个极化方向	4
LP_{02}	HE_{12} 有两个极化方向	2
LP_{31}	EH_{21}，HE_{41} 各有两个极化方向	4
...		

HE_{11}垂直极化电场及其光斑　　　　HE_{11}水平极化电场及其光斑

图 7.14　LP_{01}模式的横向电场以及光斑分布

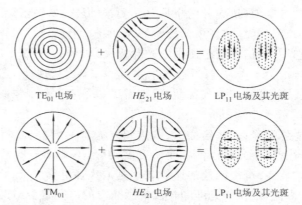

TE_{01}电场　　　　HE_{21}电场　　　　LP_{11}电场及其光斑

TM_{01}　　　　HE_{21}电场　　　　LP_{11}电场及其光斑

图 7.15　由经典电磁波理论模式构成的两个 LP_{11} 模式的横向电场及其光斑分布

§7.8　光纤通信系统

　　光纤通信系统的基本结构与高频通信系统、微波通信系统十分相似,特别是它们的基带信号处理方式和理论完全相同.光纤通信系统与高频通信系统、微波通信系统的根本区别是:光纤通信系统采用光纤作为信息传输介质,因而增加了一套将电信号和光信号相互转换的设备.

　　光纤通信系统中完成电-光转换的设备就是光发射单元,完成光-电转换的设备就是光接收单元.光纤和光收、光发单元是构成光纤通信系统的最基本条件,光纤通信系统中还可以增加光中继器、光纤放大器等,以提高光通信系统的整体技术指标.

　　光纤通信系统的载波是光波,目前常用的载波波长在 1.3 μm 和 1.5 μm 波段.光纤通信系统的调制方式可分为光强度调制(有直接调制和间接调制之分)、光频率调制和光相位调制等;解调方式可分为相干解调和非相干解调两类;调制体制可分为模拟调制和数字调制;调制码型有归零码(Return to Zero,简称 RZ)和非归零码(Non-Return to Zero,简称 NRZ).

　　常规光纤通信系统的主要组成部分如图 7.16 所示,其中包括光发射单元、光纤、光中继器、光接收单元等,其中光发射单元、光接收单元、光纤是构成光通信系统的最基本单元和关键设备.

由于光纤通信技术水平发展的限制,目前比较成熟的调制-解调方式是光强度调制、非相干光强度解调方式,调制码型为非归零码,调制-解调体制有模拟体制和数字体制两类.数字体制主要应用在话音和数据通信方面,模拟体制主要用在有线电视系统中.

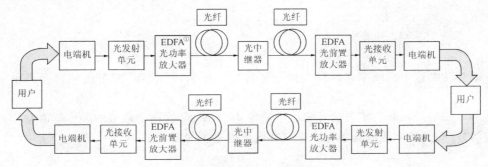

图 7.16　常规光通信系统结构框图

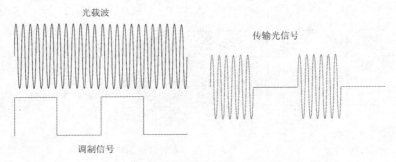

图 7.17　光强度调制的信号波形

光强度调制的信号波形如图 7.17 所示,光载波的强度经"1"和"0"组成的二元码电信号调制后在光纤中形成一个光强度脉冲序列,这个光脉冲序列经过光纤传输到达接收端.接收机中的光电检测二极管又将这个光脉冲序列还原为由"1"和"0"组成的二元码电信号.

光频率调制的信号波形如图 7.18 所示,光载波的频率经"1"和"0"组成的二元码电信号调制后在光纤中形成一个光频率来回跳变的信号序列,这个光信号序列经过光纤传输到达接收端.接收机中有由光滤波器和光电检测二极管构成的光接收器件,该滤波器的通带对准传输光信号功率谱中的一个,则光电检测二

---

① EDFA:erbium-doped fiber amplifier,掺铒光纤放大器.

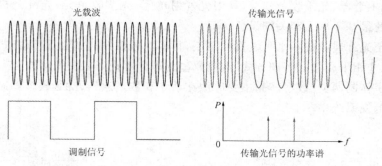

图 7.18　光频率调制的信号波形

极管又将这个光频率来回跳变的信号序列还原为由"1"和"0"组成的二元码电信号.

　　归零码和非归零码信号的波形如图 7.19 所示.这两个码型的名称是由它们的"1"码光功率或电功率在一个时钟周期内是否归零而来.

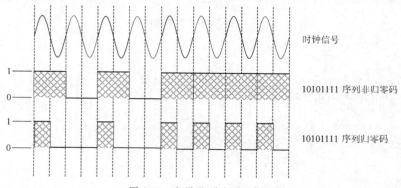

时钟信号

10101111 序列非归零码

10101111 序列归零码

图 7.19　归零码、非归零码信号波形

　　当信号序列中连"1"码的个数较多时,归零码序列中仍然有丰富的时钟信号,而此时,即使采用特殊的时钟信号生成技术,从非归零码序列中提取出的时钟信号仍然比较弱,因此,归零码序列中的时钟信号强度大,有利于时钟、数据的再生.理论分析和实验还表明,光纤通信系统采用归零码序列时的色散代价较小.

　　由图 7.19 可见,归零码序列的基波频率比非归零码序列的高一倍,因此对系统中电子器件的开关速度要求较高.

　　目前,应用最广泛的光纤通信系统采用的是数字体制、非归零码、光强度调制-解调方式,光纤通信系统中光接收、光发射单元的原理框图如图 7.20 和图 7.21 所示.

　　在光接收单元中,先由光电检测器将按"1"和"0"变化的光强度信号变成按

"1"和"0"变化的电流幅度信号;再由前置放大器和限幅放大器将信号放大;最后由时钟、数据再生电路对数据信号判决、整形后输出给电端机进行处理.目前,155 Mbit/s,622 Mbit/s,2.488 Gbit/s 以及 10 Gbit/s 的光接收单元器件、集成电路都已经实现商品化,40 Gbit/s 的光接收单元器件也已经开始商品化.

　　光通信系统中的光发射单元有两种类型,一种是直接调制(内调制),另一种是间接调制(外调制).在光发射单元中,按"1"和"0"变化的输入电压信号先经驱动器进行功率放大,然后用于驱动激光器或外调制器.直接调制方式的成本较低,间接调制方式的技术指标较高,它们各有自己的应用领域.

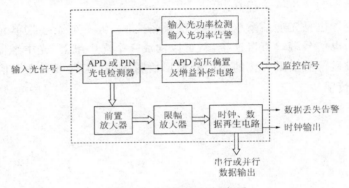

图 7.20　光接收单元原理框图

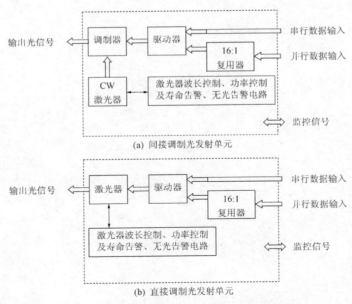

(a) 间接调制光发射单元

(b) 直接调制光发射单元

图 7.21　间接调制和直接调制光发射单元原理框图

光发射单元的品质是决定光纤通信系统整体指标的关键因素之一,而光发射单元的品质主要取决于激光器的频谱纯度和驱动器的性能.

目前,3 dB 频谱宽度为 10 MHz 左右甚至更低的分布反馈布拉格光栅(Distributed Feedback,简称 DFB)激光器已经成为商品.已知 1.5 μm 波段 DFB 激光器的中心工作频率约为 193.1 THz,由此可以换算出 DFB 激光器中分布反馈谐振腔的等效有载品质因数 $Q_L = 193.3 \times 10^{12}/1 \times 10^7 = 1.9 \times 10^7$,相对于微波频段中谐振腔的有载品质因数,DFB 激光器中谐振腔的有载品质因数高得惊人.然而,如果要在光通信系统中采用相干解调方式解调,激光器中谐振腔的有载品质因数还需要进一步提高.

光中继器也是光通信系统中的关键设备之一,将一个光接收单元和一个光发射单元的电信号端口直接连接,就可以构成一个光中继器.光中继器可以将经长距离传输后信号质量劣化的光信号整形后再传输,从而可实现光信号的长距离、高质量传输.

附　　录

附录 A　50 Ω 系统在正弦波信号下,功率 P、
电压有效值 V_{eff}、电压峰值 V_p、
电压峰–峰值 V_{p-p} 的换算关系

表　A-1

P/dBm	$P/\mu W$	V_{eff}/mV	V_p/mV	V_{pp}/mV	P/dBm	P/mW	V_{eff}/mV	V_p/mV	V_{pp}/mV
−30	**1.0**	**7.1**	**10.0**	**20.0**	**0**	**1.0**	**0.22**	**0.32**	**0.63**
−29	1.3	7.9	11.2	22.4	1	1.3	0.25	0.35	0.71
−28	1.6	8.9	12.6	25.2	2	1.6	0.28	0.40	0.80
−27	2.0	10.0	14.1	28.3	3	2.0	0.32	0.45	0.89
−26	2.5	11.2	15.8	31.7	4	2.5	0.25	0.50	1.00
−25	3.2	12.6	17.8	35.6	5	3.2	0.40	0.56	1.12
−24	4.0	14.1	20.0	39.9	6	4.0	0.45	0.63	1.26
−23	5.0	15.8	22.4	44.8	7	5.0	0.50	0.71	1.42
−22	6.3	17.8	25.1	50.2	8	6.3	0.56	0.79	1.59
−21	7.9	19.9	28.2	56.4	9	7.9	0.63	0.89	1.78
−20	**10.0**	**22.4**	**31.6**	**63.2**	**10**	**10.0**	**0.71**	**1.00**	**2.00**
−19	12.6	25.1	35.5	71.0	11	12.6	0.79	1.12	2.24
−18	15.8	18.2	39.8	79.6	12	15.8	0.89	1.26	2.52
−17	20.0	31.6	44.7	89.3	13	20.0	1.00	1.41	2.83
−16	25.1	35.4	60.1	100.2	14	25.1	1.12	1.58	3.17
−15	31.6	39.8	56.2	112.5	15	31.6	1.26	1.78	3.56
−14	39.8	44.6	63.1	126.2	16	39.8	1.41	2.00	3.99
−13	50.1	50.1	70.8	141.6	17	50.1	1.58	2.24	4.48
−12	63.1	56.2	79.4	158.9	18	63.1	1.78	2.51	5.02
−11	79.4	63.0	89.1	178.3	19	79.4	1.99	2.82	5.64
−10	**100.0**	**70.7**	**100.0**	**200.0**	**20**	**100.0**	**2.24**	**3.16**	**6.32**
−9	125.9	79.3	112.2	224.4	21	125.9	2.51	3.55	7.10
−8	158.5	89.0	125.9	251.8	22	158.5	2.82	3.98	7.96
−7	199.5	99.9	141.3	282.5	23	199.5	3.16	4.47	8.93
−6	251.2	112.1	158.5	317.0	24	251.2	3.54	5.01	10.02
−5	316.2	125.7	177.8	355.7	25	316.2	3.98	5.62	11.25
−4	398.1	141.1	199.5	399.1	26	398.1	4.46	6.31	12.62
−3	501.2	158.3	223.9	447.7	27	501.2	5.01	7.08	14.16
−2	631.0	177.6	251.2	502.4	28	631.0	5.62	7.94	15.89
−1	794.3	199.3	281.8	563.7	29	794.3	6.30	8.91	17.83
0	**1000.0**	**223.6**	**316.2**	**632.5**	**30**	**1000.0**	**7.07**	**10.00**	**20.00**

附录 B　常用微波/毫米波同轴连接器

　　SMA 连接器是最常用的微波同轴连接器,属于螺纹连接型连接器.常规产品的工作频率为 CD-12.5 GHz,质量较好的产品可工作到 18 GHz,最高可以工作到 27 GHz.SMA 连接器适用于 0.085 英寸(1 英寸=0.0254 米)微波同轴线,经过改装可以用于 0.047 英寸微波同轴线.

　　K,V,W1 连接器是 Wiltron 公司的专利产品,属于螺纹连接型毫米波同轴连接器.其中 K 连接器兼容 SMA 连接器;V 连接器兼容 2.4 mm、2.0 mm 和 1.85 mm 连接器,适用于 0.085 英寸微波/毫米波同轴线;W1 连接器兼容 1.0 mm 连接器.VP 是 Wiltron 公司的推压型微波小型同轴连接器专利产品,兼容 GPO 微波连接器.

　　GPO 是 Corning Gilbert 公司的推压型微波小型同轴连接器,适用于 0.085 英寸或 0.047 英寸微波同轴线,产品的工作频率为 26.5 GHz,最高工作频率可以达到 40 GHz.

　　GPPO 也是 Corning Gilbert 公司推出的推压型微波小型同轴连接器,适用于 0.085 英寸或 0.047 英寸微波同轴线.相对于 GPO,GPPO 的结构,其尺度更小,工作频率可达 65 GHz.

图 B-1　微波同轴连接器/适配器

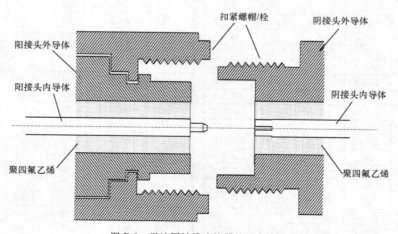

图 B-2　微波同轴线连接器的基本结构

表 B-1　常用微波同轴连接器的基本技术特性

型号	最高工作频率 /GHz	特性阻抗 /Ω	次高模频率 /GHz	驻波系数 VSWR	标准 专利权	连接方式 兼容连接器
L9 (1.6/5.6)	1	75		1.3~1.5	IEC169-13 CECC22240;DIN47295	推压卡口型
C4 (1.0/2.3)	1.5 2	75 50		/	DIN41626	推压卡口型 SAA
SAA	1.65 4.8	75 50		1.25~1.40	CECC22230;DIN47297	推压卡口型 1.0/2.3
SMZ	3	75		1.3~1.5		推压卡口型
SSMB	3	50		1.3~1.63	IEC169-19;CECC22170	推压卡口型
SMB	2 4	75 50		1.3~1.5	MIL-C-39012; IEC Std 169-10;CECC22130	推压卡口型
MMCX	6	50		1.25~1.5	CECC22340	推压卡口型
MCX	1.5 6	75 50		$\leqslant 1.35$ $\leqslant 1.20$	CECC22220	推压卡口型
7/16 (L29)	7.5	50		1.3~1.5	IEC Std 169-4; CECC22190;DIN47223	推压卡口型
BNC (Q9)	2.0 4.0	75 50		$\leqslant 1.30$	IEC Std 169-8; MIL-C-39012	旋压卡口型
N (L16)	11.0	50		$\leqslant 1.30$	MIL-C-39012; IEC Std 169-16;CECC22210	罗纹型
TNC	2.0 11.0	75 50		$\leqslant 1.30$	IEC Std 169-17;MIL-C-39012;CECC22140	罗纹型
SMC	10	50		1.25~1.35	MIL-C-39012; IEC Std 169-9	推压卡口型
SMA	12.4(软同轴线) 18.0(半刚同轴线)	50		$\leqslant 1.30$	MIL-C-39012; MIL-C-348A;IEC Std 169-15	罗纹型 3.5 mm/K/ 2.92 mm
BMA	18.0	50		$\leqslant 1.30$	IEC Std 1169-33	罗纹型
3.5 mm	33.0	50	38	$1.05+6f(\text{THz})$	IEEE Std 287;IEC Std 169-23;IEC Std 45-5	罗纹型 SMA/K/ 2.92 mm
SSMA	35	50		$1.07+0.1f(\text{GHz})$	MIL-C-39012; IEC Std 169-18;CECC22140	
K	40.0	50	45	$< 1.35@40\,\text{GHz}$	Anritsu (Wiltron)	罗纹型 SMA/3.5 mm /2.92 mm
2.92 mm	40.0	50	45	$1.05+5f(\text{THz})$	IEEE Std 287	罗纹型 SMA/ 3.5 mm/K

（续表）

型号	最高工作频率/GHz	特性阻抗/Ω	次高模频率/GHz	驻波系数VSWR	标准专利权	连接方式兼容连接器
2.4 mm	50.0	50	55	<1.10@18 GHz <1.12@26.5 GHz <1.25@50 GHz	IEEE Std 287	罗纹型2.0 mm/V/1.85 mm
2.0 mm		50	66			罗纹型2.4 mm/V1.85 mm
V	65.0	50	71	<1.35@60 GHz	Anritsu（Wiltron）	罗纹型2.4 mm/2.0 mm/1.85 mm
VP	65.0	50		1.10@26.5 GHz 1.22@50.0 GHz 1.50@65.0 GHz	Anritsu（Wiltron）	推压卡口型
1.85 mm	65.0	50	71		IEEE Std 287	罗纹型2.4 mm/2.0 mm/V
W1	110.0	50		<1.35@110 GHz	Anritsu（Wiltron）	罗纹型1.0 mm
1.0 mm	110.0	50	133	<1.377@110 GHz	IEEE Std 287	罗纹型W1
GPO	26.5(40.0)	50			Corning Gilbert	推压卡口型SMP
SMP	40.0	50		≤1.50	MIL Std 348	推压卡口型GPO
GPPO	65.0	50			Corning Gilbert	推压卡口型

注:SMA阳连接器与其他兼容的阴连接器连接时需要格外小心,如果对准状态不好,容易损坏阴连接器的内导体.

附录 C　电压驻波系数（VSWR）与反射损耗、反射系数、失配损耗、匹配效率的换算关系

表　C-1

VSWR	反射损耗/dB	反射系数	失配损耗/dB	匹配效率（%）
1.011	45	0.006	≈0.000	≈100.00
1.020	40	0.010	≈0.000	99.99
1.036	35	0.018	0.001	99.97
1.065	30	0.032	0.004	99.90
1.074	29	0.035	0.005	99.87
1.08	28	0.400	0.007	99.84
1.09	27	0.045	0.009	99.80
1.11	26	0.050	0.011	99.75
1.12	25	0.056	0.014	99.68
1.13	24	0.063	0.017	99.60
1.15	23	0.071	0.022	99.50
1.17	22	0.079	0.027	99.37
1.20	21	0.089	0.035	99.21
1.22	20	0.100	0.044	99.00
1.25	19	0.112	0.055	98.74
1.29	18	0.126	0.069	98.42
1.33	17	0.141	0.088	98.00
1.38	16	0.158	0.110	97.49
1.43	15	0.178	0.140	96.84
1.50	14	0.200	0.176	96.02
1.58	13	0.224	0.223	94.99
1.67	12	0.251	0.283	93.69
1.78	11	0.282	0.359	92.06
1.92	10	0.316	0.458	90.00
2.10	9	0.355	0.584	87.41
2.32	8	0.398	0.749	84.15
2.61	7	0.447	0.967	80.05
3.01	6	0.501	1.256	74.88
3.57	5	0.562	1.651	68.38
4.42	4	0.631	2.205	60.19
5.85	3	0.708	3.021	49.88

注：匹配效率为输出功率与输入功率的百分比.

附录 D 常用微波/毫米波

常用的微波/毫米波同轴线可分为两个系列：MIL-C-17 和 RG. 目前 MIL-C-17 正在逐步替代 RG,许多新型同轴线已经不再按 RG 系列命名型号. 2005 年 MIL-C-17 系列的最新版本为版本 G,即

表 D-1 M17/MIL-C-17 系列同轴

型号	内导体/mm	介质层/mm	外导体/mm	绝缘护套/mm
M17/6-RG11 M17/6-RG12	TC 7×0.404,1.21	PE,7.24	33BC,8.08	PVC-IIA,10.29
M17/28-RG58	TC 19×0.183,0.902	PE,2.95	36TC,3.53	PVC-IIA,4.95
M17/29-RG59	CCS,0.57	PE,3.71	34BC,4.45	PVC-IIA,6.15
M17/30-RG62	CCS,0.64	蜂窝 PE,3.71	34BC,4.45	PVC-IIA,6.15
M17/47-RG114	CCS,0.18	蜂窝 PE,7.24	34BC,7.98	PVC-IIA,10.29
M17/54-RG122	TC 27×0.127,0.78	PE,2.44	36TC,3.02	PVC-IIA,4.06
M17/64-RG35/164	BC,2.65	PE,17.27	30BC,18.44	PVC-IIA,20.10
M17/72-RG211	BC,4.88	PTFE,15.75	32BC,16.69	FG 编织网-V,18.54
M17/74-RG213 M17/74-RG215	BC 7×0.752,2.26	PE,7.24	33BC,8.08	PVC-IIA,10.29
M17/79-RG218 M17/79-RG219	BC,4.95	PE,17.27	30BC,18.44	PVC-IIA,22.10
M17/90-RG71	CCS,0.54	蜂窝 PE,3.71	36BC/36TC,5.03	PVC-IIIA,6.22
M17/119-RG174	CCS 7×0.160,0.48	PE,1.52	38TC,1.98	PVC-IIA,2.79
M17/181-00001 M17/181-00002	TC 7×0.404,1.21	PE,7.24	33BC,8.08	XLPE,10.29
M17/183-00001	TC 19×0.183,0.90	PE,2.95	36TC,3.53	XLPE,10.67
M17/184-00001	CCS,0.57	PE,3.71	34BC,4.45	XLPE,6.15
M17/185-00001	CCS,0.64	蜂窝 PE,3.71	34BC,4.45	XLPE,6.15
M17/186-00001	2C/TC 7×0.320,0.96	PE,2.01	36TC,4.60	XLPE,5.97
M17/187-00001	2C/TC 7×0.127,0.78	PE,2.44	36TC,3.02	XLPE,4.06
M17/189-00001 M17/189-00002	BC 7×0.752,2.26	PE,7.24	33BC,8.08	XLPE,10.29
M17/193-00001 M17/193-00002	BC,4.95	PE,17.27	30BC,18.44	XLPE,22.10
M17/196-00001	CCS 7×0.160,0.48	PE,1.52	38TC,1.98	XLPE,2.79
M17/208-00001	BCCS,0.180	蜂窝 PE,7.24	34BC,7.96	XLPE,10.29
M17/211-00001 M17/211-00002	TC 7×0.404,1.21	CPE&PE,7.49	34TC,8.23	XLPE,10.29
M17/218-00001 M17/218-00002	BCCS,0.64	蜂窝 PE,7.24	33BC,8.08	XLPE,10.29

同轴线主要技术参数

MIL-C-17-G. 美国军方的合同文件中已经禁止使用 RG 系列命名同轴线型号. 表 D-1 列出了部分微波/毫米波同轴线的重要技术参数以及 MIL-C-17 和 RG 系列型号的对应关系.

线 $(f_{max} \geqslant 1\,GHz)$ 的技术参数

金属护套/mm	阻抗/Ω	群速（%）	分布电容/（pF·m^{-1}）	最大工作电压/kV	最高频率/GHz	传输损耗/（dB·10^{-1}·m^{-1}）	质量标准专利权
/ 铝编织网 11.76	75 ± 3	66	67.6	5	1	2.53 ~ 3.08@1 GHz	M17-100-79
/	50 ± 2	66	101.1	1.9	1	5.02 ~ 9.19@1 GHz	M17-304-83
/	75 ± 3	66	67.6	2.3	1	3.74 ~ 5.25@1 GHz	M17-102-79
/	93 ± 5	81	44.3	1	1	3.12 ~ 4.27@1 GHz	M17-795-77
/	185 ± 10	85	21.3	1	1	3.12@1 GHz	/
/	50 ± 2	66	101.1	1.9	1	5.58 ~ 9084@1 GHz	M17-305-83
/	75 ± 3	66	67.6	10	1	1.15 ~ 1.97@1 GHz	/
/	50 ± 2	69.5	96.5	7	1	1.15 ~ 1.48@1 GHz	/
/ 铝编织网 12.07	50 ± 2	66	101.1	5	1	2.40 ~ 2.96@1 GHz	M17-804-77
/ 铝编织网 24.00	50 ± 2	66	101.1	11	1	1.12 ~ 1.64@1 GHz	M17-1102-85
/	93 ± 5	81	44.3	1	1	3.12@1 GHz	M17-280-83
/	50 ± 2	66	101.1	1.5	1	8.99 ~ 14.8@1 GHz	M17-813-77
/ 铝编织网 12.07	75 ± 3	66	67.6	5	1	2.53 ~ 3.08@1 GHz	M17-05-92
/	50 ± 2	66	101.1	1.9	1	5.02 ~ 9.19@1 GHz	M17-05-92
/	75 ± 3	66	67.6	2.3	1	3.74 ~ 5.25@1 GHz	M17-05-92
/	95 ± 5	81	44.3	0.75	1	3.12 ~ 4.27@1 GHz	M17-05-92
/	75 ± 3	68	64.3	1	1	3.77@1 GHz	M17-05-92
/	50 ± 2	66	101.1	1.9	1	5.58 ~ 9.84@1 GHz	M17-05-92
/ 铝编织网 12.07	50 ± 2	66	101.1	5	1	2.40 ~ 2.95@1 GHz	M17-05-92
/ 铝编织网 24.00	50 ± 2	66	101.1	11	1	1.12 ~ 1.64@1 GHz	M17-05-92
/	50 ± 2	66	101.1	1.5	1	8.99 ~ 14.8@1 GHz	M17-05-92
/	185 ± 10	83	23.6	1	1	3.77@1 GHz	/
/ 铝编织网 12.07	72 ± 3	63	78.7	5	1	2.72@1 GHz	M17-05-92
/ 铝编织网 12.07	125 ± 6	86	36.1	0.75	1	2.13@1 GHz	M17-05-92

型号	内导体/mm	介质层/mm	外导体/mm	绝缘护套/mm
M17/209-00001 M17/209-00002	BCCS,2.68	PE,17.27	34BC,18.44	XLPE,20.10
M17/138-00001	SCCS 7×0.170,0.51	PTFE,1.52	38SC,1.98	PFA-XIII,2.49
M17/220-00001 M17/220-00002	BC,1.12	发泡 PE,2.95	36TC/铝箔,3.66	XLPE,4.95
M17/221-00001 M17/221-00002	BC,1.42	发泡 PE,3.81	36TC/铝箔,4.52	XLPE,6.15
M17/222-00001 M17/222-00002	BC,1.78	发泡 PE,4.83	34TC/铝箔,5.72	XLPE,7.62
M17/223-00001 M17/223-00002	BCCA1,2.74	发泡 PE,7.24	34TC/铝箔,8.13	XLPE,10.29
M17/224-00001 M17/224-00002	BCCAI,3.61	发泡 PE,9.40	34TC/铝箔,10.39	XLPE,12.70
M17/225-00001 M17/225-00002	BCCAI,4.47	发泡 PE,11.56	34TC/铝箔,12.45	XLPE,14.99
M17/226-00001 M17/226-00002	BC 管,6.65	发泡 PE,17.27	30TC/铝箔,12.45	XLPE,22.10
M17/227-00001 M17/227-00002	BC 管,8.86	发泡 PE,23.37	30TC/铝箔,24.69	XLPE,30.48
M17/228-00001 M17/228-00002	BC 管,13.39	发泡 PE,34.29	30TC/铝箔,35.59	XLPE,42.42
M17/2-RG6	CCS,0.724	PE,4.70	34SC/34BC,6.17	PVC-IIA,8.43
M17/52-RG119 M17/52-00001 M17/52-RG120	BS,2.59	PTFE,8.43	33BC/34BC,10.01	FG 编织网-V,11.81
M17/62-RG144	SCCS 7×0.445,1.33	PTFE,7.24	34SC,7.98	FG 编织网-V,10.40
M17/65-RG165/166	SC 7×0.800,2.39	PTFE,7.24	34SC,7.98	FG 编织网-V,10.41
M17/77-RG216	TC 7×0.404,1.21	PE,7.24	34BC/34BC,8.71	PVC-IIA,10.80
M17/78-RG217 M17/78-00001	BC,2.69	PE,9.40	33BC/33BC,11.07	PVC-IIA,13.84
M17/93-RG178	SCCS 7×0.102,0.30	PTFE,0.84	38SC,1.30	FEP-IX,1.80
M17/93-00001	SCCS 7×0.102,0.30	PTFE,0.84	38SC,1.30	PVC-XIII,1.80
M17/109-RG301	HR 7×0.516,1.55	PTFE,4.70	36HR,5.28	FEP-IX,6.22
M17/110-RG302	SCCS,0.64	PTFE,3.71	36SC,4.29	FEP-IX,5.13
M17/111-RG303	SCCS,0.94	PTFE,2.95	36SC,3.53	FEP-IX,4.32
M17/113-RG316	SCCS 7×0.170,0.51	PTFE,1.52	38SC,1.98	FEP-IX,2.49
M17/134-00001 M17/134-00002	SC,0.84	PE,2.95	36SC/PE/36SC,5.03	PE-IIIA,6.22
M17/134-00003 M17/134-00004	SC,0.84	PE,2.95	36SC/XLPE/36SC,5.03	XLPE,6.22
M17/135-00001 M17/135-00002	SC 7×0.752,2.24	PE,7.24	33SC/PE/33SC,10.11	PUR,12.70

金属护套/mm	阻抗/Ω	群速（%）	分布电容/（pF·m⁻¹）	最大工作电压/kV	最高频率/GHz	传输损耗/（dB·10⁻¹·m⁻¹）	质量标准专利权
/ 铝编织网 24.00	75±3	66	72.2	10	1	1.15~1.97@1 GHz	/
/	50±1.5	69.5	96.5	3	1.5	15.3~19.0@3 GHz	M17-633-83
/ 铝编织网 6.73	50±2	83	80.4	1	2.5	7.15~7.35@2.5~3 GHz	M17-041-99
/ 铝编织网 7.92	50±2	84	79.4	1.5	2.5	5.51~5.61@2.5~3 GHz	M17-041-99
/ 铝编织网 9.40	50±2	85	79.1	2	2.5	4.50~4.53@2.5~3 GHz	M17-041-99
/ 铝编织网 12.07	50±2	85	78.4	3	2.5	2.89~3.08@2.5~3 GHz	M17-041-99
/ 铝编织网 14.48	50±2	86	77.4	4	2.5	2.33~2.49@2.5~3 GHz	M17-041-99
/ 铝编织网 14.48	50±2	87	76.8	5	2.5	1.90~2.00@2.5~3 GHz	M17-041-99
/ 铝编织网 24.00	50±2	87	76.8	7	2.5	1.28@2.5~3 GHz	M17-041-99
/ 铝编织网 33.02	50±2	88	75.8	8	2.5	0.98~1.12@2.5~3 GHz	M17-041-99
/ 铝编织网 33.02	50±2	89	74.8	10	2.5	0.76~0.85@2.5~3 GHz	M17-041-99
/	75±3	66	67.6	3	3	3.08@1 GHz	M17-633-83
/ / 铝编织网 11.76	50±2	69.5	96.5	6	3	3.61~4.27@3 GHz	M17-749-85
/	75±3	69.5	64	5	3	4.56~5.91@3 GHz	M17-750-85
/	50±2	69.5	96.5	2.5	3	4.46~4.92@3 GHz	M17-598-81
/	75±3	66	67.6	5	3	4.49~7.55@3 GHz	M17-108-79
/	50±2	66	101.1	7	3	3.84~4.59@3 GHz	M17-102-85
/	50±2	69.5	96.5	1	3	25.7~30.8@3 GHz	M17-666-83
/	50±2	69.5	96.5	1	3	25.7~30.8@3 GHz	M17-867-84
/	50±2	69.5	96.5	3	3	<38.0@3 GHz	
/	75±3	69.5	64.0	2.3	3	6.66~8.53@3 GHz	M17-425-84
/	50±2	69.5	96.5	1.9	3	7.81~9.19@3 GHz	M17-811-77
/	50±2	69.5	96.5	1.2	3	15.3~19.0@3 GHz	M17-812-77
/	50±2	66	101.1	1.9	3	8.07~19.7@3 GHz	M17-359-84
/	50±2	66	105.6	1.9	3	8.07~19.7@3 GHz	M17-359-84
/	50±2	66	101.1	5	3	4.66~7.22@3 GHz	M17-202-88

型号	内导体/mm	介质层/mm	外导体/mm	绝缘护套/mm
M17/135-00003 M17/135-00004	SC,2.06	PE,7.24	33SC/PE/33SC,10.11	PE-IIIA,12.70
M17/135-00005 M17/135-00006	SC,2.06	PE,7.24	33SC/XLPE/33SC,10.11	XLPE,12.70
M17/139-00001	SCBeCu 7×0.102,0.30	PTFE,2.59	38SC Cad BR,3.05	PFA-XIII,3.58
M17/180-00001	CCS,0.72	PE,4.70	34SC/34BC,6.17	XLPE,8.43
M17/191-00001	TC 7×0.404,1.21	PE,7.24	34BC/34BC,8.71	XLPE,10.80
M17/192-00001 M17/192-00002	BC,2.69	PE,9.40	33BC/33BC/33BC,11.01	XLPE,13.84
M17/67-RG177	BS,4.95	PE,17.27	34SC/34SC,18.75	PVC-IIA,22.73
M17/210-00001	BC,4.95	PE,17.27	34SC/34SC,18.75	XLPE,22.73
M17/60-RG142	SCCS,0.94	PTFE,2.95	36SC/36SC,4.11	FEP-IX,4.95
M17/131-RG403	SCCS 7×0.102,0.30	PTFE,0.84	38SC/FEP/38BC,2.24	PTFE,0.84
M17/132-00001	SCCS 7×0.102,0.30	PTFE&CPT,0.91	38SC,1.37	PTFE,1.80
M17/73-RG212	SC,1.41	PE,4.70	34SC/34SC,6.17	PVC-IIA,8.43
M17/75-RG214/365	SC 7×0.752,2.26	PE,7.24	34SC/34SC,8.71	PVC-IIA,10.80
M17/127-RG393	SC 7×0.793,2.39	PTFE,7.24	34SC/34BC,8.71	FEP-IX,9.91
M17/188-00001	SC,0.141	PE,2.44	34SC/34BC,6.17	XLPE,8.43
M17/190-00001	BC 7×0.752,2.26	PE,7.24	34SC/34SC,8.71	XLPE,10.80
M17/112-RG304	SCCS,1.50	PTFE,4.70	34SC/34BC,6.17	FEP-IX,7.11
M17/84-RG223	SC,0.89	PE,2.95	34SC/36SC,4.11	PVC-IIA,5.38
M17/92-RG115	SC 7×0.711,2.13	PTFE,6.48	34SC/34SC,7.95	FG Braid-V,10.54
M17/92-00001	SC 7×0.711,2.13	PTFE,6.48	34SC/34SC,7.95	FEP-IX,8.74
M17/128-RG400	SC 19×0.203,0.98	PTFE,2.95	36SC/36BC,4.11	FEP-IX,4.95
M17/152-00001	SCCS 7×0.170,0.51	PTFE,1.52	38SC/38SC,2.44	FPE-IX,2.90
M17/153-00001	SCCS 7×0.160,0.48	PE,1.52	38SC/38SC,2.44	PVC-IIA,2.09
M17/194-00001	SC,0.89	PE,2.95	36SC/36SC,4.11	XLPE,5.38
M17/129-RG401 M17/129-00001	SC,1.63	PTFE,5.31	BC/TC 管,6.35	/
M17/205-00018	SC,0.760	LDTFE,2.11	螺旋 SPC 管 38SC,2.77	PFA-XIII,3.05
M17/206-00018	SC,0.930	LDTFE,2.97	SC 拉伸铝 KPTN 38SC,3.91	PFA-XIII,4.29
M17/133-RG405 M17/133-00001/7 M17/133-00006 M17/133-00012 M17/133-00013 M17/133-00016	SCCS,0.51	PTFE,1.68	BC 管 TC 管 BC 管 AL 管 镀锡铝管 SC 管,2.20	/

金属护套/mm	阻抗/Ω	群速（%）	分布电容/（pF·m⁻¹）	最大工作电压/kV	最高频率/GHz	传输损耗/（dB·10⁻¹·m⁻¹）	质量标准专利权
/	50 ± 2	66	101.1	5	3	4.66 ~ 7.22@3 GHz	M17-202-88
/	50 ± 2	66	105.0	5	3	4.66 ~ 7.22@3 GHz	M17-202-88
/	95 ± 5	69.5	50.5	1.5	3	6.76 ~ 9.51@1 GHz	M17-359-84
/	75 ± 3	66	67.6	2.7	3	5.84 ~ 7.55@3 GHz	M17-05-92
/	75 ± 3	66	67.6	5	3	4.89 ~ 7.55@3 GHz	M17-05-92
/	50 ± 2	66	101.1	7	3	3.51 ~ 4.59@3 GHz	M17-05-92
/	50 ± 2	66	101.1	11	5.6	3.68 ~ 8.20@5 GHz	M17-1102-85
/	50 ± 2	66	105.6	11	5.6	4.13 ~ 9.19@5 ~ 5.6 GHz	M17-05-92
/	50 ± 2	69.5	96.5	1.9	8	10.50 ~ 15.75@5 GHz	M17-664-83
/	50 ± 2	69.5	96.5	1	10	49.2 ~ 51.3@11 GHz	M17-244-90
/	50 ± 2	68	99.7	1	10	14.8@1 GHz	M17-245-90
/	50 ± 2	66	101.1	3	11	13.2 ~ 24.0@11 GHz	M17-1104-85
/	50 ± 2	66	101.1	5	11	11.1 ~ 17.7@11 GHz	M17-804-77 M17-984-85
/	50 ± 2	69.5	96.5	2.5	11	10.9 ~ 12.1@11 GHz	M17-429-84
/	50 ± 2	66	101.1	3	11	13.2 ~ 17.7@11 GHz	M17-05-92
/	50 ± 2	66	101.1	5	11	11.1 ~ 18.4@11 GHz	M17-05-92
/	50 ± 2	69.5	96.5	3	12	7.55 ~ 9.85@5 GHz	M17-474-86
/	50 ± 2	66	101.1	1.9	12.4	17.8 ~ 27.6@11 GHz	M17-303-83
/	50 ± 2	71	95.1	5	12.4	11.3 ~ 19.0@11 GHz	M17-598-81
/	50 ± 2	71	95.1	5	12.4	11.3 ~ 19.0@11 GHz	M17-598-81
/	50 ± 2	69.5	96.5	1.9	12.4	19.0 ~ 25.6@11 GHz	M17-671-83
/	50 ± 2	69.5	96.5	1.2	12.4	31.4 ~ 55.8@11 GHz	M17-290-89
/	50 ± 2	66	101.1	1.5	12.4	31.4 ~ 55.8@11 GHz	/
/	50 ± 2	66	101.1	1.9	12.4	17.8 ~ 27.6@11 GHz	M17-05-92
/	50 ± 0.5	69.5	96.5	3	18	10.5 ~ 10.8@11 GHz	M17-197-85
/	50 ± 2	82	88.6	1.9	18	14.5 ~ 14.8@11 GHz	/
/	50 ± 2	69.5	105.0	1.9	18	16.5 ~ 19.4@11 GHz	/
/	50 ± 1.5	69.5	96.5	1.5	20	23.9 ~ 29.5@10 ~ 11 GHz	M17-197-85

型号	内导体/mm	介质层/mm	外导体/mm	绝缘护套/mm
M17/133-00002/8 M17/133-00003/9/18	SC,0.51	PTFE,1.68	BC 管 TC 管,2.20	/
M17/133-00004/10 M17/133-00005/11 M17/133-00014 M17/133-00015 M17/133-00017	SNCCS,0.51	PTFE,1.68	BC 管 TC 管 AL 管 镀锡铝管 SC 管,2.20	/
M17/151-00001 M17/151-00002	SCCS,0.29	PTFE,0.94	BC 管 TC 管,1.19	/
M17/154-00001 M17/154-00002	SCCS,0.20	PTFE,0.66	BC 管 TC 管,0.86	/
M17/205-00050	SC,0.760	LDTFE,2.11	螺旋 SPC 管 38SC,2.77	PFA-XIII,3.05
M17/219-00001	SCCS,0.59	PTFE,1.93	BC 管,2.44	/
M17/206-00030	SC,0.930	LDTFE,2.97	SC 拉伸铝 KPTN 38SC,3.91	PFA-XIII,4.29
K118	镀银 Cu,0.81	微孔 PTFE,2.4	TC 管,3.00	/
V085	镀银 Cu,0.51	微孔 PTFE,1.4	TC 管,2.18	/

金属护套/mm	阻抗/Ω	群速（%）	分布电容/(pF·m⁻¹)	最大工作电压/kV	最高频率/GHz	传输损耗/(dB·10⁻¹·m⁻¹)	质量标准专利权
/	50 ± 1.5	69.5	96.5	1.5	20	23.9 ~ 29.5@ 10 ~ 11 GHz	M17-296-90 /
/	50 ± 1.5	69.5	96.5	1.5	20	23.9 ~ 29.5@ 10 ~ 11 GHz	M17-296-90 /
/	50 ± 2.5	69.5	96.5	1	20	39.2 ~ 42.7@ 11 GHz	M17-543-90
/	50 ± 2	/	96.5	0.75	20	54.0 ~ 62.3@ 11 GHz	M17-544-90
/	50 ± 2	82	88.6	1.9	50	14.5 ~ 14.8@ 11 GHz	/
/	50 ± 1	59.5	105.0	1.7	50	20.3 ~ 21.3@ 11 GHz	/
/	50 ± 2	69.5	105.0	1.9	30	16.5 ~ 19.4@ 11 GHz	/
/	50 ± 2	77	/	/	40	16 @ 10 GHz 23 @ 20 GHz 47 @ 40 GHz	Anritsu（Wiltron）
/	50 ± 2	77			65	23 @ 10 GHz 52 @ 40 GHz 72 @ 60 GHz	Anritsu（Wiltron）

表 D-2 同轴线常用材料名词缩写表

AL：Aluminum，铝	GS：Galvanized Steel，电镀钢	PVC-IIA：Polyvinyl Chloride，聚氯乙烯-IIA
ALMY：Aluminum Polyester Laminate，铝-聚酯碾压材料	HR：High Resistance Wire，高阻线	XLPE：Crosslinked Polyolefin，交联聚烯烃
ALKP：Aluminum Polyimide Laminate，铝-聚酰亚胺碾压材料	KP：Polyimide，聚酰亚胺	SA：Silver Covered Alloy，银包合金
BC：Bare Copper，裸铜	LS/LT：Low Smoke/Low Toxicity，低烟/低毒	SC：Silver Covered Copper，银包铜
BeCu：Beryllium-Copper Alloy 172，铍铜合金	LDTFE：Low Density PTFE，低密度聚四氟乙烯	SCCadBr：Silver Covered Cadmium Bronze，银包镉青铜
BCCAI：Bare Copper Clad Aluminum，裸铜包铝	MGO：Magnesium Oxide，氧化镁	SCCAl：Silver Covered Copper Clad Aluminum，银-铜-铝
CCS：Bare Copper Clad Steel，裸铜包钢	MY：Polyester，聚酯材料	SCCS：Silver Covered Copper Clad Steel，银-铜-钢
CPT：Conductive PTFE，低阻聚四氟乙烯	MW：Magnet Wire，磁性线	SCBeCu：Silver Covered Beryllium Copper，银包铍铜
CPE：Conductive Polyethylene，低阻聚乙烯	NC：Nickel Covered Copper，镍包铜	SCS：Silver Covered Copper Strip，包银铜带
CPC：Copper Polyester Copper Laminate，铜-聚酯-铜碾压材料	PE：Polyethylene，聚乙烯	SIL/DAC：Dacron Braid over Silicone Rubber，涤纶/硅橡胶
E-CTFE：Ethylene Chlorotrifluoroethylene，乙烯-三氟氯乙烯聚合物	PFA：Perfluoroalkoxy，全氟烷氧基 PE Solid：Low Density Polyethylene，低密度聚乙烯	SNCCS：Silver Covered Nickel Covered Copper Clad Steel，银-镍-铜-钢
ETFE：Ethylene Tetrafluoroethylene Copolymer，乙烯-四氟乙烯聚合物	PTFE：Polytetrafluoroethylene，聚四氟乙烯	TC：Tinned Copper，镀锡铜
	PVDF：Polyvinylidene Fluoride，聚偏二乙烯氟化物	TPE：Thermo Plastic Elastomer，热塑人造橡胶
FEP：Fluorinated Ethylene Propylene，氟化乙烯-丙烯	PUR：Polyurethane，聚亚胺酯	TCCS：Tinned Copper Clad Steel，镀锡铜包钢
FG：Braid Fiberglass，Impregnated，编织玻璃纤维	PVC-I：Polyvinyl Chloride，聚氯乙烯-I	
Foam PE：Gas Injected Foam PE，发泡聚乙烯	PVC-II：Polyvinyl Chloride，聚氯乙烯-II	

表 D-3 常用微波介质材料特性参数

材料名称	介电常数	损耗系数(tanδ)	体电阻率/(Ω·cm)	工作温度/℃
聚四氟乙烯	2.07	0.0003	10^{19}	$-75\sim+250$
聚乙烯	2.3	0.0003	10^{16}	$-65\sim+80$
发泡聚乙烯	$1.29\sim1.64$	0.0001	10^{12}	$-65\sim+100$
聚氯乙烯	$3.0\sim8.0$	$0.07\sim0.16$	2×10^{12}	$-50\sim+105$
聚酰胺	$3.5\sim4.6$	$0.03\sim0.4$	4×10^{14}	$-60\sim+120$
硅橡胶	$2.1\sim3.5$	$0.007\sim0.016$	10^{13}	$-70\sim+250$
乙烯-丙烯	2.24	0.00046	10^{17}	$-40\sim+105$
氟化乙烯-丙烯（FEP）	2.1	0.0007	10^{18}	$-70\sim+200$

（续表）

材料名称	介电常数	损耗系数(tanδ)	体电阻率/(Ω·cm)	工作温度/℃
低密度聚四氟乙烯	1.38～1.73	0.00005	10^{19}	－75～＋250
发泡氟化乙烯-丙烯	1.45	0.0007	10^{18}	－75～＋200
聚酰亚胺	3.0～3.5	0.002～0.003	10^{13}	－75～＋300
全氟烷氧基(PFA)材料	2.1	0.001	10^{16}	－75～＋260
乙烯-四氟乙烯聚合物 (ETFE)	2.6	0.005	10^{16}	－75～＋150
乙烯-三氟氯乙烯聚合物 (ECTFE)	2.5	0.0015	10^{16}	－65～＋150
聚偏二氟乙烯(PVDF)	7.8	0.02	10^{14}	－75～＋125

附录 E　阻抗变换器设计参数表

表 E-1　二阶切比雪夫阻抗变换器设计参数表

$n=2$	$|\Gamma|_{max}=0.02$			$|\Gamma|_{max}=0.05$			$|\Gamma|_{max}=0.10$		
r	p	p_1	p_2	p	p_1	p_2	p	p_1	p_2
1.2	0.600	1.057	1.135	0.842	1.073	1.119	/	/	/
1.4	0.460	1.099	1.274	0.676	1.102	1.271	0.964	1.144	1.224
1.6	0.394	1.136	1.407	0.590	1.153	1.387	0.772	1.183	1.353
1.8	0.355	1.170	1.538	0.536	1.188	1.516	0.710	1.218	1.478
2.0	0.327	1.210	1.665	0.498	1.219	1.640	0.665	1.250	1.600
2.2	0.307	1.230	1.789	0.469	1.245	1.760	0.631	1.277	1.720
2.4	0.290	1.257	1.909	0.477	1.271	1.880	0.603	1.304	1.840
2.6	0.278	1.283	2.027	0.428	1.279	2.000	0.580	1.330	1.950
2.8	0.268	1.307	2.147	0.413	1.323	2.110	0.561	1.357	2.060
3.0	0.259	1.329	2.256	0.400	1.349	2.223	0.545	1.384	2.168
3.2	0.251	1.351	2.369	0.388	1.370	2.340	0.530	1.404	2.280
3.4	0.244	1.372	2.479	0.378	1.390	2.440	0.517	1.425	2.380
3.6	0.238	1.391	2.587	0.369	1.410	2.550	0.506	1.446	2.490
3.8	0.233	1.410	2.694	0.361	1.430	2.660	0.496	1.466	2.590
4.0	0.228	1.428	2.800	0.354	1.450	2.758	0.486	1.487	2.691
4.2	0.224	1.446	2.905	0.347	1.467	2.860	0.478	1.504	2.790
4.4	0.220	1.463	3.008	0.341	1.483	2.960	0.470	1.521	2.890
4.6	0.216	1.479	3.110	0.366	1.500	3.060	0.462	1.538	2.990
4.8	0.212	1.495	3.211	0.330	1.517	3.160	0.456	1.555	3.080
5.0	0.209	1.510	3.311	0.326	1.533	3.261	0.449	1.572	3.180
5.2	0.206	1.525	3.410	0.321	1.548	3.360	0.444	1.578	3.280
5.4	0.203	1.540	3.507	0.317	1.562	3.450	0.438	1.602	3.360
5.6	0.201	1.554	3.604	0.313	1.576	3.550	0.433	1.616	3.460
5.8	0.198	1.567	3.700	0.309	1.590	3.650	0.428	1.631	3.550
6.0	0.196	1.581	3.795	0.306	1.605	3.739	0.423	1.646	3.646

（续表）

$n=2$		$\|\Gamma\|_{max}=0.02$			$\|\Gamma\|_{max}=0.05$			$\|\Gamma\|_{max}=0.10$	
r	p	p_1	p_2	p	p_1	p_2	p	p_1	p_2
6.2	0.194	1.594	3.890	0.303	1.618	3.830	0.419	1.658	3.730
6.4	0.192	1.606	3.984	0.299	1.630	3.930	0.415	1.671	3.830
6.6	0.190	1.619	4.077	0.296	1.643	4.020	0.411	1.684	3.920
6.8	0.188	1.631	4.169	0.294	1.656	4.110	0.407	1.697	4.010
7.0	0.186	1.643	4.261	0.291	1.669	4.094	0.404	1.710	4.093
7.2	0.184	1.654	4.352	0.288	1.680	4.280	0.400	1.722	4.180
7.4	0.183	1.666	4.442	0.286	1.690	4.370	0.397	1.733	4.270
7.6	0.181	1.677	4.531	0.283	1.701	4.460	0.394	1.745	4.350
7.8	0.179	1.688	4.621	0.281	1.712	4.550	0.391	1.756	4.440
8.0	0.178	1.698	4.710	0.279	1.722	4.646	0.388	1.768	4.525
8.2	0.177	1.709	4.798	0.277	1.733	4.730	0.385	1.778	4.610
8.4	0.176	1.720	4.885	0.275	1.744	4.810	0.382	1.789	4.690
8.6	0.174	1.730	4.972	0.273	1.755	4.900	0.379	1.800	4.770
8.8	0.173	1.740	5.059	0.271	1.765	4.980	0.377	1.810	4.860
9.0	0.172	1.749	5.145	0.269	1.776	5.067	0.374	1.821	4.942
9.2	0.171	1.759	5.230	0.267	1.785	5.150	0.372	1.831	5.020
9.4	0.170	1.769	5.315	0.266	1.795	5.230	0.370	1.841	5.100
9.6	0.169	1.778	5.400	0.264	1.804	5.320	0.368	1.850	5.180
9.8	0.168	1.787	5.483	0.262	1.814	5.400	0.365	1.860	5.260
10.0	0.166	1.796	5.568	0.261	1.823	5.486	0.363	1.870	5.348

表 E-2　三阶切比雪夫阻抗变换器设计参数表

$n=3$			$\|\Gamma\|_{max}=0.02$				$\|\Gamma\|_{max}=0.05$				$\|\Gamma\|_{max}=0.10$	
r	p	p_1	p_2	p_3	p	p_1	p_2	p_3	p	p_1	p_2	p_3
1.2	0.781	1.047	1.095	1.149	0.923	1.065	1.095	1.127	/	1.091	1.095	1.100
1.4	0.682	1.067	1.183	1.312	0.830	1.090	1.183	1.284	0.935	1.128	1.183	1.241
1.6	0.621	1.087	1.265	1.472	0.755	1.113	1.265	1.438	0.886	1.155	1.265	1.385
1.8	0.584	1.105	1.342	1.627	0.736	1.133	1.342	1.589	0.851	1.177	1.342	1.529
2.0	0.558	1.120	1.414	1.786	0.703	1.149	1.414	1.739	0.824	1.195	1.414	1.674
2.2	0.537	1.133	1.483	1.942	0.685	1.166	1.183	1.888	0.802	1.211	1.483	1.817
2.4	0.521	1.146	1.549	2.094	0.666	1.179	1.549	2.036	0.787	1.227	1.549	1.956
2.6	0.508	1.160	1.612	2.241	0.651	1.193	1.612	2.179	0.768	1.241	1.612	2.095
2.8	0.496	1.172	1.673	2.391	0.637	1.206	1.673	2.324	0.754	1.254	1.673	2.233
3.0	0.484	1.183	1.732	2.536	0.627	1.218	1.732	2.462	0.742	1.266	1.732	2.370
3.2	0.475	1.194	1.789	2.680	0.615	1.228	1.789	2.606	0.732	1.278	1.789	2.506
3.4	0.467	1.204	1.844	2.823	0.605	1.237	1.841	2.749	0.721	1.288	1.844	2.640
3.6	0.459	1.213	1.897	2.968	0.598	1.246	1.897	2.889	0.713	1.299	1.897	2.771
3.8	0.452	1.221	1.949	3.115	0.590	1.256	1.949	3.025	0.705	1.311	1.949	2.899
4.0	0.446	1.229	2.000	3.255	0.584	1.267	2.000	3.156	0.697	1.322	2.000	3.025
4.2	0.441	1.237	2.049	3.395	0.577	1.276	2.049	3.292	0.691	1.331	2.049	3.156
4.4	0.436	1.246	2.098	3.534	0.572	1.284	2.098	3.427	0.685	1.339	2.098	3.286
4.6	0.432	1.253	2.145	3.671	0.566	1.292	2.144	3.560	0.679	1.347	2.145	3.415

（续表）

n=3	$\|\Gamma\|_{max}=0.02$				$\|\Gamma\|_{max}=0.05$				$\|\Gamma\|_{max}=0.10$			
r	p	p_1	p_2	p_3	p	p_1	p_2	p_3	p	p_1	p_2	p_3
4.8	0.428	1.260	2.191	3.810	0.560	1.300	2.190	3.692	0.674	1.356	2.191	3.540
5.0	0.424	1.267	2.236	3.947	0.556	1.307	2.236	3.825	0.668	1.365	2.236	3.662
5.2	0.420	1.273	2.280	4.085	0.551	1.314	2.280	3.957	0.664	1.373	2.280	3.787
5.4	0.416	1.279	2.324	4.222	0.547	1.321	2.324	4.088	0.659	1.380	2.324	3.913
5.6	0.413	1.285	2.366	4.358	0.543	1.328	2.366	4.217	0.655	1.387	2.366	4.137
5.8	0.410	1.292	2.408	4.489	0.539	1.335	2.408	4.345	0.649	1.395	2.408	4.128
6.0	0.407	1.299	2.449	4.619	0.536	1.342	2.449	4.473	0.646	1.402	2.449	4.279
6.2	0.405	1.304	2.490	4.755	0.531	1.348	2.490	4.599	0.643	1.408	2.490	4.403
6.4	0.402	1.309	2.530	4.889	0.529	1.353	2.530	4.730	0.639	1.414	2.530	4.526
6.6	0.400	1.314	2.569	5.023	0.524	1.359	2.569	4.857	0.636	1.420	2.569	4.648
6.8	0.397	1.320	2.608	5.152	0.522	1.365	2.608	4.982	0.633	1.426	2.608	4.769
7.0	0.395	1.325	2.646	5.283	0.519	1.370	2.646	5.140	0.629	1.433	2.646	4.884
7.2	0.393	1.330	2.683	5.414	0.516	1.375	2.683	5.236	0.626	1.439	2.683	5.003
7.4	0.391	1.335	2.720	5.543	0.515	1.380	2.720	5.362	0.623	1.444	2.720	5.125
7.6	0.389	1.340	2.757	5.612	0.513	1.385	2.757	5.487	0.620	1.449	2.757	5.245
7.8	0.387	1.345	2.793	5.799	0.511	1.390	2.793	5.612	0.618	1.455	2.793	5.361
8.0	0.385	1.350	2.828	5.927	0.508	1.395	2.828	5.735	0.615	1.461	2.828	5.477
8.2	0.383	1.354	2.864	6.056	0.506	1.400	2.864	5.857	0.612	1.466	2.864	5.593
8.4	0.381	1.358	2.898	6.186	0.504	1.405	2.898	5.979	0.610	1.471	2.898	5.710
8.6	0.379	1.362	2.933	6.314	0.502	1.410	2.933	6.099	0.607	1.476	2.933	5.827
8.8	0.377	1.367	2.966	6.437	0.500	1.414	2.966	6.223	0.605	1.481	2.966	5.942
9.0	0.376	1.371	3.000	6.564	0.498	1.419	3.000	6.342	0.603	1.485	3.000	6.059
9.2	0.374	1.375	3.033	6.691	0.496	1.423	3.033	6.465	0.601	1.490	3.033	6.174
9.4	0.373	1.380	3.066	6.812	0.493	1.427	3.066	6.587	0.599	1.494	3.066	6.292
9.6	0.371	1.384	3.098	6.936	0.491	1.430	3.098	6.773	0.597	1.498	3.098	6.409
9.8	0.370	1.387	3.130	7.066	0.490	1.435	3.130	6.829	0.597	1.503	3.130	6.520
10.0	0.369	1.391	3.162	7.188	0.488	1.440	3.162	6.947	0.592	1.508	3.162	6.633

表 E-3　四阶 1/4 波长阻抗变换器设计参数表

n=4	$\|\Gamma\|_{max}=0.02$				$\|\Gamma\|_{max}=0.05$				$\|\Gamma\|_{max}=0.10$			
r	p_1	p_2	p_3	p_4	p_1	p_2	p_3	p_4	p_1	p_2	p_3	p_4
1.2	1.036	1.074	1.118	1.158	1.602	1.084	1.107	1.130	/	/	/	/
1.4	1.053	1.133	1.230	1.330	1.079	1.154	1.216	1.297	/	/	/	/
1.6	1.065	1.192	1.342	1.502	1.094	1.208	1.326	1.462	/	/	/	/
1.8	1.075	1.237	1.455	1.674	1.106	1.255	1.434	1.627	/	/	/	/
2.0	1.084	1.276	1.576	1.845	1.118	1.297	1.542	1.788	1.169	1.322	1.513	1.711
2.2	1.092	1.332	1.664	2.015	1.127	1.345	1.636	1.952	1.180	1.372	1.604	1.164
2.4	1.100	1.362	1.762	2.182	1.136	1.387	1.730	2.113	1.191	1.416	1.695	2.015
2.6	1.108	1.399	1.859	2.346	1.145	1.425	1.824	2.271	1.200	1.455	1.787	2.167
2.8	1.114	1.432	1.956	2.512	1.153	1.459	1.919	2.428	1.209	1.491	1.878	2.316
3.0	1.121	1.460	2.054	2.676	1.161	1.490	2.013	2.584	1.218	1.524	1.969	2.464

（续表）

$n=4$		$\lvert\Gamma\rvert_{max}=0.02$				$\lvert\Gamma\rvert_{max}=0.05$				$\lvert\Gamma\rvert_{max}=0.10$		
r	p_1	p_2	p_3	p_4	p_1	p_2	p_3	p_4	p_1	p_2	p_3	p_4
3.2	1.127	1.495	2.141	2.839	1.168	1.525	2.098	2.740	1.224	1.559	2.052	2.614
3.4	1.132	1.526	2.228	3.004	1.174	1.558	2.182	2.896	1.231	1.592	2.136	2.672
3.6	1.138	1.554	2.316	3.163	1.180	1.588	2.267	3.051	1.238	1.622	2.219	2.908
3.8	1.142	1.581	2.403	3.327	1.185	1.616	2.352	3.206	1.244	1.650	2.303	3.055
4.0	1.147	1.606	2.490	3.487	1.190	1.642	2.436	3.360	1.246	1.676	2.386	3.209
4.2	1.152	1.634	2.571	3.646	1.195	1.671	2.514	3.515	1.256	1.708	2.459	3.344
4.4	1.156	1.659	2.652	3.806	1.200	1.698	2.592	3.667	1.262	1.738	2.532	3.487
4.6	1.160	1.684	2.732	3.966	1.205	1.722	2.670	3.817	1.267	1.767	2.604	3.631
4.8	1.164	1.706	2.813	4.124	1.209	1.747	2.747	3.970	1.273	1.793	2.677	3.771
5.0	1.168	1.728	2.893	4.283	1.214	1.770	2.825	4.120	1.278	1.818	2.750	3.918
5.2	1.171	1.752	2.968	4.440	1.218	1.794	2.898	4.269	1.283	1.844	2.820	4.053
5.4	1.175	1.774	3.043	4.595	1.222	1.818	2.970	4.419	1.288	1.869	2.890	4.193
5.6	1.178	1.796	3.118	4.754	1.226	1.840	3.043	4.568	1.292	1.892	2.960	4.334
5.8	1.181	1.816	3.193	4.911	1.230	1.862	3.115	4.715	1.297	1.914	3.030	4.472
6.0	1.185	1.836	3.268	5.064	1.233	1.882	3.188	4.865	1.300	1.936	3.100	4.614
6.2	1.188	1.856	3.340	5.219	1.237	1.904	3.256	5.012	1.305	1.958	3.166	4.752
6.4	1.191	1.876	3.411	5.374	1.240	1.925	3.394	5.161	1.308	1.980	3.232	4.889
6.6	1.194	1.895	3.482	5.528	1.243	1.945	3.463	5.310	1.312	2.001	3.298	5.030
6.8	1.197	1.914	3.553	5.680	1.246	1.964	3.532	5.457	1.316	2.021	3.364	5.167
7.0	1.200	1.932	3.624	5.836	1.249	1.982	3.597	5.603	1.319	2.041	3.430	5.305
7.2	1.202	1.950	3.692	5.990	1.252	2.002	3.663	5.751	1.323	2.059	3.497	5.446
7.4	1.205	1.969	3.759	6.141	1.255	2.021	3.729	5.869	1.326	2.077	3.563	5.581
7.6	1.207	1.986	3.827	6.297	1.258	2.039	3.754	6.041	1.329	2.094	3.630	5.719
7.8	1.210	2.003	3.894	6.446	1.261	2.056	3.860	6.186	1.332	2.110	3.696	5.856
8.0	1.212	2.019	3.962	6.601	1.264	2.073	3.922	6.331	1.335	2.126	3.763	5.993
8.2	1.215	2.036	4.027	6.749	1.266	2.081	3.985	6.467	1.338	2.147	3.820	6.129
8.4	1.217	2.053	4.092	6.902	1.269	2.108	4.047	6.619	1.341	2.167	3.877	6.264
8.6	1.219	2.068	4.158	7.055	1.272	2.125	4.110	6.761	1.344	2.186	3.934	6.399
8.8	1.221	2.084	4.223	7.209	1.274	2.141	4.173	6.907	1.347	2.205	3.991	6.533
9.0	1.224	2.098	4.289	7.355	1.277	2.157	4.234	7.048	1.349	2.223	4.048	6.670
9.2	1.226	2.114	4.352	7.504	1.279	2.173	4.294	7.193	1.352	2.241	4.106	6.805
9.4	1.228	2.129	4.415	7.655	1.282	2.189	4.355	7.332	1.358	2.257	4.164	6.937
9.6	1.230	2.144	4.478	7.805	1.284	2.204	4.415	7.477	1.360	2.273	4.223	7.069
9.8	1.232	2.158	4.451	7.954	1.286	2.220	4.476	7.620	1.362	2.289	4.281	7.206
10.0	1.234	2.172	4.604	8.106	1.288	2.234	4.536	7.763	1.364	2.305	4.339	7.340

附录 F　微波功率分配器设计实例

DC-20 GHz 功率分配器所需元件、材料:腔体 1 个(如图 F-1 所示),0.085 英寸硬同轴线 3×15 mm(M17/133 系列),SMA(接头 Amphenol SMA1181A1)3 个,50 Ω 贴片电阻(0603)2 个。DC-40 GHz 功率分配器元件、材料:腔体 1 个(如图 F-1 所示),0.085 英寸硬同轴线 3× 15 mm(V085 Anritsu),V 接头(V101M Anritsu)3 个,50 Ω 贴片电阻(0402)2 个。

图 F-1(b)、图 F-1(c)为功分器腔体机械加工图,图 F-1(a)为功率分配器内部元件安装示意图。图 F-2 为功率分配器的照片。图 F-3 为采用不同接头、同轴线制造的功率分配器的 S_{11} 和 S_{21},S_{31}。

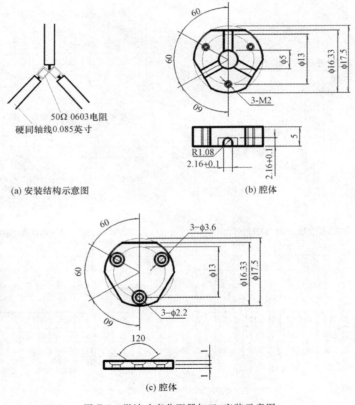

(a) 安装结构示意图　　　　　　　(b) 腔体

(c) 腔体

图 F-1　微波功率分配器加工、安装示意图

图 F-2　微波功率分配器(SMA 接头)照片

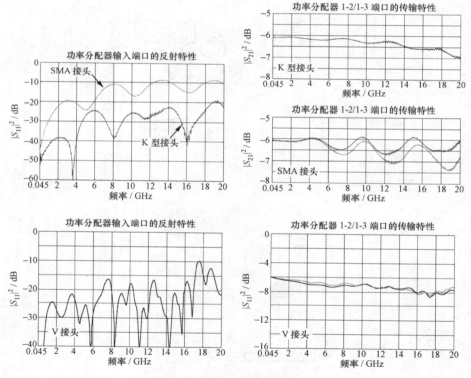

图 F-3　微波功率分配器的实测 S 参量

附录 G　微波放大器设计实例

例 1　图 G-1 所示是采用双极晶体管和集总参数元件实现的微波放大器。其中,晶体管为安捷伦公司产品 HBFP-0405,工作状态:$V_{CE}=2$ V,$I_C=5$ mA;微带电路板型号为 FR-4,厚度为 0.8 mm;电路元件为贴片电阻、电容和电感(除 L_2 外)。表 G-1 列出各元件参数的参考值。图 G-2 为该放大器的增益-频率曲线和噪声系数-频率曲线。

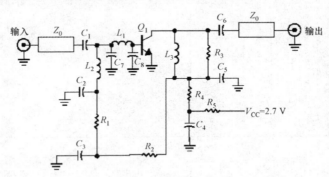

图 G-1　微波放大器的电路原理图

表 G-1　微波放大器各元件参数的参考值

C_1	1.8 pF	C_8	1.3 pF	L_1	18 nH
C_2,C_5	47 pF	R_1,R_4	50 Ω	L_2	470 nH
C_3,C_4	1 nF	R_2	24 kΩ	L_3	10 nH
C_6	2.7 pF	R_3	470 Ω	Z_0	50 Ω 微带线
$C7$	0.8 pF	R_5	91 Ω ($V_{CC}=2.7$V)	Q_1	HBFP-0405

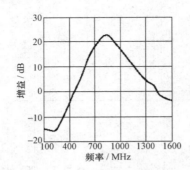
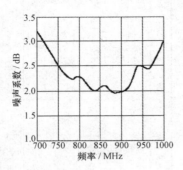

图 G-2　微波放大器的增益和噪声系数

附录 H　两端口网络参量的换算关系

表 H-1

	以 S 参量表示	以 $\bar{A}$ 参量表示	以 $\bar{Z}$ 参量表示	以 $\bar{Y}$ 参量表示	以 T 参量表示
S	$\begin{bmatrix} S_{11} & S_{12} \\ S_{21} & S_{22} \end{bmatrix}$	$S_{11}=\dfrac{\bar{a}+\bar{b}-\bar{c}-\bar{d}}{\bar{a}+\bar{b}+\bar{c}+\bar{d}}$ $S_{12}=\dfrac{2\,|\bar{A}|}{\bar{a}+\bar{b}+\bar{c}+\bar{d}}$ $S_{21}=\dfrac{2}{\bar{a}+\bar{b}+\bar{c}+\bar{d}}$ $S_{22}=\dfrac{-\bar{a}+\bar{b}-\bar{c}+\bar{d}}{\bar{a}+\bar{b}+\bar{c}+\bar{d}}$	$S_{11}=\dfrac{|\bar{Z}|-1+\bar{z}_{11}-\bar{z}_{22}}{1+|\bar{Z}|+\bar{z}_{11}+\bar{z}_{22}}$ $S_{12}=\dfrac{2\bar{z}_{12}}{1+|\bar{Z}|+\bar{z}_{11}+\bar{z}_{22}}$ $S_{21}=\dfrac{2\bar{z}_{21}}{1+|\bar{Z}|+\bar{z}_{11}+\bar{z}_{22}}$ $S_{22}=\dfrac{|\bar{Z}|-1-\bar{z}_{11}+\bar{z}_{22}}{1+|\bar{Z}|+\bar{z}_{11}+\bar{z}_{22}}$	$S_{11}=\dfrac{1-|\bar{Y}|-\bar{y}_{11}+\bar{y}_{22}}{1+|\bar{Y}|+\bar{y}_{11}+\bar{y}_{22}}$ $S_{12}=\dfrac{-2\bar{y}_{12}}{1+|\bar{Y}|+\bar{y}_{11}+\bar{y}_{22}}$ $S_{21}=\dfrac{-2\bar{y}_{21}}{1+|\bar{Y}|+\bar{y}_{11}+\bar{y}_{22}}$ $S_{22}=\dfrac{1-|\bar{Y}|+\bar{y}_{11}-\bar{y}_{22}}{1+|\bar{Y}|+\bar{y}_{11}+\bar{y}_{22}}$	$S_{11}=\dfrac{T_{21}}{T_{11}}$ $S_{12}=\dfrac{|T|}{T_{11}}$ $S_{21}=\dfrac{1}{T_{11}}$ $S_{22}=-\dfrac{T_{12}}{T_{11}}$
$\bar{A}$	$\bar{a}=\dfrac{1-|S|+S_{11}-S_{22}}{2S_{21}}$ $\bar{b}=\dfrac{1+|S|+S_{11}+S_{22}}{2S_{21}}$ $\bar{c}=\dfrac{1+|S|-S_{11}-S_{22}}{2S_{21}}$ $\bar{d}=\dfrac{1-|S|-S_{11}+S_{22}}{2S_{21}}$	$\begin{bmatrix} \bar{a} & \bar{b} \\ \bar{c} & \bar{d} \end{bmatrix}$	$\dfrac{1}{\bar{z}_{21}}\begin{bmatrix} \bar{z}_{11} & |\bar{Z}| \\ 1 & \bar{z}_{22} \end{bmatrix}$	$\dfrac{-1}{\bar{y}_{21}}\begin{bmatrix} \bar{y}_{22} & 1 \\ |\bar{Y}| & \bar{y}_{11} \end{bmatrix}$	$\bar{a}=\dfrac{T_{11}+T_{12}+T_{21}+T_{22}}{2}$ $\bar{b}=\dfrac{T_{11}-T_{12}+T_{21}-T_{22}}{2}$ $\bar{c}=\dfrac{T_{11}+T_{12}-T_{21}-T_{22}}{2}$ $\bar{d}=\dfrac{T_{11}-T_{12}-T_{21}+T_{22}}{2}$
$\bar{Z}$	$\bar{z}_{11}=\dfrac{1-|S|+S_{11}-S_{22}}{1+|S|-S_{11}-S_{22}}$ $\bar{z}_{12}=\dfrac{2S_{12}}{1+|S|-S_{11}-S_{22}}$ $\bar{z}_{21}=\dfrac{2S_{21}}{1+|S|-S_{11}-S_{22}}$ $\bar{z}_{22}=\dfrac{1+|S|-S_{11}+S_{22}}{1+|S|-S_{11}-S_{22}}$	$\dfrac{1}{\bar{c}}\begin{bmatrix} \bar{a} & |\bar{A}| \\ 1 & \bar{d} \end{bmatrix}$	$\begin{bmatrix} \bar{z}_{11} & \bar{z}_{12} \\ \bar{z}_{21} & \bar{z}_{22} \end{bmatrix}$	$\dfrac{1}{|\bar{Y}|}\begin{bmatrix} \bar{y}_{22} & -\bar{y}_{12} \\ -\bar{y}_{21} & \bar{y}_{11} \end{bmatrix}$	$\bar{z}_{11}=\dfrac{T_{11}+T_{12}+T_{21}+T_{22}}{T_{11}+T_{12}-T_{21}-T_{22}}$ $\bar{z}_{12}=\dfrac{2\,|T|}{T_{11}+T_{12}-T_{21}-T_{22}}$ $\bar{z}_{21}=\dfrac{2}{T_{11}+T_{12}-T_{21}-T_{22}}$ $\bar{z}_{22}=\dfrac{T_{11}-T_{12}-T_{21}+T_{22}}{T_{11}+T_{12}-T_{21}-T_{22}}$

（续表）

	以 S 参量表示	以 A 参量表示	以 Z 参量表示	以 Y 参量表示	以 T 参量表示
$\bar{Y}$	$\bar{y}_{11}=\dfrac{1-\|S\|-S_{11}+S_{22}}{1+\|S\|+S_{11}+S_{22}}$ $\bar{y}_{12}=\dfrac{-2S_{12}}{1+\|S\|+S_{11}+S_{22}}$ $\bar{y}_{21}=\dfrac{-2S_{21}}{1+\|S\|+S_{11}+S_{22}}$ $\bar{y}_{22}=\dfrac{1-\|S\|+S_{11}-S_{22}}{1+\|S\|+S_{11}+S_{22}}$	$\dfrac{1}{b}\begin{bmatrix} \bar{d} & -\|A\| \\ -1 & \bar{a} \end{bmatrix}$	$\dfrac{1}{\|Z\|}\begin{bmatrix} \bar{z}_{22} & -\bar{z}_{12} \\ -\bar{z}_{21} & \bar{z}_{11} \end{bmatrix}$	$\begin{bmatrix} \bar{y}_{11} & \bar{y}_{12} \\ \bar{y}_{21} & \bar{y}_{22} \end{bmatrix}$	$\bar{y}_{11}=\dfrac{T_{11}+T_{12}+T_{21}+T_{22}}{T_{11}-T_{12}+T_{21}-T_{22}}$ $\bar{y}_{12}=\dfrac{-2\|T\|}{T_{11}-T_{12}+T_{21}-T_{22}}$ $\bar{y}_{21}=\dfrac{-2}{T_{11}-T_{12}+T_{21}-T_{22}}$ $\bar{y}_{22}=\dfrac{T_{11}-T_{12}+T_{21}+T_{22}}{T_{11}-T_{12}+T_{21}-T_{22}}$
T	$T_{11}=\dfrac{1}{S_{21}}$ $T_{12}=-\dfrac{S_{22}}{S_{21}}$ $T_{21}=\dfrac{S_{11}}{S_{21}}$ $T_{22}=-\dfrac{\|S\|}{S_{21}}$	$T_{11}=\dfrac{\bar{a}+\bar{b}+\bar{c}+\bar{d}}{2}$ $T_{12}=\dfrac{\bar{a}-\bar{b}+\bar{c}-\bar{d}}{2}$ $T_{21}=\dfrac{\bar{a}+\bar{b}-\bar{c}-\bar{d}}{2}$ $T_{22}=\dfrac{2\|A\|+\bar{a}^2-\bar{b}^2-\bar{c}^2+\bar{d}^2}{\bar{a}+\bar{b}+\bar{c}+\bar{d}}$	$T_{11}=\dfrac{1+\|Z\|+\bar{z}_{11}+\bar{z}_{22}}{2\bar{z}_{21}}$ $T_{12}=\dfrac{1-\|Z\|+\bar{z}_{11}-\bar{z}_{22}}{2\bar{z}_{21}}$ $T_{21}=\dfrac{1-\|Z\|-\bar{z}_{11}+\bar{z}_{22}}{2\bar{z}_{21}}$ $T_{22}=\dfrac{\bar{z}_{11}^2+\bar{z}_{22}^2-\|Z\|^2-1+2\bar{z}_{21}}{2\bar{z}_{21}(1+\bar{z}_{11}+\bar{z}_{22})}$	$T_{11}=-\dfrac{1+\|Y\|+\bar{y}_{11}+\bar{y}_{22}}{2\bar{y}_{21}}$ $T_{12}=-\dfrac{1-\|Y\|+\bar{y}_{11}-\bar{y}_{22}}{2\bar{y}_{21}}$ $T_{21}=-\dfrac{1-\|Y\|-\bar{y}_{11}+\bar{y}_{22}}{2\bar{y}_{21}}$ $T_{22}=-\dfrac{\bar{y}_{11}^2+\bar{y}_{22}^2-\|Y\|^2-1+2\bar{y}_{12}\bar{y}_{21}}{2\bar{y}_{21}(1+\|Y\|+\bar{y}_{11}+\bar{y}_{22})}$	$\begin{bmatrix} T_{11} & T_{12} \\ T_{21} & T_{22} \end{bmatrix}$

其中$|S|$、$|A|$、$|Z|$、$|K|$、$|T|$为矩阵的行列式.

附录 I　归一化低通原型滤波器设计图表

表 I-1　归一化切比雪夫低通滤波器元件参数（对应于图 6.26）

0.01 dB 波纹										
N	g_1	g_2	g_3	g_4	g_5	g_6	g_7	g_8	g_9	g_{10}	g_{11}
1	0.0960	1.0000									
2	0.4489	0.4078	1.1010								
3	0.6292	0.9703	0.6292	1.0000							
4	0.7129	1.2004	1.3213	0.6476	1.1010						
5	0.7653	1.3049	1.5773	1.3049	0.7563	1.0000					
6	0.7814	1.3600	1.6897	1.5350	1.4970	0.7098	1.1010				
7	0.7970	1.3924	1.7481	1.6331	1.7481	1.3924	0.7970	1.0000			
8	0.8073	1.4131	1.7825	1.6833	1.8529	1.6193	1.5555	0.7334	1.1010		
9	0.8145	1.4271	1.8044	1.7125	1.9058	1.7125	1.8044	1.4271	0.8145	1.0000	
10	0.8197	1.4370	1.8193	1.7311	1.9362	1.7590	1.9055	1.6528	1.5817	0.7447	1.1010

0.05 dB 波纹										
N	g_1	g_2	g_3	g_4	g_5	g_6	g_7	g_8	g_9	g_{10}	g_{11}
1	0.2152	1.0000									
2	0.6923	0.5585	1.2396								
3	0.8794	1.1132	0.8794	1.0000							
4	0.9588	1.2970	1.6078	0.7735	1.2396						
5	0.9984	1.3745	1.8283	1.3745	0.9984	1.0000					
6	1.0208	1.4141	1.9184	1.5475	1.7529	0.8235	1.2396				
7	1.0346	1.4369	1.9637	1.6162	1.9637	1.4369	1.0346	1.0000			
8	1.0437	1.4514	1.9899	1.6502	2.0457	1.6053	1.7992	0.8419	1.2396		
9	1.0499	1.4611	2.0065	1.6697	2.0858	1.6697	2.0065	1.4611	1.0499	1.0000	
10	1.0544	1.4679	2.0177	1.6820	2.1085	1.7009	2.0851	1.6277	1.8197	0.8506	1.2396

0.10 dB 波纹										
N	g_1	g_2	g_3	g_4	g_5	g_6	g_7	g_8	g_9	g_{10}	g_{11}
1	0.3053	1.0000									
2	0.8431	0.6220	1.3554								
3	1.0316	1.1474	1.0316	1.0000							
4	1.1088	1.3062	1.7704	0.8181	1.3554						
5	1.1468	1.3712	1.9750	1.3712	1.1468	1.0000					
6	1.1681	1.4040	2.0562	1.5171	1.9029	0.8618	1.3554				
7	1.1812	1.4228	2.0967	1.5734	2.0967	1.4228	1.1812	1.0000			
8	1.1898	1.4346	2.1199	1.6010	2.1700	1.5641	1.9445	0.8778	1.3554		
9	1.1957	1.4426	2.1346	1.6167	2.2054	1.6167	2.1346	1.4426	1.1957	1.0000	
10	1.2000	1.4482	2.1445	1.6266	2.2254	1.6419	2.2046	1.5822	1.9629	0.8853	1.3554

（续表）

N	g_1	g_2	g_3	g_4	g_5	g_6	g_7	g_8	g_9	g_{10}	g_{11}
0.20 dB 波纹										
1	0.4342	1.0000									
2	1.0379	0.6746	1.5386								
3	1.2276	1.1525	1.2276	1.0000							
4	1.3029	1.2844	1.9762	0.8468	1.5386						
5	1.3395	1.3370	2.1661	1.3370	1.3395	1.0000					
6	1.3598	1.3632	2.2395	1.4556	2.0974	0.8838	1.5386				
7	1.3723	1.3782	2.2757	1.5001	2.2757	1.3782	1.3723	1.0000			
8	1.3804	1.3876	2.2964	1.5218	2.3414	1.4925	2.1349	0.8972	1.5386		
9	1.3861	1.3939	2.3094	1.5340	2.3728	1.5340	2.3094	1.3939	1.3861	1.0000	
10	1.3901	1.3983	2.3181	1.5417	2.3905	1.5537	2.3722	1.5066	2.1514	0.9035	1.5386
0.30 dB 波纹										
1	0.5349	1.0000									
2	1.1805	0.6957	1.6967								
3	1.3713	1.1378	1.3713	1.0000							
4	1.4457	1.2537	2.1272	0.8521	1.6967						
5	1.4817	1.2992	2.3095	1.2992	1.4817	1.0000					
6	1.5016	1.3218	2.3790	1.4021	2.2427	0.8850	1.6967				
7	1.5138	1.3346	2.4131	1.4403	2.4131	1.3346	1.5138	1.0000			
8	1.5217	1.3427	2.4325	1.4587	2.4751	1.4336	2.2782	0.8969	1.6967		
9	1.5272	1.3481	2.4447	1.4691	2.5045	1.4691	2.4447	1.3481	1.5272	1.0000	
10	1.5311	1.3518	2.4529	1.4756	2.5210	1.4858	2.5037	1.4457	2.2937	0.9024	1.6967
0.40 dB 波纹										
1	0.6213	1.0000									
2	1.2989	0.7046	1.8435								
3	1.4909	1.1180	1.4909	1.0000							
4	1.5650	1.2225	2.2537	0.8489	1.8435						
5	1.6006	1.2632	2.4315	1.2632	1.6006	1.0000					
6	1.6203	1.2833	2.4986	1.3553	2.3658	0.8789	1.8435				
7	1.6323	1.2947	2.5314	1.3892	2.5314	1.2947	1.6323	1.0000			
8	1.6402	1.3019	2.5500	1.4055	2.5910	1.3832	2.4400	0.8897	1.8435		
9	1.6456	1.3066	2.5617	1.4147	2.6193	1.4147	2.5617	1.3066	1.6456	1.0000	
10	1.6495	1.3100	2.5696	1.4204	2.6351	1.4294	2.6185	1.3938	2.4150	0.8947	1.8435
0.50 dB 波纹										
1	0.6987	1.0000									
2	1.4029	0.7071	1.9841								
3	1.5963	1.0967	1.5963	1.0000							
4	1.6704	1.1925	2.3662	0.8419	1.9841						
5	1.7058	1.2296	2.5409	1.2296	1.7058	1.0000					
6	1.7254	1.2479	2.6064	1.3136	2.4759	0.8696	1.9841				
7	1.7373	1.2582	2.6383	1.3443	2.6383	1.2582	1.7373	1.0000			
8	1.7451	1.2647	2.6565	1.3590	2.6965	1.3389	2.5093	0.8795	1.9841		
9	1.7505	1.2690	2.6678	1.3673	2.7940	1.3673	2.6978	1.2690	1.7505	1.0000	
10	1.7543	1.2721	2.6755	1.3725	2.7393	1.3806	2.7232	1.3484	2.5239	0.8842	1.9841

（续表）

0.60 dB 波纹

N	g_1	g_2	g_3	g_4	g_5	g_6	g_7	g_8	g_9	g_{10}	g_{11}
1	0.7699	1.0000									
2	1.4975	0.7060	2.1213								
3	1.6924	1.0752	1.6924	1.0000							
4	1.7665	1.1641	2.4694	0.8328	2.1213						
5	1.8019	1.1983	2.6421	1.1983	1.8019	1.0000					
6	1.8215	1.2151	2.7065	1.2759	2.5775	0.8587	2.1213				
7	1.8333	1.2246	2.7378	1.3041	2.7378	1.2246	1.8333	1.0000			
8	1.8411	1.2306	2.7556	1.3175	2.7949	1.2990	2.6104	0.8679	2.1213		
9	1.8464	1.2345	2.7667	1.3251	2.8218	1.3251	2.7667	1.2345	1.8464	1.0000	
10	1.8503	1.2373	2.7742	1.3299	2.8368	1.3373	2.8210	1.3078	2.6247	0.8722	2.1213

0.70 dB 波纹

N	g_1	g_2	g_3	g_4	g_5	g_6	g_7	g_8	g_9	g_{10}	g_{11}
1	0.8365	1.0000									
2	1.5852	0.7025	2.2565								
3	1.7817	1.0540	1.7817	1.0000							
4	1.8560	1.1372	2.5660	0.8225	2.2565						
5	1.8915	1.1690	2.7374	1.1690	1.8915	1.0000					
6	1.9110	1.1846	2.8010	1.2413	2.6731	0.8469	2.2565				
7	1.9229	1.1935	2.8319	1.2675	2.8319	1.1935	1.9229	1.0000			
8	1.9306	1.1990	2.8494	1.2800	2.8882	1.2628	2.7055	0.8556	2.2565		
9	1.9360	1.2027	2.8604	1.2870	2.9147	1.2870	2.8604	1.2027	1.9360	1.0000	
10	1.9398	1.2053	2.8677	1.2913	2.9295	1.2982	2.9139	1.2709	2.7197	0.8596	2.2565

0.80 dB 波纹

N	g_1	g_2	g_3	g_4	g_5	g_6	g_7	g_8	g_9	g_{10}	g_{11}
1	0.8995	1.0000									
2	1.6679	0.6976	2.3909								
3	1.8660	1.0334	1.8660	1.0000							
4	1.9406	1.1117	2.6579	0.8117	2.3909						
5	1.9762	1.1415	2.8283	1.1415	1.9762	1.0000					
6	1.9957	1.1561	2.8915	1.2094	2.7642	0.8347	2.3909				
7	2.0076	1.1644	2.9220	1.2338	2.9220	1.1644	2.0076	1.0000			
8	2.0154	1.1696	2.9394	1.2455	2.9778	1.2294	2.7963	0.8429	2.3909		
9	2.0207	1.1730	2.9502	1.2520	3.0040	1.2520	2.9502	1.1730	2.0207	1.0000	
10	2.0245	1.1755	2.9575	1.2561	3.0186	1.2625	3.0032	1.2370	2.8104	0.8468	2.3909

1.0 dB 波纹

N	g_1	g_2	g_3	g_4	g_5	g_6	g_7	g_8	g_9	g_{10}	g_{11}
1	1.0178	1.0000									
2	1.8220	0.6850	2.6599								
3	2.0237	0.9941	2.0237	1.0000							
4	2.0991	1.0644	2.8312	0.7892	2.6599						
5	2.1350	1.0911	3.0010	1.0911	2.1350	1.0000					
6	2.1547	1.1041	3.0635	1.1518	2.9368	0.8101	2.6599				
7	2.1666	1.1115	3.0937	1.1735	3.0937	1.1115	2.1666	1.0000			
8	2.1744	1.1161	3.1108	1.1838	3.1488	1.1695	2.9686	0.8175	2.6599		
9	2.1798	1.1192	3.1215	1.1896	3.1747	1.1896	3.1215	1.1192	2.1798	1.0000	
10	2.1836	1.1213	3.1287	1.1933	3.1891	1.1990	3.1739	1.1763	2.9825	0.8210	2.6599

（续表）

1.5 dB 波纹										
N	g_1	g_2	g_3	g_4	g_5	g_6	g_7	g_8	g_9	g_{10}	g_{11}
1	1.2847	1.0000									
2	2.1689	0.6470	3.3520								
3	2.3804	0.9069	2.3804	1.0000							
4	2.4587	0.9636	3.2301	0.7335	3.3520						
5	2.4957	0.9849	3.4018	0.9849	2.4957	1.0000					
6	2.5160	0.9953	3.4644	1.0335	3.3363	0.7506	3.3520				
7	2.5283	1.0012	3.4945	1.0508	3.4945	1.0012	2.5283	1.0000			
8	2.5364	1.0048	3.5116	1.0589	3.5496	1.0476	3.3682	0.7567	3.3520		
9	2.5419	1.0073	3.5222	1.0635	3.5753	1.0635	3.5222	1.0073	2.5419	1.0000	
10	2.5458	1.0090	3.5294	1.0664	3.5896	1.0709	3.5745	1.0529	3.3821	0.7595	3.3520

2.0 dB 波纹										
N	g_1	g_2	g_3	g_4	g_5	g_6	g_7	g_8	g_9	g_{10}	g_{11}
1	1.5297	1.0000									
2	2.4883	0.6075	4.0957								
3	2.7108	0.8326	2.7108	1.0000							
4	2.7926	0.8805	3.6065	0.6818	4.0957						
5	2.8311	0.8984	3.7829	0.8984	2.8311	1.0000					
6	2.8523	0.9071	3.8468	0.9392	3.7153	0.6964	4.0957				
7	2.8651	0.9120	3.8776	0.9536	3.8776	0.9120	2.8651	1.0000			
8	2.8734	0.9151	3.8949	0.9604	3.9337	0.9510	3.7478	0.7016	4.0957		
9	2.8792	0.9171	3.9057	0.9643	3.9599	0.9643	3.9057	0.9171	2.8792	1.0000	
10	2.8833	0.9185	3.9130	0.9666	3.9744	0.9704	3.9590	0.9554	3.7620	0.7040	4.0957

2.5 dB 波纹										
N	g_1	g_2	g_3	g_4	g_5	g_6	g_7	g_8	g_9	g_{10}	g_{11}
1	1.7645	1.0000									
2	2.7964	0.5695	4.9099								
3	3.0309	0.7683	3.0309	1.0000							
4	3.1167	0.8098	3.9762	0.6348	4.9099						
5	3.1571	0.8253	4.1590	0.8253	3.1571	1.0000					
6	3.1792	0.8327	4.2250	0.8605	4.0887	0.6475	4.9099				
7	3.1926	0.8370	4.2567	0.8729	4.2567	0.8370	3.1926	1.0000			
8	3.2013	0.8396	4.2745	0.8788	4.3146	0.8706	4.1223	0.6520	4.9099		
9	3.2073	0.8413	4.2857	0.8820	4.3415	0.8820	4.2857	0.8413	3.2073	1.0000	
10	3.2116	0.8426	4.2932	0.8841	4.3565	0.8873	4.3406	0.8744	4.1369	0.6541	4.9099

3.0 dB 波纹										
N	g_1	g_2	g_3	g_4	g_5	g_6	g_7	g_8	g_9	g_{10}	g_{11}
1	1.9954	1.0000									
2	3.1014	0.5339	5.8095								
3	3.3484	0.7117	3.3489	1.0000							
4	3.4389	0.7483	4.3471	0.5920	5.8095						
5	3.4815	0.7619	4.5378	0.7619	3.4815	1.0000					
6	3.5047	0.7685	4.6063	0.7929	4.4643	0.6033	5.8095				
7	3.5187	0.7722	4.6392	0.8039	4.6392	0.7722	3.5187	1.0000			
8	3.5279	0.7745	4.6577	0.8089	4.6993	0.8017	4.4993	0.6073	5.8095		
9	3.5341	0.7760	4.6693	0.8118	4.7273	0.8118	4.6693	0.7760	3.5341	1.0000	
10	3.5386	0.7771	4.6770	0.8135	4.7427	0.8164	4.7263	0.8051	4.5144	0.6091	5.8095

表 I-2　归一化切比雪夫低通滤波器元件参数(对应于图 I-1)

0.01 dB 波纹										
N	g_1	g_2	g_3	g_4	g_5	g_6	g_7	g_8	g_9	g_{10}
1	0.0960									
2	0.4489	0.4078	0.9085							
3	0.6292	0.9703	0.6292							
4	0.7129	1.2004	1.3213	0.6476	0.9085					
5	0.7653	1.3049	1.5773	1.3049	0.7563					
6	0.7814	1.3600	1.6897	1.5350	1.4970	0.7098	0.9085			
7	0.7970	1.3924	1.7481	1.6331	1.7481	1.3924	0.7970			
8	0.8073	1.4131	1.7824	1.6833	1.8529	1.6193	1.5555	0.7334	0.9085	
9	0.8145	1.4271	1.8044	1.7125	1.9058	1.7125	1.8044	1.4271	0.8145	
10	0.8197	1.4370	1.8193	1.7311	1.9362	1.7590	1.9055	1.6528	1.5817	0.7447	0.9085

(g_{11} 列：N=10 行为 0.9085)

0.1 dB 波纹										
N	g_1	g_2	g_3	g_4	g_5	g_6	g_7	g_8	g_9	g_{10}
1	0.3053									
2	0.8431	0.6220	0.7378							
3	1.0316	1.1474	1.0316							
4	1.1088	1.3062	1.7704	0.8181	0.7378					
5	1.1468	1.3712	1.9750	1.3712	1.1468					
6	1.1681	1.4040	2.0562	1.5171	1.9029	0.8618	0.7378			
7	1.1812	1.4228	2.0967	1.5374	2.0967	1.4228	1.1812			
8	1.1898	1.4346	2.1199	1.6010	2.1700	1.5641	1.9445	0.8778	0.7378	
9	1.1957	1.4426	2.1346	1.6167	2.2054	1.6167	2.1346	1.4426	1.1957	
10	1.2000	1.4482	2.1445	1.6266	2.2254	1.6419	2.2046	1.5822	1.9629	0.8853	0.7378

(g_{11} 列：N=10 行为 0.7378)

0.2 dB 波纹										
N	g_1	g_2	g_3	g_4	g_5	g_6	g_7	g_8	g_9	g_{10}
1	0.4342									
2	1.0379	0.6746	0.6499							
3	1.2276	1.1525	1.2276							
4	1.3029	1.2844	1.9762	0.8468	0.6499					
5	1.3395	1.3370	2.1661	1.3370	1.3395					
6	1.3598	1.3632	2.2395	1.4556	2.0974	0.8838	0.6499			
7	1.3723	1.3782	2.2757	1.5002	2.2757	1.3782	1.3723			
8	1.3804	1.3876	2.2964	1.5218	2.3414	1.4925	2.1349	0.8972	0.6499	
9	1.3861	1.3939	2.3094	1.5340	2.3728	1.5340	2.3094	1.3939	1.3861	
10	1.3901	1.3983	2.3181	1.5417	2.3905	1.5537	2.3722	1.5066	2.1514	0.9035	0.6499

(g_{11} 列：N=10 行为 0.6499)

0.5 dB 波纹										
N	g_1	g_2	g_3	g_4	g_5	g_6	g_7	g_8	g_9	g_{10}
1	0.6987									
2	1.4029	0.7071	0.5040							
3	1.5963	1.0967	1.5963							
4	1.6704	1.1926	2.3662	0.8419	0.5040					
5	1.7058	1.2296	2.5409	1.2296	1.7058					
6	1.7254	1.2478	2.6064	1.3136	2.4759	0.8696	0.5040			
7	1.7373	1.2582	2.6383	1.3443	2.6383	1.2582	1.7373			
8	1.7451	1.2647	2.6565	1.3590	2.6965	1.3389	2.5093	0.8795	0.5040	
9	1.7505	1.2690	2.6678	1.3673	2.7240	1.3673	2.6678	1.2690	1.7505	
10	1.7543	1.2721	2.6755	1.3725	2.7393	1.3806	2.7232	1.3484	2.5239	0.8842	0.5040

(g_{11} 列：N=10 行为 0.5040)

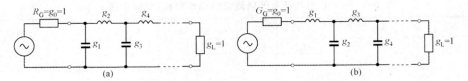

图 I-1　用归一化元件表示的两种 N 节原型低通滤波器等效电路

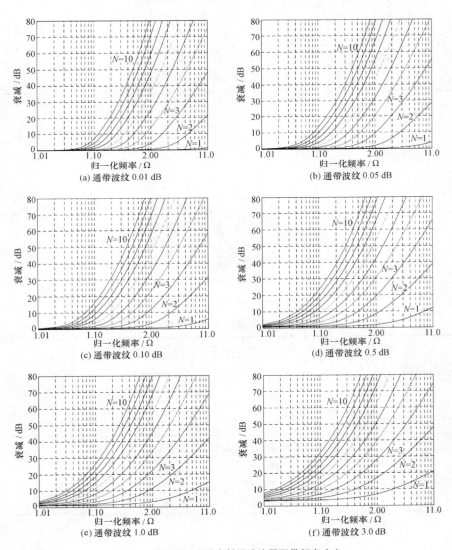

图 I-2　归一化切比雪夫低通滤波器阻带频率响应

表 I-3　归一化巴特沃斯低通滤波器元件参数 (对应于图 6.26)

N	g_1	g_2	g_3	g_4	g_5	g_6	g_7	g_8	g_9	g_{10}	g_{11}
1	2.00000	1.00000									
2	1.41421	1.41421	1.00000								
3	1.00000	2.00000	1.00000	1.00000							
4	0.76357	1.84776	1.84776	0.76537	1.00000						
5	0.61803	1.61803	2.00000	1.61803	0.61803	1.00000					
6	0.51764	1.41421	1.93185	1.93185	1.41421	0.51764	1.00000				
7	0.44504	1.24698	1.80194	2.00000	1.80194	1.24698	0.44504	1.00000			
8	0.39018	1.11114	1.66294	1.96157	1.96157	1.66294	1.11114	0.39018	1.00000		
9	0.34730	1.00000	1.53209	1.87938	2.00000	1.87938	1.53209	1.00000	0.34730	1.00000	
10	0.31287	0.90798	1.41421	1.78201	1.97538	1.97538	1.78201	1.41421	0.90798	0.31287	1.00000

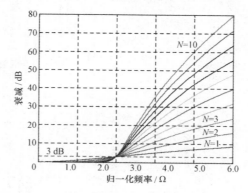

图 I-3　归一化巴特沃斯低通滤波器频率响应

表 I-4　归一化贝塞尔低通滤波器元件参数 (对应于图 6.26)

N	g_1	g_2	g_3	g_4	g_5	g_6	g_7	g_8	g_9	g_{10}	g_{11}
1	2.0000	1.0000									
2	0.5760	2.1480	1.0000								
3	0.3374	0.9705	2.2034	1.0000							
4	0.2334	0.6725	1.0815	2.2404	1.0000						
5	0.1743	0.5072	0.8040	1.1110	2.2582	1.0000					
6	0.1365	0.4002	0.6392	0.8538	1.1126	2.2645	1.0000				
7	0.1106	0.3259	0.5249	0.7020	0.8690	1.1052	2.2659	1.0000			
8	0.0919	0.2719	0.4409	0.5936	0.7303	0.8695	1.0956	2.2656	1.0000		
9	0.0780	0.2313	0.3770	0.5108	0.6306	0.7407	0.8639	1.0863	2.2649	1.0000	
10	0.0672	0.1998	0.3270	0.4454	0.5528	0.6493	0.7420	0.8561	1.0781	2.2641	1.0000

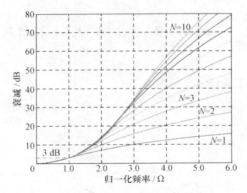

图 I-4　归一化贝塞尔低通滤波器频率响应

表 I-5　归一化线性相移低通滤波器元件参数（对应于图 6.26）

N	g_1	g_2	g_3	g_4	g_5	g_6	g_7	g_8	g_9	g_{10}	g_{11}
1	2.0000	1.0000									
2	1.5774	0.4226	1.0000								
3	1.2550	0.5528	0.1922	1.0000							
4	1.0598	0.5116	0.3181	0.1104	1.0000						
5	0.9303	0.4577	0.3312	0.2090	0.0718	1.0000					
6	0.8377	0.4116	0.3158	0.2364	0.1480	0.0505	1.0000				
7	0.7677	0.3744	0.2944	0.2378	0.1778	0.1104	0.0375	1.0000			
8	0.7125	0.3446	0.2735	0.2297	0.1867	0.1387	0.0855	0.0289	1.0000		
9	0.6678	0.3203	0.2547	0.2184	0.1859	0.1506	0.1111	0.0682	0.0230	1.0000	
10	0.6305	0.3002	0.2384	0.2066	0.1808	0.1539	0.1240	0.0911	0.0557	0.0187	1.0000

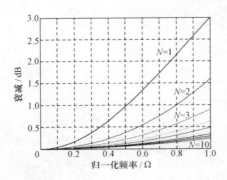

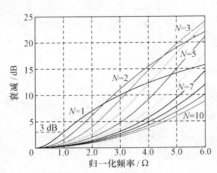

图 I-5　归一化线性相移低通滤波器频率响应

附录 J　FORTRAN，MATLAB 计算程序

一、设计微带线的 FORTRAN 程序

1. 计算公式：

$$Z_{c0} \cong 60\ln\left(\frac{8h}{W} + \frac{W}{4h}\right), \qquad\qquad W \leqslant h;$$

$$Z_{c0} \cong \sqrt{\frac{\mu_0}{\varepsilon_0}} \frac{1}{\dfrac{W}{h} + 2.42 - 0.44\dfrac{h}{W} + \left(1 - \dfrac{h}{W}\right)^6}, \qquad W \geqslant h;$$

$$\varepsilon_e = \frac{C}{C_0} \cong \frac{1+\varepsilon_r}{2} + \frac{\varepsilon_r - 1}{2}\left(1 + 10\frac{h}{W}\right)^{-1/2}.$$

2. FORTRAN 程序

```
        REAL Zmin, Zmax, Zt, Zc, Z0, Z1, die, X1, X2, X3
        REAL Wmax, Wmin, wide, thick
001     WRITE( * ,002)
        WRITE( * ,003)
        WRITE( * ,006)
002     FORMAT(///1X,'Please input：')
003     FORMAT(1X,'thickness： * . * （mm）, dielec： * . * , Zc： * . * （ohm）')
006     FORMAT(1X,'Input thickness＝0. 0 to stop this program. '/)
        READ( * ,010) thick, die, Zc
010     FORMAT(3F7. 2)
        IF（thick. EQ. 0. 0）GOTO 220
        wide＝1. 0
012     Zmin＝0. 0
        Zmax＝0. 0
014     IF（ABS(Zmax-Zmin)-ABS(Zmax＋Zmin)）50,15,50
015     IF（wide-thick）16,17,17
016     Zt＝F0(wide,thick,die)
        GOTO 18
017     Zt＝F1(wide,thick,die)
018     X3＝ABS(Zc-Zt)
        IF(X3. LT. 0. 01) GOTO 200
        IF(Zt-Zc）20,200,40
020     Zmin＝Zt
        Wmax＝wide
        wide＝wide/1. 5
```

```
        GOTO 14
040     Zmax＝Zt
        Wmin＝wide
        wide＝wide * 1. 5
        GOTO 14
050     wide＝0. 5 * (Wmax＋Wmin)
        IF (wide-thick) 65,70,70
065     Zt＝F0(wide,thick,die)
        GOTO 18
070     Zt＝F1(wide,thick,die)
        GOTO 18
200     WRITE( * ,210)
        WRITE( * ,215) thick, die, Zt, wide
210     FORMAT(/4X, 'thickness(mm)    diele   Zc(ohm)    wide(mm)')
215     FORMAT(1X, F12. 4, F13. 2, F12. 2, F13. 4)
        GOTO 001
220     STOP
        END
C       A subroutine
        REAL FUNCTION F1(wide,thick,die)
        X1＝thick/wide
        Z0＝120. 0 * 3. 1415926/(1/X1+2. 42-0. 44 * X1+(1. 0-X1) * * 6)
        Z1＝0. 5 * (1. 0+die+(die-1. 0)/SQRT(1. 0+10 * X1))
        F1＝Z0/SQRT(Z1)
        RETURN
        END
C       A subroutine
        REAL FUNCTION F0(wide,thick,die)
        X1＝thick/wide
        Z0＝60. 0 * ALOG(8. 0 * X1+0. 25/X1)
        Z1＝0. 5 * (1. 0+die+(die-1. 0)/SQRT(1. 0+10 * X1))
        F0＝Z0/SQRT(Z1)
        RETURN
        END
```

二、指数渐变阻抗变换器设计

1. 计算公式：

$$\Gamma_{in} = \frac{\ln\overline{Z}_L}{2L} e^{-j\beta l} \frac{e^{-j\beta l} - e^{+j\beta l}}{-j2\beta} = \frac{\ln\overline{Z}_L}{2} e^{-j\beta l} \frac{\sin\beta L}{\beta L}.$$

2. MATLAB 程序

```
figure
colormap(lines);
color_map=colormap;
colormap('default');

for r=2:8:10
x=0.0:0.02:50
z=0.5.*log(r).*sin(x)./x;
z=sqrt(z.^2)
plot(x,z,'r')
hold on;
end

grid on;
axis([0.0 50 0.0 0.3]);
xlabel('bata L')
ylabel('gama')
title('指数渐变阻抗变换器')
```

$\beta=4*\mathrm{acoth}(\mathrm{sqrt}(g_{n+1}))=\log(\mathrm{coth}(A/17.37))$　　　　%A 波纹(dB)

$\gamma_n=\sinh(\log(\mathrm{coth}(A/17.37))/(2*n))$

$g_{K=1,n}=2*\sin(\mathrm{pi}/(2*n))/\sinh(\log(\mathrm{coth}(A/17.37))/(2*n))$

$g_{K,n}$

$=4*\sin((2*\mathrm{K}\text{-}3)*\mathrm{pi}/(2*n))*\sin((2*\mathrm{K}\text{-}1)*\mathrm{pi}/(2*n))/((\sinh(\log(\mathrm{coth}(A/17.37))/(2*n))\char`^2+\sin((\mathrm{K}\text{-}1)*\mathrm{pi}/n)\char`^2)*g_{K\text{-}1,n})$

$g_{n+1}=1$,　　　　　　%n 为偶数

$g_{n+1}=\mathrm{coth}(\beta/4)\char`^2=(\mathrm{coth}((\log(\mathrm{coth}(A/17.37)))/4))\char`^2$,　　　%n 为偶数

```
ripple=2.5        %输入以 dB 为单位的纹波系数
m=10              %输入最高阶数
    for n=1:m
    g(n,1)=2.*sin(pi/(2*n))/sinh(log(coth(ripple/17.37))/(2*n));
        if n-1
            for k=2:n
            g(n,k)=
        4.*sin((2*k-3)*pi/(2*n))*sin((2*k-1)*pi/(2*n))/((sinh(log
        (coth(ripple/17.37))/(2*n))^2+sin((k-1)*pi/n)^2)*g(n,k-1));
```

```
            end
         end
      end
format short
g
```

程序运行结果见图 4.25。

三、归一化低通滤波器的衰减特性、相移特性

1. 计算归一化贝塞尔低通滤波器频率响应的 MATLAB 程序

```
clear all;                % 变量清零
close all;                % 关闭旧图形窗口
figure;                   % 打开新图形窗口
colormap(lines);
color_map=colormap;
colormap('default');

w=0.01:0.01:6;            % 定义归一化频率
L1=2.0000;
ZL=1;                     % 负载阻抗
V1=1;                     % 输入电压幅度
IL=0;
    ZL1=j*w*L1;
    Z1=1+ZL1+ZL;
    V2=ZL./Z1.*V1;
    Gain=2*V2./V1;
    IL=-20*log10(abs(Gain));      % 插入损耗
plot(w,IL,'color',color_map(1,:));
hold on;

L1=0.5760;
C1=2.1480;
ZL=1;                     % 负载阻抗
V1=1;                     % 输入电压幅度
IL=0;
    ZL1=j*w*L1;
    ZC1=1./(j*w*C1);
    Z1=ZL.*ZC1./(ZL+ZC1);
```

```
    Z2=1+ZL1+Z1；
    V2=Z1./Z2.*V1；
    Gain=2*V2./V1；
    IL=-20*log10(abs(Gain))；      ％ 插入损耗
plot(w,IL,'color',color_map(2,:))；
hold on；


L1=0.3374；
C1=0.9705；
L2=2.2034；
ZL=1；                    ％ 负载阻抗
V1=1；                    ％ 输入电压幅度
IL=0；
    ZL1=j*w*L1；
    ZC1=1./(j*w*C1)；
    ZL2=j*w*L2；
    Z1=ZL2+ZL；
    Z2=Z1.*ZC1./(Z1+ZC1)；
    Z3=1+ZL1+Z2；
    V_internal=Z2./Z3.*V1；
    V2=ZL./Z1.*V_internal；
    Gain=2*V2./V1；
    IL=-20*log10(abs(Gain))；      ％ 插入损耗
plot(w,IL,'color',color_map(3,:))；
hold on；


L1=0.2334；
C1=0.6725；
L2=1.0815；
C2=2.2404；
ZL=1；                    ％ 负载阻抗
V1=1；                    ％ 输入电压幅度
IL=0；
    ZL1=j*w*L1；
    ZC1=1./(j*w*C1)；
    ZL2=j*w*L2；
    ZC2=1./(j*w*C2)；
    Z1=ZL.*ZC2./(ZL+ZC2)；
```

```
    Z2＝Z1＋ZL2；
    Z3＝Z2.＊ZC1./(Z2＋ZC1)；
    Z4＝1＋ZL1＋Z3；
    V_1＝Z3./Z4.＊V1；
    V2＝Z1./Z2.＊V_1；
    Gain＝2＊V2./V1；
    IL＝-20＊log10(abs(Gain))；        ％ 插入损耗
plot(w,IL,'color',color_map(4,:))；
hold on；


L1＝0.1743；
C1＝0.5072；
L2＝0.8040；
C2＝1.1110；
L3＝2.2582；
ZL＝1；                ％ 负载阻抗
V1＝1；                ％ 输入电压幅度
IL＝0；
    ZL1＝j＊w＊L1；
    ZC1＝1./(j＊w＊C1)；
    ZL2＝j＊w＊L2；
    ZC2＝1./(j＊w＊C2)；
    ZL3＝j＊w＊L3；
    Z1＝ZL＋ZL3；
    Z2＝Z1.＊ZC2./(Z1＋ZC2)；
    Z3＝Z2＋ZL2；
    Z4＝Z3.＊ZC1./(Z3＋ZC1)；
    Z5＝1＋ZL1＋Z4；
    V_1＝Z4./Z5.＊V1；
    V_2＝Z2./Z3.＊V_1；
    V2＝ZL./Z1.＊V_2；
    Gain＝2＊V2./V1；
    IL＝-20＊log10(abs(Gain))；        ％ 插入损耗
plot(w,IL,'color',color_map(5,:))；
hold on；


L1＝0.1365；
C1＝0.4002；
```

```
L2=0.6392;
C2=0.8538;
L3=1.1126;
C3=2.2645;
ZL=1;                    % 负载阻抗
V1=1;                    % 输入电压幅度
IL=0;
    ZL1=j * w * L1;
    ZC1=1./(j * w * C1);
    ZL2=j * w * L2;
    ZC2=1./(j * w * C2);
    ZL3=j * w * L3;
    ZC3=1./(j * w * C3);
    Z1=ZL. * ZC3./(ZL+ZC3);
    Z2=Z1+ZL3;
    Z3=Z2. * ZC2./(Z2+ZC2);
    Z4=ZL2+Z3;
    Z5=Z4. * ZC1./(Z4+ZC1);
    Z6=1+ZL1+Z5;
    V_1=Z5./Z6. * V1;
    V_2=Z3./Z4. * V_1;
    V2=Z1./Z2. * V_2;
    Gain=2 * V2./V1;
    IL=-20 * log10(abs(Gain));          % 插入损耗
plot(w,IL,'color',color_map(6,:));
hold on;


L1=0.1106;
C1=0.3259;
L2=0.5249;
C2=0.7020;
L3=0.8690;
C3=1.1052;
L4=2.2659;
ZL=1;                    % 负载阻抗
V1=1;                    % 输入电压幅度
IL=0;
    ZL1=j * w * L1;
```

```
    ZC1=1. /(j * w * C1);
    ZL2=j * w * L2;
    ZC2=1. /(j * w * C2);
    ZL3=j * w * L3;
    ZC3=1. /(j * w * C3);
    ZL4=j * w * L4;
    Z1=ZL+ZL4;
    Z2=Z1. * ZC3. /(Z1+ZC3);
    Z3=ZL3+Z2;
    Z4=Z3. * ZC2. /(Z3+ZC2);
    Z5=ZL2+Z4;
    Z6=Z5. * ZC1. /(Z5+ZC1);
    Z7=1+ZL1+Z6;
    V_1=Z6. /Z7. * V1;
    V_2=Z4. /Z5. * V_1;
    V_3=Z2. /Z3. * V_2;
    V2=ZL. /Z1. * V_3;
    Gain=2 * V2. /V1;
    IL=-20 * log10(abs(Gain));        % 插入损耗
plot(w,IL,'color',color_map(7,:));
hold on;


L1=0. 0919;
C1=0. 2719;
L2=0. 4409;
C2=0. 5936;
L3=0. 7303;
C3=0. 8695;
L4=1. 0956;
C4=2. 2656;
ZL=1;                    % 负载阻抗
V1=1;                    % 输入电压幅度
IL=0;
    ZL1=j * w * L1;
    ZC1=1. /(j * w * C1);
    ZL2=j * w * L2;
    ZC2=1. /(j * w * C2);
    ZL3=j * w * L3;
```

```
    ZC3=1./(j * w * C3);
    ZL4=j * w * L4;
    ZC4=1./(j * w * C4);
    Z1=ZL. * ZC4./(ZL+ZC4);
    Z2=Z1+ZL4;
    Z3=Z2. * ZC3./(Z2+ZC3);
    Z4=ZL3+Z3;
    Z5=Z4. * ZC2./(Z4+ZC2);
    Z6=ZL2+Z5;
    Z7=Z6. * ZC1./(Z6+ZC1);
    Z8=1+ZL1+Z7;
    V_1=Z7./Z8. * V1;
    V_2=Z5./Z6. * V_1;
    V_3=Z3./Z4. * V_2;
    V2=Z1./Z2. * V_3;
    Gain=2 * V2./V1;
    IL=-20 * log10(abs(Gain));      % 插入损耗
plot(w,IL,'color',color_map(8,:));
hold on;


L1=0.0780;
C1=0.2313;
L2=0.3770;
C2=0.5108;
L3=0.6306;
C3=0.7407;
L4=0.8639;
C4=1.0863;
L5=2.2649;
ZL=1;                % 负载阻抗
V1=1;                % 输入电压幅度
IL=0;
    ZL1=j * w * L1;
    ZC1=1./(j * w * C1);
    ZL2=j * w * L2;
    ZC2=1./(j * w * C2);
    ZL3=j * w * L3;
    ZC3=1./(j * w * C3);
```

```
    ZL4＝j＊w＊L4；
    ZC4＝1./(j＊w＊C4)；
    ZL5＝j＊w＊L5；
    Z1＝ZL＋ZL5；
    Z2＝Z1.＊ZC4./(Z1＋ZC4)；
    Z3＝ZL4＋Z2；
    Z4＝Z3.＊ZC3./(Z3＋ZC3)；
    Z5＝ZL3＋Z4；
    Z6＝Z5.＊ZC2./(Z5＋ZC2)；
    Z7＝ZL2＋Z6；
    Z8＝Z7.＊ZC1./(Z7＋ZC1)；
    Z9＝1＋ZL1＋Z8；
    V_1＝Z8./Z9.＊V1；
    V_2＝Z6./Z7.＊V_1；
    V_3＝Z4./Z5.＊V_2；
    V_4＝Z2./Z3.＊V_3；
    V2＝ZL./Z1.＊V_4；
    Gain＝2＊V2./V1；
    IL＝-20＊log10(abs(Gain))；        ％ 插入损耗
plot(w,IL,'color',color_map(9,:))；
hold on；

L1＝0.0672；
C1＝0.1998；
L2＝0.3270；
C2＝0.4454；
L3＝0.5528；
C3＝0.6493；
L4＝0.7420；
C4＝0.8561；
L5＝1.0781；
C5＝2.2641；
ZL＝1；                ％ 负载阻抗
V1＝1；                ％ 输入电压幅度
IL＝0；
    ZL1＝j＊w＊L1；
    ZC1＝1./(j＊w＊C1)；
    ZL2＝j＊w＊L2；
```

```
        ZC2＝1. /(j * w * C2);
        ZL3＝j * w * L3;
        ZC3＝1. /(j * w * C3);
        ZL4＝j * w * L4;
        ZC4＝1. /(j * w * C4);
        ZL5＝j * w * L5;
        ZC5＝1. /(j * w * C5);
        Z1＝ZL. * ZC5. /(ZL＋ZC5);
        Z2＝Z1＋ZL5;
        Z3＝Z2. * ZC4. /(Z2＋ZC4);
        Z4＝ZL4＋Z3;
        Z5＝Z4. * ZC3. /(Z4＋ZC3);
        Z6＝ZL3＋Z5;
        Z7＝Z6. * ZC2. /(Z6＋ZC2);
        Z8＝ZL2＋Z7;
        Z9＝Z8. * ZC1. /(Z8＋ZC1);
        Z10＝1＋ZL1＋Z9;
        V_1＝Z9. /Z10. * V1;
        V_2＝Z7. /Z8. * V_1;
        V_3＝Z5. /Z6. * V_2;
        V_4＝Z3. /Z4. * V_3;
        V2＝Z1. /Z2. * V_4;
        Gain＝2 * V2. /V1;
        IL＝-20 * log10(abs(Gain));      % 插入损耗
plot(w,IL,'color',color_map(10,:));
hold on;

grid on
axis([0 6 0 80]);
title('归一化贝塞尔低通滤波器响应');
xlabel('归一化频率 \Omega');
ylabel('插入损耗-dB');
plot([0 1],[3 3],'b:',[1 1],[0 3],'b:');
text(0.4,5,'3dB');
text(5.5,13,'n=1');
text(5.4,34,'n=3');
text(5.2,58,'n=6');
text(4.1,68,'n=10');
```

程序运行结果见图 I-4.

2. 计算归一化切比雪夫低通滤波器频率响应的 MATLAB 程序（3dB 波纹）

```
clear all;                % 变量清零
close all;                % 关闭旧图形窗口
figure;                   % 打开新图形窗口
colormap(lines);
color_map=colormap;
colormap('default');
format long
w=0.01:0.01:6;            % 定义归一化频率
L1=1.9954;
ZL=1;                     % 负载阻抗
V1=1;                     % 输入电压幅度
IL=0;
    ZL1=j * w * L1;
    Z1=1+ZL1+ZL;
    V2=ZL. /Z1. * V1;
    Gain=2 * V2. /V1;
    IL=-20 * log10(abs(Gain));        % 插入损耗
plot(w,IL,'color',color_map(1,:));
hold on;

L1=3.1014;
C1=0.5339;
ZL=5.8095;                % 负载阻抗
V1=1;                     % 输入电压幅度
IL=0;
    ZL1=j * w * L1;
    ZC1=1. /(j * w * C1);
    Z1=ZL. * ZC1. /(ZL+ZC1);
    Z2=1+ZL1+Z1;
    V2=Z1. /Z2. * V1;
    Gain=2 * (V2. /sqrt(ZL)). /V1;
    IL=-20 * log10(abs(Gain));        % 插入损耗
plot(w,IL,'color',color_map(2,:));
hold on;
```

```
L1=3.3484；
C1=0.7117；
L2=3.3489；
ZL=1；              % 负载阻抗
V1=1；              % 输入电压幅度
IL=0；
    ZL1=j * w * L1；
    ZC1=1. /(j * w * C1)；
    ZL2=j * w * L2；
    Z1=ZL2+ZL；
    Z2=Z1. * ZC1. /(Z1+ZC1)；
    Z3=1+ZL1+Z2；
    V_internal=Z2. /Z3. * V1；
    V2=ZL. /Z1. * V_internal；
    Gain=2 * V2. /V1；
    IL=-20 * log10(abs(Gain))；        % 插入损耗
plot(w,IL,'color',color_map(3,:))；
hold on；


L1=3.4389；
C1=0.7483；
L2=4.3471；
C2=0.5920；
ZL=5.8095；          % 负载阻抗
V1=1；              % 输入电压幅度
IL=0；
    ZL1=j * w * L1；
    ZC1=1. /(j * w * C1)；
    ZL2=j * w * L2；
    ZC2=1. /(j * w * C2)；
    Z1=ZL. * ZC2. /(ZL+ZC2)；
    Z2=Z1+ZL2；
    Z3=Z2. * ZC1. /(Z2+ZC1)；
    Z4=1+ZL1+Z3；
    V_1=Z3. /Z4. * V1；
    V2=Z1. /Z2. * V_1；
    Gain=2 * (V2. /sqrt(ZL)). /V1；
    IL=-20 * log10(abs(Gain))；        % 插入损耗
```

```
plot(w,IL,'color',color_map(4,:));
hold on;

L1=3.4815;
C1=0.7619;
L2=4.5378;
C2=0.7619;
L3=3.4815;
ZL=1;                    % 负载阻抗
V1=1;                    % 输入电压幅度
IL=0;
    ZL1=j*w*L1;
    ZC1=1./(j*w*C1);
    ZL2=j*w*L2;
    ZC2=1./(j*w*C2);
    ZL3=j*w*L3;
    Z1=ZL+ZL3;
    Z2=Z1.*ZC2./(Z1+ZC2);
    Z3=Z2+ZL2;
    Z4=Z3.*ZC1./(Z3+ZC1);
    Z5=1+ZL1+Z4;
    V_1=Z4./Z5.*V1;
    V_2=Z2./Z3.*V_1;
    V2=ZL./Z1.*V_2;
    Gain=2*V2./V1;
    IL=-20*log10(abs(Gain));        % 插入损耗
plot(w,IL,'color',color_map(5,:));
hold on;

L1=3.5047;
C1=0.7685;
L2=4.6063;
C2=0.7929;
L3=4.4643;
C3=0.6033;
ZL=5.8095;                  % 负载阻抗
V1=1;                       % 输入电压幅度
IL=0;
```

```
    ZL1＝j＊w＊L1；
    ZC1＝1. /(j＊w＊C1)；
    ZL2＝j＊w＊L2；
    ZC2＝1. /(j＊w＊C2)；
    ZL3＝j＊w＊L3；
    ZC3＝1. /(j＊w＊C3)；


    Z1＝ZL. ＊ZC3. /(ZL＋ZC3)；
    Z2＝Z1＋ZL3；
    Z3＝Z2. ＊ZC2. /(Z2＋ZC2)；
    Z4＝ZL2＋Z3；
    Z5＝Z4. ＊ZC1. /(Z4＋ZC1)；
    Z6＝1＋ZL1＋Z5；
    V_1＝Z5. /Z6. ＊V1；
    V_2＝Z3. /Z4. ＊V_1；
    V2＝Z1. /Z2. ＊V_2；
    Gain＝2＊(V2. /sqrt(ZL)). /V1；
    IL＝-20＊log10(abs(Gain))；        ％ 插入损耗
plot(w,IL,'color',color_map(6,:))；
hold on；


L1＝3. 5187；
C1＝0. 7722；
L2＝4. 6392；
C2＝0. 8039；
L3＝4. 6392；
C3＝0. 7722；
L4＝3. 5187；
ZL＝1；                   ％ 负载阻抗
V1＝1；                   ％ 输入电压幅度
IL＝0；
    ZL1＝j＊w＊L1；
    ZC1＝1. /(j＊w＊C1)；
    ZL2＝j＊w＊L2；
    ZC2＝1. /(j＊w＊C2)；
    ZL3＝j＊w＊L3；
    ZC3＝1. /(j＊w＊C3)；
    ZL4＝j＊w＊L4；
```

```
    Z1＝ZL＋ZL4；
    Z2＝Z1. ＊ZC3. ／(Z1＋ZC3)；
    Z3＝ZL3＋Z2；
    Z4＝Z3. ＊ZC2. ／(Z3＋ZC2)；
    Z5＝ZL2＋Z4；
    Z6＝Z5. ＊ZC1. ／(Z5＋ZC1)；
    Z7＝1＋ZL1＋Z6；
    V_1＝Z6. ／Z7. ＊V1；
    V_2＝Z4. ／Z5. ＊V_1；
    V_3＝Z2. ／Z3. ＊V_2；
    V2＝ZL. ／Z1. ＊V_3；

    Gain＝2＊V2. ／V1；
    IL＝-20＊log10(abs(Gain))；        ％ 插入损耗
plot(w,IL,'color',color_map(7,:))；
hold on；


L1＝3. 5279；
C1＝0. 7745；
L2＝4. 6577；
C2＝0. 8089；
L3＝4. 6993；
C3＝0. 8017；
L4＝4. 4993；
C4＝0. 6073；
ZL＝5. 8095；          ％ 负载阻抗
V1＝1；               ％ 输入电压幅度
IL＝0；
    ZL1＝j＊w＊L1；
    ZC1＝1. ／(j＊w＊C1)；
    ZL2＝j＊w＊L2；
    ZC2＝1. ／(j＊w＊C2)；
    ZL3＝j＊w＊L3；
    ZC3＝1. ／(j＊w＊C3)；
    ZL4＝j＊w＊L4；
    ZC4＝1. ／(j＊w＊C4)；
    Z1＝ZL. ＊ZC4. ／(ZL＋ZC4)；
    Z2＝Z1＋ZL4；
```

```
    Z3＝Z2. ＊ZC3. /(Z2＋ZC3);
    Z4＝ZL3＋Z3;
    Z5＝Z4. ＊ZC2. /(Z4＋ZC2);
    Z6＝ZL2＋Z5;
    Z7＝Z6. ＊ZC1. /(Z6＋ZC1);
    Z8＝1＋ZL1＋Z7;
    V_1＝Z7. /Z8. ＊V1;
    V_2＝Z5. /Z6. ＊V_1;
    V_3＝Z3. /Z4. ＊V_2;
    V2＝Z1. /Z2. ＊V_3;
    Gain＝2 ＊(V2. /sqrt(ZL)). /V1;
    IL＝-20 ＊log10(abs(Gain));        ％ 插入损耗
plot(w,IL,'color',color_map(8,:));
hold on;


L1＝3. 5341;
C1＝0. 7760;
L2＝4. 6693;
C2＝0. 8118;
L3＝4. 7273;
C3＝0. 8118;
L4＝4. 6693;
C4＝0. 7760;
L5＝3. 5341;
ZL＝1;                    ％ 负载阻抗
V1＝1;                    ％ 输入电压幅度
IL＝0;
    ZL1＝j ＊ w ＊ L1;
    ZC1＝1. /(j ＊ w ＊ C1);
    ZL2＝j ＊ w ＊ L2;
    ZC2＝1. /(j ＊ w ＊ C2);
    ZL3＝j ＊ w ＊ L3;
    ZC3＝1. /(j ＊ w ＊ C3);
    ZL4＝j ＊ w ＊ L4;
    ZC4＝1. /(j ＊ w ＊ C4);
    ZL5＝j ＊ w ＊ L5;
    Z1＝ZL＋ZL5;
    Z2＝Z1. ＊ZC4. /(Z1＋ZC4);
```

```
    Z3＝ZL4＋Z2；
    Z4＝Z3. * ZC3. /(Z3＋ZC3)；
    Z5＝ZL3＋Z4；
    Z6＝Z5. * ZC2. /(Z5＋ZC2)；
    Z7＝ZL2＋Z6；
    Z8＝Z7. * ZC1. /(Z7＋ZC1)；
    Z9＝1＋ZL1＋Z8；
    V_1＝Z8. /Z9. * V1；
    V_2＝Z6. /Z7. * V_1；
    V_3＝Z4. /Z5. * V_2；
    V_4＝Z2. /Z3. * V_3；
    V2＝ZL. /Z1. * V_4；
    Gain＝2 * V2. /V1；
    IL＝-20 * log10(abs(Gain))；      % 插入损耗
hold on；


L1＝3. 5386；
C1＝0. 7771；
L2＝4. 6770；
C2＝0. 8135；
L3＝4. 7427；
C3＝0. 8164；
L4＝4. 7263；
C4＝0. 8051；
L5＝4. 5144；
C5＝0. 6091；
ZL＝5. 8095；          % 负载阻抗
V1＝1；               % 输入电压幅度
IL＝0；
    ZL1＝j * w * L1；
    ZC1＝1. /(j * w * C1)；
    ZL2＝j * w * L2；
    ZC2＝1. /(j * w * C2)；
    ZL3＝j * w * L3；
    ZC3＝1. /(j * w * C3)；
    ZL4＝j * w * L4；
    ZC4＝1. /(j * w * C4)；
    ZL5＝j * w * L5；
```

```
        ZC5 = 1. / (j * w * C5);
        Z1 = ZL. * ZC5. / (ZL + ZC5);
        Z2 = Z1 + ZL5;
        Z3 = Z2. * ZC4. / (Z2 + ZC4);
        Z4 = ZL4 + Z3;
        Z5 = Z4. * ZC3. / (Z4 + ZC3);
        Z6 = ZL3 + Z5;
        Z7 = Z6. * ZC2. / (Z6 + ZC2);
        Z8 = ZL2 + Z7;
        Z9 = Z8. * ZC1. / (Z8 + ZC1);
        Z10 = 1 + ZL1 + Z9;
        V_1 = Z9. / Z10. * V1;
        V_2 = Z7. / Z8. * V_1;
        V_3 = Z5. / Z6. * V_2;
        V_4 = Z3. / Z4. * V_3;
        V2 = Z1. / Z2. * V_4;
        Gain = 2 * (V2. / sqrt(ZL)). / V1;
        IL = -20 * log10(abs(Gain));        % 插入损耗
plot(w, IL, 'color', color_map(10, :));
hold on;
grid on
axis([0 2 0 40]);
title('归一化切比雪夫低通滤波器响应');
xlabel('归一化频率 \Omega');
ylabel('插入损耗-dB');
plot([0 1], [3 3], 'b:', [1 1], [0 3], 'b:');
text(0. 45, 4. 2, '3dB');
text(1. 85, 7. 5, 'n = 1');
text(1. 85, 28, 'n = 3');
text(1. 28, 36, 'n = 6');
text(1. 01, 36, 'n = 10');
```

程序运行结果见图 J-1。

归一化切比雪夫低通滤波器响应

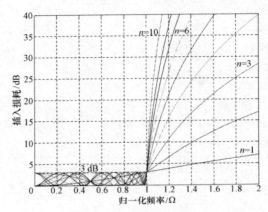

图 J-1　切比雪夫滤波器频率响应

3. 计算归一化线性相移低通滤波器频率响应的 MATLAB 程序

```
clear all;              % 变量清零
close all;              % 关闭旧图形窗口
figure;                 % 打开新图形窗口
colormap(lines);
color_map=colormap;
colormap('default');

w=0.01:0.01:6;          % 定义归一化频率
L1=2.0000;
ZL=1;                   % 负载阻抗
V1=1;                   % 输入电压幅度
IL=0;
    ZL1=j * w * L1;
    Z1=1+ZL1+ZL;
    V2=ZL. /Z1. * V1;
    Gain=2 * V2. /V1;
    IL=-20 * log10(abs(Gain));        % 插入损耗
plot(w,IL,'color',color_map(1,:));
hold on;

L1=1.5774;
C1=0.4226;
ZL=1;                   % 负载阻抗
V1=1;                   % 输入电压幅度
```

```
IL=0；
    ZL1=j * w * L1；
    ZC1=1. /(j * w * C1)；
    Z1=ZL. * ZC1. /(ZL+ZC1)；
    Z2=1+ZL1+Z1；
    V2=Z1. /Z2. * V1；
    Gain=2 * V2. /V1；
    IL=-20 * log10(abs(Gain))；% 插入损耗
plot(w,IL,'color',color_map(2,:))；
hold on；


L1=1. 2550；
C1=0. 5528；
L2=0. 1922；
ZL=1；                    % 负载阻抗
V1=1；                    % 输入电压幅度
IL=0；
    ZL1=j * w * L1；
    ZC1=1. /(j * w * C1)；
    ZL2=j * w * L2；
    Z1=ZL2+ZL；
    Z2=Z1. * ZC1. /(Z1+ZC1)；
    Z3=1+ZL1+Z2；
    V_internal=Z2. /Z3. * V1；
    V2=ZL. /Z1. * V_internal；
    Gain=2 * V2. /V1；
    IL=-20 * log10(abs(Gain))；        % 插入损耗
plot(w,IL,'color',color_map(3,:))；
hold on；


L1=1. 0598；
C1=0. 5116；
L2=0. 3181；
C2=0. 1104；
ZL=1；                    % 负载阻抗
V1=1；                    % 输入电压幅度
IL=0；
    ZL1=j * w * L1；
```

```
    ZC1=1. /(j * w * C1);
    ZL2=j * w * L2;
    ZC2=1. /(j * w * C2);
    Z1=ZL. * ZC2. /(ZL+ZC2);
    Z2=Z1+ZL2;
    Z3=Z2. * ZC1. /(Z2+ZC1);
    Z4=1+ZL1+Z3;
    V_1=Z3. /Z4. * V1;
    V2=Z1. /Z2. * V_1;
    Gain=2 * V2. /V1;
    IL=-20 * log10(abs(Gain));        % 插入损耗
plot(w,IL,'color',color_map(4,:));
hold on;


L1=0. 9303;
C1=0. 4577;
L2=0. 3312;
C2=0. 2090;
L3=0. 0718;
ZL=1;                % 负载阻抗
V1=1;                % 输入电压幅度
IL=0;
    ZL1=j * w * L1;
    ZC1=1. /(j * w * C1);
    ZL2=j * w * L2;
    ZC2=1. /(j * w * C2);
    ZL3=j * w * L3;
    Z1=ZL+ZL3;
    Z2=Z1. * ZC2. /(Z1+ZC2);
    Z3=Z2+ZL2;
    Z4=Z3. * ZC1. /(Z3+ZC1);
    Z5=1+ZL1+Z4;
    V_1=Z4. /Z5. * V1;
    V_2=Z2. /Z3. * V_1;
    V2=ZL. /Z1. * V_2;
    Gain=2 * V2. /V1;
    IL=-20 * log10(abs(Gain));        % 插入损耗
plot(w,IL,'color',color_map(5,:));
```

```
hold on;

L1＝0.8377;
C1＝0.4116;
L2＝0.3158;
C2＝0.2364;
L3＝0.1480;
C3＝0.0505;
ZL＝1;                    ％ 负载阻抗
V1＝1;                    ％ 输入电压幅度
IL＝0;
    ZL1＝j * w * L1;
    ZC1＝1. /(j * w * C1);
    ZL2＝j * w * L2;
    ZC2＝1. /(j * w * C2);
    ZL3＝j * w * L3;
    ZC3＝1. /(j * w * C3);
    Z1＝ZL. * ZC3. /(ZL＋ZC3);
    Z2＝Z1＋ZL3;
    Z3＝Z2. * ZC2. /(Z2＋ZC2);
    Z4＝ZL2＋Z3;
    Z5＝Z4. * ZC1. /(Z4＋ZC1);
    Z6＝1＋ZL1＋Z5;
    V_1＝Z5. /Z6. * V1;
    V_2＝Z3. /Z4. * V_1;
    V2＝Z1. /Z2. * V_2;
    Gain＝2 * V2. /V1;
    IL＝-20 * log10(abs(Gain));        ％ 插入损耗
plot(w,IL,'color',color_map(6,:));
hold on;

L1＝0.7677;
C1＝0.3744;
L2＝0.2944;
C2＝0.2378;
L3＝0.1778;
C3＝0.1104;
L4＝0.0375;
```

```
ZL=1;                  % 负载阻抗
V1=1;                  % 输入电压幅度
IL=0;
    ZL1=j * w * L1;
    ZC1=1. /(j * w * C1);
    ZL2=j * w * L2;
    ZC2=1. /(j * w * C2);
    ZL3=j * w * L3;
    ZC3=1. /(j * w * C3);
    ZL4=j * w * L4;
    Z1=ZL+ZL4;
    Z2=Z1. * ZC3. /(Z1+ZC3);
    Z3=ZL3+Z2;
    Z4=Z3. * ZC2. /(Z3+ZC2);
    Z5=ZL2+Z4;
    Z6=Z5. * ZC1. /(Z5+ZC1);
    Z7=1+ZL1+Z6;
    V_1=Z6. /Z7. * V1;
    V_2=Z4. /Z5. * V_1;
    V_3=Z2. /Z3. * V_2;
    V2=ZL. /Z1. * V_3;
    Gain=2 * V2. /V1;
    IL=-20 * log10(abs(Gain));      % 插入损耗
plot(w,IL,'color',color_map(7,:));
hold on;


L1=0. 7125;
C1=0. 3446;
L2=0. 2735;
C2=0. 2297;
L3=0. 1867;
C3=0. 1387;
L4=0. 0855;
C4=0. 0289;
ZL=1;                  % 负载阻抗
V1=1;                  % 输入电压幅度
IL=0;
    ZL1=j * w * L1;
```

```
    ZC1=1./(j * w * C1);
    ZL2=j * w * L2;
    ZC2=1./(j * w * C2);
    ZL3=j * w * L3;
    ZC3=1./(j * w * C3);
    ZL4=j * w * L4;
    ZC4=1./(j * w * C4);
    Z1=ZL. * ZC4./(ZL+ZC4);
    Z2=Z1+ZL4;
    Z3=Z2. * ZC3./(Z2+ZC3);
    Z4=ZL3+Z3;
    Z5=Z4. * ZC2./(Z4+ZC2);
    Z6=ZL2+Z5;
    Z7=Z6. * ZC1./(Z6+ZC1);
    Z8=1+ZL1+Z7;
    V_1=Z7./Z8. * V1;
    V_2=Z5./Z6. * V_1;
    V_3=Z3./Z4. * V_2;
    V2=Z1./Z2. * V_3;
    Gain=2 * V2./V1;
    IL=-20 * log10(abs(Gain));        % 插入损耗
plot(w,IL,'color',color_map(8,:));
hold on;


L1=0.6678;
C1=0.3203;
L2=0.2547;
C2=0.2184;
L3=0.1859;
C3=0.1506;
L4=0.1111;
C4=0.0682;
L5=0.0230;
ZL=1;                   % 负载阻抗
V1=1;                   % 输入电压幅度
IL=0;
    ZL1=j * w * L1;
    ZC1=1./(j * w * C1);
```

```
ZL2＝j＊w＊L2;
ZC2＝1. /(j＊w＊C2);
ZL3＝j＊w＊L3;
ZC3＝1. /(j＊w＊C3);
ZL4＝j＊w＊L4;
ZC4＝1. /(j＊w＊C4);
ZL5＝j＊w＊L5;
Z1＝ZL＋ZL5;
Z2＝Z1. ＊ZC4. /(Z1＋ZC4);
Z3＝ZL4＋Z2;
Z4＝Z3. ＊ZC3. /(Z3＋ZC3);
Z5＝ZL3＋Z4;
Z6＝Z5. ＊ZC2. /(Z5＋ZC2);
Z7＝ZL2＋Z6;
Z8＝Z7. ＊ZC1. /(Z7＋ZC1);
Z9＝1＋ZL1＋Z8;
V_1＝Z8. /Z9. ＊V1;
V_2＝Z6. /Z7. ＊V_1;
V_3＝Z4. /Z5. ＊V_2;
V_4＝Z2. /Z3. ＊V_3;
V2＝ZL. /Z1. ＊V_4;
Gain＝2＊V2. /V1;
IL＝-20＊log10(abs(Gain));          % 插入损耗
plot(w,IL,'color',color_map(9,:));
hold on;


L1＝0. 6305;
C1＝0. 3002;
L2＝0. 2384;
C2＝0. 2066;
L3＝0. 1808;
C3＝0. 1539;
L4＝0. 1240;
C4＝0. 0911;
L5＝0. 0557;
C5＝0. 0187;
ZL＝1;                  % 负载阻抗
V1＝1;                  % 输入电压幅度
```

```
IL=0;
    ZL1=j * w * L1;
    ZC1=1. /(j * w * C1);
    ZL2=j * w * L2;
    ZC2=1. /(j * w * C2);
    ZL3=j * w * L3;
    ZC3=1. /(j * w * C3);
    ZL4=j * w * L4;
    ZC4=1. /(j * w * C4);
    ZL5=j * w * L5;
    ZC5=1. /(j * w * C5);
    Z1=ZL. * ZC5. /(ZL+ZC5);
    Z2=Z1+ZL5;
    Z3=Z2. * ZC4. /(Z2+ZC4);
    Z4=ZL4+Z3;
    Z5=Z4. * ZC3. /(Z4+ZC3);
    Z6=ZL3+Z5;
    Z7=Z6. * ZC2. /(Z6+ZC2);
    Z8=ZL2+Z7;
    Z9=Z8. * ZC1. /(Z8+ZC1);
    Z10=1+ZL1+Z9;
    V_1=Z9. /Z10. * V1;
    V_2=Z7. /Z8. * V_1;
    V_3=Z5. /Z6. * V_2;
    V_4=Z3. /Z4. * V_3;
    V2=Z1. /Z2. * V_4;
    Gain=2 * V2. /V1;
    IL=-20 * log10(abs(Gain));        % 插入损耗
plot(w,IL,'color',color_map(10,:));
hold on;
grid on
axis([0 6 0 25]);
title('归一化线性相移低通滤波器响应');
xlabel('归一化频率 \Omega');
ylabel('插入损耗-dB');
plot([0 1],[3 3],'b:',[1 1],[0 3],'b:');
text(0.45,4,'3dB');
text(5.5,7,'n=1');
```

```
text(5.5,11.2,'n=3');
text(5.2,18.2,'n=6');
text(3.2,14,'n=9');
```

程序运行结果见图 I-5.

4. 计算归一化巴特沃斯低通滤波器频率响应的 MATLAB 程序

```
clear all;              % 变量清零
close all;              % 关闭旧图形窗口
figure;                 % 打开新图形窗口
w=0:0.01:2;             % 定义归一化频率
N=10;                   % 定义滤波器最高阶数
colormap(lines);
color_map=colormap;
colormap('default');
for n=1:N
    LF=1+w.^(2*n);
    plot(w,10*log10(LF),'color',color_map(n,:));
    hold on;
    grid on
end;
axis([0 2 0 60]);
plot([0 2],[3 3],':');
text(0.45,4.5,'{3dB}');
title('巴特沃斯滤波器频率响应');
xlabel('归一化频率 {\Omega}');
ylabel('插入损耗，dB');
text(1.85,5,'n=1');
text(1.85,24,'n=4');
text(1.85,41,'n=7');
text(1.65,52,'n=10');
```

程序运行结果见图 J-2。

巴特沃斯滤波器频率响应

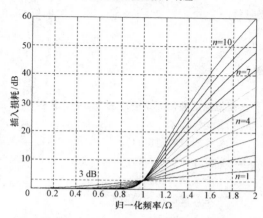

图 J-2　归一化巴特沃斯滤波器频率响应

5. 计算归一化低通滤波器衰减、相移的 MATLAB 程序

A. 计算衰减

```
clear all;              % 变量清零
close all;              % 关闭旧图形窗口
figure;                 % 打开新图形窗口
colormap(lines);
color_map=colormap;
colormap('default');

w=0.01:0.01:10;         % 定义归一化频率
%Butterworth
L1=0.61803;
C1=1.61803;
L2=2.00000;
C2=1.61803;
L3=0.61803
ZL=1;                   % 负载阻抗
V1=1;                   % 输入电压幅度
IL=0;
    ZL1=j*w*L1;
    ZC1=1./(j*w*C1);
    ZL2=j*w*L2;
    ZC2=1./(j*w*C2);
    ZL3=j*w*L3;
    Z1=ZL+ZL3;
```

```
    Z2=Z1. * ZC2. /(Z1+ZC2);
    Z3=Z2+ZL2;
    Z4=Z3. * ZC1. /(Z3+ZC1);
    Z5=1+ZL1+Z4;
    V_1=Z4. /Z5. * V1;
    V_2=Z2. /Z3. * V_1;
    V2=ZL. /Z1. * V_2;
    Gain=2 * V2. /V1;
    IL=-20 * log10(abs(Gain));      % 插入损耗
plot(w,IL,'color',color_map(1,:));
hold on;


%Chebyshev 3dB Ripple
L1=3.4815;
C1=0.7619;
L2=4.5378;
C2=0.7619;
L3=3.4815
ZL=1;                  % 负载阻抗
V1=1;                  % 输入电压幅度
IL=0;
    ZL1=j * w * L1;
    ZC1=1. /(j * w * C1);
    ZL2=j * w * L2;
    ZC2=1. /(j * w * C2);
    ZL3=j * w * L3;
    Z1=ZL+ZL3;
    Z2=Z1. * ZC2. /(Z1+ZC2);
    Z3=Z2+ZL2;
    Z4=Z3. * ZC1. /(Z3+ZC1);
    Z5=1+ZL1+Z4;
    V_1=Z4. /Z5. * V1;
    V_2=Z2. /Z3. * V_1;
    V2=ZL. /Z1. * V_2;
    Gain=2 * V2. /V1;
    IL=-20 * log10(abs(Gain));      % 插入损耗
plot(w,IL,'color',color_map(4,:));
hold on;
```

```
%Bessel
L1＝0.1743;
C1＝0.5072;
L2＝0.8040;
C2＝1.1110;
L3＝2.2582;
ZL＝1;                    % 负载阻抗
V1＝1;                    % 输入电压幅度
IL＝0;
    ZL1＝j＊w＊L1;
    ZC1＝1./(j＊w＊C1);
    ZL2＝j＊w＊L2;
    ZC2＝1./(j＊w＊C2);
    ZL3＝j＊w＊L3;
    Z1＝ZL＋ZL3;
    Z2＝Z1.＊ZC2./(Z1＋ZC2);
    Z3＝Z2＋ZL2;
    Z4＝Z3.＊ZC1./(Z3＋ZC1);
    Z5＝1＋ZL1＋Z4;
    V_1＝Z4./Z5.＊V1;
    V_2＝Z2./Z3.＊V_1;
    V2＝ZL./Z1.＊V_2;
    Gain＝2＊V2./V1;
    IL＝-20＊log10(abs(Gain));        % 插入损耗
plot(w,IL,'color',color_map(3,:));
hold on;


%linear
L1＝1.5774;
C1＝0.4226;
ZL＝1;                    % 负载阻抗
V1＝1;                    % 输入电压幅度
IL＝0;
    ZL1＝j＊w＊L1;
    ZC1＝1./(j＊w＊C1);
    Z1＝ZL.＊ZC1./(ZL＋ZC1);
    Z2＝1＋ZL1＋Z1;
    V2＝Z1./Z2.＊V1;
```

```
    Gain=2*V2./V1;
    IL=-20*log10(abs(Gain));       % 插入损耗
plot(w,IL,'color',color_map(1,:));
hold on;

grid on
axis([0 2 0 35]);
title('归一化低通滤波器的频率响应');
xlabel('归一化频率 \Omega');
ylabel('插入损耗-dB');
plot([0 1],[3 3],'b:');
text(0.25,4,'3dB');
text(1.55,6,'二阶线性相移');
text(1.6,13,'五阶贝塞尔');
text(1,28,'3dB 五阶切比雪夫');
text(1.4,23,'五阶巴特沃斯');
```

程序运行结果见图 6.26.

B. 计算相移

```
clear all;                % 变量清零
close all;                % 关闭旧图形窗口
figure;                   % 打开新图形窗口
colormap(lines);
color_map=colormap;
colormap('default');
%巴特沃斯
w=0.01:0.01:10;          % 定义归一化频率
L1=0.76357;
C1=1.84776;
L2=1.84776;
C2=0.76537;
ZL=1;                     % 负载阻抗
V1=1;                     % 输入电压幅度
IL=0;
    ZL1=j*w*L1;
    ZC1=1./(j*w*C1);
    ZL2=j*w*L2;
```

```
    ZC2=1./(j * w * C2);
    Z1=ZL. * ZC2./(ZL+ZC2);
    Z2=Z1+ZL2;
    Z3=Z2. * ZC1./(Z2+ZC1);
    Z4=1+ZL1+Z3;
    V_1=Z3./Z4. * V1;
    V2=Z1./Z2. * V_1;
    phase=angle(V2)-angle(V1);
    degree=180. * phase./pi;
plot(w,degree,'color',color_map(1,:));
hold on;
％3dB 切比雪夫
L1=3.4391;
C1=0.7483;
L2=4.3473;
C2=0.5920;
ZL=5.8095;        ％ 负载阻抗
V1=1;             ％ 输入电压幅度
IL=0;
    ZL1=j * w * L1;
    ZC1=1./(j * w * C1);
    ZL2=j * w * L2;
    ZC2=1./(j * w * C2);
    Z1=ZL. * ZC2./(ZL+ZC2);
    Z2=Z1+ZL2;
    Z3=Z2. * ZC1./(Z2+ZC1);
    Z4=1+ZL1+Z3;
    V_1=Z3./Z4. * V1;
    V2=Z1./Z2. * V_1;
    phase=angle(V2)-angle(V1);
    degree=180. * phase./pi;
plot(w,degree,'color',color_map(2,:));
hold on;
％贝塞尔
L1=0.2334;
C1=0.6725;
L2=1.0815;
C2=2.2404;
```

```
ZL=1;                   % 负载阻抗
V1=1;                   % 输入电压幅度
IL=0;
    ZL1=j * w * L1;
    ZC1=1. /(j * w * C1);
    ZL2=j * w * L2;
    ZC2=1. /(j * w * C2);
    Z1=ZL. * ZC2. /(ZL+ZC2);
    Z2=Z1+ZL2;
    Z3=Z2. * ZC1. /(Z2+ZC1);
    Z4=1+ZL1+Z3;
    V_1=Z3. /Z4. * V1;
    V2=Z1. /Z2. * V_1;
    phase=angle(V2)-angle(V1);
    degree=180. * phase. /pi;
plot(w,degree,'color',color_map(3,:));
hold on;
%线性相移
L1=1.0598;
C1=0.5116;
L2=0.3181;
C2=0.1104;
ZL=1;                   % 负载阻抗
V1=1;                   % 输入电压幅度
IL=0;
    ZL1=j * w * L1;
    ZC1=1. /(j * w * C1);
    ZL2=j * w * L2;
    ZC2=1. /(j * w * C2);
    Z1=ZL. * ZC2. /(ZL+ZC2);
    Z2=Z1+ZL2;
    Z3=Z2. * ZC1. /(Z2+ZC1);
    Z4=1+ZL1+Z3;
    V_1=Z3. /Z4. * V1;
    V2=Z1. /Z2. * V_1;
    phase=angle(V2)-angle(V1);
    degree=180. * phase. /pi;
plot(w,degree,'color',color_map(4,:));
```

```
hold on;
axis([0 2 -200 200]);
title('归一化低通滤波器的传输相移');
xlabel('归一化频率 \Omega');
ylabel('传输相移(度)');
text(0.4,-15,'线性相移');
text(1.6,130,'贝塞尔');
text(0.4,130,'3dB 切比雪夫');
text(1.02,120,'巴特沃斯');
```

程序运行结果见图 6.26.

习　　题

习题 2-1　设矩形波导的几何结构为 $a = kb(k > 1)$. 求 TE_{10} 模式的单模工作频带, 讨论单模工作频带与哪些因素有关? 如果从提高 TE_{10} 模式的单模工作频带角度考虑, k 应如何取值?

习题 2-2　已知波导中传输的若干电磁波模式是简并的. 请问:(1) 这些模式是否具有相同的截止波长? (2) 这些模式是否具有相同的传播常数? (3) 这些模式是否具有相同的电磁场空间分布? 并说明理由.

习题 2-3　如图 x-1 所示, 假设某一微波传输系统的三个最低模式为 A,B,D, 如果分别用工作波长为 $\lambda_1, \lambda_2, \lambda_3, \lambda_4$ 的四个微波源(也可以是一个微波源的四个频率分量)激励这个传输系统. 在满足奇偶禁戒规则的前提下, 请问: $\lambda_1, \lambda_2, \lambda_3, \lambda_4$ 各波长的信号所能激励的传输模式是 A,B,D 中的哪几个?

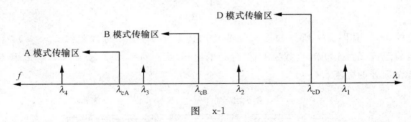

图　x-1

习题 2-4　有一微波源的工作频率为 f, 用它激励一空气填充的金属波导时, 波导恰好处在临界截止状态 $(f = f_c)$. 如果不改变金属波导的几何尺寸和微波源的频率, 是否有办法使波导进入单模传输状态?

习题 2-5　在某一微波信号源的激励下, 一个金属波导工作于传输状态. 如果将这个金属波导的横截面尺度增大, 波导传输系统中的模式数目是否可能发生变化? 可能发生什么变化?

习题 2-6　为了观察微波腔体内部的工作情况又防止微波的泄露, 微波炉的观察孔通常设计为截止波导. 如图 x-2 所示, 微波炉的工作频率为 $2.05\,GHz$, 观察孔直径为 $2\,cm$, 若要求电磁波经过观察孔后衰减 $90\,dB$, 求此观察孔上所连接的圆波导的最短长度 l.

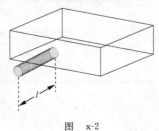

图　x-2

习题 2-7 请导出圆波导的 TM_{11} 模式的衰减系数 α,并求出 α 最小值所对应的频率 f 的表达式.

习题 2-8 讨论说明圆波导的 TE_{0n} 模式的衰减系数 α 随频率 f 的增大而下降.

习题 2-9 微波传输系统中可能存在哪些类型的色散? 对于微波通信系统而言,这些色散类型中哪些可以通过改变微波传输系统的设计而抑制和避免,哪些不能?

习题 2-10 在微波工程中,实现微波传输系统的单模工作状态的方法有:(1) 采用截止的概念;(2) 在波导上开强辐射缝. 请问:从微波能量和传输模式的角度考虑,这两种方法各有哪些不同的基本特点?

习题 3-1 如图 x-3 的无损耗均匀传输系统,已知特性阻抗 $Z_c = 50\,\Omega$,负载阻抗 $Z_0 = Z_c$,负载参考面 T_0 处的电压为 $V(t) = 10\sin(\omega t)$. 求 T 参考面处的电压.

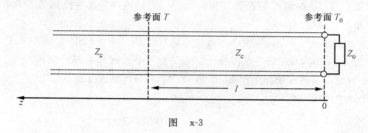

图　x-3

习题 3-2 如图 x-4 所示的无损耗非均匀传输系统,已知特性阻抗 $Z_{c1} = 50\,\Omega$, $Z_{c2} = 75\,\Omega$,负载阻抗 $Z_0 = 100\,\Omega$,负载参考面 T_0 处的电压为 $V(t) = 10\sin(\omega t)$. 求 $l < L$ 和 $l > L$ 时,T 参考面处的电压.

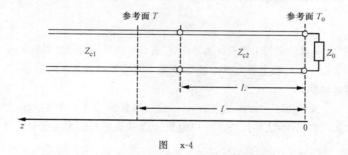

图　x-4

习题 3-3 已知一传输线上的电压幅度值分布如图 x-5 所示. 请问:

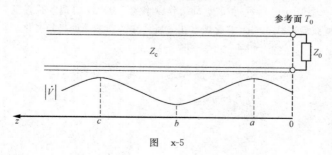

图　x-5

（1）负载阻抗 Z_0 的性质？纯电阻、纯电抗、容性阻抗还是感性阻抗？

（2）如果采用纯电阻性的可变电阻与传输线并联实现匹配,则可变电阻应当放在什么位置上？

（3）如果采用长度在 $\lambda_g/4$ 范围内可调的终端短路传输线与该传输线并联实现匹配,则终端短路传输线应当放在 ab 段还是 bc 段上？如果采用长度在 $\lambda_g/2$ 范围内可调的终端短路传输线呢？

习题 3-4　如图 x-6 所示微波系统,已知 5 段均匀传输线的长度均为 $\lambda_g/4$,各段传输线的特性阻抗分别为 $Z_{c1}=25\ \Omega$、$Z_c=50\ \Omega$,终端负载 $Z_L=50\ \Omega$,$R_0=25\ \Omega$,$Z_s=50\ \Omega$,$V_s=20\ \mathrm{V}$. 求:

（1）若要求微波系统 T_1 至 T_2 段处于匹配状态,R 应取何值？

（2）这 5 段均匀传输线上的电压最大值与最小值？

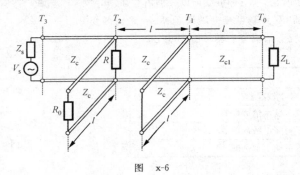

图　x-6

习题 3-5　在圆图上标出反射系数 $0.45e^{j60}$,并读出相应的归一化输入阻抗、归一化输入导纳和驻波参量.

习题 3-6　已知某参考面上的归一化输入阻抗为 $1.5+j0.8$,求该参考面上的输入导纳.

习题 3-7　已知传输线的特性阻抗 $Z_c=75\ \Omega$,波导波长 $\lambda_g=30\ \mathrm{cm}$,终端负载阻抗 $Z_0=45+j30\ \Omega$. 求:(1)终端负载在圆图上的对应点;(2)终端反射系数及终端驻波参量;(3)距离终端 21 cm 处的参考面上的输入阻抗和驻波参量;(4)利用终端短路线和四分之一阻抗变换段做匹配.

习题 3-8　如图 x-7 所示,两根横截面相同,但内部填充介质不同的矩形波导对接,传输系统工作在 H_{10} 模单模状态.试用归一化电压、电流以及等效阻抗的概念求解参考面 T 处的 S_{11} 参量.

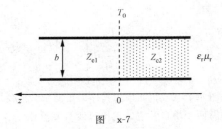

图　x-7

习题 3-9 同轴双阴连接器适配器结构如图 x-8 所示,其中内导体支撑环的设计对适配器的工作频段宽窄至关重要.如果请你设计这个介质支撑环,你认为应当采用哪些技术和措施?

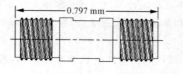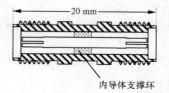

内导体支撑环

图　x-8

习题 3-10 已知 A,B,C 三个归一化负载在圆图中的位置如图 x-9 所示.根据这三种负载可以分别用魔 T、单并联可变电纳调配器、双并联可变电纳调配器、三并联可变电纳调配器完成调配,请填写下表,并简述理由.

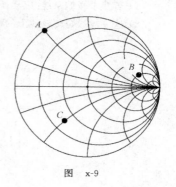

图　x-9

	A	B	C
魔 T 调配器			
单并联可变电纳调配器			
双并联可变电纳调配器			
三并联可变电纳调配器			

习题 3-11 同轴线的特性阻抗是否可以用欧姆表来测量?为什么?

习题 3-12 导行电磁波的相位、驻波相位、两参考面之间的相位差,这 3 个与相位相关的参量中,哪些是可以测量的?请说明理由.

习题 3-13 若一传输线的终端负载为实数且与传输线不匹配,可以在终端负载和传输线之间插入一个 1/4 阻抗变换器使传输线上形成行波状态,也可以用一个纯电阻与终端负载并联或串联使传输线上形成行波状态.问:这两种匹配方式各有什么优缺点?

习题 4-1 如果用多节阻抗变换器对任意有耗负载和传输线之间做匹配,该阻抗变换器至少需要多少节?

习题 4-2 设微波定向耦合器主臂到副臂的电压耦合系数为 k,忽略损耗,4 端口接匹配负载.求证:若将微波定向耦合器视为 4 端口或 3 端口网络,则其 S 参量分别为

$$S=\begin{bmatrix} 0 & \sqrt{1-k^2} & k & 0 \\ \sqrt{1-k^2} & 0 & 0 & k \\ k & 0 & 0 & \sqrt{1-k^2} \\ 0 & k & \sqrt{1-k^2} & 0 \end{bmatrix}, \quad S=\begin{bmatrix} 0 & \sqrt{1-k^2} & k \\ \sqrt{1-k^2} & 0 & 0 \\ k & 0 & 0 \end{bmatrix}.$$

习题 4-3 若魔 T 如图 3.15 所示,如果用其作为定向耦合器使用,那么主臂可以采用哪两个端口?副臂可以采用哪两个端口?它的正向过渡衰减量是多少分贝?指出主臂入波和副臂出波的对应关系.

习题 4-4　采用 $\lambda_g/4$ 单节阻抗变换器是否可以对任意有耗负载和传输线之间做匹配?

习题 4-5　电抗性负载是否有可能作为匹配负载? 为什么? 调配器是否可以对任意有耗负载做匹配? 调配器是否可以对纯电抗性负载做匹配?

习题 4-6　Y 型微波环行器如图 4.33 所示,求证其 S 参量为 $S = \begin{bmatrix} 0 & 0 & 1 \\ 1 & 0 & 0 \\ 0 & 1 & 0 \end{bmatrix}$.

习题 4-7　旋转极化衰减器如图 4.14 所示,求证其 S 参量为 $S = \begin{bmatrix} 0 & \cos^2\theta \\ \cos^2\theta & 0 \end{bmatrix}$.

习题 4-8　根据 §4.8.5 关于微波隔离器的表述,求证其 S 参量为 $S = \begin{bmatrix} 0 & 0 \\ 1 & 0 \end{bmatrix}$.

习题 4-9　如图 x-10 所示的 n 端口网络的 S 参数为

$$S = \begin{bmatrix} S_{11} & S_{12} & \cdots & S_{1n} \\ S_{21} & S_{22} & \cdots & S_{2n} \\ \cdots & \cdots & \cdots & \cdots \\ S_{n1} & S_{n2} & S_{n3} & S_{nn} \end{bmatrix}.$$

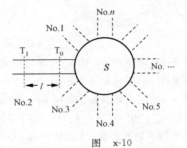

图　x-10

如果将 No.2 端口的参考面 T_0 沿均匀传输线(传播常数为 β)向波源方向移动一段距离 l 到达 T_1 处,其他端口参考面不变,求该四端口网络在新参考面上的 S 参数.

习题 4-10　张量磁导率是铁氧体材料的固有特性吗? 铁氧体材料呈现张量磁导率需要外部条件吗? 分析铁氧体材料特性时,为什么要引入左旋、右旋极化波的概念?

习题 4-11　若图 4.37 中的 T 型偏置网络的元件 W 是阻值为 $x\ \Omega$ 的电阻,并忽略电容的频率响应(短接电容)时,求证其 S 参量为式(4-95).

习题 5-1　定性讨论球形谐振腔、圆柱谐振腔和矩形谐振腔的固有品质因数哪个较高? 哪个较低? 判断的主要依据是什么?

习题 5-2　谐振腔的频率微扰公式对谐振腔的边界有什么特殊要求? 为什么?

习题 5-3　讨论微波传输系统的截止频率与微波谐振腔的谐振频率的相同之处和区别?

习题 5-4　如图 x-11 所示的微波谐振腔,激励信号源的模式为矩形波导的 TE_{10} 模. 请问:

(1) 当信号源的频率为 $f = 10\ \text{GHz}$ 时,l 取何值,矩形谐振腔的 TE_{101} 模式可以与激励信号源谐振?

(2) 确定 l 值后,若改变激励频率为 f,矩形谐振腔的哪些模式可以与激励信号源谐振?

(3) 当信号源的频率为 $f = 10\ \text{GHz}$ 时,若 l 取

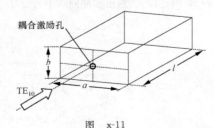

图　x-11

值为上述情况的 2 倍,矩形谐振腔的哪些模式可以与激励信号源谐振? 若 l 取值为上述情况的 1/2 倍,矩形谐振腔的哪些模式可以与激励信号源谐振?

习题 5-5　已知 A,B 两个矩形谐振腔的工作模式相同,谐振波长分别为 $\lambda_{cA}=3\,cm$, $\lambda_{cB}=10\,cm$,问哪个腔体的体积大? 如果工作模式不同,哪个腔体的体积大?

习题 6-1　如图 x-12 所示,若同轴线内部填充两种介质,同轴线是否能传输 TEM 模式,为什么?

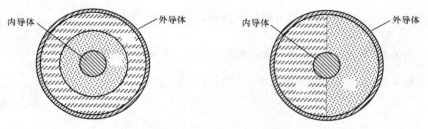

图 x-12　同轴线截面示意图

习题 6-2　求证表 6.4 中第一、第三个 Kuroda 规则和参数 N 的表达式.

习题 6-3　求证表 6.4 中第一、第三个 Kuroda 规则和参数 N 的表达式.

习题 6-4　测试频率为 1 GHz,输入、输出阻抗均为 50 Ω 时,一个微波晶体管的 $\boldsymbol{S}$ 参数如下:$S_{11}=0.6\angle-60°$,$S_{22}=0.4\angle45°$,$S_{21}=5\angle180°$,$S_{12}\approx0$. 请根据图 x-13,用集总参数元件为该晶体管构成的放大器(工作频率为 1 GHz)设计匹配网络.

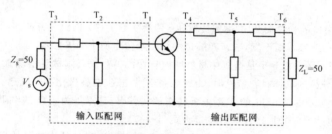

图 x-13　集总参数元件微波晶体管放大器电路

习题 6-5　已知微波晶体管的 $\boldsymbol{S}$ 参数为:$S_{11}=0.35\angle30°$,$S_{22}=0.4\angle-145°$,$S_{21}=6.0\angle-25°$,$S_{12}\approx0$. 测试条件:$f=4.2\,GHz$,$V_{ce}=6\,V$,$I_{c}=5\,mA$,输入、输出阻抗为 50 Ω. 请根据图 x-14,确定输入、输出匹配网络中的设计参数 Z_{c1},Z_{c2},l_{1},l_{2},l_{3},l_{4} 及 $Z(\varepsilon_{e}=1)$.

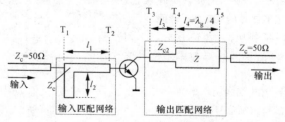

图 x-14　微带结构微波晶体管放大器电路

习题 6-6　已知双极晶体管放大器的工作频率为 $7.5\,\mathrm{GHz}$. 在该频率点和已知偏置条件下放大器的 S 参量为：$S_{11}=0.63\angle-140°$，$S_{21}=5.70\angle98°$，$S_{12}=0.08\angle35°$ 以及 $S_{22}=0.47\angle-57°$. 要求放大器增益的设计值为 $19\,\mathrm{dB}$，根据单向化设计法，

(1) 求最佳反射系数条件下，放大器的最大功率增益；

(2) 调整负载反射系数，使放大器在稳定工作状态下实现设计要求的增益指标.

习题 6-7　已知 MESFET 单级放大器的工作频率为 $2.25\,\mathrm{GHz}$. 在该频率点和已知偏置条件下放大器的 S 参量为：$S_{11}=0.83\angle-132°$，$S_{21}=4.90\angle71°$，$S_{12}=0.03\angle22°$ 以及 $S_{22}=0.36\angle-82°$. 要求放大器增益的设计值为 $18\,\mathrm{dB}$，根据单向化假设 $S_{12}=0$，

(1) 考察电路是否为绝对稳定；

(2) 求最佳反射系数条件下，放大器的最大功率增益；

(3) 利用等增益圆调整负载反射系数，实现设计要求的增益值.

习题 6-8　双极晶体管在特定偏置点和工作频率下的 S 参量为：$S_{11}=0.60\angle157°$，$S_{21}=2.18\angle61°$，$S_{12}=0.09\angle77°$ 以及 $S_{22}=0.47\angle-29°$. 考察该晶体管的稳定性，如果需要，则设法使其稳定，并用该晶体管设计具有最大增益的放大器.

习题 6-9　在第 6 章中我们导出了等增益圆的方程，也知道等增益圆的半径为零时放大器有最大增益. 根据这个条件，证明在绝对稳定状态下，最大转换功率增益为

$$G_{\mathrm{Tmax}}=\left|\frac{S_{21}}{S_{12}}\right|(k-\sqrt{k^2-1}),$$

其中 k 为稳定性因子 $(k>1)$.

习题 6-10　若采用资用功率为 P_{A} 的微波信号源驱动一个负载为 $Z_{\mathrm{L}}=80\,\Omega$ 的放大器，则有

$$P_{\mathrm{A}}=\frac{1}{2}\cdot\frac{|b_s|^2}{1-|\Gamma_s|^2}.$$

根据图 6.10(a) 所示的信号流图，

(1) 用 Γ_L，Γ_s 以及 b_s 表示负载吸收的功率 P_L；

(2) 设 $Z_s=40\,\Omega$，$Z_0=50\,\Omega$，$V_s=5\,\mathrm{V}\angle0°$，求资用功率 P_{A} 和负载吸收的功率 P_{L}.

习题 6-11　根据图 6.10(a) 所示的信号流图，求证公式 (6-37b).

习题 6-12　已知放大器的 S 参量为：$S_{11}=0.78\angle-65°$，$S_{21}=2.20\angle78°$，$S_{12}=0.11\angle-21°$ 以及 $S_{22}=0.90\angle-29°$. 放大器的输入端口接 $V_s=4\,\mathrm{V}\angle0°$，$Z_s=65\,\Omega$ 的电压源，输出端口驱动一个阻抗为 $Z_L=85\,\Omega$ 的天线. 假设放大器的 S 参量是相对于 $75\,\Omega$ 传输线测得，求下列参数：

(1) 转换功率增益 G_{T}、单向化转换功率增益 G_{TU}、资用功率增益 G_{A} 以及功率增益 G.

(2) 负载吸收的功率 P_{L}、资用功率 P_{A}、放大器输入功率 P_{inc}.

习题 6-13　在 §6.3.4 第 2 小节中我们由输入端口稳定性判定圆的方程导出了稳定性因子. 请根据输出端口稳定性判定圆的方程导出式 (5-56).

参 考 文 献

1. 沈致远等编，微波技术，北京，国防工业出版社，1980 年

2. 水启刚编，微波技术，北京，国防工业出版社，1986 年

3. 郭敦仁，数学物理方法，北京，人民教育出版社，1965 年

4. J. D. Jackson 著，朱培豫译，经典电动力学，北京，人民教育出版社，1978 年

5. 谢处方等编，电磁场与电磁波，北京，人民教育出版社，1979 年

6. Reinhold Ludwig, Pavel Bretchko, Tom Robbins, RF Circuit Design Theory and Applications, Prentice Hall, Inc., New Jersey, 2000.

7. 林为干，微波网络，北京，国防工业出版社，1978 年

8. 毛均业编，微波半导体器件，成都，成都电讯工程学院出版社，1986 年

9. 王蕴仪等编，微波器件与电路，南京，江苏科学技术出版社，1981 年

10. S. Y. Liao，微波器件与电路，北京，科学出版社，1987 年

11. 甘本祓，吴万春，微波单晶铁氧体磁调滤波器，北京，科学出版社，1972 年

12. Devendra K. Misra, Radio-Frequency and Microwave Communication Circuits-Analysis and Design, John Wiley & Sons, Inc., New Jersey, 2004.

13. Kurt E Zublin et al. Ka-band YIG-tuned GaAs Oscillator, Microwave Journal, Sept. 1975, pp. 33—50.

14. H. Barth, A wideband backshort-tunable second harmonic W-band Gunn oscillators, in Proc. IEEE MTT-S Int., Microwave Symp., 1981, pp. 367—370.

15. Application Note 1160/1, Agilent Technologies

16. I. A. Glover, S. R. Pennock, P. R. Shepherd, Microwave Devices, Circuits and Subsystems, John wiley & Sons, Ltd, West Sussex, England

17. G. L. Matthaei et al., Microwave Filters, Impedance Matching Networks and Coupling Structures, Artch House Books Dedham, Mass., 1980.

18. 李玲主编，光纤通信，北京，人民邮电出版社，1995 年

19. Gerd Keiser 著，李玉权等译，光纤通信(第三版)，电子工业出版社，2002 年

20. 顾其诤，微波集成电路设计，北京，人民邮电出版社，1978 年

21. 窦文斌，孙忠良，毫米波铁氧体器件理论与技术，北京，国防工业出版社，1996 年

22. 张登，波导环行器概论，北京，科学出版社，1998 年

23. D. M. Pozar, Microwave Engineering, 2nd Edition, John Wily, New York 1998.

24. P. A. Rizzi, Microwave Engineering：Passive Circuits, Prentice Hall, Englewood Cliffs, NJ, 1988.